新工科建设·应用型本科计算机类系列教材

Java 程序设计（第2版）
——增量式项目驱动一体化教程

陈海山　何广赢　苑俊英　张鉴新　主编

电子工业出版社

Publishing House of Electronics Industry

北京·BEIJING

内 容 简 介

本书共四部分：第一部分和第三部分为 Java 程序设计基本技能，第二部分和第四部分为 Java 语言实训内容。在教学安排上，教师可以打乱基本技能的编写顺序，通过项目驱动的形式进行基本技能的讲解，即在第二部分简易计算器项目基础上，进行第一部分内容的融合与展开；在第四部分局域网聊天工具项目基础上，进行第三部分内容的融合与展开。

本书既可作为计算机及相关专业的 Java 语言课程的教材，也可作为工程人员和科技工作者的自学参考书。

图书在版编目（CIP）数据

Java 程序设计：增量式项目驱动一体化教程 / 陈海山等主编. —2 版. —北京：电子工业出版社，2021.5

ISBN 978-7-121-41201-1

I. ① J… II. ① 陈… III. ① JAVA 语言—程序设计—高等学校—教材 IV. ① TP312.8

中国版本图书馆 CIP 数据核字（2021）第 091263 号

责任编辑：章海涛　　　　　　　　文字编辑：刘御廷
印　　刷：三河市鑫金马印装有限公司
装　　订：三河市鑫金马印装有限公司
出版发行：电子工业出版社
　　　　　北京市海淀区万寿路 173 信箱　邮编　100036
开　　本：787×1 092　1/16　　印张：27　　字数：690 千字
版　　次：2013 年 11 月第 1 版
　　　　　2021 年 5 月第 2 版
印　　次：2021 年 5 月第 1 次印刷
定　　价：65.00 元

凡所购买电子工业出版社图书有缺损问题，请向购买书店调换。若书店售缺，请与本社发行部联系，联系及邮购电话：（010）88254888，88258888。

质量投诉请发邮件至 zlts@phei.com.cn，盗版侵权举报请发邮件至 dbqq@phei.com.cn。

本书咨询联系方式：192910558（qq 群）。

前　言

Java 语言是一种可以编写跨平台应用软件的面向对象的程序设计语言，具有超强的通用性、高效性、平台移植性和安全性，广泛应用于个人计算机、数据中心、游戏控制台、科学超级计算机、移动电话和互联网，同时拥有全球最大的开发者专业社群。自 Sun MicroSystems 公司于 1995 年 5 月推出以来，Java 语言是当今最具代表性的面向对象编程语言之一，也是实际软件项目开发中所使用的主流编程语言之一。在全球云计算和移动互联网产业蓬勃发展的环境下，Java 更具备了显著优势和广阔前景。

在本科教学计划中，Java 一般安排在编程设计基础课程（一般为 C 语言）后。Java 语言与 C 语言的基本语法十分相似，但 Java 的应用性更强，入手相对容易。如果说学习 C 语言是给学生打好基础，那么学习 Java 语言更应该侧重提高学生的编程能力和查阅资料能力。我们应该利用这些知识的内在联系，以及教学侧重点的不同，在教学过程中予以体现。然而，传统的 Java 教学模式把相当多的课时花费在 Java 的基本语法上，既没有发挥 Java 应用性强的特点来调动学生的学习积极性，也没有把 Java 的优势展示给学生，导致本科生的 Java 语言应用水平不够。

我们认为，Java 程序设计知识的结构并不决定教学的顺序和组织方式，所以，在本科 Java 程序设计的教学过程中，教师应该利用学生已经具备的语法基础和 Java 语言应用性强的特点，引导学生重点学习 Java 的高级应用特性，通过在实际项目应用中展现 Java 语言的高级特性来调动学生的积极性，提高学生的动手编程能力和独立查阅资料文献的能力。编程的核心是应用数据结构和算法去解决实际事物间的逻辑关系，教学的过程也必须以解决实际问题为核心，通过解决实际问题让学生理解和掌握数据结构与算法在实际中的应用，最终提高学生的编程能力。

Java 程序设计的教学过程应该有如下侧重：通过高级编程技术调动学生学习积极性，通过由简单到复杂的实验使学生掌握 Java 语法的应用，通过实际项目的完成提高学生编程能力。然而，目前市场上流行的 Java 参考书大部分按传统的语法方式讲解 Java，有些则直接给出了若干项目的实现，也有少数参考书提出了利用游戏或者多媒体的方法来教学，但没有一本参考书综合考虑了 Java 的特点、学生的学习情况和学习规律。

图一展示了影响 Java 课程教学效果的若干因素，以及其与教学方法和教学目标之间的关系，其中影响教学效果的若干因素和教学目标共同决定了应该采用什么样的教学方法。在这样的背景下，结合多年的教学经验和工程经验，综合已有的参考书各自的优点，在糅合 Java 的理论、实验和实训教学的基础上，我们编写了这本以项目为主线的 Java 综合实用教材，旨在通过由浅入深、由小到大的项目教学和实践过程，有机地组织教学顺序、引导学生把 Java 语言的知识点融入程序设计，调动学生的积极性，使得学生在快乐学习的过程中提高编程能力和查阅资料的能力。此教学法从 Java 理论学习与实验操作、Java 知识的掌握与编程能力的提高、教学要求与学生多方面能力提高等方面进行了统一安排，达到了多个课程目标的一体化实现，见图二。

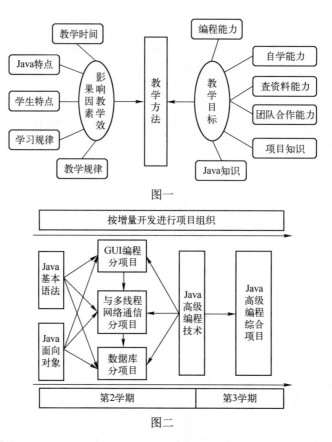

图一

图二

项目教学的过程必须设置相应的课程设计：能够体现 Java 高级编程应用的实例，通过模仿编程巩固知识的掌握、提高学生编程能力。此教学法已经在中山大学南方学院的 Java 程序设计课程中采用，经过两届学生的实践证明：采用一体化增量式项目教学可以在很大程度上提高学生的实践应用能力。

本书共四部分：第一部分和第三部分为 Java 程序设计基本技能，第二部分和第四部分为 Java 实训内容。其中，第二部分和第四部分实训内容是第一部分和第三部分 Java 基本技能的提升。在教学安排上，教师可以打乱基本技能的编写顺序，通过项目驱动的形式进行基本技能的讲解。即在第二部分简易计算器项目基础上进行第一部分内容的融合与展开，在第四部分局域网聊天工具项目基础上进行第三部分内容的融合与展开。本书编写体例：为方便读者阅读，本书第一、三部分的程序以"示例"的形式描述；第二、四部分中的项目框架和实现以"代码"的形式描述，某些知识点的例子程序用"例程"的形式描述。

本书作者苑俊英、何广赢、张鉴新老师具有多年的教学经验，陈海山具有多年在国内外知名企业的工程实践经验。本书由苑俊英和何广赢统稿，在编写过程中得到了中山大学信息科学与技术学院杨智教授的支持与帮助，在此表示诚挚的谢意。蒋泽宇、蔡泳信等同学参与了本书实验及实训项目，并参与了本书的校对工作。

本书配有教学课件和实验实训例程，有需要的可与作者联系，邮箱为 cihisa@126.com。由于作者水平有限，编写时间仓促，本书中可能出现一些错误，恳请读者提出宝贵意见。

作　者

目　录

第一部分　Java 程序设计基本技能（一）

第二部分　Java GUI 实训——简易计算器

第三部分　Java 程序设计基本技能（二）

第四部分　网络通信与数据库实训——局域网聊天工具

第一部分

Java 程序设计基本技能（一）

　　第一部分主要介绍 Java 语言基础，包括编程环境的搭建、Java 基本语法、面向对象的基本概念、类与对象、数组字符串、图形用户界面等基本技能。

　　第二部分为计算器的实训项目，讲解 Java 的基本知识。在教学内容安排上，建议将第一部分和第二部分相结合进行教学。

第1章 Java 的特点、基本内容和编程环境

- ꕤ Java 语言概述
- ꕤ Java 的工作原理
- ꕤ JDK、JRE、JVM
- ꕤ Java 开发环境
- ꕤ 第一个 Java 程序

Java 作为目前的主流面向对象程序设计语言之一，因其面向对象、跨平台、支持多线程和分布式等特点，在 Web 应用程序开发、网络编程、手机游戏等方面都得到了广泛的应用，并且受到越来越多程序设计者的青睐。本章主要介绍 Java 语言的历史及特点、Java 开发环境，以及本书中采用的项目开发模板。

1.1 Java 语言的历史和特点

Java 是由 Sun 公司于 1995 年首次推出的一种面向对象的程序设计语言，本节重点介绍 Java 语言的历史和特点，使初学者对 Java 有个大概的了解。

1.1.1 Java 语言的发展历史

Java 是由 Sun 公司开发而成的新一代编程语言。Sun 公司的 Java 语言开发小组成立于 1992 年，其领导人 James Gosling 是一位非常杰出的程序员。开发小组在开始之前主要的开发方向是诸如开拓交互式电视、面包烤箱等消费类电子产品市场。因为通过改写 C 编译器无法满足与系统的平台无关性，所以 1991 年 6 月决定开发一种新的语言，并起名为 Oak（Java 语言的前身）。由于当时 Oak 已经被注册，因此改名为 Java，其为太平洋上一个盛产咖啡的岛屿的名字。1995 年 3 月，Sun 公司发布了利用 Java 编写的第一个交互式浏览器 HotJava，引起了世界的关注。

1995 年 5 月，Sun 公司正式推出了 Java 程序设计语言和 Java 平台。Java 平台由 Java 虚拟机（Java Virtual Machine，JVM）和 Java 应用程序编程接口（Application Programming Interface，API）构成。经过多年的发展，Java 语言已经是一门被广泛使用的编程语言，

而且学习和使用 Java 语言的软件开发人员在不断增加。J2SE 平台（Java 的标准版）的版本也不断发展，Sun 公司被 Oracle 公司收购后，Oracle 公司不断推出新的 JDK，从 1996 年的 JDK 1 到目前最新版本 JDK 13。

1.1.2　Java 语言的特点

Java 作为一种高级程序设计语言，与其他高级语言相比，最重要的特点是它的与平台无关性，也就是常说的 "Write once, run anywhere"。另外，Java 在安全性、健壮性、分布式、面向对象等方面也有其自身的特点。

1．简单

与高级语言 C++相比，Java 语言简单。Java 语言丢弃了 C++中许多复杂的概念和容易疑惑的内容。例如，Java 语言中没有 C++语言中的多继承和指针、去掉了#include 和 #define 等预处理功能、没有运算符的重载、不支持 C++语言的强制自动类型转换等。

Java 语言增加了一些比较实用的功能，如可以自动对内存进行管理、自动进行垃圾收集、显式进行强制类型转换等。由于 Java 语言在诸如变量声明、流程控制、参数传递等方面与 C 或者 C++语言类似，因此对于已经学过 C 或者 C++语言的人来说，Java 语言更容易学习和掌握。

2．面向对象

Java 语言是一种面向对象的语言，通过把现实世界的事物抽象成对象的概念并使用方法实现对对象的操作，将复杂问题抽象化，从而更好地解决实际问题。

在 Java 程序设计中，抽象层可以通过使用接口和抽象类来实现。

Java 程序将数据和操作数据的方法封装在一起形成类，通过对数据以及对数据进行操作的方法进行封装实现了信息的隐藏。Java 程序中可以使用 public、protected 和 private 等访问控制符控制类对数据成语的访问权限。封装可以将那些不想被其他成员访问的数据封起来，从而使得程序更易于维护。

类的继承不但使子类可以继承父类的属性和方法，而且可以扩展子类自己的功能，实现代码重用。在 Java 语言中，类的继承是通过 extends 关键字来实现的。例如，交通工具类 Vehicle 可以把汽车、飞机、轮船等交通工具的公共属性定义在该类中，表示汽车、飞机、轮船等交通工具的类作为 Vehicle 的子类，它们除了可以拥有 Vehicle 类的成员属性和方法，还可以拥有自己特定的成员属性和方法。但是，Java 语言的类只支持单一继承，即一个类只能有一个直接父类。如果想实现多继承，那么可以使用 Java 语言的接口来实现。

通过对同一个方法调用不同类型的对象而产生不同行为称为多态性。多态增强了程序的扩展性，提高了项目的可阅读性。多态性是基于继承的，也就是说，对于父类中的一个属性或方法，在被多个子类继承后，可以表现出不同的行为。

3．与平台无关性和可移植性

与其他语言相比，Java 语言的与平台无关性是它最大的特点，主要体现在 Java 虚拟机（Java Virtual Machine，JVM）上。Java 虚拟机是 Java 语言实现的核心机制之一。与许多语言直接把代码编译成机器可识别的指令不同，Java 语言在编译时会把源代码编译成字节码，即 .class 文件。而 Java 虚拟机可以通过 ClassLoader 来加载字节码，并将其转换成机器可识别的指令来执行。

由于 Java 语言具有与平台无关性的特点，因此 Java 程序的可执行代码可以从一台机器移植到另一台机器，只要机器上配有可以将字节码转换成机器可识别指令的 Java 虚拟机就可以。因此，Java 程序是可移植的。

4．可靠性和安全性

由于 Java 语言主要应用于网络程序的开发，因此安全性是很多人担心的问题。事实上，作为 Java 语言核心机制之一的代码安全监测机制通过对字节码的校验，可使不合法的字节码无法被解释执行。同时，Java 语言在编译期间需要对表达式和参数进行类型检查，如果在编译期间出现类型不兼容的情况，编译器就会报错。除此以外，Java 语言会对数组边界是否越界进行检查，对不同类型的对象要求进行强制类型转换等措施，提高了 Java 程序的可靠性和安全性。

5．多线程并发机制

Java 语言提供了对多线程的支持。多线程是指在同一时间内有多个线程在执行，可以在同一时间内完成多个任务，提高程序的执行效率。Java 语言通过继承 Thread 类或实现 Runnable 接口实现多线程。Java 语言还提供了 synchronized 关键字保证线程之间的同步，使得线程之间共享的数据能够得到正确的操作。多线程的使用可以简化网络实时交互行为。而 C++语言不支持多线程。

6．分布式

Java 支持网络应用程序，支持 C/S 模式，在 API 中提供了一个有关网络的类库。例如，Net 类、Socket 类、URL 类等，开发人员可以方便地使用类库中的方法实现分布式的操作。Java 程序通过使用 URL 对象，可以对 Internet 中的网络资源进行访问。Java 还提供了 RMI（Remote Method Invocation，远程方法调用）机制，使得 Java 在分布式应用方面的能力得到了增强，这也是开发分布式应用的一个重要的解决方案。

7．动态的内存管理机制

Java 中动态内存管理是通过垃圾回收机制实现的，Java 的垃圾回收机制也是 Java 的核心机制之一：在系统空闲时，对程序运行过程中没有用的对象自动进行回收；对不再使用的对象自动释放它们所占用的内存空间；也可以将一个对象的句柄设置为 null，来通知垃圾收集器对其进行回收。

1.2　本书基本内容与教学思路

本书以项目驱动，采取增量式的开发方式，分为 4 部分，第一部分和第三部分为 Java 程序设计基本技能，第二部分和第四部分为 Java 实训内容。

在教学安排上，教师可以打乱 Java 基本技能的编写顺序，通过项目驱动形式进行基本技能的讲解。例如，在第二部分简易计算器项目基础上进行第一部分内容的融合与展开，在第四部分局域网聊天工具项目基础上进行第三部分内容的融合与展开。作者建议在 Java 课程内容的安排上，通过两个实训项目的增量完成，将第一部分和第三部分的 Java 技术融入项目讲解，教学思路采用：根据实训内容的安排，设置理论课程内容的学时分配与进度。

1.3　Java 开发环境介绍

要在一台计算机上编写和运行 Java 程序的首要工作是建立 Java 开发环境，就是在计算机上安装 Java 开发工具包，并设置相应的参数，使开发工具包可以在计算机中顺利地、正确地运行。

Sun 公司免费提供的开发工具包简称为 JDK（Java Developer Kits），其 bin 子文件夹中包含执行 Java 程序的常用命令，如 javac.exe（Java 编译器）、java.exe（Java 解释器）、appletviewer.exe（Java 小程序浏览器）、javadoc.exe（源代码帮助文档）、jdb.exe（Java 调试器）、jar.exe（Java JAR 包）等，目前推出的开发工具包分为 3 个版本。

① J2SE（Java2 Platform，Standard Edition）：Java 平台标准版，其他 Java 技术均基于 JavaSE，用于开发客户应用程序，可独立运行或作为 Applet 在 Web 浏览器中运行。

② J2EE（Java2 Platform，Enterprise Edition）：Java 平台企业版，用于开发服务器应用程序，还提供了 e-Business 框架和 Web 服务。

③ J2ME（Java2 Platform，Micro Edition）：Java 平台精简版，用于开发移动设备应用程序，如移动智能终端、PDA 等设备均可采用。

Java 开发环境包括学习型（JDK+文本编辑器）和开发型环境（Eclipse、MyEclipse 等）。

1.3.1　JDK 的安装和设置

1．JDK 的下载与安装

JDK 是一切 Java 应用程序的基础，所有 Java 应用程序都构建在这个基础之上。JDK 包含了 Java 开发所需的常用库。JDK 可以到 Oracle 公司的网站（https://www.oracle.com/technetwork/java/javase/overview/index.html）下载。下载时要注意自己计算机的操作系统类型，下载的安装程序应当与自己计算机的操作系统相匹配。为了支持本书后续内容 JavaFX 应用程序（要求 JDK 8 以上版本）的开发，本书使用的 JDK 版本为 jdk-13.0.1_windows-x64_bin.exe。

下载完成后，只要遵循安装程序的指示进行安装即可，具体安装步骤如下。

（1）双击 JDK 安装文件，进入 JDK 安装向导界面，如图 1-1 所示。

（2）单击"下一步"按钮进入自定义安装界面，可以修改安装路径，如图 1-2 所示。

（3）单击"下一步"按钮即可安装，如图 1-3 所示为正在更新组件注册。

（4）自动提取安装程序，指定好安装路径后，均由其自动安装即可，如图 1-4 所示。

（5）安装进度如图 1-5 所示，安装完成的界面如图 1-6 所示。

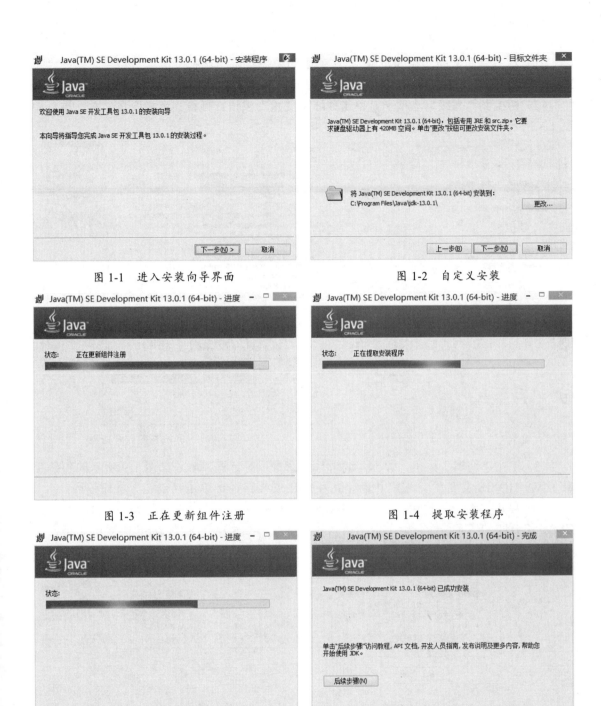

图 1-1　进入安装向导界面

图 1-2　自定义安装

图 1-3　正在更新组件注册

图 1-4　提取安装程序

图 1-5　安装进度

图 1-6　安装完成

2．环境变量的配置

成功安装 JDK 后，需要手动配置 JDK 环境变量，需要设置 3 个环境变量：JAVA_HOME、CLASSPATH（JDK 5 以后版本可不用配置）、Path。注意，不同操作系统下配置过程稍有不同，本书以 Windows 8 为例进行介绍，具体配置过程如下：

（1）右击桌面上的"我的电脑"，在弹出的快捷菜单中选择"属性"命令，打开"系统属性"对话框，如图 1-7 所示。

（2）切换到"高级"选项卡，单击"环境变量"按钮，打开"环境变量"对话框，如图 1-8 所示。

图 1-7　"系统属性"对话框

图 1-8　"环境变量"对话框

（3）单击"编辑"按钮，弹出"编辑系统变量"对话框，填入如图 1-9 所示的新建变量 JAVA_HOME 及变量值，其中变量值为 JDK 安装路径。单击"确定"按钮返回。

（4）单击"新建"按钮，新建 CLASSPATH 变量并设置变量值，如图 1-10 所示。CLASSPATH 的值有两个，一个为当前路径（用"."表示），一个为 J2SE 类库所在路径，即 JDK 安装文件夹的 bin 子文件夹的路径，两个路径之间用";"间隔。（注：JDK 5 以后版本可不用配置 CLASSPATH）

图 1-9　编辑 JAVA_HOME

图 1-10　新建 CLASSPATH

（5）单击图 1-8 中的"编辑"按钮，修改 Path 路径，向已有的 Path 路径中添加 bin 文件路径，如图 1-11 所示。

图 1-11　修改 Path 路径

（6）设置完成后，连续单击"确定"按钮，完成环境变量的设置。

（7）选择"开始"→"运行"命令，输入 cmd 后，进入 MS-DOS 窗口，在 DOS 窗口中输入 javac 或者 java 命令，出现如图 1-12 或图 1-13 所示的

javac 或者 java 命令的使用方法时，表示环境变量已经配置成功。

图 1-12 javac 命令使用方法

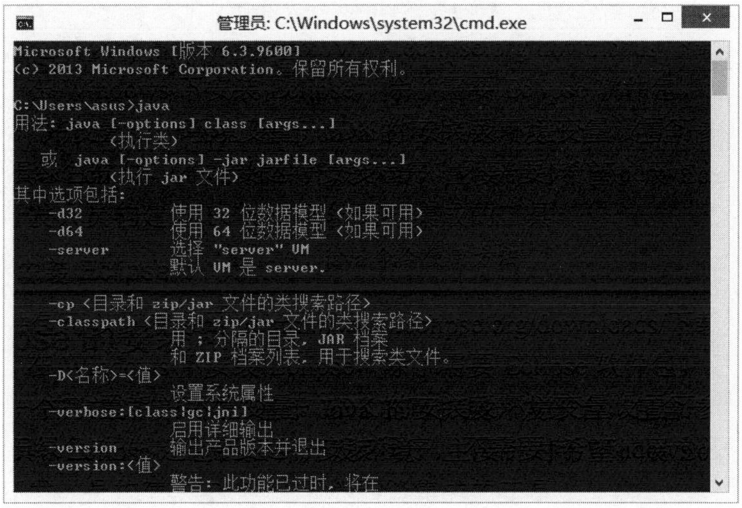

图 1-13 java 命令使用方法

1.3.2 Eclipse 的安装和设置

Eclipse 是一个开放源代码的、基于 Java 的可扩展开发平台，包含一个标准的插件集和 Java 开发工具。Eclipse 还包括插件开发环境，主要针对希望扩展 Eclipse 的软件开发人员，以允许开发人员构建与 Eclipse 环境无缝集成的工具。

1．下载并安装 Eclipse

Eclipse 软件包可以到官方网站 http://www.eclipse.org/downloads/下载，可以安装在各种操作系统上。在 Windows 下安装 Eclipse，除了需要 Eclipse 软件包，还需要 JDK 来支持 Eclipse 运行，并设置相关环境变量。JDK 的安装及环境变量设置可参考 1.3.1 节。

Eclipse 属于绿色软件，不需要运行安装程序，不需要向 Windows 注册表填写信息，只需将 Eclipse 压缩包解压即可。

（1）将下载的Eclipse压缩包解压到本地（如 D:\Eclipse），双击该文件夹中的 eclipse.exe 文件即可打开 Eclipse，如图 1-14 所示。

图 1-14　Eclipse 启动画面

（2）弹出 Workspace Launcher 对话框，如图 1-15 所示，选择或新建一个文件用来保存创建的项目，可以勾选复选框。

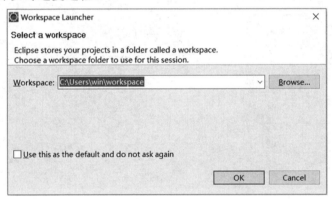

图 1-15　"Workspace Launcher"对话框

（3）单击"OK"按钮，打开 Eclipse 工作界面，如图 1-16 所示。

图 1-16　Eclipse 工作界面

2．Eclipse 的使用

下面以一个简单的 Hello Friends!为例介绍 Eclipse 的基本使用步骤。

（1）单击图 1-16 右上角的 Workbench，进入 Eclipse 开发界面，如图 1-17 所示。

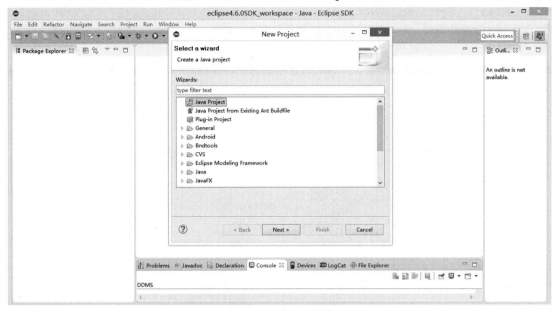

图 1-17　Java 工作界面

（2）新建 Java 项目。在菜单栏中选择"File→New→Java Project"，打开"New Java Project"对话框，如图 1-18 所示，填写项目名称，然后单击"Finish"按钮。

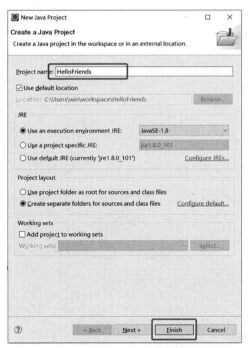

图 1-18　新建 Java 项目

（3）新建 Java 类。在菜单栏中选择"File→New→Class"，打开"New Java Class"对话框，如图 1-19 所示；设置类名、包名（可以省略，将在后续课程介绍），勾选"public static void main(String[] args)"复选框，单击"Finish"按钮。

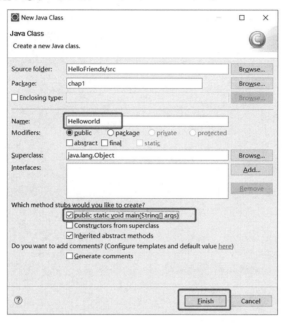

图 1-19　新建 Java 类

（4）Eclipse 自动生成代码框架，我们只需修改 main 方法即可，如图 1-20 所示。

图 1-20　输入代码

（5）保存后，在菜单栏中选择"Run→Run As→Java Application"，即可在 Eclipse 控

制台看到输出的结果，如图 1-21 所示。

图 1-21　输出结果

1.3.3　MyEclipse 的安装和设置

MyEclipse 是一个优秀的用于开发 Java、Java EE 的 Eclipse 插件，功能非常强大，支持也十分广泛，尤其是对各种开源产品的支持。目前，MyEclipse 支持 Java Servlet、Ajax、JSP、Struts、Spring、Hibernate、JDBC 数据库链接工具等功能。MyEclipse 几乎囊括了目前所有主流开源产品的专属 Eclipse 开发工具。

MyEclipse 也是一款功能强大的 Java EE 集成开发环境，支持代码编写、配置、测试等，MyEclipse 6.0 以前版本需要先安装 Eclipse，MyEclipse 6.0 以后版本安装时不需安装 Eclipse。MyEclipse 的不同版本可从网站自由下载，本书介绍 MyEclipse 2020.9.16 的安装及使用过程。

（1）双击 myeclipse-2020.9.16-offline-installer-windows.exe，进入如图 1-22 所示的安装向导，单击"Next"按钮。

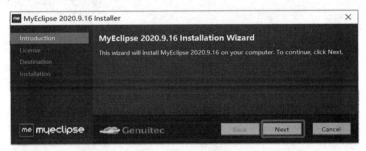

图 1-22　安装向导

（2）出现如图 1-23 所示的对话框，勾选其复选框，再单击"Next"按钮。

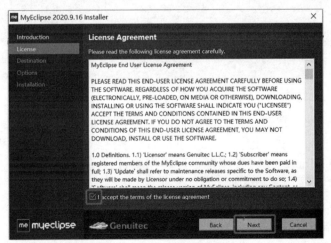

图 1-23　Accept License

（3）出现如图 1-24 的对话框，选择安装位置，再单击"Next"按钮。

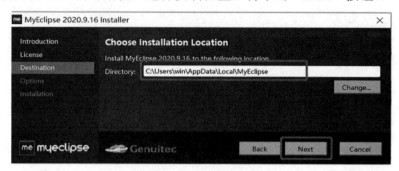

图 1-22 选择安装位置

（4）进入安装界面，如图 1-25 所示。等待安装完成，如图 1-26 所示。

图 1-23 安装过程

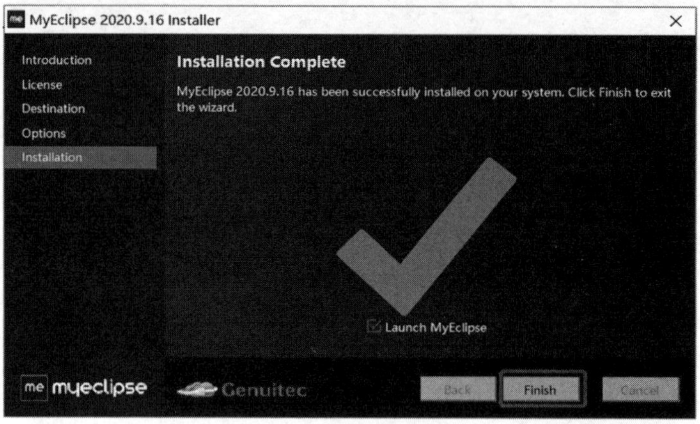

图 1-24 安装过程

（5）单击"Finish"按钮，弹出如图 1-27 所示的对话框，选择主题样式。

（6）启动 MyEclipse 后，出现图 1-28 所示的对话框，从中可以设置程序的存放路径。

（7）因为 MyEclipse 是付费软件，所以需要进行注册。启动 MyEclipse 后，选择"File→Import"，打开如图 1-29 所示的对话框。

（8）选择"General→Existing Projects into Workspace"，单击"Next"按钮，然后选择下载文件夹下的 MyEclipseGen 文件，单击"确定"按钮，回到如图 1-30 所示的对话框，再单击"Finish"按钮。

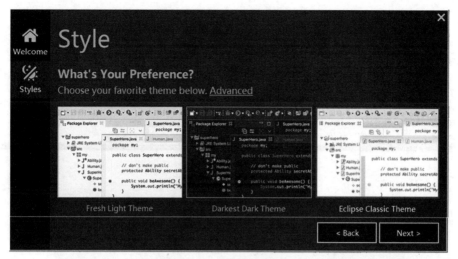

图 1-25　主题样式选择

图 1-26　存放路径

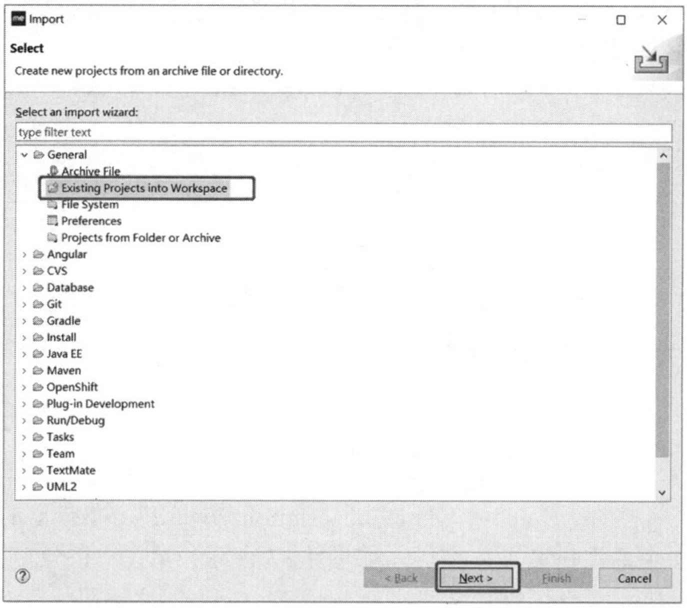

图 1-27　导入项目

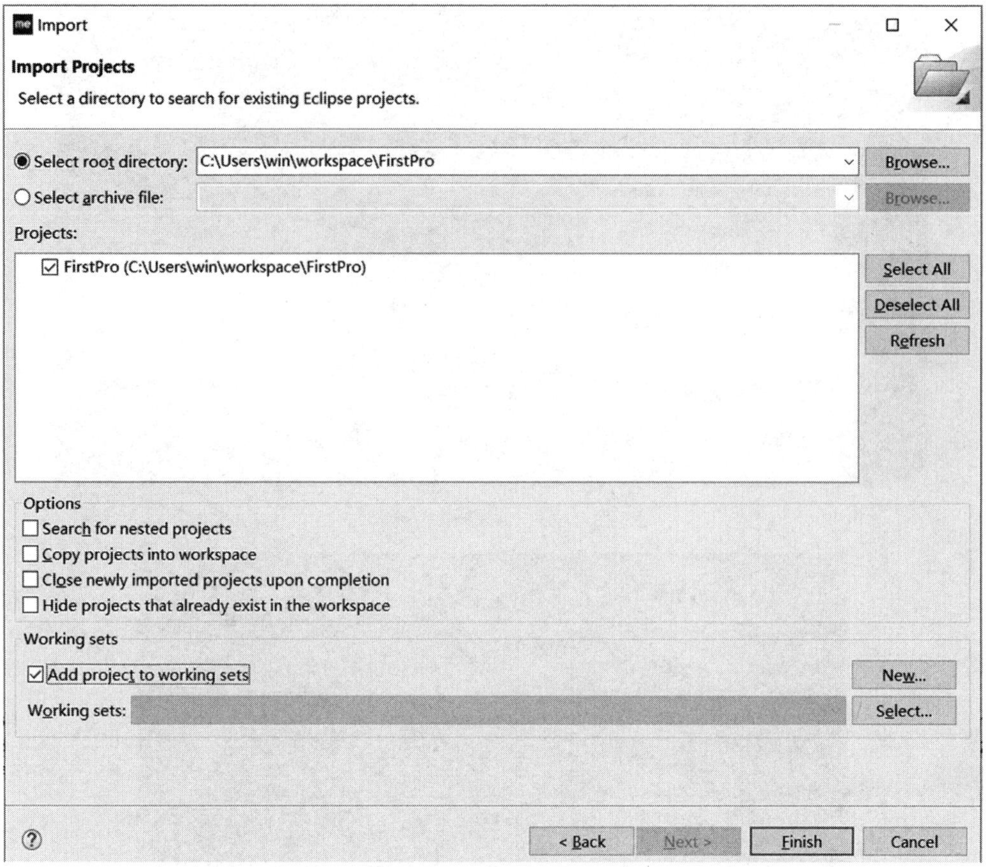

图 1-28 导入选项

（9）选中 MyEclipseGen 项目，选择"Run→Run As→Java Application"，在控制台输出如图 1-31 所示的结果，输入任意内容，如"register"，回车后，在控制台输出注册序列号，如图 1-32 所示。

```
Problems  Javadoc  Declaration  Console ⅹ  Spring Ann...  JPA Annota...  JAX-WS An...  Workspace ...
MyEclipseGen [Java Application] C:\Users\win\AppData\Local\MyEclipse\binary\com.sun.java.jdk14.win32.x86_64_1.14.0\bin\javaw.exe
please input register name:
register
```

图 1-29　用户名

```
Problems  Javadoc  Declaration  Console ⅹ  Spring Ann...  JPA Annota...  JAX-WS An...  Workspace ...
MyEclipseGen [Java Application] C:\Users\win\AppData\Local\MyEclipse\binary\com.sun.java.jdk14.win32.x86_64_1.14.0\bin\javaw.exe
please input register name:
register
Serial:eLR8ZC-855575-79747056367783257
```

图 1-32　序列号

（10）选择菜单栏的"Help→Update Subscription Wizard"，在弹出的对话框中输入如图 1-31 和图 1-32 中的用户名和序列号，如图 1-33 所示，单击"Finish"按钮。注册成功后即可使用 MyEclipse（也可以搜索"在线生成 MyEclipse 注册码"生成序列号）。

图 1-33　序列号

（11）MyEclipse 的使用过程与 Eclipse 类似，这里不再赘述。

1.3.4　MySQL 的安装和设置

这里以 MySQL 8.0 为例，说明 MySQL 的安装过程和使用方法。

（1）双击安装文件，启动 MySQL 安装向导，出现如图 1-34 所示的窗口，从中单击"Next"按钮，出现如图 1-35 所示的窗口。

（2）安装类型有"Typical（默认）""Complete（完全）""Custom（用户自定义）"三个，这里选择"Custom"，进行完整的安装过程。

（3）个性化选项设置。单击"Next"按钮，出现如图 1-36 所示的窗口，单击"Available Products（可用产品/插件）"，这里选择全选，全部安装在本地硬盘上。

（4）各项产品/插件安装状态如图 1-37 所示，所有项目安装状态如图 1-38 所示。

（5）选择"Standard MySQL Server/Classic MySQL Replivation"，如图 1-39 所示，然后单击"Next"按钮。

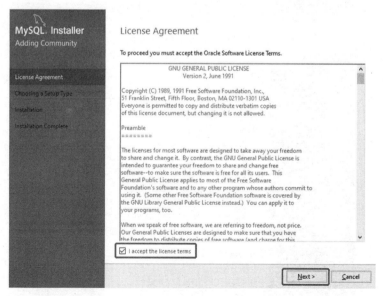

图 1-34　安装首界面

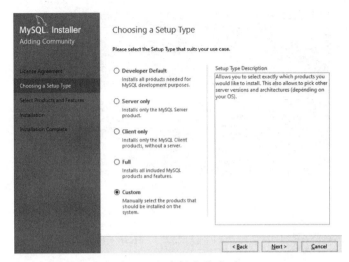

图 1-35　选择安装类型

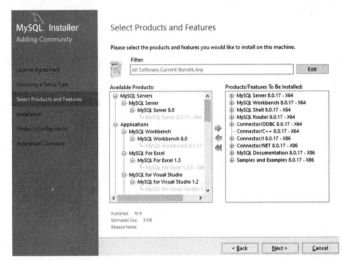

图 1-36　Custom Setup

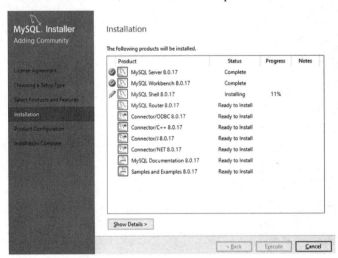

图 1-37　安装状态

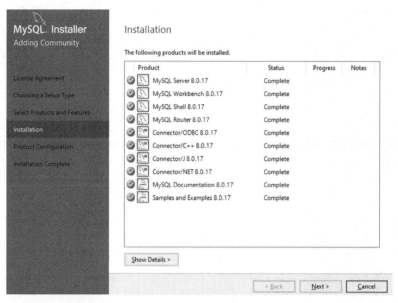

图 1-38　安装成功状态

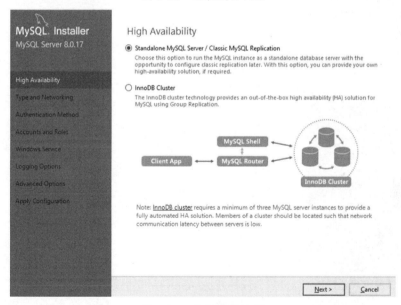

图 1-39　服务类型选择

（6）在如图 1-40 所示的窗口中选择连接选项、设置端口，然后单击"Next"按钮。

（7）在如图 1-41 所示的窗口中设置角色和账户（超级管理）密码。

（8）单击"Add User"按钮，可以添加用户，"Standard System Account"表示使用系统账户，"Custom User"表示自定义账户。用户根据需要进行设置，如图 1-42 所示。

（9）单击"Next"按钮，配置状态如图 1-43 所示。单击"Finish"按钮，完成安装。

（10）设置用户，并测试连接，如图 1-44 所示。

（11）一直单击"Next"按钮，直到最后，如图 1-45 所示。单击"Finish"按钮，则会进入 MySQLWorkbench。

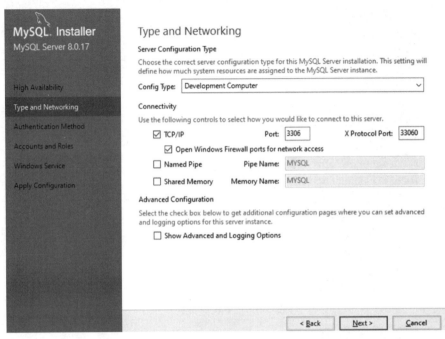

MySQL. Installer
MySQL Server 8.0.17
High Availability
Type and Networking
Authentication Method
Accounts and Roles
Windows Service
Apply Configuration
Type and Networking
Server Configuration Type
Choose the correct server configuration type for this MySQL Server installation. This setting will define how much system resources are assigned to the MySQL Server instance.
Config Type: Development Computer
Connectivity
Use the following controls to select how you would like to connect to this server.
TCP/IP
Port: 3306
X Protocol Port: 33060
Open Windows Firewall ports for network access
Named Pipe
Pipe Name: MYSQL
Shared Memory
Memory Name: MYSQL
Advanced Configuration
Select the check box below to get additional configuration pages where you can set advanced and logging options for this server instance.
Show Advanced and Logging Options
< Back
Next >
Cancel

图 1-40　选择选项、设置端口

MySQL. Installer
MySQL Server 8.0.17
High Availability
Type and Networking
Authentication Method
Accounts and Roles
Windows Service
Apply Configuration
Accounts and Roles
Root Account Password
Enter the password for the root account. Please remember to store this password in a secure place.
MySQL Root Password:
Repeat Password:
Password strength: Weak
MySQL User Accounts
Create MySQL user accounts for your users and applications. Assign a role to the user that consists of a set of privileges.
MySQL User Name
Host
User Role
win
localhost
DB Admin
Add User
Edit User
Delete
< Back
Next >
Cancel

图 1-41　角色和账户密码设置

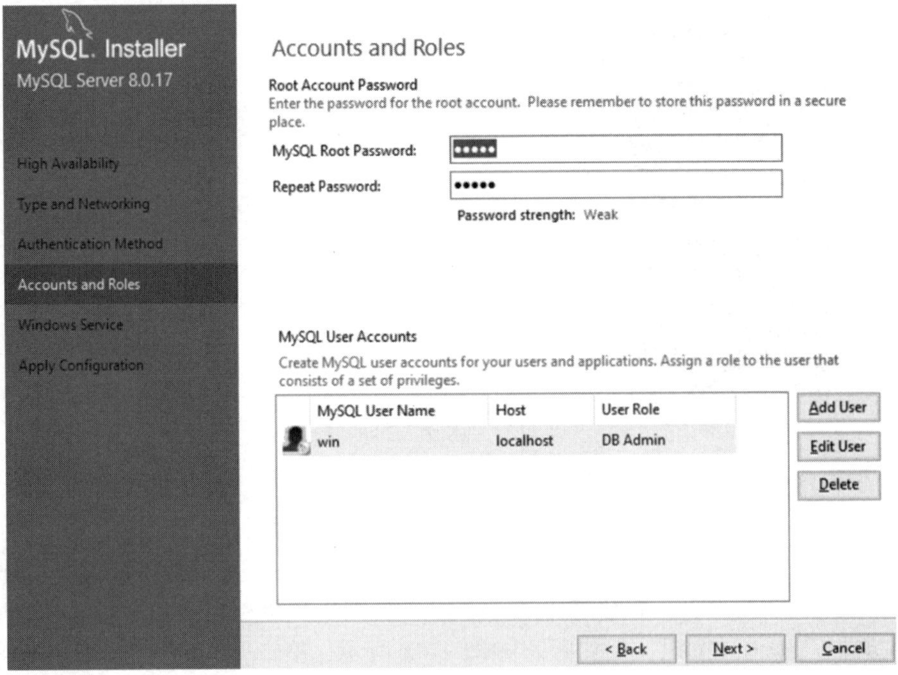

图 1-42　MySQL 服务配置向导首界面

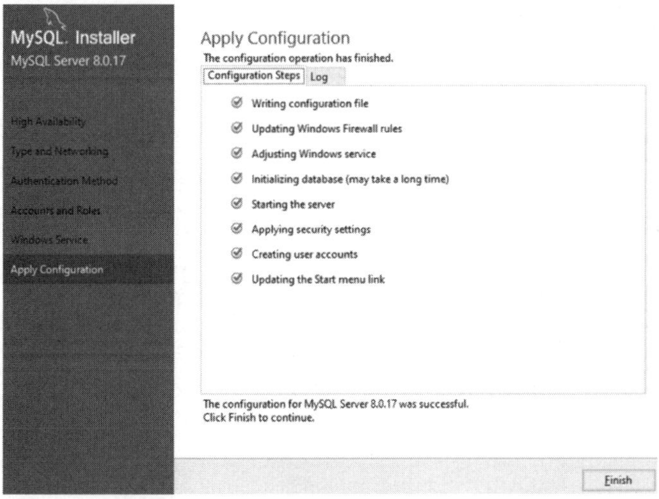

图 1-43　配置状态

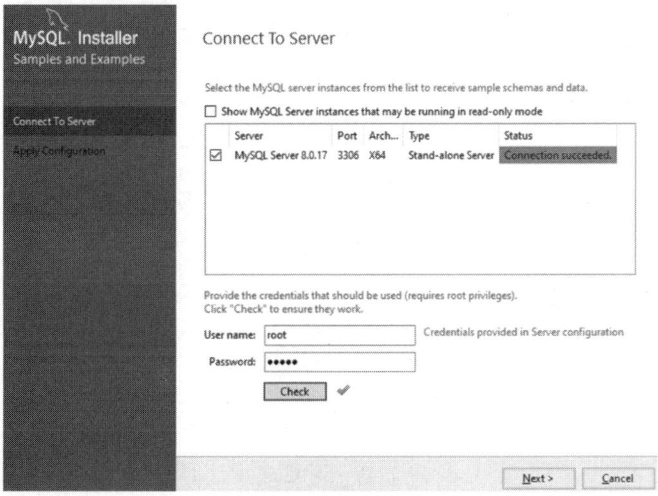

图 1-44　数据库用途

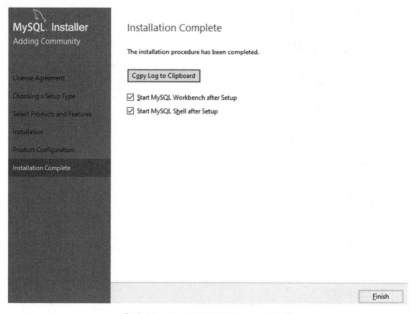

图 1-45　InnoDB Tablespace 配置

1.3.5　程序调试技术

（1）通过 MySQL Workbench 新建连接，如图 1-46 所示。配置连接参数，如图 1-47 所示。

（2）创建数据库，包括数据库表格及其他数据库对象。

（3）通过日志，根据输出语句，分析程序出现问题。通过单步调试，可以调试（设置断点、单步执行）、查看变量/对象的内容，如图 1-48 所示。

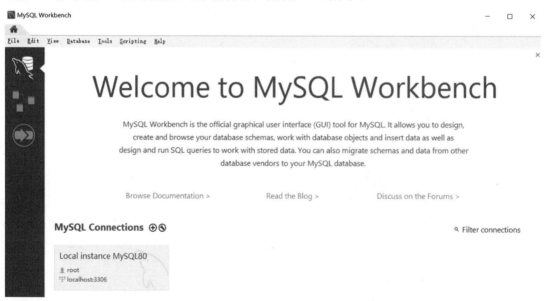

图 1-46　新建连接

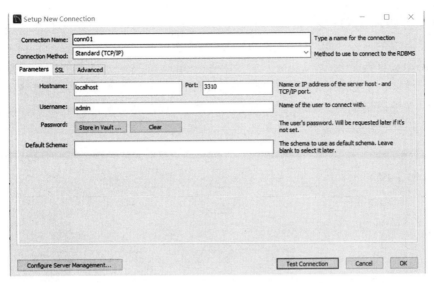

图 1-47　选择参数设置

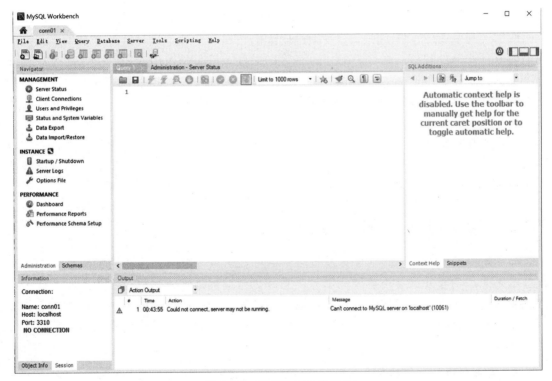

图 1-48　新建查询工作界面

1.4　项目开发模板

1.4.1　增量开发简介

　　增量式开发，简称增量开发，是软件工程中一种常用的软件开发过程思想。增量是指在软件开发过程中，先开发主要功能模块，再开发次要功能模块，先开发需求明确的模块，再开发需求当前还不够明确的需求。通过渐进开发，最终开发出符合需求的软件产品。增量式开发首先把复杂的系统分解成若干小系统，或者把复杂的模块分解成若干相对独立的子模块，然后按照主次或者重要性顺序，依次开发每个子系统或者子模块，每个子系统或者子模块的开发都在已完成部分的基础上完成，这样，当最后一部分完成的时候，整个软件系统就开发完成了，如图 1-49 所示。

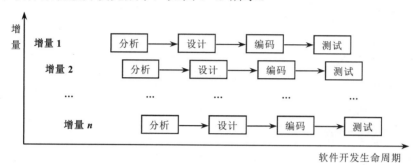

图 1-49　增量开发过程示意

增量式开发适应了软件产品开发渐进明细的特点，也就是说，软件产品的需求或者我们对软件产品的理解，在刚开始进行开发的时候大部分是不明确的，但是随着软件部分产品的开发，软件产品的需求以及我们对软件产品的理解也越来越清晰。因此，增量开发的方法分为多个步骤，主要完成明确的需求，在部分产品完成后，我们对其他的需求也就更明确了。

增量式开发既适合复杂的软件产品，也适合对项目开发还比较陌生的学生，在完成项目增量的过程中，学生也可以理解和掌握增量中所需要的 Java 编程知识。这样既降低了 Java 编程技术学习的难度，也让学生深刻理解到相关知识的应用场景。

1.4.2　本书项目开发采用的模板

书中项目采用增量式的软件开发过程，其中需求分析部分与所采用的编程语言、编程技术无关，功能分析与系统架构部分尽量减少与编程语言或编程技术相关联，技术准备及项目增量开发计划、技术培训及项目增量开发与编程语言和编程技术直接相关。总结回顾侧重于总结项目以加深对知识的理解，提高学生对开发过程、编程语言和编程技术的认识。

1. 需求分析与项目目标

用户一般期望软件实现一定的功能，这些期望在软件设计中表现为需求，获取用户对软件期望的过程为需求分析的过程。

需求分析的前提是用例分析，用例是指用户使用该软件时的操作方法或者过程。

需求分析的结果一般记录于需求列表中，如表 1-1 所示。其中，需求编号是为了后续内容检索方便而设计的标记值，如 Req001；需求描述是对需求条款的描述信息，一般会规定此需求是"必须实现"，还是"推荐实现"或者"可以实现"；解释是对需求描述所做的进一步解释，很多情况下也用来记录需求分析过程中出现的一些意见和待解决的问题。

注意：在实际项目尤其是大型项目中，需求列表的表项经常需要包括关于需求跟踪的一些内容，如需求的状态、需求实现时间、测试方法、负责部门（人）等。

表 1-1　需求列表模板

需求编号	需求描述	解　释

项目目标是指确定一个项目要实现的需求是什么，以及不实现或暂不实现的需求是什么的过程。项目目标的确定需要依据需求分析的结果，以决定哪些需求要做，哪些需求不做。在很多情况下，项目目标的确定是与需求分析同步进行的，为了便于内容安排，本书先进行需求分析，再确定项目目标。

2．功能分析与软件设计

在确定需求分析和项目目标后，对项目进行功能分析，确定软件的功能组成、功能之间的关系，以及所采用的技术。

功能分析的对象是以功能为中心详细分析如何实现项目需求和目标，所以分析的数据来源是需求和项目目标，分析的结果是软件的功能组成、功能之间的关系和采用什么样的技术实现该功能。

最后按照上述分析和设计，设计一份合理的项目开发计划，计划中应说明需要多少个增量，每个增量实现哪些功能和模块，增量之间的开发顺序等。

3．技术准备与增量项目开发

技术准备是指学习每个增量中可能采用的 Java 新知识和新技术，这样针对软件设计中的不同软件功能或者模块，有针对性地学习和应用相关的知识，依次完成每个增量，最终完成整个软件产品。

4．实验安排

根据增量开发的要求，采用实验的方式完成增量中的部分功能。

5．总结回顾与知识扩展

在项目完成后进行反省，分析增量开发中的得与失，总结经验教训，可以提高下一个软件项目开发的质量。

实验 01　开发环境搭建与使用

实验目的

（1）掌握 Java 开发环境的搭建。

（2）掌握 Java 编程的基本步骤。

（3）熟练 Eclipse、MyEclipse 的安装、配置及基本使用方法。

（4）读懂 Java 程序的编译错误和运行错误信息，学习如何依据这些错误信息调试源代码。

实验内容

（1）JDK 的下载、安装、环境变量设置及测试。

（2）Eclipse、MyEclipse 的安装及基本使用。

（3）编写程序，对下列知识点进行测试。

① 源代码文件名的后缀必须是 .java。

② 若类采用了 public 修饰，则源代码文件名必须与该类名相同（包括大小写）。

③ 若类没用 public，则源代码文件名可任取。

④ 一个源代码文件中可声明多个类，其中若 public 类存在，则只能有一个。

⑤ 源代码被编译后，一个类生成一个对应的同名的 .class 文件，无论这些类是否在同一个源代码文件中。

⑥ JVM 启动执行的类中必须含有 main( )方法，无论该类是否被 public 修饰。

习 题 1

1-1　简述 Java 编程技术的特点。

1-2　Java 编程环境 JDK 配置的操作步骤。

1-3　Eclipse 或 MyEclipse 编程环境的安装和配置步骤。

1-4　在 Eclipse 或 MyEclipse 中，创建并编写名称为 HelloWorld.java 的源程序，要求该程序能够在命令行提示符下或者控制台中输出字符串"Hello World"。

第 2 章　Java 应用基础

🔖　标识符、关键字
🔖　变量与常量
🔖　数据类型
🔖　运算符和表达式
🔖　程序控制结构

本章主要介绍 Java 的基本语法，使读者理解 Java 语法与 C 语言的语法的相似性，掌握 Java 语言的语法特点，为 Java 高级编程技术的学习打下良好的语法基础。

2.1　标识符和关键字

高级语言程序中一般有 5 类单词：关键字（保留字）、标识符、常量、运算符和分界符。其中，关键字是高级语言规定固定含义的单词；标识符是程序员对程序中各种元素的命名；常量是各种基本数据类型的数据，其值在程序运行过程中不会改变；运算符表示对数据执行某类运算，是组成表达式的要素；分界符用于分隔特定的语法单位。

一种程序设计语言的关键字、运算符和分界符的数目是固定的，标识符和常量的数目则根据程序规模大小可多可少。

2.1.1　标识符

为区别不同事物，在程序设计中，程序员对程序中的不同元素（类、对象、属性、方法等）加以命名，这些命名符号被称为标识符。

在 Java 语言中，标识符的命名规则为：必须以字母、下画线、"$"或汉字开头，后面的字符可以是字母、数字、下画线、"$"和汉字的一串字符。

说明：① 标识符不能是 Java 保留的关键字；② 常量名一般用大写字母，变量名用小写字母，类名以大写字母开始；③ 区分大小写，如 ad、Ad、aD、Da 是 4 个不同的标识名。

例如，以下符号串是 Java 语言的标识符：Account、account、ACCOUNT、price、part1、

is_over、maxTime、version5_0、elseif、IF；而以下符号串不是 Java 语言的标识符：10chp、part%、version5.0、part of、66、if。

如果一个标识符由多个单词组成，通常有两种流行的单词表示形式：① 单词首字母大写，如 IsEmpty；② 单词之间以下画线连接，如 select_menu。

为了增强程序可读性，Java 对标识符做如下约定。

❖ 类、接口：通常使用名词，且每个单词的首字母要大写。
❖ 方法：通常使用动词，首字母小写，其后用大写字母分隔每个单词。
❖ 常量：全部大写，单词之间用下画线分隔。
❖ 变量：通常使用名词，首字母小写，其后大写字母分隔每个单词，不要使用"$"符号。

2.1.2 关键字

关键字是由高级语言赋予了特殊意义并留作专门用途的单词，程序开发人员不能将这些单词作为普通的标识符使用。不同语言规定的关键字不同，表 2-1 列出了 Java 语言的所有保留字，由于用 Java 语言编写的程序是大小写敏感的，因此程序中关键字必须全部用小写。

表 2-1　关键字

abstract	default	if	private	throw
boolean	do	implements	protected	throws
break	double	import	public	transient
byte	else	instanceof	return	try
case	extends	int	short	void
catch	final	interface	static	volatile
char	finally	long	super	while
class	float	native	switch	const
for	new	synchronized	continue	goto
package	this			

true 和 false 不是关键字。类似地，对象值 null 也没有列入关键字。但是不能把它们派作其他用途。

还有些关键字，如 cast、future、goto、generic、inner、operator、outer、rest、var 等，都是 Java 保留的没有意义的关键字。

2.2　数据类型

实体的属性在程序中用数据来表达，这些数据可分为常量和变量两大类。在程序中，取值不能改变的数据被称为常量，取值可改变的数据被称为变量。无论是常量数据还是变量数据，都有特定的类型，这些类型决定了常量和变量的表示方式、取值范围和可执行的操作。

Java 中的数据类型分为两大类：基本数据类型和复合数据类型（也称为自定义类型，由若干基本数据类型组成）。

2.2.1 基本数据类型

Java 定义了 8 个基本数据类型：字节型（byte）、短整型（short）、整型（int）、长整型（long）、字符型（char）、浮点型（float）、双精度浮点型（double）、布尔型（boolean），这些类型可分成 4 组，如表 2-2 所示。

表 2-2 基本数据类型的取值范围

类型名称		符 号	占用位数	取值范围	封装类型
布尔型		boolean	8	true/false	Boolean
字符型		char	16	0～65535	Char
整型	字节型	byte	8	-128～127	Byte
	短整型	short	16	-32768～32767	Short
	整型	int	32	-2^{31}～$2^{31}-1$	Integer
	长整型	long	64	-2^{63}～$2^{63}-1$	Long
浮点型	单精度	float	32	3.4e-38～3.4e+38	Float
	双精度	double	64	1.7e-308～1.7e+308	Double

布尔型：这个组包括布尔型（boolean），一种特殊的类型，表示真、假值。

字符型：这个组包括字符型（char），它代表字符集的符号，如字母和数字。

整型：包括字节型（byte）、短整型（short）、整型（int）、长整型（long），是有符号整数。

浮点型：包括单精度浮点型（float）、双精度浮点型（double），代表有小数精度要求的数字。

基本数据类型由系统定义，是不可再分割的类型。基本数据类型的长度是固定的，不随计算机软件、硬件系统的不同而变化。

2.2.2 复合数据类型

复合数据类型有三种：数组、类和接口。复合数据类型是由基本数据类型组成的，用户根据需要可以自定义复合类型。复合数据类型将在后续章节中介绍。

2.2.3 枚举类型

Java 5.0 以后版本新增了枚举类型（enumerate），使用关键字 enum，表示用常量名来设置一组常量。枚举类型的定义形式为：

```
enum Seasons{SPRING, SUMMER, AUTUMN, WINTER};
```

每个枚举常量实际上是一个整数值，4 个 Seasons 值分别为整数 0、1、2、3，程序中使用整数直接进行运算会带来方便。

如示例 NumberTest1.java 展示了枚举类型使用，运行结果如图 2-1 所示。

NumberTest1.java

```java
public class NumberTest1 {
    public enum week {
        Sun, Mon, Tue, Wed, Thu, Fri, Sat;
    }

    public static void main(String arg[]) {
        week day1 = week.Mon;
        week day2 = week.Thu;
        // 通过 ordinal()方法得到 enum 元素的排列
        int ord = day2.ordinal()-day1.ordinal();
        System.out.println("day1 order is:" + day1.ordinal());
        System.out.println("day2 order is:" + day2.ordinal());
        System.out.println("days ord:" + ord);
    }
}
```

```
day1 order is:1
day2 order is:4
days ord:3
```

图 2-1　枚举类型转换运行结果

2.2.4　类型转换

Java 语言是强类型语言，具有较好的安全性，在数据类型上有以下规定：

① 任何变量必须定义为某种数据类型，每个变量的类型说明是唯一的。

② 赋值运算前，要检查赋值运算符左右两端类型是否一致，类型不匹配要进行强制转换。

③ 方法调用时，要求形参与实参的类型一致。

Java 语言数据类型转换有如下两种：

（1）隐式转换

当由低的数据类型转换为高的数据类型时，系统自动进行，转换时数据精度不会丢失。不同数据类型由低到高的顺序如下：byte，short，char→int→long→float→double。double 类型优先级最高。

（2）强制类型转换（显示转换）

凡是数据类型高的转换为数据类型低的，都要进行强制类型转换，转换过程中可能导致溢出或损失精度。强制类型转换的形式为：

（<类型>）<表达式>

表示将表达式的类型转换为圆括号内所指定的类型。例如：

```java
int i = 10;
byte j = (byte)i;
```

示例 NumberTest2.java 演示了强制类型转换，输出结果如图 2-2 所示。

NumberTest2.java

```java
public class NumberTest2 {
    public static void main(String arg[]) {
        char ch;
        byte a;
        int b = 325;
        double c = 346.73;
        a = (byte) b;
        // 高转化为低，丢失数据
        System.out.println("From int to byte:" + b + "-->" + a);
        b = (int) c;
        // float 转换为 int，四舍五入
        System.out.println("From double to int:" + c + "-->" + b);
        b = (byte) c;
        // float 转化为 char，丢失数据
        System.out.println("From double to byte:" + c + "-->" + b);
        ch = (char) 100;
        // long 转换为 char
        System.out.println("From 100 to char:" + ch);
    }
}
```

```
From int to byte:325-->69
From double to int:346.73-->346
From double to byte:346.73-->90
From 100 to char:d
```

图 2-2　强制类型转换运行结果

2.3　变量和常量

Java 程序设计语言的数据可以分为常量和变量，也是程序中经常需要用到的数据形式。常量用来表示数据的值，变量不但可以用来表示数据的值，而且可以用来存放数据，每个变量都对应一个或多个内存单元。

2.3.1　常量

常量是指在程序运行过程中保持不变的量，Java 语言中的常量共 5 类，它们分别为：整型常量、浮点型常量、布尔型常量、字符型常量和字符串常量。

1．整型常量

Java 的整型常量有 3 种形式：① 十进制整数，如 123、-456、0；② 八进制整数，用 0 开头，如 0123、-011；③ 十六进制整数，用 0x 或 0X 开头，如 0x123、-0X12。

2．浮点型常量

Java 语言的浮点型常量有两种形式：

① 十进数表示法，由数字和小数点组成，如 58、126.3。

② 科学计数法，由数字和 e（或 E）组成，要求 e（或 E）前必须有数字，e（或 E）后必须有整数，如 3.14e5、3.14e-2 是合法的表示形式，2e3.4、e、e-3 等是错误的表示形式。

浮点型常量用 F（或 f）作为后缀时，表示单精度浮点型；用 D（或 d）作为后缀时，表示双精度浮点型，默认为 D（或 d），即双精度浮点型，占内存 8 字节。

3．布尔型常量

布尔型常量只有两个值：true 和 false。布尔型常量不能转换为其他数据类型。

4．字符型常量

字符型常量是使用"'"括起来的一个字符或多个字符（转义字符），如'M'、'a'、'\n'等。

Java 中使用的是 Unicode 字符集，所有字符都是 16 位无符号型数据，每个字符型常量占有内存 16 位。在 Java 中字符常量的表示有两种：

① 用 "'" 括起的普通字符，如'a'、'A'、'M'等。

② 用 "'" 括起的转义字符，转义字符是由 "\" 开始表示其后为转义字符。常用的转义字符如表 2-3 所示。

表 2-3　转义字符

转义字符	功　　能
\n	换行
\t	水平制表
\b	退格
\r	回车
\\	反斜线
\'	单撇号
\"	双撇号
\ddd	3 位八进制数
\uhhhh	Unicode 转义序列，4 位十六进制数

5．字符串常量

字符串常量是用双引号括起来的零个或多个字符，如"hello world!"。在 Java 中，字符串常量不作为字符数组处理，而作为字符串 String 类的对象来处理。字符串结束用串长度 length 来确定。

6．符号常量

Java 中使用 final 关键字定义符号常量，例如：

```
final double PI = 3.1415926;
```

符号常量可以是任何类型，在定义符号常量时必须进行初始化。符号常量的定义遵循标识符的定义要求，按照 Java 的编程规范，符号常量通常用大写字母来表示，以区别于一般的变量。若常量名由两个或两个以上单词组成，则单词之间用下画线连接。例如：

```
        final int MAX_NUM = 100;
```

符号常量本质上是一种常量，其值不可在程序运行过程中通过赋值改变，所以在声明符号常量时必须给出初始值。编译器会帮助检查程序中是否对符号常量进行了赋值，如果没有赋值，那么编译器会报告一个错误信息。

2.3.2 变量

变量是进行程序设计的有力武器。变量有 4 个要素：变量名、变量类型、变量地址、变量值。程序中通过变量名访问变量的值，变量名的命名方式采用标识符命名；变量类型由程序员显示地声明，编译器根据类型解释变量地址所指存储空间中的二进制串；一个变量与内存中某一区域相关联，变量地址即指该区域的位置；该区域中存放的数据即为变量的值，这一内存区域在程序运行的不同时刻可能存放不同的值。

1. 变量的类型

变量类型指明了该变量的存储长度和合法操作，变量类型包括：整型变量、浮点型变量、布尔型变量、字符型变量、字符串型变量。

（1）整型变量

Java 语言提供了 4 种整型数据类型：byte、short、int 和 long，只能表示整数（包括负数）。由于它们占用存储空间的大小不同，因此表示的数值范围也有所不同，占用空间越大，表示的范围越大，如表 2-4 所示。Java 语言中，每种基本数据类型都限定了固定的格式和大小，在不同平台上，相同数据类型的大小和格式均是固定的，不会改变。

表 2-4　整型

类型	大小	描述	类型	大小	描述
byte	1B	字节整型	int	4B	整型
short	2B	短整型	long	8B	长整型

（2）浮点型变量

Java 中有两种浮点型变量：float 型和 double 型。它们存放位数分别为 32 位和 64 位，位长和机器长度无关。

（3）布尔型变量

类型说明符为 boolean，布尔型变量又称为逻辑型变量，该变量只能取两个值：true 和 false。

（4）字符型变量

类型说明符为 char，Java 语言中只有无符号字符型，没有有符号字符型。字符型数据不能用作整型，因为 Java 语言中没有无符号整型类型；但是字符型数据可以转换为整数参与运算，即用该字符的 ASCII 值。例如：

```
        char ch = (char)('a'+1);
```

（5）字符串型变量

在 Java 中，字符串变量是一个对象，字符串类有两种：String 和 StringBuffer。String

类是字符串常量类，初始化后不能更改；StringBuffer 类是字符串缓冲区，可以被修改。String 和 StringBuffer 将在后续章节进行详细介绍。

2．变量的声明

Java 通常使用小写字母或单词作为变量名，变量的声明方式和赋值方式如下。

```
<数据类型> <变量名> = ［初值］［, <变量名>］= ［初值］…;
```

变量在声明的时候可以初始化，初值可有可无，如果有初值，那么该变量被初始化；如果无初值，那么该变量的值是默认值。通常使用赋值语句改变变量的值。

Java 语言中，变量的默认值如表 2-5 所示。

表 2-5　变量的默认值

类　型	默　认　值	类　型	默　认　值
byte	(byte)0	float	0.0f
short	(short)0	double	0.0d
int	0	char	'\u0000'
long	0L	boolean	false

例如：

```
int a = 6, b = 8, c, d;
String s = "广州";
b = 100;
float  m, n;
m = 3.14f;
```

3．变量的使用方式

同一作用域中不能重复定义同一变量，不同作用域若要使用相同的变量则应重新定义。只要在同一代码块没有同名的变量名，就可以在程序中的任何地方定义变量，一个代码块就是两个相邻"{ }"之间的部分。

每个变量的使用范围只在定义它的代码块中；在类开始处声明的变量是成员变量，作用范围在整个类；在方法和块中声明的变量是局部变量，作用范围到它的"}"。

例如：

```
                            NumberTest3.java
public class NumberTest3 {
    int i = 0;
    public static void main(String arg[]) {
        int i = 10;
        System.out.println(i);              // 输出的 i 为局部变量
    }
}                                           // 结果输出 10
```

4．变量使用示例

例如，NumberTest4.java 中使用了不同类型的变号，运行结果如图 2-3 所示。

```
                            NumberTest4.java
```

```
public class NumberTest4 {
    public static void main(String arg[]) {
        byte b = 0x1a;
        short s = 0177;
        int i = 54321;
        long j = 0xfff1122L;
        char ch = 'h';
        float f = 3.1415f;
        double g = 3.14e+5;
        boolean bl = true;
        String s1 = "hello";
        System.out.println("b = " + b);
        System.out.println("s = " + s);
        System.out.println("i = " + i);
        System.out.println("j = " + j);
        System.out.println("ch = " + ch);
        System.out.println("f = " + f);
        System.out.println("g = " + g);
        System.out.println("bl = " + bl);
        System.out.println("s1 = " + s1);
    }
}
```

```
b = 26
s = 127
i = 54321
j = 268374306
ch = h
f = 3.1415
g = 314000.0
bl = true
s1 = hello
```

图 2-3　变量使用运行结果

2.4　运算符和表达式

在程序设计中，各种基本操作一般需要通过表达式来实现，表达式在程序中由运算符与操作数组成。表示运算类型的符号被称为运算符，参与运算的数据被称为操作数。下面介绍 Java 语言中的运算符。

2.4.1　赋值运算符

赋值运算符分两类：简单赋值运算符和复合赋值运算符。

① 简单赋值运算符为=。

② 复合赋值运算符为+=、-=、*=、/=、%=、&=等，是由某种算数运算符加上简单赋值运算符组成的，如表 2-6 所示。

表 2-6　赋值形式

简单赋值	复合赋值	简单赋值	复合赋值
i = i+j	i += j	i = i/j	i /= j
i = i-j	i -= j	i = i%j	i %= j
i = i*j	i *= j	i = i&j	i &= j

例如：

```
a = b = c = 0 ;                 // 相当于 c=0, b=c, a=b;

int  k = 10;
double  x = 10, y = 20 ;

int  i = 10, j = 3;
i *= j+2;                       // i=50
```

2.4.2　算术运算符

算数运算符包括如下两种。

① 单目运算符：+（取正）、-（取负）、++（增 1）、--（减 1）。

② 双目运算符：+（加法）、-（减法）、*（乘法）、/（除法）、%（求余）。

单目运算符的优先级高于双目运算符，它们只能作用在变量上，不能作用于常量和表达式。例如：

```
int  i = 12345;
i = i * i;

double d = 3.14;
d++;                    // d = 4.14
d--;                    // d= 3.14

int  i = n++;
int  k = ++ n;

10.25%0.5               // 0.25
10.25%(-0.5)            // 0.25
```

2.4.3　关系运算符

关系运算符可以用来比较两个数值类型数据的大小，运算结果是布尔类型的值。关系运算符包括：>、>=、<、<=、==、!=。注意：计算机在表示浮点数以及进行浮点数运算时均存在误差，因此，在 Java 程序中建议不要直接比较两个浮点数是否相等。

例如：

```
(15.2%0.5) == 0.2  //Java 运行结果是 false，而不是 true
```

这是因为，float 和 double 类型的数据都无法精确表示 15.2，计算机中表示两个浮点数精确相等的出现概率通常是比较小的，通常改为判断两个浮点数是否在一定的误差允许范围之内相等。

例如，比较两个浮点数 a1 和 a2 是否相等可采用以下形式：

```
// epsilon 是大于 0 且适当小的浮点数，称为浮点数的容差
(((a2-epsilon) < a1) && (a1 < (a2+epsilon))
```

2.4.4　条件运算符

条件运算符是"?:"，格式如下：

```
条件表达式 ? 表达式 2 : 表达式 3
```

表示当条件表达式为 true 时，取"表达式 2"值；为 false 时，取"表达式 3"的值。

例如：

```
int a = 0x10, b = 010, max;
max = a > b ? a : b;
System.out.println(max);                    // 输出 16
```

2.4.5　逻辑运算符

逻辑运算符分为如下两种。

① 单目运算符:！（逻辑非）。

② 双目运算符：&（非简洁逻辑与）、|（非简洁逻辑或）、^（逻辑异或）、&&（简洁逻辑与）、||（简洁逻辑或）。

逻辑非运算符的功能是：操作数为 true，则结果为 false；操作数是 false，则结果为 true。

逻辑与运算符的功能是：当对两个操作数求逻辑与时，只要有一个操作数为 false，则结果为 false；只有两个操作数都是 true 时，结果才为 true。

逻辑或运算符的功能是：当对两个操作数求逻辑或时，只要有一个操作数为 true，则结果为 true；只有两个操作数都为 false，结果才为 false。

逻辑异或运算符的功能是：当对两个操作数逻辑异或时，只有两个操作数相同时，结果为 false；否则，结果为 true。

在 Java 语言中，逻辑运算只能对布尔型数据进行运算，结果仍为布尔型数据。

2.4.6　位运算符

位运算符分为逻辑位运算符和移位运算符两类，用来对二进制位进行操作。

（1）逻辑位运算符

逻辑位运算符包括：

① 单目运算符：~（按位取反）。

② 双目运算符：&（按位与）、^（按位异或）、|（按位或）。

在双目运算符中，按优先级，&运算符高于^运算符，^运算符高于 | 运算符。

（2）移位运算符

移位运算符包括：<<（左移位）、>>（右移位）、>>>（无符号右移）。这些都是双目运算符。

2.4.7　其他运算符

（1）对象运算符 instanceof

对象运算符 instanceof 用于测试一个对象是否为一个指定类的实例，如果是，则返回true，否则返回 false。

例如，shape 类的子类是 circleShape，如果有一个存储 shape 的变量实例 shapeExam，如何知道它是否是一个 circleShape 呢？以下代码可实现。

```
shape  shapeExam;
if (shapeExam  instanceof circleShape ){
    circleShape polygon = (circleShape) shapeExam;
    ……
}
```

当处理保存某一公有父类的子类对象的数据结构时，会经常遇到上面的情况。假设有一个基于画图程序的对象，存储了用户绘制的所有形状，若要打印这些数据，就要有一个循环遍历这些数据结构并打印每种形状，如果一种特殊的形状需要特殊的指令进行打印，就需要使用 instanceof 运算符。

（2）对象实例化运算符 new

对象实例化运算符 new 用于实例化一个对象，即为对象分配内存。

（3）字符串合并运算符+

字符串合并运算符+用于连接两个字符串。表 2-7 列出了字符串的创建规则。

表 2-7　字符串创建规则

操 作 数	规　　　则
null 变量	取值为空 null，会产生 null 字符串
整数	会被转换成十进制数，表示字符串，如果是负数，那么前面会加上"-"
浮点数	被转换为紧缩格式的字符串，如果长度超过 10 个字符，会以指数形式表示
字符	被转换为长度为 1 的包含相同字符的字符串
布尔值	转换成 true 或 false
对象	对象的方法 toString( )会被调用

例如：

```
String a = "Hello", b = "你好";
int  i = 42;
float  j = 42.0f;
boolean  f = i == j;
double d = 489.47;
System.out.println(a+b);                 // 输出 Hello 你好
a = a+f;
```

```
System.out.println(a);          // 输出"helloitrue"
System.out.println(b+d);        // 输出"你好489.47"
```

（4）括号运算符

括号运算符"()"用来改变运算符的运算顺序，其优先级最高。

括号内的操作先进行。

（5）下标运算符

下标运算符在表示数组元素时使用。

（6）强制类型转换运算符

强制类型转换运算符可将某表达式的类型强制转换为指定的类型，格式如下：

```
(<类型>) <表达式>
```

说明：与 C 或 C++语言不同，Java 语言不再使用逗号运算符。

2.4.8　运算的优先级和结合性

运算符的优先级和结合性是用来确定表达式的运算顺序的。优先级高的先运算，优先级相同的，由结合性决定运算顺序。大部分运算符的结合性是从左到右，部分单目运算符、三目运算符和赋值运算符的结合性是从右到左。

表 2-8 列出了运算符的优先级和结合性。

表 2-8　运算符的优先级和结合性

优先级	运　算　符	结合性
1	.、[ ]、( )	
2	~、!、++、--、+、-、(<类型>)、new	从右到左
3	*、/、%	从左到右
4	+、-	从左到右
5	>>、<<、>>>	从左到右
6	<、<=、>、>=、instanceof	从左到右
7	==、!=	从左到右
8	&（按位与）	从左到右
9	^（按位异或）	从左到右
10	|（按位或）	从左到右
11	&&（简洁逻辑与）、&（非简洁逻辑与）、^（逻辑异或）	从左到右
12	||（简洁逻辑或）、|（非简洁逻辑或）	从左到右
13	? :	从右到左
14	=、+=、—=、*=、/=、%=、>>=、<<=、>>>=、&=、|=、^=	从右到左

例如：

```
int a = 3, b = 6, k ;
k = a+ = b -= 2 ;          // 先计算 b -= 2, 得 4, 再计算 a += 4
System.out.println(k) ;    // 输出 7
```

2.4.9　表达式

表达式是由操作数和运算符按一定的语法规则组成的符号序列，每一个表达式经过运算后都会产生一个确定的类型和值，这一运算过程称为表达式求值。表达式求值结果的类型和值由运算符和参与运算的操作数决定。

在 Java 语言中，表达式包括：算术表达式、关系表达式、逻辑表达式、赋值表达式和条件表达式。

（1）算术表达式

算术表达式的值为算术值，由算术运算符、位运算符组成。例如：

```
NumberTest5.java
public class NumberTest5{
    public static void main(String args[]) {
        byte a = 10;
        short b = 100;
        char ch = 'a';
        int i = 2400;
        long l = 20000L;
        float f = 3.14f;
        double d = 3.14159;
        double result = i * ch-l/a+d-f;
        int result2 = ++i-a--+b++;
        System.out.println("result = "+result);
        System.out.println("result2 = "+result2);
    }
}
```

执行该程序后，运行结果为：

```
result = 230800.0015898951
result2 = 2491
```

（2）关系表达式

由关系运算符组成的表达式称为关系表达式，表达式的类型是布尔型。关系表达式常用来作为 if 语句的条件或循环语句的条件，也可用作逻辑表达式中的操作数。

关系表达式中，如果是浮点型数据进行比较，尽量不要使用等于运算符，因为浮点数的表示存在误差。

例如：

```
NumberTest6.java
public class NumberTest6 {
    public static void main(String args[]) {
        boolean x, y;
        int i = 5, j = 2;
        x = (i-4) == (j-1);
        int a = 1;
        double b = 1.0;
        y = a == b;
```

```
        int  m = 65;
        char  n = 'A';
        System.out.println(x);          // 输出 true
        System.out.println(y);          // 输出 true
        System.out.println(m==n);       // 输出 true
    }
}
```

（3）逻辑表达式

由逻辑运算符组成的表达式称为逻辑表达式，逻辑表达式的值是布尔型。

例如，示例 NumberTest7.java 的运行结果如图 2-4 所示。

NumberTest7.java

```
public class NumberTest7 {
    public static void main(String args[]) {
        int i = 2, j = 3, k = 4;
        boolean a = ++i == j && i<j++ && 5>k;
        System.out.println("i = " + i + ", j = " + j + ", k = " + k );
        boolean b = i< j++ || j<--k;
        System.out.println("i = " + i + ", j = " + j + ", k = " + );
        boolean c = i< j|j != k & j>k;
        System.out.println("a = " + a);
        System.out.println("b = " + b );
        System.out.println("c = " + );
    }
}
```

```
i = 3, j = 4, k = 4
i = 3, j = 5, k = 4
a = false
b = true
c = true
```

图 2-4 逻辑表达式

（4）赋值表达式

由赋值运算符组成的表达式称为赋值表达式，赋值运算符是双目运算符，优先级低，结合性为从右到左。

赋值表达式的格式为：

```
<变量或对象> = <表达式>
```

或者

```
<变量或对象> OP = <表达式>
```

其中，OP 表示某种算术运算。

在赋值表达式中，如果右值类型比左值高时，那么需要在<表达式>前加强制类型运算符，使得表达式的类型为左值类型。

例如，示例 NumberTest8.java 的运行结果如图 2-5 所示。

NumberTest8.java

```
public class NumberTest8 {
    public static void main(String args[]) {
        int a, b, c;
        a = b = c = 0;                    // 相当于 c=0, b=c, a=b;
        int k = 10;
        double x = 5.5, y = 20.3;
        k = (int)x;
        int i = 10, j = 3;
        i *= j+2;
        System.out.println("a = " + a + ", b = " + b + ", c = " + c);
        System.out.println("k = " + k);
        System.out.println("x = " + x + ", y = " + y);
        System.out.println("i = " + i + ", j = " + j);
    }
}
```

```
a = 0, b = 0, c = 0
k = 5
x = 5.5, y = 20.3
i = 50, j = 3
```

图 2-5　赋值表达式

（5）条件表达式：条件表达式相当于一个简单的 if 语句。

例如，示例 NumberTest9.java 的运行结果如图 2-6 所示。

```
public class Test {
    public static void main(String args[]) {
        int i = 1, j = 2, k = 3, m = 4;
        int x = i += j -= k *= m /= 2;
        int y = i < j ? k : m > i ? j : k;
        System.out.println("x = " + x);
        System.out.println("y = " + y);
    }
}
```

```
x = -3
y = -4
```

图 2-6　条件表达式

2.5　程序控制结构

Java 语言中的语句以 "；" 作为结束标志。最简单的语句可以只包含 "；"，该语句称为空语句，空语句不执行任何操作。

Java 语言中的语句分为简单语句和块语句两类。简单语句是指一条语句。一对 "{ }" 括起来的两条或两条以上的语句序列称为块语句，或复合语句，块语句内可以定义变量，该变量为局部变量，只在块内有效。块语句允许嵌套。

Java 中的控制结构包括三类：顺序结构、选择结构和循环结构。顺序结构比较简单，不需要专门的控制语句，程序依次执行各条语句。选择结构中，程序根据条件，选择程序分支执行语句；循环结构中，程序循环执行某段程序体，直到循环结束。

2.5.1　选择结构

Java 语言中的选择语句包括条件语句和开关语句。

1．条件语句

条件语句包括 if 语句和 if-else 语句。

（1）if 语句

if 语句的格式如下：

```
if(布尔表达式) {
    语句
}
```

其中，布尔表达式是计算结果为布尔值的表达式，语句为一条或多条语句，即语句块。当 if 语句的布尔表达式的值为 true 时，会执行 if 语句中的语句或语句块，否则该语句或语句块不会被执行。

if 语句的流程图如图 2-7 所示。

（2）if-else 语句

if-else 语句的格式如下：

```
if(布尔表达式)
    语句 1 或语句块 1
else
    语句 2 或语句块 2
```

当布尔表达式的值为 true 时，执行语句 1 或语句块 1，否则执行语句 2 或语句块 2。if-else 语句的流程图如图 2-8 所示。

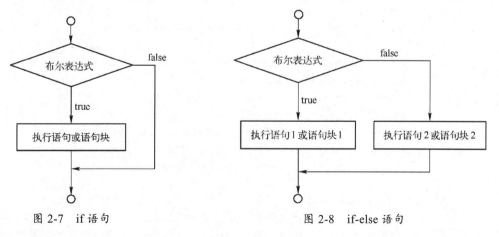

图 2-7　if 语句　　　　　图 2-8　if-else 语句

如果语句 2 又是一个 if-else 语句，则通常表示为：

```
if(布尔表达式 1)
```

```
        语句 1 或语句块 1
else if（布尔表达式 2）
    语句 2 或语句块 2
    ⋮
else if（布尔表达式 n-1）
    语句 n-1 或语句块 n-1
else
    语句 n 或语句块 n
```

以上方法称为嵌套的 if-else 语句。在 Java 语言中，if 和 else 的匹配采用最近原则，即 else 总是与离它最近的 if 配对。为避免出现错误，建议在构成 if 语句或 if-else 语句中的语句或语句块中采用"{ }"形式，即统一采用语句块的形式，即使只有一条语句。

例如：

LeapyearDemo.java

```java
public class Test {
    public static void main(String args[]) {
        int year = 2013;
        if(year % 4 == 0 && year % 100 != 0 || year % 400 == 0)
            System.out.println(year + " is a leap year!");
        else
            System.out.println(year + " is not a leap year!");
    }
}
```

例如，根据输入的数学、英语和程序设计课程的成绩求平均分，然后根据平均分判断总评成绩和奖学金。嵌套 if 语句的程序代码如下：

StudentShip.java

```java
import java.io.BufferedReader;
import java.io.InputStreamReader;
public class StudentShip{
    public static void main(String args[]){
        int math, english, program;
        System.out.println("请依次输入数学、英语和程序设计课程的成绩:");
        try {
            BufferedReader in = new BufferedReader(new InputStreamReader(System.in));
            String inputLine1 = in.readLine();
            math = Integer.valueOf(inputLine1).intValue();
            String inputLine2 = in.readLine();
            english = Integer.valueOf(inputLine2).intValue();
            String inputLine3 = in.readLine();
            program = Integer.valueOf(inputLine3).intValue();
        }
        catch(Exception e) {
            System.out.println("用户输入的成绩不是合法的整数! ");
            return;
        }
        int average = (int) ((math + english + program)/3.0 + 0.5);
```

```
        String score;
        double studentship;
        if(average >= 90) {
            score = "优秀";
            studentship = 1000.0;
        }
        else if(average >= 80) {
            score = "良好";
            studentship = 800.0;
        }
        else if(average >= 70) {
            score = "中等";
            studentship = 300.0;
        }
        else if(average >= 60) {
            score = "及格";
            studentship = 0.0;
        }
        else{
            score = "不及格";
            studentship = 0.0;
        }
        System.out.println("总评成绩为: " + score);
        System.out.println("奖学金为: " + studentship);
    }
}
```

2. 开关语句

开关语句又称为 switch 语句，是一条多重选择语句，可以用来实现多分支处理。开关语句的格式为：

```
switch(<表达式>) {
    case <常量 1> : <语句序列 1>
    case <常量 2> : <语句序列 2>
    ...
    case <常量 n> : <语句序列 n>
    default : <语句序列 n+1>
}
```

其中，switch、case 和 default 是关键字。<常量 1>…<常量 n>通常是整型常量和字符常量。<语句序列 1>…<语句序列 n+1>可以没有语句序列，也可以是一条或多条语句。<表达式>的类型是整型或字符型。

开关语句的功能为：先计算<表达式>值，再将其值与 case 后的<常量>值进行比较，判断是否相等，如果相等，则执行其后的<语句序列>；如果遇到 break 语句，则退出该 switch 语句。如果<表达式>值与所有的 case 后面的<常量>值都不相等，则执行 default 后的<语句序列>，遇到 break 语句或"}"时，退出该 switch 语句。

使用 switch 语句需要注意以下几点：

① case 后的<常量>不能有相同的值。

② <语句序列>中不能使用块语句，可以是一条或多条简单语句，也可以为空。

③ 通常<语句序列>的最后一条语句是 break 语句，当执行到该语句时，退出 switch 语句；如果<语句序列>中无 break 语句，则继续执行下一个<语句序列>，直到遇到 break 语句或遇到 switch 语句的结束符右花括号（}）为止。

④ switch 语句中各 case 子句的顺序无关，default 子句可以在 switch 语句或 "{ }" 内的任何位置。

⑤ 不同 case <常量>可对应同一组<语句序列>。

例如，使用 switch 语句计算学生的总评成绩和奖学金。

```
                            StudentShip2.java
import java.io.BufferedReader;
import java.io.InputStreamReader;
public class StudentShip2 {
    public static void main(String args[]) { //根据数学、英语、程序设计课程的成绩求平均分
        int math, english, program;
        System.out.println("请依次输入数学、英语和程序设计课程的成绩：");
        try {
            BufferedReader in = new BufferedReader(new InputStreamReader(System.in));
            String inputLine1 = in.readLine();
            math = Integer.valueOf(inputLine1).intValue();
            String inputLine2 = in.readLine();
            english = Integer.valueOf(inputLine2).intValue();
            String inputLine3 = in.readLine();
            program = Integer.valueOf(inputLine3).intValue();
        }
        catch(Exception e) {
            System.out.println("用户输入的成绩不是合法的整数！");
            return;
        }
        int average = (int)((math + english + program)/3.0 + 0.5);
        String score;
        double studentship;
        int level = average/10;
        switch(level) {
            case 9:
                    score = "优秀";
                    studentship = 1000.0;
                    break;
            case 8:
                    score = "良好";
                    studentship = 800.0;
                    break;
            case 7:
                    score = "中等";
                    studentship = 300.0;
```

```
                          break;
          case 6:
                          score = "及格";
                          studentship = 0.0;
                          break;
          default:
                          score = "不及格";
                          studentship = 0.0;
          }
          System.out.println("总评成绩为: " + score);
          System.out.println("奖学金为: " + studentship);
      }
  }
```

2.5.2　循环结构

循环结构规定在给定条件成立的前提下，一条语句必须重复地被执行，这条被重复执行的语句可以是单语句、空语句或块语句，被称为循环体。任何程序几乎离不开循环结构。Java 语言有 3 种循环结构：while 循环、do-while 循环和 for 循环。

1．while 循环

while 循环语句是最基本的循环结构，其形式如下：

```
while(<条件表达式>)
    语句序列
```

其中，while 是关键字，<条件表达式>是一个关系表达式或逻辑表达式。语句可以是一条简单语句，也可以是块语句，语句为循环体。当条件表达式为 true 时，则执行循环体，否则退出循环。

while 语句的流程图如图 2-9 所示。

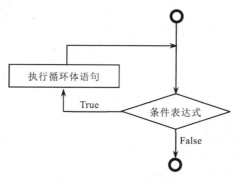

图 2-9　while 语句的流程图

例如，通过 while 循环实现一个电子菜单的选择与处理过程。

```
                              Menu.java
import java.io.BufferedReader;
import java.io.InputStreamReader;
public class Menu {
```

```
public static void main(String args[]) {
    int choice = -1;
    while(choice != 0) {
        System.out.println("\n*******************\n");
        System.out.println("1.酸菜鱼");
        System.out.println("2.红烧排骨");
        System.out.println("3.辣子鸡丁");
        System.out.println("0.退出");
        System.out.println("\n*******************\n");
        System.out.println("本系统将为你提供服务，请做出选择：");
        choice = -1;
        try {
            BufferedReader in = new BufferedReader(new InputStreamReader(System.in));
            String inputLine = in.readLine();
            choice = Integer.valueOf(inputLine).intValue();
        }
        catch(Exception e) {
            System.out.println("@@@@@@@@@");
        }
        if (choice == 0)
            ;
        else if(choice == 1)
            System.out.println("牛牛说酸菜鱼有点辣。");
        else if(choice == 2)
            System.out.println("牛牛说红烧排骨真好吃。");
        else if(choice == 3)
            System.out.println("牛牛说辣子鸡丁太辣了。");
        else
            System.out.println("你选择的东东不存在。");
    }
    System.out.println("喜欢的话，下次再来！");
}
}
```

2．do-while 循环

do-while 语句是 while 语句的一种变形，形式如下：

```
do{
    语句序列
} while(<条件表达式>);
```

其中，do 和 while 都是关键字，<条件表达式>是一个值为布尔型的表达式，语句序列可以是一条语句，也可以是块语句。

do-while 语句的执行过程为：首先执行循环体语句，然后才判断条件表达式的求值结果，如果求值结果为 true 则继续执行循环体，否则结束循环并执行下一条语句。do-while 语句的流程图如图 2-10 所示。

从流程图看，do-while 语句完全可以用 while 语句取代，只需将 do-while 改为：

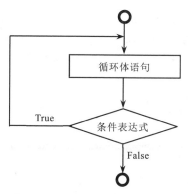

图 2-10　do-while 语句的流程图

```
语句序列
While(<条件表达式>) {
    语句序列
}
```

do-while 语句与 while 语句的区别：do-while 语句至少执行一次循环体，而 while 语句最少执行 0 次循环体。所以，do-while 语句适用于循环体至少执行一次的情况。

例如，使用 do-while 循环实现菜单预定。

```java
                                        Menu2.java
import java.io.BufferedReader;
import java.io.InputStreamReader;
public class Menu2 {
    public static void main(String args[]) {
        int choice = -1;
        do {
            System.out.println("\n******************\n");
            System.out.println("1.酸菜鱼");
            System.out.println("2.红烧排骨");
            System.out.println("3.辣子鸡丁");
            System.out.println("0.退出");
            System.out.println("\n******************\n");
            System.out.println("本系统将为你提供服务，请做出选择：");
            choice = -1;
            try {
                BufferedReader in = new BufferedReader(new InputStreamReader(System.in));
                String inputLine = in.readLine();
                choice = Integer.valueOf(inputLine).intValue();
            }
            catch(Exception e) {
                System.out.println("@@@@@@@@@");
            }
            if (choice == 0)
                ;
            else if(choice == 1)
                System.out.println("牛牛说酸菜鱼有点辣。");
```

```
        else if(choice == 2)
            System.out.println("牛牛说红烧排骨真好吃。");
        else if(choice == 3)
            System.out.println("牛牛说辣子鸡丁太辣了。");
        else
            System.out.println("你选择的东东不存在。");
    } while(choice != 0);
    System.out.println("喜欢的话，下次再来！");
    }
}
```

3. for 循环

for 循环语句的形式为：

```
for（［初始化表达式］；［条件表达式］；［更新表达式］）
    语句或语句块
```

其中，for 是关键字，初始化表达式通常是一条赋值表达式或带有初始化的变量声明；条件表达式的求值结果必须为布尔类型，更新表达式通常也是一条赋值表达式；语句或语句块是 for 循环的循环体。

如果在循环体中不含 break 语句和 continue 语句，则 for 循环的执行流程为：先计算初始表达式；再计算条件表达式，如果值为 true，则执行循环体语句；执行循环体后，计算更新表达式，再计算条件表达式，判断是否为 true；以此类推，直到条件表达式的值为 false 时退出该循环语句。具体执行的流程图如图 2-11 所示。

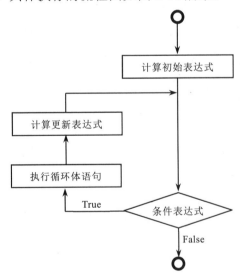

图 2-11　for 语句执行的流程图

使用 for 循环语句需要注意：

① 当条件表达式省略时，则表示循环条件永远为 true，等价于：

```
while(true)
    语句或语句块
```

② for 循环语句的 3 个表达式都可移出圆括号，但是 ";" 仍需保留。通常，初始化表达式可移至 for 循环语句前部，条件表达式和更新表达式可移至循环体内。

③ for 循环语句可以表示为 while 语句形式：

```
[初始化表达式];
While( [条件表达式]) {
    语句或语句块
    [更新表达式])
}
```

④ 循环体可以是空语句，但不能为空。

例如，使用 for 循环实现求 10 个学生的最高分。

AvgScore.java

```java
import java.io.BufferedReader;
import java.io.IOException;
import java.io.InputStreamReader;

public class AvgScore {
    public static void main(String args[]) {
        int max;
        int score[] = new int[10];
        System.out.println("请输入 10 个学生的成绩(0~100): ");

        for(int i = 0; i < 10; i ++) {
            try {
                BufferedReader in = new BufferedReader(new InputStreamReader(System.in));
                String inputLine = in.readLine();
                score[i] = Integer.valueOf(inputLine).intValue();
            }
            catch(IOException e) {
                System.out.println("@@@@@@@@@@");
            }
        }

        max = score[0];
        for(int i = 1; i< 10; i ++) {
            if(score[i] > max)
                max = score[i];
        }
        System.out.println("10 个学生的最高分为: " + max);
    }
}
```

2.5.3 跳转语句

Java 中的跳转语句包括：① break，退出语句；② continue，继续语句；③ return，

返回语句。

1．break 语句

break 语句用在 switch 语句、循环语句和带标号的语句块中。当执行到 break 语句时，程序一般会自动跳出这些语句或者语句块，并继续执行在这些语句或语句块之后的语句或语句块。

break 语句的使用形式如下：

```
break;
```

或

```
break <标号名>;
```

例如，将 1～50 之间数的平方小于 100 的数输出。

```java
                          BreakDemo.java
public class BreakDemo {
    public static void main(String args[]) {
        int square;
        for(int i = 0; i <= 50; i++) {
            square = i *i;
            if(square >= 100)
                break;
            System.out.println( i + "*" + i + "=" + square + "\t" );
        }
    }
}
```

另外，Java 提供了一种带标签的 break 语句，用于跳出多重嵌套的循环语句。例如：

```java
        Scanner scan = new Scanner(System.in);
        int n;

label_break:
        while(…) {
            for(…) {
                System.out.println("Enter a number >= 0 : ");
                n = scan.nextInt();
                if(n < 0)
                    break label_break;
            }
        }

        // 跳出当前多重嵌套后，程序从此处继续执行。
        if(n < 0) {
                            // …
        }
        else {
                            // …
        }
```

程序输入如果不符合条件，那么带标签的 break 跳转到标签的语句块末尾。任何使用 break 语句的代码都需要检测循环是正常结束，还是由 break 跳出。

说明：break 跳转的标签必须放在希望跳出的最外层循环之前，且紧跟一个"："。

2．continue 语句

continue 语句只能用在循环语句和带标号的循环语句中，否则将出现编译错误。当程序在循环语句中执行到 continue 语句时，程序一般会自动结束本轮次循环体的动作，并重新判断循环条件，决定是否重新开始一个新轮次运行在循环体中的语句。continue 语句的使用形式如下：

```
continue;
```

或

```
continue <标号>;
```

例如：

```java
public class ContinueDemo {
    public static void main(String args[]) {
        int k = 0;
        System.out.println("打印出 1~100 之间的素数：");

LOOP:

        for(int i = 1; i < 100; i ++) {
            for(int j = 2; j < i; j ++)
                if( i % j == 0)
                    continue LOOP;
            if(k % 10 == 0)
                System.out.println();
            k++;
            System.out.print( i + "\t");
        }
    }
}
```

3．return 语句

return 语句用在方法内，当程序执行到该语句时，终止该方法的执行，返回到带调用该方法的语句处继续执行。

return 语句具有两种形式：

```
return;                    // 不带参数
```

或

```
return <表达式>;           // 带参数
```

例如，return 语句的使用如下，运行结果如图 2-12 所示。

```java
                              MyDate.java
public class MyDate {
    private int year = 0;
    private int month = 0;
    private int day = 0;
```

```java
public MyDate(int y, int m, int d) {
    year = y;
    month = m;
    day = d;
}

public void setYear(int y) {
    year = y;
}

public int getYear() {
    return year;
}

public void show() {
    System.out.println("\nThe date is: ");
    System.out.println("\t Year : " + year);
    System.out.println("\t Month: " + month);
    System.out.println("\t Day  : " + day);
    System.out.println();
}

public static void main(String[] args) {
    MyDate d1 = new MyDate(2013,3,11);
    d1.show();
    System.out.println("The year is:" + d1.getYear());
}
}
```

```
The date is:
        Year : 2013
        Month: 3
        Day  : 11

The year is:2013
```

图 2-12　return 语句

本章小结

本章介绍了 Java 的基础知识，包括数据类型（基本数据类型和复合数据类型）、类型之间的转换、变量和常量、运算符和表达式以及程序控制结构。

在 Java 语言中，各种运算符具有优先级顺序：先计算优先级高的运算符，再计算优先级低的运算符。程序控制语句介绍了选择结构、循环结构和跳转语句。模块是面向对象程序设计的基本单位，模块的最小粒度是 Java 语句。

习 题 2

2-1 写出下列表达式的值，已知 int a = 1。

（1）(true | (++a==1)) &(a==2)

（2）(true || (++a==1)) &(a==2)

（3）a*=2+3

（4）36>>2*4&&48<<8/4+2

（5）2*4 && 0<2 || 4%2

2-2 找出下面程序段的错误。

（1）

```
int mb_device(int x, int y) {
    int result;
    if(y == 0)
        result = 0;
    else
        result = x/y;
}
```

（2）

```
void mb_output(int x);
{
    System.out.println(x);
}
```

（3）

```
void mb_outputSquare(int x) {
    System.out,println("x=" + x);
    int x = x*x;
    System.out,println("x*x=" + x);
    {
        int x = x*x*x;
        System.out,println("x*x=" + x);
    }
}
```

2-3 编写程序，完成：用户输入一个年份，如果是闰年，那么输出是闰年（年份能被 4 整除且不能被 100 整除，或者能被 400 整除的年份）。

2-4 编写程序，完成：用户输入任意一个整数，求各位数字之和。

2-5 编写程序，完成以下情景问题：操场的一圈 400 米，一个人要跑 10000 米，第一圈 50 秒，其后每一圈都比前一圈慢 1 秒。按照这个规则，计算跑完 10000 米需要多少秒。

2-6 编写程序，完成以下情景问题：井里有一只蜗牛，白天往上爬 5 米，晚上掉 3.5 米，井深 56.7 米，计算蜗牛需要多少天才能从井底爬出来。

2-7 编写程序，完成以下情景问题：一球从 h 米高度自由落下，每次落地后反弹回原高度的一半。求它在第 n 次落地时，共经过多少米？第 n 次反弹多高？

2-8　编写程序，完成猴子吃桃问题：第一天，猴子摘下若干桃子，当即吃了一半，还不过瘾，又多吃了一个；第二天早上，将剩下的桃子吃掉一半，又多吃了一个；以后每天早上，都吃了前一天剩下的一半加一个；到第 10 天早上想再吃时，只剩下一个桃子了。求第一天共摘了多少个桃子。

第 3 章　面向对象编程

- ﾊ　类和对象
- ﾊ　句柄
- ﾊ　构造方法和成员方法
- ﾊ　方法的调用和参数的传递
- ﾊ　内部类和匿名的内部类

所谓面向对象程序设计（Object Oriented Programming，OOP），就是把一个复杂的问题抽象成一些简单的对象，并通过对象之间传送消息来解决问题。Java 语言作为一种面向对象的程序设计语言，已经在很多领域得到广泛应用。在 Java 语言中，任何事物几乎都可以被看作对象。本章重点介绍面向对象程序设计中的基本概念、如何创建对象和类、面向对象特点等。

3.1　类和对象

对象和类是面向对象思想中两个重要的概念。对象有自己的状态和行为，对象可以认为是类的实例。类有自己的属性和方法。面向对象程序中的代码都需要放在不同的类中，每个类可以完成某个特定的功能。

与现实世界的实体相比，程序中的对象与现实之间存在的共同点是它们都要有自己的状态和行为。面向对象方法最早的倡导者之一 Booch 提出"对象拥有状态、行为和标识"。所谓对象的状态，是指对象的特征。例如，地铁自动售票机有硬币投入口、纸币投入口、地铁票出口等，这些都可以认为是地铁自动售票机特有的状态。所谓行为，是指在对象上完成的特定操作，如使用地铁自动售票机买票、查看路线等。为了对具有相同行为和状态的不同对象加以区分，在内存中会分配给它唯一的地址作为标识。

可以将一组对象的公共特征和行为提取出来归结到一个类中。不同对象的状态和方法也可以定义在不同的类中。类可以有自己的属性和方法。属性是指类的实例变量，该变量可以是基本数据类型或者其他类的对象；方法是指在对象上完成的某种操作。

3.1.1 类的声明

在面向对象的程序设计语言中，对象用来对现实世界中的实体进行描述，而类是用来描述具有相同属性和行为的对象的集合，是构造对象的模板。例如，汽车、火车、飞机都属于交通工具，可以认为是一个个的对象，而表示交通工具的类 Vehicle 就可以用来对这些表示交通工具的对象模板进行描述。声明一个类的方法如下：

```
[访问控制符] [修饰符] class 类的名称 [extends 父类] [implements 接口] {
}
```

其中，访问控制符、修饰符、extends、implements 都是可选的。

访问控制符包括 public、private、protected 和 friendly（默认），如表 3-1 所示。修饰符可以是 static、abstract 和 final，如表 3-2 所示。

表 3-1　类访问控制符

访问控制符	说　　明
public	声明为公共类，可以被任何其他的类访问
private	声明为私有类，除了该类自身外，不允许被其他类访问
protected	声明为受保护的类，可以被该类本身和同一个包下的其他类或者不同包中该类的子类访问
friendly（默认）	修饰的类是友好型的，只能被该类本身和同一包下的类访问

表 3-2　类修饰符

修饰符	说　　明
static	声明该类是一个静态类
abstract	声明该类是一个抽象类，抽象类中至少有一个方法是 abstract（抽象）的。被 abstract 声明的类不能被实例化
final	声明该类为最终类，不能被继承

class 是 Java 的一个关键字，用于通知编译器声明的是一个类。类的名称可以是任何合法的标识符。类名第一个字母一般应大写。extends 关键字的意思是继承，用于让该类继承另一个类（只能一个），从而扩展类的功能。implement 关键字的意思是实现接口，可以实现一个或多个接口，多个接口之间用“,”分隔。

例如，类的声明如下：

```
public static class MyJava extends Master implements ComApprove, IssuePattern{
    …
}
```

3.1.2 类的成员

一个类可以包含许多变量和方法。在类中定义的变量被称为成员变量或者实例变量，定义的方法被称为成员方法，在成员方法中定义的变量被称为局部变量。

1．成员变量的声明

Java 中，变量的声明格式如下：

```
[访问控制符] [修饰符] 变量类型 变量的名称
```

其中，访问控制符、修饰符是可选的。

访问控制符可以是 public、private、protected 和 friendly（默认），如表 3-3 所示。修饰符可以是 static、final 和 volatile，如表 3-4 所示。

表 3-3　变量访问控制符

访问控制符	说　明
public	声明为公共变量，任何其他类都可以访问
private	声明为私有变量，除了该类自身外，不允许其他类访问
protected	受保护类型的成员变量，可以被该类本身、同一个包下的其他类或者不同包中该类的子类访问
friendly（默认）	友好型的成员变量，只能被同一包下的类访问

表 3-4　变量修饰符

修饰符	说　明
static	声明该类是一个静态变量，也叫类变量，可直接通过类名引用它
final	声明该类型变量，其值不能再被修改。一般情况使用 static 和 final 共同定义一个常量，定义常量时，名称中所有的字母都大写。例如： private static final int TOTAL_NUMBER = 10;
volatile	异步控制修饰符，在多线程中使用，使用该修饰符可以保证各线程对该变量的访问的一致性

2．成员方法的声明

Java 中，类的成员方法的声明如下：

```
［访问控制符］　［修饰符］　方法返回值类型　方法的名称（［参数类型　参数列表］）　［throws　异常］
```

其中，访问控制符、修饰符、参数列表和 throws 异常都是可选的。

访问控制符可以是 public、private、protected 和 friendly（默认），如表 3-5 所示。修饰符可以是 abstract、static、final、synchronized 和 native，如表 3-6 所示。

表 3-5　方法访问控制符

访问控制符	说　明
public	声明为公共方法，任何其他的类都可以访问
private	声明为私有方法，除了该类自身外，不允许其他类访问
protected	受保护类型的成员方法，可以被该类本身、同一个包下的其他类或者不同包中该类的子类访问
friendly（默认）	友好型的成员方法，只能被该类本身和同一包下的类访问

表 3-6　方法修饰符

修饰符	说　明
abstract	声明的方法是抽象方法，抽象方法只有方法首部，没有方法体
static	声明的方法是静态方法，其被该类的所有对象共享，可直接通过类名引用它
final	声明为 final 的方法不能被重写或覆盖
synchronized	synchronized 关键字声明方法的同步
native	声明的方法是一个本地方法，该方法不是由 Java 语言编写的，可以通过 JNI 接口调用其他语言实现对操作系统底层的访问，如 C 语言编写的 dll 库等

类中变量和方法声明举例：

```
public  class MyJava {
```

```
static int  addNumber = 0;
private static final int TOTAL_NUMBER = 10;
public static int add() {
    int i = 1;
    addNumber = i + 1;
    return addNumber;
}
public static void main(String args[]) {
    add();
    System.out.println(addNumber);
}
}
```

3.1.3　对象的创建和使用

在面向对象程序设计中，对象是使用对应模板（类）创建出来的某个实体。在实际的程序设计中，经常需要创建对象。Java 中对象可以使用 new 关键词来创建。对象的创建方法为：

```
类的名称　对象的名称 = new 类的名称();
```

new 关键词的作用是通知编译器为对象分配存储空间，调用类的构造方法将参数初始化（如果构造方法中有参数），同时会返回一个对象的引用。例如：

```
String s = new String("This is a String");
```

当使用 new 关键词创建该对象时，系统会在堆内存中为其分配存储空间，同时在栈中会有一个对象引用指向相关的变量。

对象被创建后，对象就拥有了类定义中所包含的变量，就可以通过该对象引用类中的方法和属性。使用方法为：

```
对象的名称.属性
对象的名称.方法（参数列表）
```

通过"对象的名称.属性"可以实现对类的变量的访问，通过"对象的名称.方法（）"可以使对象产生相应的行为。例如：

```
public class classTest{
    int i = 1;                                    // 定义 int 类型变量 i
    public String printString() {
        String s = "This is printString method";      //定义字符串
        return s;                                 // 返回字符串所表示的值
    }
    public static void main(String[] args){
        classTest  t = new classTest();           // 创建 classTest 对象
        System.out.println(t.i);                  // 打印输出成员变量 i 的值
        System.out.println(t.printString());      // 打印输出 printString 方法返回的字符串
    }
}
```

上面的实例首先定义了一个成员变量 i 和一个方法 printString( )，然后在 main( )方法中创建了一个 classTest 类的对象 t，通过 t.i 获得类的成员变量 i 的值，使用 t.printString( )获得方法中字符串的内容。上例的运行结果为：

```
1
This is printString method
```

3.1.4 对象的生命周期

对象有其生命周期。当使用 new 关键词创建一个对象时，Java 会在堆内存中动态地创建一个对象，在栈中创建存储空间，同时会有一个对象的引用指向该对象。如果栈的指针下移，就会创建一个内存空间；如果指针上移，就会释放内存空间。由于在程序运行之前，编译器并不能确定堆内存中有多少对象，可能停留多长时间，因此可以在需要使用一个对象的时候使用 new 关键词创建。这样的动态创建方式比 C++的提高了灵活性，但是将花费更长的时间在堆内存中分配存储空间。

如果想在对象被销毁之前清除一些正在执行的特殊操作，可以使用 finalize( )方法。该方法是 Object 类的一个方法，其他任何类都可以调用该方法，方式如下：

```
protected void finalize() {
    ...                                // 程序代码
}
```

该方法内可以写一些需要进行操作的代码，用于处理在对象销毁后仍可能占有的系统资源，如网络编程中关闭套接字、释放与绘图有关的资源，在进行文件处理的时候也很有用。但是程序无法确定该方法何时会得到调用，Java 虚拟机只是保证该方法会在对象销毁并释放它们占有的内存空间之前被自动调用。

当对象不再需要时，也就是没有任何引用指向该对象时，对象会从堆内存中销毁，对象所占用的空间就会被回收。在 Java 中，销毁对象的动作是通过"垃圾回收机制"来完成的，会自动将不需要的对象从堆内存中销毁掉，不需要程序员考虑什么时间去销毁对象的问题。这样就不会像编写 C++程序那样，因为忘记回收内存而造成系统内存溢出。Java 的"垃圾回收机制"很好地解决了这个问题。

3.2 句柄

在 Java 中，可以对对象进行操作的是指向对象的句柄（Handle）。可以将句柄和对象的关系想象成遥控器和电视机的关系，遥控器是句柄，电视机就是对象。通过遥控器可以对电视机进行控制，遥控器也脱离电视机独立存在。下面的实例展示了句柄与对象的关系：

```
String  s;
s = new String("Hello Java!");
int  length = s.length();
```

第一条语句创建了一个句柄 s，并且连接了一个新的对象"Hello Java!"，可以通过 s

对该对象进行操作。

如果只有第一条语句，那么只是创建了一个句柄 s，而没有连接对象。如果对 s 进行操作，就会出现异常。所以，在创建一个句柄的同时最好对其进行初始化操作。

3.3 方法的调用和参数的传递

3.3.1 构造方法

在 Java 中，当创建一个对象时，需要对创建的对象做相应的初始化操作，这些工作是由 Java 中的"构造方法"来完成的。构造方法可以保证每个对象都得到正确的初始化。

Java 的每个类都会提供一个构造方法，如果没有为类定义的构造方法，那么编译器会自动调用一个默认的没有任何操作的无参构造方法，以保证对象可以正确初始化。

例如，构造方法的定义如下。

```
                              CreditCard.java
public class CreditCard {
    private double  maxOverdraft;            // 透支限额
    private double  balance;                 // 存款余额

    public CreditCard (double max) {         // 构造方法，将透支限额设置为 max
        maxOverdraft = max;
        if(max >= 1000)
            balance = 100;
        else
            balance = 0;
    }
    public deposit(double amount) {          // 向账户中存款
        balance = balance + amount;
    }
    public boolean withdraw(double amount) { // 从账户中取款，取款金额为 amount
        if (amount <= balance + maxOverdraft) {
            balance = balance - amount;
            return true;
        }
        else
            return false;
    }
    public double getBalance() {             // 查询账户的当前余额
        return balance;
    }
}
```

使用构造方法时，需要注意以下问题：

① 构造方法与类同名。

② 构造方法没有任何返回值。

③ 初始化对象时构造方法是由系统调用的。

④ 构造方法包括有参、无参构造方法，只要构造方法中参数的个数、参数的类型或者参数的排列次序不同就属于两个不同的构造方法。

⑤ 一个类中可以定义多个构造方法。用户如果没有定义任何构造方法，编译器会自动调用默认的无参构造方法，一旦用户自定义了构造方法，编译器则不再调用默认的构造方法。

构造方法的调用过程如下：

① 初始化对象为默认值。数值类型默认值为 0，布尔类型默认值为 false，对象默认值为 null。

② 按照声明顺序调用初始化语句。

③ 构造方法的调用顺序是：如果有父类的构造方法则先调用父类的构造方法，如果在一个构造方法中调用了另一个构造方法，则先调用另一个构造方法。

④ 执行自己的构造方法。

3.3.2 方法调用

Java 语言的方法调用被当作一个表达式，该表达式后跟 "；"，就成为一条表达式语句。方法调用的一般形式为：

> 函数名（实际参数列表）；

实际参数列表是用 "，" 分隔的表达式列表，调用时需要将实际参数的值传递给方法中对应位置的形式参数，实际参数的个数必须与形式参数的个数相同，并且类型要兼容。

方法调用需要注意：

❖ 声明方法需要写返回值类型，构造方法除外。

❖ Void 类型方法可以使用 return 退出，但不能在 return 后添加任何值。

❖ 方法声明后需要用花括号将方法体括起来，否则会出现编译错误。

❖ 实参与形参的个数要相同，类型要兼容。

❖ 方法不允许嵌套定义，但允许嵌套调用。

1. 非静态方法的调用

Java 语言中，非静态方法可以通过对象调用，调用方法为：

> 对象名.方法（参数列表）；

例如，调用程序的示例如下。

```
                          MethodArea.java
public class MethodArea{
    public static void main(String[] args) {
        Area  a = new Area();                        // 创建表示面积类的对象
        Double rectangleArea = a.getRectangleArea(10,20);// 通过对象 a 调用其非静态方法
        System.out.println("rectangleArea = " + rectangleArea); // 打印输出计算后的面积
    }
}
class Area {
```

```
        double getRectangleArea(double x, double y) {
            double  area = x * y;
            return area;
        }
    }
```

在 MethodArea.java 中，Area 类中定义了 getRectangleArea( )方法，有两个 double 类型的参数，返回值也为 double 类型。在 MethodArea 类中调用该方法时，首先创建了一个 Area 的对象 a，然后通过对象 a 调用其非静态方法 getRectangleArea( )。

2．静态方法的调用

Java 语言使用 static 关键词修饰的方法被称为静态方法。如果一个方法声明为 static 类型，那么说明该方法为该类所有对象所共享，直接通过类名调用它，调用形式为"类名.静态方法名();"，所以 static 类型的方法也被称为类方法。一般情况，使用静态方法完成与类有关的操作，使用非静态方法完成与对象有关的操作。被声明为 static 类型的方法不能直接调用非 static 类型的方法。

例如，静态方法的声明和调用示例如下。

Menu.java

```
import java.io.*;
public class Menu {
    public static int selectMenu() {
        // 列出菜单选项
        System.out.println("1.宫爆鸡丁");
        System.out.println("2.鱼香肉丝");
        System.out.println("3.麻婆豆腐");
        System.out.println("0.不点了");
        System.out.print("请点菜：");
        // 用户输入选择
        int  choice = -1;
        try {
            BufferedReader in = new BufferedReader(new InputStreamReader(System.in));
            String  inputLine = in.readLine();
            choice = Integer.valueOf(inputLine).intValue();
        }
        catch(Exception exc) { }
        return choice;
    }
    // 模拟对用户选择苹果的处理过程
    public static void handleApple(){
        System.out.println("您选择了苹果。");
    }
    // 模拟对用户选择梨子的处理过程
    public static void handlePear(){
        System.out.println("您选择了梨子。");
    }
```

```java
    // 对用户的选择结果 choice 分别做处理
    public static void handle(int choice) {
        if(choice == 0)
            ;
        else if(choice == 1)
            handleApple();
        else if(choice == 2)
            handlePear();
        else
            System.out.println("您的选择不正确。");
    }
    // 主程序
    public static void main(String[] args) {
        int  choice = -1;
        while(choice != 0) {
            choice = selectMenu();
            handle(choice);
        }
    }
}
```

3. 构造方法的调用

有些情况，需要在一个构造方法中对另一个构造方法进行调用。构造方法的调用与一般方法的调用方式不同，通过 this 关键词调用另一个构造方法，用法为：

```
this(参数列表);
```

在 Java 中，关键词 this 表示当前对象，使用 this 调用另一个构造方法时，它必须在构造方法中作为第一条可执行的语句出现。

例如，main( )方法创建了一个类 Car 的对象 c，new Car( )中有两个参数分别代表车的名称和型号。

```java
                              Car.java
public class Car {
    String carName = "";                      // 车的名称
    String carType = "";                      // 车的型号
    public Car() {                            // 构造方法
        System.out.println("This is the constructor Car()");
    }
    public Car(String name, String type) {    // 构造方法
        this();
        carName = name;
        carType = type;
    }
    public static void main(String[] args) {
        Car c = new Car("Porsche", "911");
    }
}
```

程序编译运行后的结果如下：

```
this is the constructor Car()
```

3.3.3　方法的参数传递

Java 语言有两种参数传递方式：按值传递和按引用传递。按值传递是指对于要传递给方法的变量，实际传递的是这个变量的一个副本；引用传递可以认为传递的是对象的别名。

1．基本数据类型作为参数传递

在 Java 中，对于基本数据类型的变量来说，传递的方式都是按值传递的。如下面的 Swap.java 程序演示了方法调用时按值传递参数的效果。主程序的方法调用表达式将实际参数 i 和 j 的值传递给形式参数 x 和 y，虽然在服务程序 swap( )方法中改变了形式参数 x 和 y 的值，但并未影响客户程序 main( )中实际参数 i 和 j 的值，所以尽管 main( )方法调用 swap( )方法试图交换两个数据的值，但调用前与调用后 i 和 j 的输出结果表明 swap( )并未真正交换 i 和 j 的值。

Swap.java

```java
import java.io.*;
public class Swap {
    // 试图交换 x 和 y 的值
    public static void swap(int x, int y) {
        int  temp = x;
        x = y;
        y = temp;
    }
    // 主程序
    public static void main(String[] args) {
        // 输入两个整数
        int  i, j;
        try {
            BufferedReader in = new BufferedReader(new InputStreamReader(System.in));
            System.out.print("Please input the first number : ");
            String inputLine1 = in.readLine();
            i = Integer.valueOf(inputLine1).intValue();
            System.out.print("Please input the second number : ");
            String inputLine2 = in.readLine();
            j = Integer.valueOf(inputLine2).intValue();
        }
        catch(Exception e) {
            System.out.println("The input is Illegal! ");
            return;
        }
        // 输出两个数在交换之前与交换之后的值
        System.out.println("The values before the swap：i = " + i + ",j = " + j);
```

```
        swap(i, j);
        System.out.println("The values after the swap: i = " + i + ",j = " + j);
    }
}
```

在 Java 中，对于基本数据类型的参数而言，方法体中对形式参数的任何修改都不会影响到调用方法的实际参数。

2. 对象参数的传递

当对象作为方法的参数进行传递时，传递的是对象的引用的副本，而不是对象本身。当将该对象的引用传入方法时，方法中得到的实际上是该对象的引用的副本，也可以认为是一个句柄的副本，所以可以认为它与基本数据类型参数一样也是按值传递的。如下面的 Transter.java 程序，方法 transfer( )中有 3 个形式参数：转出账户 source 和转入账户 target 的类型均为 Account，转账金额类型为 double。在 main( )方法中调用 transfer( )方法时，以对象 zhang3 和 li4 为实际参数，运行结果表明以对象为参数时实际参数的值（即对象的状态）会被改变，这是对象作为参数与基本数据类型的变量作为参数的主要区别。

Transfer.java

```
public class Transfer {
    // 从账户 source 转账 amount 到账户 target，转账成功，则返回 true，否则返回 false
    public static boolean transfer(Account source, Account target, double amount) {
        if(!source.withdraw(amount))
            return false;
        else {
            target.deposit(amount);
            return true;
        }
    }
    // 主方法
    public static void main(String[] args) {
        // 为张三开设一个账户
        Account zhang3 = new Account();
        // 为张三的账户存入 500 元后又取出 100 元
        zhang3.deposit(500);
        if(!zhang3.withdraw(100))
            System.out.println("余额不足，取款失败！");
        // 为李四开设一个账户
        Account li4 = new Account();
        // 从张三的账户取出 150 元存入李四的账户
        if(!transfer(zhang3, li4, 150))
            System.out.println("余额不足，转账失败！");
        // 查询张三和李四的账户余额
        System.out.println("张三的账户余额为：" + zhang3.getBalance());
        System.out.println("李四的账户余额为：" + li4.getBalance());
    }
}
```

```java
// 银行账户管理 Account 类
public class Account {
    // 银行账户的属性
    private double balance = 0;              // 存款余额
    // 向账户中存款，存款余额为 amount
    public void deposit(double amount) {
        balance = balance + amount;
    }
    // 从账户中取款，取款金额为 amount
    public boolean withdraw(double amount) {
        if(amount <= balance) {
            balance = balance - amount;
            return true;
        }
        else
            return false;
    }
    // 查询账户的当前余额
    public double getBalance() {
        return balance;
    }
}
```

3．字符串作为参数传递

在 Java 中，String、StringBuffer 和数组都是对象，它们作为参数也是按值传递的。例如，StringTest.java 程序中，String 类和 StringBuffer 类将在后续课程介绍。

StringTest.java

```java
public class StringTest {
    static void operate(StringBuffer x) {
        x = new StringBuffer();                     // 创建对象 x
        x.append("java");                           // 对 x 进行修改
        System.out.println("Operate = " + x);
    }
    public static void main(String [] args){        // 创建 StringBuffer 对象并对其赋值
        StringBuffer a = new StringBuffer("Hello");
        System.out.println("before:Operate = " + a);
        operate(a);
        System.out.println("after:Operate = " + a);
    }
}
```

从运行结果可以看到，调用 operate( )方法前后，a 的值并没有发生变化，在 operate( )方法中，x 的值已经改变了。如果将 operate( )方法的 x = new StringBuffer( )注释掉，会发现运行结果发生了变化。原因是：Java 中，对象作为参数时传递的是对象引用的副本而不是对象本身，当使用 new 创建一个对象时，就会开辟一个新的内存空间，这时 x 不会指向 a 所指向的那个对象，此时再对 x 进行操作，都将在该新开辟的内存空间中完成。

4．数组作为参数传递

例如，采用冒泡排序法对数组元素进行排序的示例如下。

```java
                              BubbleSortTest.java
public class BubbleSortTest {
    public void bubbleSort(int array[]) {
        int  temp;                              // 临时存放数组元素的变量
        for(int i = 0; i < array.length-1; i++) {
            for(int j = i + 1; j <array.length; j++) {
                if(array[i] > array[j]) {
                    temp = array[i];
                    array[i] = array[j];
                    array[j] = temp;
                }
            }
        }
        for(int k = 0; k < array.length; k++) {
            System.out.println("array[" + k + "] = " + array[k]);
        }
    }
    public static void main(String[] args) {
        BubbleSortTest bt = new BubbleSortTest();       // 创建类的对象
        int[] array = {2,15,32,26,42,18,29,10,39,40};   // 创建并初始化一个整型数组
        bt.bubbleSort(array);                           // 调用数组排序的方法
    }
}
```

程序中，bubbleSort( )方法用来实现对数组元素进行排序，需要接收一个数组类型的参数。在 main( )方法中，创建并初始化一个整型数组，通过创建的 BubbleSortTest 类的对象调用实现对数组元素进行排序的 bubbleSort( )方法，并传递一个数组作为其参数。在使用数组作为参数传递时，只需要将该数组的名字作为参数传递给接收的方法即可。

5．方法的返回值为数组类型

若一个方法的返回值为基本数据类型，只需在声明方法的首部写明相应的数据类型。若方法需要返回一个数组，则必须在方法的首部加上数组类型的修饰符。如需返回一个一维整型数组，则需在该方法前面加上 int[ ]，如需返回二维整型数组，则需加上 int[ ][ ]，以此类推。

例如，将一个矩阵转置后输出的示例如下。

```java
                              ArrayReturnTest.java
public class ArrayReturnTest {
    public static void main(String[] args) {
        int[][]  a = {{1,2,3}, {4,5,6}, {7,8,9}};
        int[][]  b = new int[3][3];
        Exchange exchange = new Exchange();     // 初始化 Exchange 类的对象
        b = exchange.exchangeNum(a);            // 使用数组作为参数，返回值赋给数组 b
        for(int i = 0; i < b.length; i++) {
```

```
                for(int j = 0; j < b[i].length; j++) {
                    System.out.print(b[i][j]+"  ");
                }
                System.out.println();
            }
        }
    }
    class Exchange {
        int temp;
        int[][] exchangeNum(int[][] array) {              // 返回值和参数均为二维整型数组
            for(int i = 0; i < array.length; i++) {
                for(int j = i+1; j < array[i].length; j++) {     // 行列转置
                    temp = array[i][j];
                    array[i][j] = array[j][i];
                    array[j][i] = temp;
                }
            }
            return array;                                 // 返回一个二维整型数组
        }
    }
```

6. 方法中的可变参数

在方法调用过程中，传递的参数个数必须根据方法定义时指定的参数个数来传递，在 Java 5 版本后，方法中接收的参数个数可以是不固定的，可根据需求来传递参数的个数。在方法中，接收不固定个数的参数称为可变参数，定义的格式为：

```
[访问控制符] [修饰符] 返回值类型 方法名（固定参数列表，数据类型 … 可变参数名）{
    …                        // 方法体
}
```

其中，"固定参数列表"即"数据类型 参数名 1，数据类型 参数名 2，…"，"数据类型 …
可变参数名"中的"数据类型"表示可变参数的数据类型；"…"表示声明可变参数的标
识。可变参数列表相当于数组，在向方法传递可变实参后，可变实参以数组的形式组织
起来，"可变参数名"就是保存可变实参的数组名，数组长度由可变实参的个数决定。

例如，传递不同个数的参数并输出的示例如下。

VariablePara.java

```
public class VariablePara {
    // x 是固定参数，str 是接收可变参数的数组名
    public static void display(int x, String strings) {
        System.out.print(x+"  ");
        for(int i = 0;i < strings.length; i++) {
            System.out.print(strings[i]+"  ");
        }
        System.out.print("\n");
    }
    public static void main(String[] args) {
```

```
        display(3);                              // 只有固定参数部分
        display(6, "aa", "bb");                   // 固定参数和 2 个可变参数
        display(9, "扬扬", "乐乐", "明明");         // 固定参数和 3 个可变参数
    }
}
```

说明：① 若方法中有多个参数，则可变参数必须放在参数列表的后面；② 可变参数标识符"..."位于数据类型和数组名之间，其前后是否加空格均可以。

3.4 类的继承和多态

继承和多态都是 Java 面向对象程序设计语言的特点。继承可以在一个已有类（父类）的基础上再创建一个新类（子类），子类不仅拥有父类的属性和方法，还可以添加自己的属性和方法。通过继承，子类可以扩展父类的行为，以实现代码的复用。而多态是通过 Java 语言提供的动态绑定技术来实现的。

3.4.1 继承

在 Java 中，许多类组成层次化结构，一个类的上一层称为父类，而下一层称为子类。一个类可以继承其父类的变量和方法，继承特性使 Java 既灵活方便又能提高效率。

Java 中类的继承是单一继承，不允许多重继承。继承可以实现对父类变量和方法的隐藏，子类也可以重写父类的方法，并通过关键字来访问父类中的变量、调用父类中的方法。

1. 父类和子类

被继承的类称为父类、超类或基类，这个新类称为子类或派生类。

子类的创建格式如下：

```
[<修饰符>] class <子类名> extends <父类名>{
    ...
}
```

现实生活中有很多继承的例子。例如，动物可以分为狗、猫、牛等，狗又可以分为斑点狗、牧羊犬等，按照类的继承方式，将以上动物的例子实现如下。

```
public class Animal{
    ...
}
public class Dog extends Animal{
    ...
}
public class BullDog extends Dog{
    ...
}
```

其中，类 Animal 是一个表示动物的类，是父类；Dog 和 BullDog 分别表示狗类和斑点狗

类，都属于 Animal 的子类。

2．Object 类

在 java.lang 类库中，Object 类是所有类的基类，其他类都是直接或间接继承于它，即使没有使用 extends 关键字继承于它，也默认是 java.lang.Object 类的子类。表 3-7 是 Object 类常用的方法。

表 3-7　Object 类常用方法

常用方法	功　　能
public Boolean equals(Object obj)	判断两个对象引用是否指向同一个对象
public String toString()	将调用该方法的对象转换为字符串
public final Class getClass()	返回对象所属的类
protected Object clone()	返回调用该方法的对象的一个副本

下面主要介绍 equals(Object obj)和 getClass( )的用法。

（1）equals(Object obj)方法

equals(Object obj)方法用于判断两个对象是否相等，相当于比较运算符"=="。Java 程序对字符串进行操时，会维护一个字符串池（string pool），对于可共享的字符串对象，Java 虚拟机会先在字符串池中查找是否有相同的字符串内容，有则直接返回，而不是直接创建一个新的字符串对象，以节省内存。

下面通过例子介绍比较运算符"=="和 equals( )方法的区别。

例如，判断两个字符串是否相等的示例如下，显示比较运算符"=="和 equals( )方法的区别。

```
                              IsEquals.java
public class IsEquals {
    public static void main(String[] args) {
        A  obj1 = new A();
        A  obj2 = new A();
        // 字符串 s1、s2 指向字符串池中的同一字符串"abc"的对象
        String  s1 = "abc", s2 = "abc", s3, s4;
        s3 = new String("sbc");
        s4 = new String("sbc");
        System.out.println("s1.equals(s2)结果是 "+(s1.equals(s2)));
        System.out.println("s1 == s3 结果是 "+(s1 == s3));
        System.out.println("s1.equals(s3)结果是 "+(s1.equals(s3)));
        System.out.println("s3 == s4 结果是 "+(s3 == s4));
        System.out.println("s3.equals(s4)结果是 "+(s3.equals(s4)));
        System.out.println("s1 == s2 结果是 "+(s1 == s2));
        System.out.println("obj1 == obj2 结果是 "+(obj1 == obj2));
        System.out.println("obj1.equals(obj2)结果是 "+(obj1.equals(obj2)));
        obj1 = obj2;
        System.out.println("执行 obj1 = obj2 后，obj1 == obj2 结果是 "+(obj1 == obj2));
        System.out.println("执行 obj1 = obj2 后，obj1.equals(obj2)结果是 "+
                          (obj1.equals(obj2)));
```

```
        }
    }
class A {
    int  a = 1;
    }
```

可以看出，比较运算符"=="用于比较两个变量本身的值，即两个对象在内存中的首地址，equals( )方法是比较两个字符串中所包含的内容是否相同。s1、s2是指向同一个字符串常量，则所存放的内存地址是相同的。

（2）getClass( )方法

getClass( )方法是所有类的基类Object所定义的方法，意味着任何类均可调用这个方法，其功能是返回运行时的对象所属的类。

例如，读取对象所属的类示例如下。

DemoObject.java

```
public class DemoObject{
    public static void main(String [] args) {
        Student stu = new Student("扬扬"); // Student 类的构造方法
        Class obj = stu.getClass();          // 读取对象所属的类，返回值用 Class 类型接收
        System.out.println("对象 stu 所属的类是：" + obj);
        System.out.println("判断对象 stu 是否为接口：" + obj.isInterface());
    }
}
class Student{
    protected String name;
    public Student(String name) {
        this.name = name;
    }
}
```

程序运行结果为：

```
对象 stu 所属的类是 class Student
判断对象 stu 是否为接口：false
```

3. 成员变量的继承和隐藏

（1）成员变量的继承

子类继承父类时遵循以下原则：

❖ 子类不能继承父类的 private 成员变量。

❖ 子类能继承父类的 public 和 protected 成员变量。

❖ 子类能继承同一包中有默认权限修饰符的成员变量。

（2）成员变量的隐藏

例如，Person 父类和 Student 子类的定义如下。

```
// Person 类
public class Person {
    protected String  name = new String();
    protected char  sex = 'f';
```

```java
    protected String  code = new String();

    public Person() { };
    public Person(String n, char s) {
        name = n;
        sex = s;
    }
    // set()和get()方法
    public void setName(String n) {
        name = n;
    }
    public String getName() {
        return name;
    }
    public void setSex(char s) {
        sex = s;
    }
    public char getSex() {
        return sex;
    }
    // 打印类内部数据的show()方法
    public void show() {
        System.out.println("\nPerson info: ");
        System.out.println("\tName: " + name);
        System.out.println("\tSex : " + sex);
    }
}
// Student 类
public class Student extends Person{
    private String stunum = new String();
    private String speciality;
    protected String code = new String();
    public Student(String n, char s, String sn, String sp) {
        super(n, s);
        stunum = sn;
        speciality = sp;
    }
    public void show() {
        super.show();
        System.out.println("\tStunum    : " + stunum);
        System.out.println("\tSpeciality: " + speciality);
        System.out.println();
    }
}
```

子类 Student 继承了父类 Person，子类 Student 拥有 name、sex、stunum、speciality、code 等 5 个成员变量，其中 name、sex 为子类继承父类的成员变量，子类中的 code 与父

类的同名，不被继承。

4．成员方法的覆盖

在 Java 继承中，子类既可以隐藏和访问父类的方法，也可以覆盖继承父类的方法。在 Java 中覆盖继承父类的方法是通过方法的重写来实现的。所谓方法的重写是指子类中的方法与父类中继承的方法有完全相同的返回值类型、方法名、参数个数以及参数类型。这样，即可实现对父类方法的覆盖。

子类继承父类方法的原则如下：

（1）子类不能继承父类的 private 成员方法；

（2）子类不能继承父类的构造方法；

（3）子类能继承父类的 public 和 protected 成员方法；

（4）子类能继承同一包中有默认权限修饰符的成员方法。

覆盖（隐藏）（override）原则：子类的成员方法和父类的成员方法同名，父类的成员方法被覆盖（隐藏）（不能继承）。

说明：

（1）用来覆盖的子类方法应和被覆盖的父类方法保持相同名称和相同返回值类型，以及相同的参数个数和参数类型。

（2）可能不需要完全覆盖一个方法，部分覆盖是在原方法的基础上添加新的功能，即在子类的覆盖方法中添加一条语句：super.原父类方法名，然后加入其他语句。

（3）不能覆盖父类中的 final 方法，但可以继承。

（4）不能覆盖父类中的 static 方法，但可以隐藏这类方法。即在子类中声明的同名静态方法实际上隐藏了父类中的静态方法。

（5）非抽象子类必须覆盖父类中的抽象方法。

例如，上述例子中 Person 类和 Student 类中 show( )方法的使用。

5．this 和 super

（1）this

this 变量指向当前对象或实例。在 Java 中，this 关键词的用处如下。

① 调用类中的属性。例如：

```
                         PersonInfo.java
public class PersonInfo {
    String  name;
    String  address;
    int  age;

    public PersonInfo(String name, String address, int age) {
        this.name = name;
        this.address = address;
        this.age = age;
    }
    public void setname(String name) {
        this.name = name;
```

```
    }
    public void setaddress(String address) {
        this. address = address;
    }
    public void setage(String age) {
        this. age = age;
    }
    public int getname() {
        return name;
    }
    public int getaddress() {
        return address;
    }
    public int getage() {
        return agee;
    }
}
```

　　PersonInfo( )方法可以直接访问对象的成员变量，但是在同一范围内，不允许定义两个名字相同的局部变量，这时需要将成员变量和与其名字相同的方法的参数区分出来，这时使用 this。上面例子中，this 在方法体中指向当前方法的对象实例，用"this.属性"调用类中的属性，最常见的是在 set( )和 get( )方法中使用（如上例）。

　　② 调用类中的方法。例如：

PersonInfo2.java

```
public class PersonInfo2 {
    int  i = new Random().nextInt(200);          // 产生一个随机数

    public int getI() {
        return i;
    }
    public boolean greaterthan100() {
        if (this.getI() > 100)
            return true;
        }
        return false;
    }
}
```

本例中的 this 也可以省略。

　　③ 调用当前类的构造方法。例如 PersonInfo3.java 中，构造方法 PersonInfo(PersonInfo person)中调用了上面带参数的构造方法。

```
public class PersonInfo3 {
    String  name;
    String  address;
    int  age;
```

```
        public PersonInfo(String name, String address, int age) {
            this.name = name;
            this.address = address;
            this.age = age;
        }
        public PersonInfo(PersonInfo person) {
            this(person.name, person.address, person.age);
        }
        public void setname(String name) {
            this.name = name;
        }
        public void setaddress(String address) {
            this.address = address;
        }
        public void setage(String age) {
            this.age = age;
        }
        public int getname() {
            return name;
        }
        public int getaddress() {
            return address;
        }
        public int getage() {
            return agee;
        }
    }
```

（2）super

任何时候，当一个子类需要引用它直接的超类时，可以使用关键字 super 来实现。super 有两种通用形式，第一种调用超类的构造方法，第二种用来访问被子类的成员隐藏的超类成员。

① 使用 super 调用超类构造方法。子类可以调用超类中定义的构造方法，形式为：

```
super(parameter-list);
```

parameter-list 是超类中构造方法所用到的参数列表。super( )必须是在子类构造函数中的第一条执行语句。例如，子类 Student 继承父类 Person，在子类的构造方法中通过 super(n, s)调用父类的构造方法。

```
public class Student extends Person {
    private String stunum = new String();
    private String speciality;                          // 专业

    public Student(String n, char s, String sn, String sp) {
        super(n, s);
        stunum = sn;
        speciality = sp;
    }
```

```
public void show() {
    super.show();
    System.out.println("\tStunum    : " + stunum);
    System.out.println("\tSpeciality: " + speciality);
    System.out.println();
    }
}
```

② 超类成员名被子类成员名隐藏。形式为：

```
super.变量名
super.方法名([参数])
```

例如上例中，子类 Student 重写了父类的 show( )方法，使用 super 调用了父类的 show( )方法。

说明：Java 语言在子类（派生类）中可以新增属性、方法，或覆盖父类中方法，但不能删除继承的任何属性和方法。

3.4.2 多态

多态是面向对象技术的三个特征之一，也是实现软件课重用性的手段之一。多态性是指在类定义中出现多个构造方法或出现多个同名的成员方法。对于同名的成员方法，多态性还包括在当前定义的类型中出现与其父类型的成员方法同名的成员方法。多态性包括两种：静态多态和动态多态性。

1. 静态多态性

静态多态性也称为编译时多态，是指在同一个类中同名方法功能上的重载（overload）。这也包括一个类对其父类同名方法在功能上的重载，而且在方法声明形式上要求同名的方法具有不同的参数列表。这里的方法可以是成员方法，也可以是构造方法。不同的参数列表指的是方法的参数个数不同、参数的数据类型不同或者参数的数据类型排列顺序不同。这样，Java 虚拟机在编译时可以根据不同参数列表识别不同方法。

例如，下面程序中，stu1 是 Student 类的对象，person1 是 Person 类的对象，两个对象实例化通过哪个构造方法实例化，需要由 Java 虚拟机在编译时根据各自参数确定。

```
public class Student extends Person {
    private String  stunum = new String();
    private String  speciality;                    // 专业

    public Student() {
        super();
    }
    public Student(String n, char s, String sn, String sp) {
        super(n, s);
        stunum = sn;
        speciality = sp;
    }
    // override 覆盖父类的 show()方法
```

```java
public void show() {
    // 首先调用父类的 show()方法
    super.show();
    // 然后完成子类独有的功能
    System.out.println("\tStunum    : " + stunum);
    System.out.println("\tSpeciality: " + speciality);
    System.out.println();
}
// 子类独有的方法
public void setStunum(String s) {
    stunum = s;
}
public String getStunum() {
    return stunum;
}
public void setSpeciality(String sp) {
    speciality = sp;
}
public String getSpeciality() {
    return speciality;
}
// 子类的 set()方法
public void set(Student s) {
    super.set(s);
    stunum = s.getStunum();
    speciality = s.getSpeciality();
}

public static void main(String[] args) {
    // 编译时的多态性
    // stu1 是 Student 类的一个对象
    Student stu1 = new Student("ZhangSan", 'm', "123", "电软系");
    stu1.show();
    // person1 是 Person 类的一个对象
    Person person1 = new Person("LiSi", 'f');
    person1.show();
    //////////////////////////////////////////////////////////////////
    // 运行时的多态性
    // 数组的初始化分为两步, 与 C 语言不同
    // 首先创建一个数组对象
    Person personArray[] = new Person[5];
    // 注意: 数组类型必须是父类的数组类型, 不能是子类的
    int classType[] = {1,2,1,2,1};
    // 然后依次创建每个数组元素
    for(int i = 0; i < classType.length; i++)
    {
        // 根据 classType[i]的不同值来决定创建哪种类的对象
```

```
            if(classType[i] == 1)
                personArray[i] = new Person("Person_" + i, 'm');
            else
                personArray[i] = new Student("Student_" + i, 'm', "123", "电软系");
        }
        // 运行时才知道数组元素到底是 Person 对象还是 Student 对象
        for(int i = 0; i < personArray.length; i++)
        { // 在运行时刻，Java 会根据数组元素 personArray[i]不同的类型来调用正确的 show()方法
            personArray[i].show();
        }
    }
}
```

2. 动态多态性

动态多态性也称为运行时多态，是指在子类和父类中均定义了具有基本相同声明的非静态成员方法。这时也称为子类的成员方法对其父类基本相同声明的成员方法的覆盖（override）。

例如上面的示例中，personArray[i].show( )语句到底调用的是 Student 类的 show( )方法还是 Person 类的 show( )方法，需要运行时根据数组元素的类型来进行确定。

3.5　包

当一个 Java 程序需要许多类或接口时，如果全部放在一个 .java 文件中，就会显得凌乱，难以管理，为此 Java 语言引入程序包，以便更加层次化地组织大型 Java 程序。

简单来说，程序包是多个类或接口的集合，这些类和接口分别在不同的 .java 文件中定义，每个文件成为一个编译单元（一个 .java 文件）。一个 Java 程序可以定义多个程序包，每个程序包又可包含多个编译单元或子程序包，每个编译单元又可定义多个类或接口，程序包、子程序包、编译单元、类或接口构成了 Java 程序的逻辑组织结构。

当程序比较简单时，也可不定义包，此时编译环境会给该编译单元一个默认的、没有命名的程序包。

1. 程序包的定义

在 Java 程序文件的第一条语句，指明该文件中定义的类所在的包，声明格式为：

```
Package　包名 1[.包名 2[.包名 3] …];
```

则表示该编译单元属于由程序包所指定的程序包，package 是 Java 语言的保留字，程序包名是 Java 语言一个合法的标识符，或者是由 "." 分隔的几个标识符，表示程序文件的路径层次。

该声明同时定义了由程序包名所指定的程序包，当程序包是一个单一的标识符时，就定义了一个程序包，当它是由 "." 分隔的几个标识符时，就定义了具有子程序包关系的多个程序包，每个 "." 后的程序包是 "." 前程序包的子程序包。

例如：

ClassHello.java

```
package chp2;
public class ClassHello {
    public static void main(String[] args) {
        System.out.println("The chp2 package!");
    }
}
```

推荐使用小写字母开头的标识符命名程序包。程序包声明语句必须放在源文件除注释和空白之外的第一条语句，否则会出现编译错误。

2．程序包的引入

Java 通过 improt 语句来引入特定的类甚至是整个包。一旦被引入，类可以被直呼其名引用。

在 Java 源程序文件中，import 语句紧接着 package 语句（如果 package 语句存在），它存在于任何类定义之前，下面是 import 声明的通用形式：

```
import  pkg1[.pkg2].(classname |*);
```

这里，pkg1 是顶层包名，pkg2 是在外部包中的用"."分隔的下级包名。最后，要么指定一个特定的类名，要么指定一个"*"，表明 Java 编译器应该引入整个包。例如：

```
import  java.util.Date;
import  java.io.*;
```

3．包级访问控制

前面已经学习了类成员的访问控制级别：公有的（public）、受保护的（protected）和私有的（private）。公有成员可以被任意类访问，受保护成员可以由类本身或后代类访问，私有成员则只能由类本身访问。程序包引入了第四种访问控制级别：包级访问控制。当声明某个类成员时，若不使用保留字 public、protected 或 private 中任何一个进行修饰，则该成员就具有包级访问控制级别，具有包级访问控制级别的成员只能由同一个程序包的类访问。表 3-8 总结了类成员的访问控制方式。

表 3-8　类成员的访问控制方式

访问控制方式	private 成员	默认的成员	protected 成员	public 成员
同一类中可见	是	是	是	是
同一个包中对子类可见	否	是	是	是
同一个包中对非子类可见	否	是	是	是
不同包中对子类可见	否	否	是	是
不同的包中对非子类可见	否	否	否	是

简单来说，任何声明为 public 的内容可以被从任何地方访问，被声明为 private 的成员不能被该类外看到。不使用任何访问控制保留字修饰的默认成员可以被同一个程序包的任何类访问，如果希望一个成员可以被当前程序包以外的类访问，但仅仅是该成员所属类的子类访问，则声明该成员为受保护成员。

表 3-8 仅适用于类成员。一个类或接口只可能有两个访问级别：默认的或共有的。如

果一个类或接口声明为 public，它可以被任何其他代码访问；如果该类或接口声明为默认访问控制符，那么仅可以被相同包中的其他代码访问。

Java 程序文件允许定义多个类或接口，但只允许定义一个公有类（public class）或定义一个公有接口（public interface）。如果定义了共有类或共有接口，那么该 Java 程序文件的文件名必须与该公有类或公有接口的名字相同。一个 Java 程序文件也可以没有任何公有类或公有接口，这时该文件可以随意命名。

当 Java 文件定义了多个类或接口时，该文件被编译后，每个类或接口都会生成相应的字节码文件，不管这个类或接口是公有的还是默认的访问控制级别。因此，同一个程序包中不能定义名字相同的类或接口，否则会导致生成具有相同文件名的字节码文件。

4．Java 的系统程序包

为方便开发人员编写 Java 程序，Sun 公司及其合作者提供了大量的程序包，供开发人员重用，其中安装运行 Java 程序的基本工具 JDK 时都会附带 Java API 的程序包。Java API 即 Java 应用程序接口（Java Application Program Interface），它为开发人员提供了编写 Java 程序时一些必需的基本程序包，这些程序包是 Java 语言的系统程序包。

① java.lang 程序包：Java 语言最基本的程序包，程序员在编写 Java 程序时不需要显式地引入，它们会由 Java 编译器自动引入。该程序包中常用的类包括：

❖ 基本数据类型的包装类。

❖ System 类：定义了共有静态对象 in、out 和 err，分别代表标准输入、标准输出和标准错误输出设备。

❖ Object 类：Java 语言所有类的父类。

❖ Math 类：定义了一些基本的数学常量和函数。

❖ String 和 StringBuffer 类：提供了处理字符串的基本操作。其中，类 String 是一个不变类，即一旦创建了一个对象实例，该对象实例的状态不再改变；而 StringBuffer 是 String 的一个可变版本，即 StringBuffer 类的对象实例的状态可以被改变，通常被用作缓冲区。

❖ Throwable 类：Java 语言中所有代表错误和异常的类的父类。

❖ Thread 类：用于多线程编程。

② java.applet 程序包：只有一个 Applet 类，是所有 Java 应用程序中定义的类的祖先类。Java 应用程序是由浏览器装载运行的 Java 程序。

③ java.awt 程序包：用于图形用户界面编程。Javax.swing 程序包是在 java.awt 程序包的基础上编写的图形用户界面构件，这两个程序包中有许多类完成相似的功能。

④ java.io 程序包：实现了程序必需的输入、输出功能，包括文件、打印机以及其他一些输入、输出设备的操作。该程序包还提供了实现管道、过滤器、格式化缓存等功能的类。

⑤ java.net 程序包：用于网络编程。

⑥ java.sql 程序包：用于数据库编程。

⑦ java.util 程序包：提供了对象容器类。

3.6 抽象类和接口

3.6.1 抽象类

为了提高代码的重用性，Java 语言可创建一种特殊的类作为模板，可根据它的格式来创建和修改新的类，这种类被称为抽象类。抽象类不能直接创建（new）对象，只能通过抽象类派生出子类，由子类创建出对象并使用。

1．抽象类的定义

抽象类的定义格式如下：

```
abstract class 类名 {
    抽象方法或非抽象方法的定义
}
```

说明：

① 抽象类用于派生子类，所以不能用 final 来修饰。

② 抽象类中不一定包含抽象方法，但定义了抽象方法的类一定是抽象类。

③ 抽象类可以有构造方法，且可以被其子类调用。

2．抽象类的应用

抽象类中的抽象方法没有方法体，抽象类派生出新的子类，子类就需要实现这些未实现的抽象方法。例如：

```
                          DemoAbtract.java
package DemoAbtract;
abstract class Shape{                        // 定义抽象类
    protected String name;
    public Shape(String name) {              // 抽象类的构造方法
        this.name = name;
        System.out.println("图形名称：" + name);
    }
    abstract double getArea();               // 声明计算面积的抽象方法
    abstract double getlength();             // 声明计算周长的抽象方法
}

class Circle extends Shape {                 // 圆形类，实现 shape 接口
    double  r;
    static final double  PI = 3.14;
    public Circle(String shapeName,double radius) {
        super(shapeName);                    // 调用父类 shape 的构造方法
        this.r = radius;
    }
    @Override
    public double getArea() {                // 实现 shape 接口中的抽象方法
        return PI*r*r;
    }
```

```
            @Override
            public double getlength() {              // 实现 shape 接口中的抽象方法
                return 2*PI*r;
            }
        }

        class Rectangle extends Shape {               // 矩形类，实现 shape 接口
            private double w;
            private double h;
            public Rectangle(String shapeName,double width,double height) {
                super(shapeName);                     // 调用父类 shape 的构造方法
                this.w = width;
                this.h = height;
            }
            @Override
            public double getArea() {                 // 实现 shape 接口中的抽象方法
                return w * h;
            }
            @Override
            public double getlength() {               // 实现 shape 接口中的抽象方法
                return 2*(w + h);
            }
        }
        public class DemoAbstract {
            public static void main(String[] args) {
                Shape circle = new Circle("圆形",5.0);  // 声明父接口变量 circle，指向子类对象
                System.err.println("圆的面积 = " + circle.getArea());
                System.err.println("圆的周长 = " + circle.getlength());
                // 声明 Rectangle 类的变量 rectangle
                Rectangle rectangle = new Rectangle("矩形",2.2, 3.3);
                System.err.println("矩形的面积=" + rectangle.getArea());
                System.err.println("矩形的周长=" + rectangle.getlength());
            }
        }
```

程序运行结果如下：

```
图形名称：圆形
圆的面积 = 78.5
圆的周长 = 31.400000000000002
图形名称：矩形
矩形的面积 = 7.26
矩形的周长 = 11.0
```

3.6.2　接口

　　Java 语言不允许一个子类拥有多个直接父类，即任何子类只能有一个直接父类，是单继承；但允许一个类实现多个接口，以达到多继承的效果。

1．接口的声明

接口可以看作没有实现的方法和常量的集合。接口与抽象类相似，接口中的方法只是进行了声明，而没有定义任何具体的操作方法。

interface 关键字用于声明一个接口，与抽象类一样，不能使用 new 关键字创建一个接口的实例。接口的定义格式如下：

```
［访问控制符］ interface 接口名 ［extends 父接口名］{
    ［访问控制符］[static][final] 数据类型 常量名 = 常量;
    ［访问控制符］[abstract] 返回值类型 方法名(参数列表);
}
```

说明：

① Java 系统会自动把接口中声明的变量当作 static final 类型，不管是否使用了这些修饰符，且必须赋初值，这些变量值都不能被修改。

② 接口中的方法默认为 abstract，不管有没有这些修饰符。

③ 接口若是 public，那么该接口可被任意类实现，否则只能被与接口在同一个包中类的实现。

④ 接口若为 public，则接口中的变量也是 public。

⑤ 接口仍可继承与某个父接口。

2．接口的实现

如果要实现一个接口，那么需要两步完成：

① 将类声明为需要实现的指定接口，实现一个接口需要使用 implements 关键字。一个类可以实现一个或多个接口，实现多个接口时，多个接口需要用 “,” 隔开。

② 实现接口中的所有方法。实现接口的方法要保证其方法的返回值类型、方法名和方法的参数列表与接口中的完全一致。

例如，接口的使用示例如下。

```
                        DemoInterface.java
interface Shape{                            // 定义接口
    static final double  PI = 3.14;
    abstract double getArea();              // 声明抽象方法
    abstract double getlength();
}

class Circle implements Shape {             // 圆形类，实现 shape 接口
    double  r;
    public Circle(double radius) {
        this.r = radius;
    }
    @Override
    public double getArea() {               // 实现 shape 接口中的抽象方法
        return PI*r*r;
    }
    @Override
```

```java
        public double getlength() {              // 实现 shape 接口中的抽象方法
            return 2*PI*r;
        }
    }

    class Rectangle implements Shape{            // 矩形类，实现 shape 接口
        private double  w;
        private double  h;
        public Rectangle(double width,double height){
            this.w = width;
            this.h = height;
        }
        @Override
        public double getArea() {                // 实现 shape 接口中的抽象方法
            return w * h;
        }
        @Override
        public double getlength() {              // 实现 shape 接口中的抽象方法
            return 2*(w + h);
        }
    }

    public class DemoInterface {
        public static void main(String[] args) {
            Shape circle = new Circle(5.0);      // 声明父接口变量 circle，指向子类对象
            System.err.println("圆的面积: " + circle.getArea());
            System.err.println("圆的周长: " + circle.getlength());
            // 声明 Rectangle 类的变量 rectangle
            Rectangle rectangle  = new Rectangle(2.2, 3.3);
            System.err.println("矩形的面积: " + rectangle.getArea());
            System.err.println("矩形的周长: " + rectangle.getlength());
        }
    }
```

程序运行结果如下：

```
圆的面积：78.5
圆的周长：31.400000000000002
矩形的面积：7.26
矩形的周长：11.0
```

3.7 内部类和匿名的内部类

在 Java 中，可以将一个类的定义放到另一个类的内部，该类被称为内部类。如果在一个类中直接使用 new 创建一个类的对象，而不使用这个类的名字，那么这就是一个匿名的内部类。

例如，在 AnonymousClassDemo 类中分别定义一个内部类 InnerClass 和一个内部匿名类。内部类 InnerClass 定义在类 AnonymousClassDemo 内部，匿名类是 AnonymousClass 类的一个子类，它没有类名，只有这个子类的一个对象。匿名类通常用于定义一个类的属性，并且这个实现是某个接口子类的对象。

```java
                              AnonymousClassDemo.java
public class AnonymousClassDemo {
    public static void main(String[] args) {
        new AnonymousClassDemo();
    }
    abstract class AnonymousClass {
        int  data = 0;
        public abstract void setData(int d);
        public abstract int getData();
    }
    AnonymousClass ac = new AnonymousClass() {
        public void setData(int d) {
            data = d;
        }
        public int getData() {
            return data;
        }
    };
    class InnerClass {
        int  data = 0;
        public void setData(int d) {
            data = d * d;
        }
        public int getData() {
            return data;
        }
    }
    public AnonymousClassDemo() {
        ac.setData(12);
        System.out.println(ac.getData());
        InnerClass ic = new InnerClass();
        ic.setData(12);
        System.out.println(ic.getData());
    }
}
```

本章小结

本章介绍了面向对象程序设计的基本思想和基本概念。面向对象的四个基本特性是继承、多态、抽象和封装。本章介绍了包和接口的使用方式，这是软件架构的基础。读者应在编写程序的过程中体会面向对象程序设计的基本概念及技术的使用方式。

习 题 3

3-1 简述面向对象程序设计的特点。

3-2 简述面向对象程序设计中多态的概念、多态的类型和各自特点。

3-3 简述构造方法的定义与功能。

3-4 简述什么是方法的重载。

3-5 简述什么是方法的覆盖。

3-6 简述类、抽象类、接口之间的关系与区别。

3-7 简述类与对象的关系。

3-8 举例说明 static 和 final 关键字的使用方法。

3-9 实现学生类 Student，其属性有学号 stuID、姓名 name 和成绩 score，方法有：构造函数 Student( )（要求实现对 3 个属性的初始化），设置成绩 setScore( )，获取成绩 getScore( )，显示学生信息 show( )。

3-10 编写一个 Java 应用程序，要求实现如下类之间的继承关系：

（1）编写一个抽象类 Shape，该类具有两个属性：周长 length 和面积 area，具有两个抽象的方法：计算周长 getLength( )和计算面积 getArea( )。

（2）编写非抽象类矩形 Rectangle 和圆形 Circle 继承类 Shape。

（3）编写一个锥体类 Cone，包含两个成员变量 Shape 类型的底面 bottom 和 double 类型的高 height。

（4）定义一个公共的主类 TestShape，包含静态方法 void compute(Shape e)，能够计算并输出一切图形的周长和面积；在主方法中调用 compute( )方法，计算并输出某矩形和圆形的周长和面积，并测试锥体类 Cone。

3-11 利用接口做参数，写个计算器，能完成加减乘除运算。

（1）定义一个接口 Compute 含有一个方法 int computer(int n, int m)。

（2）设计四个类，分别实现此接口，完成加、减、乘、除运算。

（3）设计一个类 UseCompute，包含方法 public void useCom(Compute com, int one, int two)，能够用传递过来的对象调用 computer( )方法完成运算，并输出运算的结果。

（4）设计一个主类 Test，调用 UseCompute 中的方法 useCom( )来完成加减乘除运算。

3-12 按如下要求编写 Java 应用程序。

（1）编写一个用于表示战斗能力的接口 Fightable，该接口包含：整型常量 MAX；方法 void win( )，描述战斗者获胜后的行为；方法 int injure(int x)，描述战斗者受伤后的行为。

（2）编写一个非抽象的战士类 Warrior，实现接口 Fightable。该类中包含两个整型变量：经验值 experience 和血液值 blood。当战士获胜后经验值会增加 x，而受伤后血液值会减少 x，并且当战斗者的血液值低于 MAX 时，会输出危险提示。

（3）编写战士类 Warrior 的子类 BloodWarrior，该类创建的战士在血液值低于 MAX/2 时才会输出危险提示。

（4）编写主类 TestWarrior，对上述接口和类进行测试。

第 4 章　数组、字符串、向量和泛型

- ꀸ　数组的定义
- ꀸ　数组的创建和初始化
- ꀸ　数组元素的引用
- ꀸ　字符串和字符串缓冲区
- ꀸ　向量、链表
- ꀸ　泛型

在实际应用中，当需要处理大量数据时，可以考虑利用数组或向量。数组元素的个数在数组对象创建之后就不能改变。向量元素的个数则可以动态地发生变化，但可能需要一定的时间代价。哈希表可以在一定程度上提高访问或查找元素的效率，但通常需要较大的空间代价。字符串和字符串缓冲区均可以包含字符序列，但都不是字符数组。字符串常用于输入、输出。如果需要频繁改变字符序列，那么可以采用字符串缓冲区。

4.1　数组

数组是一个引用类型，是将多个相同数据类型的元素按照一定顺序排列的集合，其数组元素可以是由基本数据类型的变量组成的，也可以是由用户自定义的类所对应的对象组成的。每个数组会有一个符合 Java 标识符规则的数组名，且可通过唯一的下标确定数组中的元素。从结构形式上，数组分为一维数组和多位数组。

4.1.1　一维数组

1．一维数组的声明

在 Java 语言中声明一维数组的方法有两种：

```
数据类型[]　数组名;
数据类型　数组名[];
```

其中，数据类型可以是任何一种 Java 数据类型，包括基本数据类型和引用数据类型；变

量名由合法的标识符构成。例如，声明一个名为 array 的整型数组为：

```
int  array[];
int[]  array;
```

如果在一条语句中声明多个数组变量（一般不提倡），那么声明形式如下：

```
数据类型[] 变量名 1，变量名 2，…，变量名 n；
数据类型 变量名 1[]，变量名 2[]，…，变量名 n[]；
```

例如：

```
int  array1[], array2[], array3[];
int[]  array1, array2, array3;
```

2．一维数组初始化

上面的数组声明只是定义了一个数组的引用变量，并没有建立一个实际的数组，即数组的声明并没有为数组分配内存空间。所以，如果想要使用数组，还要对数组进行初始化操作。

初始化数组之前，首先要使用 new 关键字创建该数组。创建一维数组的方法有两种：

```
数据类型[]  变量名 = new 数据类型[arraysize]；
数据类型  变量名[] = new 数据类型[arraysize]；
```

数组一经创建，就被分配了内存空间，arraysize 是指数组中可以存储的元素个数。一旦为数组分配内存空间，其长度 arraysize 就不能改变。例如：

```
int[]  array = new int[10];        // 创建一个名为 array 且长度为 10 的整型一维数组
```

也可以先声明再创建，例如：

```
int[]  array ;                     // 声明一个可以存放整型数据的一维数组
array = new int[10];               // 创建一个名为 array 并且可以存储 10 个整型数据的一维数组
```

数组创建后，Java 会为数组初始化一个默认值。根据数据类型不同，会有不同的默认值。数值类型默认为 0，布尔类型默认为 false，字符类型默认为'\u0000'（空），对象类型默认为 null。

如果不使用默认值，那么可以通过赋值为数组元素进行初始化。例如：

```
int[]  array = {1, 2, 3, 4, 5, 6, 7, 8, 9, 0};
```

3．一维数组的引用

一维数组引用是通过数组的下标来完成的。可以使用下面的方法来完成对一维数组的引用：

```
arrayName[index];
```

其中，index 是数组的下标，是 int 类型，或者是可以转换成 int 类型的值，如 short、byte、char 等类型。数组下标从 0 开始至 arraysize 结束。数组元素的引用如下：

```
array[0] = 10;
array[9] = 10;
```

如果下标的值小于 0 或者超过了数组的下标最大值，虽然可以正常编译，但是在运行时会出现 IndexOutOfBoundsException 异常。

在数组中还可以使用 length 属性来指明数组的长度，方法如下：

```
arrayName.length;
```

4．一维数组的应用实例

利用一维数组编写一个管理学生成绩的应用程序，管理全班学生的 Java 程序设计课程成绩。程序至少要实现的功能包括：根据输入的学生人数输入学生的成绩、查询给定学号学生的成绩、对全班学生成绩排序后由高到低输出。例如：

Student.java

```java
public class Student {
    private int[]  score;              // 记录整个班级学生成绩
    // 构造方法
    public Student(int[] s) {
        score = new int[s.length];
        for(int i = 0; i < s.length; i++)
            score[i] = s[i];
    }
    // 由学生的序号（学号）得到成绩
    public int getScore(int sno) {
        if(sno<1||sno>score.length)
            return -1;
        return score[sno-1];
    }
    public int[] getScoreList(){
        return score;
    }
    // 统计 low 与 high 之间的学生数
    public int count(int low, int high){
        int  num = 0;
        for(int i = 0;i < score.length;i++)
            if(score[i] >= low && score[i] <= high)
                num++;
        return num;
    }
    // 成绩排序
    public void sort() {
        for(int i = 0; i < score.length-1; i++) {
            for(int j = score.length-1; j>i; j--) {
                if(score[j]>score[j-1]) {
                    int  tmp = score[j];
                    score[j] = score[j-1];
                    score[j-1] = tmp;
                }
            }
        }
    }
}
```

下面的 SudentManager.java 为利用 Student 类管理学生成绩，为主类。

SudentManager.java

```java
import java.io.BufferedReader;
import java.io.InputStreamReader;
public class StudentManager {
    // 输入学生人数
    public static int inputNum() {
        int num;
        System.out.println("请输入学生人数：");
        try {
            BufferedReader in = new BufferedReader(new InputStreamReader(System.in));
            String inputLine = in.readLine();
            num = Integer.valueOf(inputLine).intValue();
        }
        catch(Exception e) {
            System.out.println(e.getMessage());
            return -1;
        }
        if(num <= 0 || num >= 1000) {
            System.out.println("输入人数不合法！");
            return -1;
        }
        return num;
    }
    // 输入学生成绩
    public static void input(int[] score) {
        int i = 0;
        while(i < score.length) {
            System.out.println("输入第" + i + "个学生成绩：" );
            try {
                BufferedReader in = new BufferedReader(new InputStreamReader(System.in));
                String inputLine = in.readLine();
                score[i] = Integer.valueOf(inputLine).intValue();
            }
            catch(Exception e) {
                System.out.println("输入成绩不合法！");
            }
            if(score[i] <0 || score[i] > 100) {
                System.out.println("输入成绩不在 0~100 之间！");
                continue;
            }
            i++;
        }
    }
    // 输出学生成绩
    public static void output(int[] score) {
```

```
            for(int i = 0; i < score.length; i++) {
                System.out.print( score[i]+"\t");
            }
        }
        public static void main(String[] args) {
            int  num = inputNum();
            if(num == 0)
                return;
            int score[] = new int[num];
            input(score);
            Student s = new Student(score);
            int  number=-1;
            System.out.println("请输入要查找的学生的学号：");
            try {
                BufferedReader in = new BufferedReader(new InputStreamReader(System.in));
                String inputLine = in.readLine();
                number = Integer.valueOf(inputLine).intValue();
            }
            catch(Exception e) {
                System.out.println("输入学号不合法！");
            }
            System.out.print("学号为" + number + "的学生的成绩为：");
            int grade = s.getScore(number);
            System.out.println(grade);
            System.out.println("排序后学生的成绩为：");
            s.sort();
            output(s.getScoreList());
        }
    }
```

该程序记录了全班学生的成绩，所以需使用数组来保存数据。Student 类完成班级中学生成绩的统计，StudentManager 类完成与用户的交互。

4.1.2 多维数组

Java 中还允许创建多维数组，多维数组是通过多个下标来完成对数组元素的访问。多维数组可以完成诸如矩阵等比较复杂的排列形式，使用较多的是二维数组。本章主要介绍二维数组。

1．二维数组的声明

与一维数组类似，Java 中声明二维数组的方法如下：

```
数据类型[][] 变量名;
数据类型 变量名[][];
```

例如：

```
int  array[][];
```

```
int[][]  array;
```

2．二维数组初始化

二维数组必须经过初始化才能使用，初始化数组前先要创建该数组，创建方法如下：

```
数据类型[][]  变量名 = new 数据类型[arraysize1][arraysize2];
数据类型  变量名[][] = new 数据类型[arraysize1][arraysize2];
```

在二维数组的创建过程中，new 创建的数组被分配了内存空间，arraysize 是指数组中可以存储多少个元素。Java 中可以只指定 arraySize1 的大小，而不用必须指明 arraySize2 的大小。例如，创建二维数组的方式如下：

```
int[] intArray = new int[3][3];              // 创建一个 3 行 3 列整型数据的二维数组
String[]  stringArray = new String[2][3];    // 创建一个 2 行 3 列的字符串二维数组
double[]  doubleArray = new double[3][];     // 创建一个 3 行任意列的双精度浮点类型二维数组
```

如果不指明数组的第一个维度而只指明数组的第二个维度，那么会出现编译错误。例如：

```
int[]  array = new int[][3];
```

二维数组的初始化必须先从最高维开始，分别为每维分配空间，如 String[] stringArray = new String[2][3]的初始化方法如下（也可使用循环赋值）：

```
stringArray[0][0] = new String("I am");
stringArray[0][1] = new String("very");
stringArray[0][2] = new String("glad");
stringArray[1][0] = new String("to");
stringArray[1][1] = new String("meet");
stringArray[1][2] = new String("you");
```

而 double[] doubleArray = new double[3][]二维数组可以在初始化时指定数组的第二个维度。例如：

```
doubleArray[0] = new int[1];          // 指定二维数组中第 1 行的第二个维度
doubleArray[1] = new int[2];          // 指定二维数组中第 2 行的第二个维度
doubleArray[2] = new int[3];          // 指定二维数组中第 3 行的第二个维度
```

3．二维数组的引用

二维数组的引用也是使用数组的下标来完成的。声明方法如下：

```
arrayName[index1]  [index2];
```

其中，index1 和 index2 是数组的两个下标，为 int 类型值，或者是可以转换为 int 类型的值，如 short、byte、char 等类型。

说明：引用二维数组元素时不能超过数组的长度，否则会出现 IndexOutOfBounds-Exception 异常。

4．二维数组应用

例如，在学生成绩管理系统中，3×4 数组中存放了 3 个学生 4 门课成绩，求全部学生所有成绩的最高分。

StudentGrade.java

```java
import java.io.*;
public class StudentGrade {
    // 输入学生成绩
    public static void input(int[][] student) {
        System.out.println("请输入 3 个学生 4 门课成绩：");
        for(int i = 0; i < student.length; i++) {
            int  j = 0;
            while(j<student[i].length) {
                System.out.println("第" + (i+1) + "个学生的第" + (j+1) + "门课程的成绩为：");
                try {
                    BufferedReader in = new BufferedReader(new
                                            InputStreamReader(System.in));
                    String inputLine = in.readLine();
                    student[i][j] = Integer.valueOf(inputLine).intValue();
                }
                catch(Exception e) {
                    System.out.println(e.getMessage());
                    continue;
                }
                j++;
            }
        }
    }
    // 输出成绩
    public static void output(int[][] student) {
        System.out.println("学生的成绩为：");
        for(int i = 0; i< student.length; i++) {
            for(int j = 0; j <student[i].length; j++)
                System.out.print(student[i][j] + "\t");
            System.out.println();
        }
    }
    // 求最高分
    public static int max(int[][] student) {
        int  maxNum = student[0][0];
        for(int i = 0; i< student.length; i++) {
            for(int j = 0; j <student[i].length; j++)
                if(student[i][j]>maxNum)
                    maxNum = student[i][j];
        }
        return maxNum;
    }
    public static void main(String[] args) {
        int[][]  student = new int[3][4];
        input(student);
        output(student);
        System.out.println("最高分为：" + max(student));
```

```
        }
    }
```

4.2 增强的 for 循环

从 Java 5.0 开始提供了一种增强的 for 循环,即 foreach 循环语句。foreach 循环语句需写明元素类型、循环变量名字、从中检索元素的数组。

foreach 循环语句的一般格式如下:

```
for(类型 变量名: 被检索数组) {
    语句序列
}
```

使用 foreach 循环语句不需要对列表中的每个项目进行赋值,只需创建一个变量,指向要遍历的数组或集合。每次循环变量都会从表达式所指明的集合中依次取出值,并执行循环语句,直到集合中所有元素的值都被取出为止。

例如,如下示例通过一般的 for 循环和增强的 for 循环输出 5 个学生的详细信息:

Student.java

```
public class Student {
    private String stunum = new String();
    private String name = new String();
    private int age;
    private String speciality;                    // 专业
    public Student(String n, String sn, int ag, String sp) {
        this.stunum = n;
        this.name = sn;
        this.age = ag;
        this.speciality = sp;
    }
    public void setStunum(String s) {
        stunum = s;
    }
    public String getStunum() {
        return stunum;
    }
    public void setSpeciality(String sp) {
        speciality = sp;
    }
    public String getSpeciality() {
        return speciality;
    }
    public void setage(int n) {
        age = n;
    }
    public int getage() {
```

```java
        return age;
    }
    public void setName(String n) {
        name = n;
    }
    public String getName() {
        return name;
    }
    public void show() {
        // 然后完成子类独有的功能
        System.out.println("\tStunum   : " + stunum);
        System.out.println("\tname    : " + name);
        System.out.println("\tage     : " + age);
        System.out.println("\tSpeciality: " + speciality);
        System.out.println();
    }

    public static void main(String args[]) {
        Student[]  students = {new Student("1230", "牛牛", 20, "计算机"),
                               new Student("1231", "优优", 21, "电子"),
                               new Student("1232", "丁丁", 20, "智能科学"),
                               new Student("1233", "嘟嘟", 21, "软件工程"),
                               new Student("1234", "当当", 22, "自动化")};
        // 一般的 for 循环
        System.out.println("一般 for 循环的输出: ");
        for(int i = 0; i < students.length; i++) {
            students[i].show();
        }
        // 增强的 for 循环
        System.out.println("增强型 for 循环的输出: ");
        for(Student student:students) {
            student.show();
        }
    }
}
```

4.3 字符串和字符串缓冲区

在 Java 中,字符串被定义为一个类,无论是字符串常量还是变量,都必须先生成 String 类的实例对象然后才能使用。

包 java.lang 中封装了两个字符串类 String（java.lang.String）和 StringBuffer（字符串缓冲区),分别用于处理不变字符串和可变字符串。这两个类都被声明为 final,因此不能被继承。

4.3.1　String

字符串通常包含一个字符序列，在 Java 中，类 String 对象的实例化方法如下。

1．使用字符串常量。

例如：

```
String  str = "hello";
```

2．通过类 java.lang.String 的构造方法并采用 new 运算符

声明形式如下：

```
new String(与构造方法相对应的参数列表);
```

类 String 有 11 种构造方法（可以查看 Java 的在线帮助文档），其中两个已经不再使用。可以使用任何一个构造方法对字符串对象进行实例化。

例如，如下示例中，字符串对象 s1、s2、s3 和 s4 分别为不指向任何字符串的对象、使用构造方法生成空字符串和字符串常量、使用构造方法创建新字符串。

```
                          StringDemo.java
public class StringDemo {
    public static void main(String args[]) {
        String  s1 = null;
        String  s2 = new String();
        String  s3 = "hello";
        String  s4 = new String(s3);
        System.out.println("s1: " + s1);
        System.out.println("s2: " + s2);
        System.out.println("s3: " + s3);
        System.out.println("s4: " + s4);
    }
}
```

3．通过类 String 的各种成员方法

在 Java 中，任何一种类型的数据都可以转化成字符串类型的数据。对于基本类型的数据可以通过成员方法 valueOf，将相应的数值转换成字符串。例如：

```
String  s1 = String.valueOf(true);        // 创建一个等于"true"符号串的字符串对象 s1
String  s2 = String.valueOf(20);          // 创建一个等于"20"符号串的字符串对象 s2
```

4．使用"+"运算符

当运算符"+"两侧的操作数均为字符串类型并且均不为 null 时，运算的结果将创建一个新的字符串对象，其字符序列为进行"+"运算的两个字符串的字符序列拼接在一起的结果。例如：

```
String  s1 = "hello" + "Niu";          // s1="helloNiu"
String  s2 = "hello" + 20+13;          // s2="hello2013"
String  s3 = 20+13+"hello";            // s3="33hello"
```

下面介绍 String 类的常用方法。

① 字符串定义：如 String   str1 = new String("12345")，则该字符串内容可以为空（空串）。

② 字符串加法：如 str1 += "6"，把另一个字符串"6"附加在 str1 的尾部。

③ 字符串比较：如 if(str1 == str2) 或者 if(str1 != str2)，用于比较两个字符串是否相等，比较结果为布尔（boolean）值 true 或者 false。

④ Substring：从一个字符串中取出一个子字符串，方法原型为

```
String java.lang.String.substring(int beginIndex, int endIndex)
```

例如：

```
str1 = "123456";
String  str3 = str1.substring(1, 4);
```

则 str3 的内容为"234"。

其作用是从一个字符串中指定的起止位置（beginIndex 到 endIndex-1 这一段，包括 beginIndex 位置，但不包括 endIndex 的位置）取出一个子字符串。有效的位置范围是 0～字符串长度减 1（str1.length()-1）。

方法参数：需要取出的子字符串在原字符串中的位置，从 beginIndex 到 endIndex-1。

⑤ length：获得字符串的长度，方法原型为

```
int java.lang.String.length()
```

例如：

```
str1 = "123456";
int  str1Len = str1.length();
```

则 str1Len 的值为 6。

方法作用：取出一个字符串包含的字节数。

方法参数：无。

⑥ 字符串与数字的相互转换：需要使用 int 和 double 的封装类 Integer 和 Double。

例如，如下示例演示了 String 对象的创建、String 中常用方法的使用。

StringDemo.java

```
public class StringDemo {                    // String 操作的例子代码
    public StringDemo() {
        String  str1 = new String("12345");
        System.out.println("str1 = " + str1);
        // 如何取得 str1 的一段，如 234
        // 1 为 2 在 str1 中的位置，意思为取位置为 1～3 的一段内容
        String  str2 = str1.substring(1, 4);
        System.out.println("str2 = " + str2);

        // 比较 str1 是否等于"123"
        if (str1.compareTo("123") != 0) {
            System.out.println("\tstr1 = " + str1 + " not equal to '123'");
        }
        // 判断字符串 str1 是否包含另一个字符串"123"
        if (str1.contains("123")) {
```

```
            System.out.println("\tstr1 = " + str1 + " contains '123'");
        }

        // 如何把 str1 变为整数
        int  i = Integer.parseInt(str1);    // Integer 是 int 的一个封装类，可以直接使用
        int  j = Integer.valueOf(str1).intValue();
        System.out.println("str1 = " + str1 + "\ti = " + i);
        System.out.println("str1 = " + str1 + "\tj = " + j);
        // 如何把 str1 变为双精度数
        // Double 是 double 的一个封装类，可以直接使用
        double d = Double.parseDouble(str1);
        System.out.println("str1 = " + str1 + "\td = " + d);
        // 如何把一个字符串按照某个分隔符分开
        str1 = "123 : 456 : 678";
        // 去除 str1 中的空格符后，按 “:” 分为多个子字符串
        String  s[] = str1.replaceAll(" ", "").split(":");
        System.out.println("str1 = " + str1 + "\tlength of s = " + s.length);
        // Java 中 for 循环的简化写法，s 被视为一个集合。str：s 的含义是对 s 的的每一个字符串 str
        for(String str : s) {
            System.out.println("\tstr = " + str);
        }
    }
    public static void main(String[] args) {
        new StringDemo();
    }
}
```

4.3.2　StringBuffer

字符串缓冲区类 StringBuffer 的实例对象与字符串类 String 的实例对象非常相似，都可以包含一个字符序列。但是字符串实例一旦创建完毕，就不能再修改它的字符序列；而字符串缓冲区实例对象在创建后，仍然可以修改它的字符序列。

字符串缓冲区是，预先申请一个缓冲区用来存放字符序列，当字符序列的长度超过缓冲区的大小时，重新改变缓冲区的大小，以便容纳更多的字符。缓冲区的大小称为字符串缓冲区的容量，在字符串缓冲区的字符序列中所包含的字符个数通常称为字符串缓冲区的长度。

创建字符串缓冲区实例对象的方法，可以通过类 StringBuffer 的构造方法来实现。类 StringBuffer 有 3 个构造方法，可以根据不同情况使用不同的构造方法进行实例化对象。

通过类 StringBuffer 的成员方法可以获取和设置字符串缓冲区的属性。例如：

StringBufferDemo.java

```
public class StringBufferDemo {
    private StringBuffer strbuf = new StringBuffer("1234");

    public void Example_lengthAndCapacity() {
```

```java
        System.out.println("\nExample_lengthAndCapacity:");
        System.out.println("strbuf 的信息:");
        // 长度 length 是实际字符串的长度
        System.out.println("\tstrbuf.length(): " + strbuf.length());
        // 容量 = length + 初始值（"1234"）的长度
        System.out.println("\tstrbuf.capacity(): " + strbuf.capacity());

        strbuf.ensureCapacity(50);
        System.out.println("设置 strbuf 最小容量之后的信息: ");
        // 长度 length 不变
        System.out.println("\tstrbuf.length(): " + strbuf.length());
        // 容量变为指定大小（50）
        System.out.println("\tstrbuf.capacity(): " + strbuf.capacity());

        strbuf.trimToSize();
        System.out.println("缩小 strbuf 容量之后的信息: ");
        // 长度 length 不变
        System.out.println("\tstrbuf.length(): " + strbuf.length());
        // 容量变为 length
        System.out.println("\tstrbuf.capacity(): " + strbuf.capacity());
    }

    public void Example_convert2String() {
        System.out.println("\nExample_convert2String");
        // 把 strbuf 的内容转换为字符串类型后赋值给 String 类型的对象 str
        String str = strbuf.toString();
        System.out.println("strbuf.toString() 信息: ");
        System.out.println("\tstr.length(): " + str.length());
    }

    public void Example_append() {
        System.out.println("\nExample_append, 演示 StringBuffer 类中 append 的各种重载方法");
        System.out.println("\tBefore append: " + strbuf);
        strbuf.append(true);
        System.out.println("\tstrbuf.append(true): " + strbuf);
        strbuf.append(123l);
        System.out.println("\tstrbuf.append(123l): " + strbuf);
        strbuf.append(456.0);
        System.out.println("\tstrbuf.append(456.0): " + strbuf);
        strbuf.append('a');
        System.out.println("\tstrbuf.append('a'): " + strbuf);
        strbuf.append("abc");
        System.out.println("\tstrbuf.append(\"abc\"): " + strbuf);
    }

    public void Example_insert() {
        System.out.println("\nExample_insert, 演示 StringBuffer 类中 insert 的各种重载方法");
```

```java
        System.out.println("\tBefore append: " + strbuf);
        strbuf.insert(0, '4');
        System.out.println("\tstrbuf.insert(0, '4'): " + strbuf);
        strbuf.insert(1, "654");
        System.out.println("\tstrbuf.insert(0, \"654\"): " + strbuf);
        // insert 的其他重载方法不再一一列举
    }

    public void Example_equals() {
        System.out.println("\nExample_equals, 演示 StringBuffer 类中判断是否相等");
        // 清空字符串
        strbuf.setLength(0);
        System.out.println("\tstrbuf.setLength(0): " + strbuf);
        strbuf.append("1234");
        // eauqals 比较两个对象是否完全相等
        System.out.println("\tstrbuf.equals(strbuf): " + strbuf.equals(strbuf));
        String str = strbuf.toString();
        System.out.println("\nstr.compareTo(\"1234\"): " + str.compareTo("1234"));
    }
    public static void main(String[] args) {
        StringBufferDemo sbDemo = new StringBufferDemo();
        sbDemo.Example_lengthAndCapacity();
        sbDemo.Example_convert2String();
        sbDemo.Example_append();
        sbDemo.Example_insert();
        sbDemo.Example_equals();
        // StringBuffer 也具有 String 类的给中方法（如 replace、replaceAll），这里不再重复
    }
}
```

4.4   向量

Java 中的数组只能保存固定数目的元素，且必须把所有需要的内存单元一次性申请过来，即数组一旦创建，它的长度就固定不变，所以创建数组前需要知道它的长度。如果事先不知道数组的长度，就需要估计，若估计的长度比实际长度大，则浪费有用的存储空间，若比实际长度小，则不能存储相应的信息。Java 中有一个向量类 Vector 可以解决以上问题，具体可查看 java.util.Vecotor 类。Vector 也是一组对象的集合，但相对于数组，Vector 类可以根据需要动态伸缩，可以追加对象元素数量，可以很方便地修改和维护序列中的对象。Vector 类中对象不能是简单数据类型。

向量比较适合在以下情况中使用：

① 需要处理的对象数目不确定，序列中的元素都是对象或可以表示为对象。

② 需要将不同类的对象组合成一个数据序列。

③ 需要做频繁的对象序列中元素的插入和删除。

④ 经常需要定位序列中的对象和其他查找操作。

⑤ 在不同的类之间传递大量的数据。

4.4.1　Vector 类的构造方法

（1）Vector()

构造一个空向量，使其内部数据数组的大小为 10，其标准容量增量为 0。

（2）Vector(Collection<? extends E> c)

构造一个包含指定 collection 中的元素的向量，这些元素按其 collection 的迭代器返回元素的顺序排列。

（3）Vector(int initialCapacity)

使用指定的初始容量和等于 0 的容量增量构造一个空向量。

（4）Vector(int initialCapacity, int capacityIncrement)

使用指定的初始容量和容量增量构造一个空的向量。

4.4.2　Vector 类的常用成员方法

创建 Vector 对象后，Vector 类的成员方法可以对创建的对象进行处理，如表 4-1 所示。

表 4-1　Vector 类成员方法

成员方法	功能描述
addElement(E obj)	将指定的组件添加到此向量的末尾，将其大小增加 1
insertElementAt(E obj, int index)	将指定对象作为此向量中的组件插入到指定的 index 处
setElementAt(E obj, int index)	将此向量指定 index 处的组件设置为指定的对象
removeElement(Object obj)	从此向量中移除变量的第一个（索引最小的）匹配项
removeElementAt(int index)	删除指定索引处的组件
removeAllElements()	从此向量中移除全部组件，并将其大小设置为 0
elementAt(int index)	返回指定索引处的组件
contains(Object o)	若此向量包含指定的元素，则返回 true
indexOf(Object o, int index)	返回此向量中第一次出现的指定元素的索引，从 index 处正向搜索，若未找到该元素，则返回 –1
lastIndexOf(Object o, int index)	返回此向量中最后一次出现的指定元素的索引，从 index 处逆向搜索，若未找到该元素，则返回 –1
capacity()	返回此向量的当前容量
clone()	返回向量的一个副本
copyInto(Object[] anArray)	将此向量的组件复制到指定的数组中
firstElement()	返回此向量的第一个组件（位于索引 0 处的项
lastElement()	返回此向量的最后一个组件
isEmpty()	测试此向量是否不包含组件
setSize(int newSize)	设置此向量的大小
sizc()	返回此向量中的组件数
trimToSize()	对此向量的容量进行微调，使其等于向量的当前大小

4.4.3　Vector 应用举例

使用 Vector 对象时必须先创建后使用。如果不先使用 new 运算符利用构造函数创建 Vector 类的对象，而直接使用 Vector 的方法，就可能造成堆栈溢出或使用 null 指针等异常，妨碍程序的正常运行。例如：

```
                          VectorDemo.java
import java.util.*;
public class VectorDemo {
    public static void main(String[] args) {
        Vector MyVector = new Vector(100);
        for(int i = 0; i < 3; i++) {              // 向向量中追加元素
            MyVector.addElement("Welcome");
            MyVector.addElement("to");
            MyVector.addElement("Guangzhou");
        }
        for(int i = 0; i < MyVector.size(); i++) {  // 显示输出向量序列中的所有元素
            String s = (String)MyVector.elementAt(i);
            System.out.print(s+" ");
        }
        System.out.println();
        while(MyVector.removeElement("to"))  ;      // 删除向量序列中所有的"to"
        for(int i = 0; i < MyVector.size(); i++) {
            String s = (String)MyVector.elementAt(i);
            System.out.println(s);
        }
    }
}
```

程序的运行结果如下：

```
Wlcome to Guangzhou Welcome to Guangzhou Welcome to Guangzhou
Weelcome
Guangzhou
Welcome
Guangzhou
Welcome
Guangzhou
```

4.5　链表 List

链表 List 属于 Collection 的子接口，表示一种有序的线性表，表中元素按顺序存放，元素可以重复，也可以是空值 null，并可以动态地增加或删除表中元素，其下标范围是 0～size()-1。接口 List<E>包含的抽象方法如表 4-2 所示。

下面介绍两个常用的并实现 List 接口的类：链表 LinkedList 和数组链表 ArrayList，它们均属于线性表。

表 4-2　接口 List<E>的常用方法

常用方法	功能描述
E get(int index)	返回链表中指定位置的元素
E set(int index,E element)	更新指定位置为 index 的元素
int indexOf(Object obj)	返回元素 obj 首次出现的下标，不存在，则返回−1
int lastIndexOf(Object obj)	返回元素 obj 最后出现的下标
void add(int index,E element)	在指定位置 index 添加元素
boolean add(E element)	在链表末尾添加元素
E remove(int index)	删除链表指定位置 index 的元素
boolean addAll(Collection <? Extends E > c)	在链表末尾添加容器 c 的所有元素
boolean addAll(int index,Collection <? Extends E > c)	在指定位置有序插入容器 c 中所有元素
ListIterator <E> listIterator()	返回链表中元素的链表迭代器
ListIterator <E> listIterator(int index)	返回从指定位置 index 开始的链表迭代器

　　链表 LinkedList 是采用链表结构存储对象元素，可向任意指定位置添加、删除元素，而不用移动其他元素，链表大小可以动态增减，但不具有随机存取性。涉及经常在链表中任意位置进行添加、删除操作通常会用 LinkedList。

　　数组链表 ArrayList 采用可变的一维数组结构存储对象元素，具有随机存取性，表中添加、删除元素时需要移动其他元素，所以当链表需要大量增减元素的操作时速度会比较慢。向 ArrayList 添加元素时，其容量会自动增加。涉及经常在末尾处添加或删除元素，则通常会用 ArrayList。

4.5.1　链表 LinkedList

　　LinkedList<E>的构造方法和常用的方法如表 4-3 和表 4-4 所示。

表 4-3　LinkedList<E>的构造方法

构造方法	功能描述
public LinkedList()	创建空的链表
public LinkedList()	创建包含容器 c 所有元素的链表

表 4-4　LinkedList<E>的常用方法

常用方法	功能描述
public void addFirst(E element)	链表开头添加元素 element
public void addLast(E element)	链表末尾添加元素 element
public E getFirst()	返回链表首元素
public E getLast()	返回链表最后元素
public E removeFirst()	删除链表首元素
public E removeLast()	删除链表最后元素

　　例如，声明引用对象为 List<E>类型，指向一个 LinkedList<E>线性表对象。

```
List <String> list1 = new LinkedList<String>();
```

4.5.2 数组链表 ArrayList

ArrayList<E>的构造方法和常用方法如表 4-5 和表 4-6 所示。

表 4-5 ArrayList<E>构造方法

构造方法	功能描述
public ArrayList()	创建初始容量为 10 的空数组链表
public ArrayList(int initalCapacity)	创建初始容量为 initalCapacity 的空数组链表
public ArrayList(Collection <? Extends E > c)	创建包含容器 c 所有有序元素的数组链表

表 4-6 ArrayList<E>的常用方法

常用方法	功能介绍
boolean add(E element)	在数组链表末尾添加元素
boolean set(int index, String element)	更新数组链表指定位置 index 的元素
int size()	返回数组链表元素的个数
String remove(int index)	删除数组链表指定位置 index 的元素

例如：

```
ArrayList<String> list1 = new ArrayList<String>();
List <String> list2 = new ArrayList <String>();
```

例如，遍历输出数组链表所有元素。

方法 1：使用 for 循环。

```
for(int i = 0; i < strList.size(); i++) {
    System.out.println(strList.get(i));
}
```

方法 2：使用 foreach 循环语句。

```
for(String str : strList) {
    System.out.println("\tstr = " + str);
}
```

例如，数组链表的使用示例如下。

ArrayListDemo.java

```
import java.util.ArrayList;
public class ArrayListDemo {
    // 列表 List 的使用方法
    public static void stringListDemo() {
        ArrayList<String> strList = new ArrayList<String>();
        strList.add("123");
        strList.add("+");
        strList.add("456");
        for(String str : strList) {
            System.out.println("\tstr = " + str);
        }
        for(int i = 0; i < strList.size(); i++) {
            System.out.println(strList.get(i));
```

```
        }
        strList.remove(1);
        strList.set(0, "12");
        for (int i = 0; i < strList.size(); i++) {
            System.out.println(strList.get(i));
        }
    }
    public static void main(String args[]){
        stringListDemo();
    }
}
```

运行结果为：

```
str = 123
str = +
str = 456
123
+
456
12
456
```

4.6 泛型

泛型（genericity）是 JDK 1.5 以后版本新增的特性，把原来在运行期间的类型检测提前到了编译期间进行，增强了程序代码的类型安全。集合类中经常用到泛型。

4.6.1 使用泛型的原因

应用泛型可以提高程序的复用性，可以减少数据的类型转换，从而可以提高代码的运行效率。在 JDK 1.5 版本之前，如果在集合中放入了不同类型的数据，就需要在程序的运行期间对类型之间的转换进行检查。

例如，将一个列表中的元素转换为一个 String 类型的数组输出。

ArrayListToArray.java

```
import java.util.ArrayList;
import java.util.Iterator;
import java.util.List;
public class ArrayListToArray {
    public static void main(String[] args) {
        List  arrayList = new ArrayList();
        arrayList.add("Hello");
        arrayList.add("你好");
        arrayList.add(1,"niuniu");
        arrayList.add(20);
```

```
        System.out.println(arrayList);

        String[] array = new String[arrayList.size()];
        arrayList.toArray(array);
        System.out.println(array.length);
        int index = 0;
        while(index<array.length) {
            System.out.println(array[index].toString());
            index++;
        }
    }
}
```

该程序段可以正常编译通过，但是运行是会有如下结果：

```
[Hello, niuniu, 你好, 20]
Exception in thread "main" java.lang.ArrayStoreException
        at java.lang.System.arraycopy(Native Method)
        at java.util.ArrayList.toArray(ArrayList.java:306)
        at ArrayListToArray.main(ArrayListToArray.java:17)
```

列表中的元素既有 String 类型的元素，还有 Integer 类型的数据，将列表转换成 String 时并没有转换成功，但是编译通过。所以，对于这类错误，我们希望越早发现越好，泛型就可以解决该问题。

4.6.2　泛型在集合类中的使用

对上面的例子，如果希望在 ArrayList 列表中只能放入 String 类型的元素，那么可以使用下面的方法来实现：

```
ArrayList <String> list = new ArrayList <String>();
```

泛型不仅提高了 Java 代码的可读性，还增强了 Java 的类型安全。泛型使编译器在编译期间就对集合中加入的对象进行检查，如果加入不同类型的对象，编译器就会报错，不必等到运行期间再进行相关的类型转换。

修改上面的 ArrayListToArray.java 如下：

ArrayListToArray2

```
import java.util.ArrayList;
import java.util.Iterator;
import java.util.List;

public class ArrayListToArray2 {
    public static void main(String[] args) {
        List<String>  arrayList = new ArrayList <String>();
        arrayList.add("Hello");
        arrayList.add("你好");
        arrayList.add(1,"niuniu");
        arrayList.add("20");                   // 这里如果改为 arrayList.add(20)，编译时会报错
        System.out.println(arrayList);
```

```
        Iterator it = arrayList.iterator();      // 构造迭代器
        while(it.hasNext()) {
            String nextkey = it.next().toString();
            System.out.println(nextkey);
        }
    }
}
```

4.6.3 定义泛型类和泛型接口

在面向对象编程中，可以将一个类或接口定义为泛型，即给类或接口增加类型参数。具有泛型特点的类的定义格式为：

```
[类修饰符] class 类名<类型参数，类型参数 2,…> [extends 父类名] [implements 接口名称列表]{
    类体
}
```

具有泛型特点的接口的定义格式为：

```
[接口修饰词] interface 接口名<类型参数 1，类型参数 2,…> [extends 接口名称列表]{
    接口体
}
```

定义类型变量标识符的格式可采用以下方法之一：

① 类型变量标识符
② 类型变量标识符 extends 父类型
③ 类型变量标识符 extends 父类型 1 & 父类型 2 & … & 父类型 n

例如，如下示例定义了类 NumAdd，包括类型变量 T，类型变量 T 是类 java.lang.Object 的子类型，这样在 NumAdd 类的定义中可以直接用类型 T。程序使用 java.lang.Integer 类型创建了对象 num，这里的 Integer 也可以是其他类型。

NumAdd.java

```
public class NumAdd <T> {
    public String sum(T num1, T num2, T num3) {
        return (num1.toString()+num2.toString()+num3.toString());
    }
    public static void main(String[] args) {
        NumAdd <Integer> num = new NumAdd <Integer>();
        Integer num1 = new Integer(1);
        Integer num2 = new Integer(2);
        Integer num3 = new Integer(3);
        System.out.println(num.sum(num1, num2, num3));
    }
}
```

修改示例 NumAdd.java 如下，接口和类都具有泛型的特点。

```
interface A_interface <T extends Number> {
    public int sum(T num1, T num2, T num3);
```

```
    }
public class NumAdd <T extends Number> implements A_interface <T> {
    public int sum(T num1, T num2, T num3) {
        int  a = num1.intValue();
        int  b = num2.intValue();
        int  c = num3.intValue();
        return(a+b+c);
    }
    public static void main(String[] args) {
        NumAdd<Integer>  num = new NumAdd <Integer>();
        Integer num1 = new Integer(1);
        Integer num2 = new Integer(2);
        Integer num3 = new Integer(3);
        System.out.println(num.sum(num1, num2, num3));
    }
}
```

4.7 枚举

枚举类型也是 JDK 1.5 以后版本新加入的特性，使用枚举类型可以表示一组常量数据，枚举类型中的数据都是以类型安全的形式来表示的。

枚举类型中的数据常量都是以类型安全的形式表示的，枚举的本质是一个类。可以使用关键字 enum 声明一个枚举类型，其声明方式如下：

[访问控制符] enum 枚举类型名 [value, balue, …]

使用枚举类型需要注意：

① 枚举类型可以定义在类的内部，也可以定义在类的外部。如果定义在类的内容部，则访问控制符可以是 public、protected、private 或者默认的控制符；如果定义在外部，和类一样，只能定义为 public 或者默认的。

② 枚举类型中定义的 value 值默认为 public static final，其值一经定义就不能再被修改。多个 value 值之间需要用逗号分开。

③ 枚举类型中除了可以声明常量外，也可以声明方法。但方法需要在常量之后声明，并且在最后一个常量之后，需要使用分号作为常量与方法的区别。

④ 枚举类型中的值可以通过枚举类型名直接对它们进行访问。

⑤ 枚举类型不能声明为 abstract 或者 final 类型。

例如：

EnumDemo.java

```
enum WEEK_ENUM{
    星期日, 星期一, 星期二, 星期三, 星期四, 星期五, 星期六
}
public class EnumDemo {
    public static void main(String[] args) {
        WEEK_ENUM[] week = WEEK_ENUM.values();
```

```java
for(int i = 0; i < week.length; i++) {
    switch(week[i]) {
        case 星期日:
            System.out.println("星期日是每周的第一天");
            break;
        case 星期一:
            System.out.println("星期一是每周的第二天");
            break;
        case 星期二:
            System.out.println("星期二是每周的第三天");
            break;
        case 星期三:
            System.out.println("星期三是每周的第四天");
            break;
        case 星期四:
            System.out.println("星期四是每周的第五天");
            break;
        case 星期五:
            System.out.println("星期五是每周的第六天");
            break;
        case 星期六:
            System.out.println("星期六是每周的最后一天");
            break;
    }
}
```

运行结果如下：

```
星期日是每周的第一天
星期一是每周的第二天
星期二是每周的第三天
星期三是每周的第四天
星期四是每周的第五天
星期五是每周的第六天
星期六是每周的最后一天
```

本章小结

在处理大量数据时，需要使用数组，数组对象的使用可以增强程序对大量数据处理的功能。字符串类 String 是 Java 中经常用到的数据类型。Java 提供了各种基本类型和 String 类型相互转换的方式。String 对象一经创建就不能改变其字符序列，否则考虑使用 StringBuffer 类型。向量提供了一种内存管理机制，可以比较有效地处理频繁改变元素个数的情形。泛型的实现原理是用代码替换的形式，即是用实际的类型替换类型变量，从而实现程序的可复用性。

习 题 4

4-1　创建一个含有 10 个元素的整型数组，并赋初值，然后计算数组元素之和并输出。

4-2　采用一维数组保存 Fibonacci 序列的前 100 个数字，然后输出这个序列。

4-3　编写程序，用数组实现"乘法小九九"的存储和输出。提示：用二维数组存储乘法结果，假设命名为 arr，并采用数组的一维和二维下标分别表示乘数和被乘数，如用 arr[2,3] 表示 2×3 的结果。

4-4　实现学生成绩统计程序，以 10 个学生 3 门课为例，要求：

（1）用二维数组保存学生成绩，其中第一维代表课程类别，第二维代表学生，成绩数据初始化时给定。

（2）统计每个学生总成绩，并采用 System.out.println 输出到命令行界面中。

（3）统计每门课的平均成绩，并采用 System.out.println 输出到命令行界面中。

（4）对每门课程，判断学生平均成绩：

❖ 90 分以上，输出"数组下标为(X, Y)的考生平均成绩为优"。

❖ 80～90 分，输出"数组下标为(X, Y)的考生平均成绩为良"。

❖ 70～80 分，输出"数组下标为(X, Y)的考生平均成绩为中"。

❖ 60～70 分，输出"数组下标为(X, Y)的考生平均成绩为及格"。

❖ 60 分以下，输出"数组下标为(X, Y)的考生平均成绩为不及格"。

（5）统计每门课的优秀率（大于 90 分）、及格率（大于 60 分）和不及格率（小于 60 分）。

4-5　创建并初始化大学生类 CollegeStudent（利用习题 3-4 中的代码）的 10 个对象：

```
CollegeStudent[] cStu = new CollegeStudent[10];
Student[] stu = cStu;
```

然后依次创建每个学生对象（通过函数赋初值），分别采用一般的 for 循环和增强的 for 循环，依次显示每个学生的信息。提示，这里需要使用对象数组，也可以采用对象容器的方法（如后面章节中的 ArrayList）。

4-6　编写程序，用 String 类创建一个字符串"Hello World And You 123456!!!"，然后：

（1）在命令控制台中输出此字符串的长度。

（2）以空格为间隔符，用字符串的 split( )方法进行拆分，然后输出拆分的结果。

（3）对其中的"123456"六个字符进行截取，输出截取字母以及它在字符串中的位置。

（4）把截取到的字符串"123456"转换为整型然后输出。

（5）把截取到的字符串"123456"转换为浮点型然后输出。

4-7　编写程序，输入一行字符，统计其中英文字母、空格、数字和其他字符的个数。

4-8　编写程序，在一个给定的从 1 到 100 的整型数组中快速找到缺失的数字。

4-9　如果一个数组包含多个重复元素，找到这些重复的数字。如 int[] arr = {1, 1, 2, 3, 3, 4, 2, 0, 0}，输出"0,1,2,3"即可。

4-10　在一个给定的从 1 到 100 的整型数组中，快速找到缺失的数字。

4-11　对字符串中的数字进行正序排序，且字符串中字母的位置不变。如"43a6f9d8"，输出"34a6f8d9"。

4-12　猜数小游戏。要求：从键盘输入一个整数，判断数组是否包含此数，数组每次运用随机数自动生成。

第 5 章 　 图形用户界面

- Java Swing、JavaFX
- 布局管理器
- 事件处理
- 绘图与动画程序设计

图形用户界面（Graphical User Interface，GUI）可以向用户提供各种数据的直观的图形表示方案，建立友好的交互方式。Java API 提供了大量的类支持图形用户界面的程序设计，从 Java 语言诞生到现在，Java 语言已经提供了两类图形用户界面。在 J2SE 早期版本中，主要是 AWT 图形用户界面，它的平台相关性较强，但缺少基本的剪贴板打印支持功能；在最近的一些版本中，在 AWT 图形用户界面基础上，形成了 Swing 图形用户界面。Swing 图形用户界面比 AWT 图形用户界面可以克服更多的由于操作系统不同所带来的，在图形界面或交互方式上的差别，同时增加了可以定制指定的操作系统风格的图形用户界面。所有的关于图形用户界面的类定义在程序包 java.awt 和 javax.swing 及它们的子程序包中。在 JDK 8 版本中，Oracle 公司推出了全新的 GUI 平台 JavaFX，支持多点触控，支持 2D、3D、动画编程和音频、视频的回放功能，可用于 RIA（Rich Internet Application）Web 应用开发，桌面程序开发和移动应用开发，现最新框架为 JavaFX 2.2。

5.1 Swing 概述

5.1.1 Swing 组件

Swing 组件是建立在 AWT 上的，它的 4 个顶层窗口类 JApplet、JDialog、JFrame、JWindow 由 AWT 重量级组件派生而来，如图 5-1 所示。除此以外，所有的 Swing 组件都是轻量级组件。

Swing 的一个显著特点是用 Swing 实现的图形界面外观可以按需更换，而无须重写代码。这就让 Swing 程序能自动适应所运行的计算机的常规风格和外观，不需要程序员为特定的计算机开发特定的界面。Swing 中内置了几个包，如 javax.swing.plaf.motif 包中有实现 Motif 界面的类。Motif 界面是一种常用的基于 UNIX 的界面，这些类知道如何画出每个组件，也知道如何响应鼠标、键盘以及其他与这些组件联系在一起的事件。

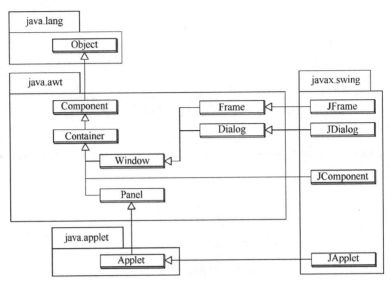

图 5-1　AWT 与 Swing 顶层窗口类之间的关系

Javax.swing.plaf.windows 包则负责实现 Windows 风格的界面。Java 的默认设计风格是"Java 外观"（称为 Metal），独立于任何一种窗口系统的 Java 外观。

轻量级组件不是依靠本地组件来支持它的显示，而是完全由 Java 代码来绘制并显示。Swing 平台无关的观感，是通过把所有负责画出一个组件的代码从组件中抽出来形成一个单独的类而实现的。例如，除了定义按钮组件的 JButton 类，还有一个单独的类负责把按钮在屏幕上画出来，画图的这个类将控制按钮的颜色、形状以及其他外面上的特征。构建轻量级组件的一种方法是扩展抽象的 java.awt.Component 类，然后改写它的 paint( ) 方法，扩展方法为：

```
public class ButtonDemo extends Component {
    public void paint(Graphics g) {
        ...                                // 在此绘制组件的 Java 代码
    }
}
```

抽象类 JComponent 是能够出现在屏幕上的大多数组件的父类。Java GUI 的基本组件多是 JComponent 类的子类，因此每个组件都继承了 JComponent 的所有方法和数据字段。JComponent 直接从 Container 类派生而来，它和它的所有 Swing 子类都是轻量级组件，如图 5-2 所示。

Swing 组件提供了若干包。在程序中，若使用 Swing 必须导入 javax.swing 包。Swing 包是 Swing 提供的最大包，包含将近 100 个类和 25 个接口，几乎所有的 Swing 组件都在 Swing 包中。

Swing 组件从功能上可分为容器组件（容器）和原子组件（组件），又可细分为顶层容器、中间层容器、特殊容器、基本组件、不可编辑组件以及可编辑组件，如表 5-1 所示。原子组件必须加在容器组件中，容器组件用来容纳其他容器组件或原子组件，并在其可视区域显示这些组件。

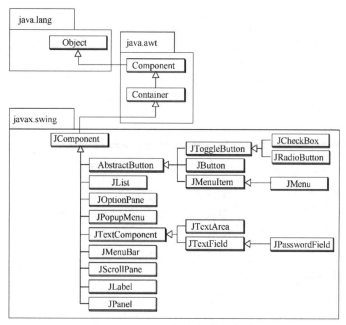

图 5-2 Swing 部分轻量级组件

表 5-1 Swing 组件分类表

GUI 类别	组 件	Swing 类名
基本组件	按钮	JButton、JCeckBox、JRadioButton
	组合框	JComboBox
	列表	JList
	菜单	JMenu、JMemuBar、JMenuItem、JPopupMenu
	滑块	JSlider
	工具栏	JToolBar
	文本区	JTextField、JPasswordField、JTextArea、JFormattedTextField
不可编辑的显示组件	标签	JLabel
	工具提示	JToolTip
	进度条	JProgressBar
可编辑的显示组件	表	JTable
	文本	JTextPane、JEditorPane
	树	JTree
	颜色选择器	JColorChooser
	文件选择器	JFileChooser
	数值选择器	JSpinner
顶层容器	窗体	JFrame、JWindow
	Applet	JApplet
	对话框	JDialog、JOptionPane
中间层容器	面板	JPanel
	滚动窗格	JScrollPane、JScrollBar
	拆分窗格	JSplitPane
	选项卡窗格	JTabbePane

GUI 类别	组　件	Swing 类名
特殊容器	内部框架	JInternalFrame
	分层窗格	JLayeredPane
	根窗格	JRootPane

5.1.2　Swing 容器

在 Java 图形用户界面中，容器本身也是组件。按用途来分，容器大致可以分为顶层容器、中间层容器、特殊容器、基本控件、不可编辑信息组件和可编辑组件。

顶层容器主要有 3 种：应用程序（JApplet）、对话框（JDialog）和框架（JFrame），在 Swing 图形用户界面中对应的类分别是 javax.swing.JApplet、javax.swing.JDialog、javax.swing.JFrame。应用程序主要用来设计嵌入在网页中运行的程序；对话框通常用来设计具有依赖关系的窗口；框架主要用来设计应用程序的图形界面。

中间层容器包括面板（JPanel）、滚动窗格（JScrollPane）、拆分窗格（SPlitPane）、选项卡窗格（JTabbedPane）和工具条（JToolBar）。面板是一种界面，通常只有背景颜色的普通容器，滚动窗格具有滚动条，拆分窗格是用来装两个组件的容器，选项卡窗格允许多个组件共享相同的界面控件，工具条通常将多个组件（常常是带图标的按钮组件）排成一排或一列。

特殊容器包括内部框架（JInternalFrame）、分层窗格（JLayeredPane）和根窗格（JRootPane）。内部框架可以在一个窗口内显示若干类似框架的窗口。分层窗格给窗格增加了深度的概念，当两个或多个窗格重叠在一起时，可以根据窗格的深度值来决定应当显示哪一个窗格的内容，一般显示深度值大的窗格。根窗格一般是自动创建的容器，创建内部框架或任意一种顶层容器都会自动创建根窗格，根窗格由玻璃窗格、分层窗格、内容窗格和菜单窗格 4 部分组成。

基本控件包括命令式按钮（JButton）、单选按钮（JRadioButton）、复选框（JCheckBox）、组合框（JComboBox）和列表框（JList）等。

不可编辑信息组件包括标签（JLabel）和进度条等。

可编辑组件包括文本编辑框（JTextField）和文本区域（JTextArea）等。

下面介绍常用的 Swing 容器。

1. 框架窗口（JFrame）

窗口是最基本的用户界面元素。框架窗口是一种窗体，其中带有边框、标题栏及用于关闭和最大/最小化窗口的图标等。在 GUI 的应用程序中，一般至少应使用一个框架窗口。通常，框架窗口简称为窗口。

JFrame 类是由 Container 类派生而来的，是一种顶层容器类，可用于创建框架窗口。创建的 JFrame 对象作为顶层容器存在，不能被其他容器所包含。它可将加到其内容面板的组件显示在屏幕上，每个加到窗口中的组件需要明确它的大小和位置，以及在窗口中如何显示。

JFrame 类构造方法主要有 2 种：① JFrame( )，建立无标题的 JFrame；② JFrame(String title)，建立标题为 title 的 JFrame。

窗口的基本操作如下。

（1）创建窗口

直接生成一个 JFrame 类的实例，即可建立一个窗口，或通过继承 JFrame 类来定义子类，再建立窗口。例如，创建一个无标题的窗口，语句如下：

```
JFrame frame = new JFrame();
```

（2）设置标题

通过 super(String title)调用基类的构造方法，或通过 setTitle(String title)方法设置窗口标题。例如：

```
JFrame frame = new JFrame("JFrame testing");
```

或者

```
JFrame frame = new JFrame() ;
frame.setTitle("JFrame testing");
```

（3）设置初始位置

通过 setLocation(intx, inty)方法设置窗口初始位置。其中，x 和 y 是窗口左上角在屏幕上的坐标值。

（4）设置大小

通过 setSize(int width, int height)的方法设置窗口初始大小。

（5）设置图标

通过 setIconImage(Icon icon)的方法设置窗口图标。

（6）定义关闭行为。

通过 setDefaultCloseOperation(int operation)的方法设置窗口关闭行为。其中，operation 的取值可以是以下几种。

❖ DO_NOTHING_ON_CLOSE：当窗口关闭时，不做任何处理。

❖ HIDE_ON_CLOSE：当窗口关闭时，隐藏这个窗口。

❖ DISPOSE_ON_CLOSE：当窗口关闭时，隐藏并处理这个窗口。

❖ EXIT- ON_ CLOSE：当窗口关闭时，退出程序。

operation 默认值是 HIDE_ON_CLOSE。

（7）添加组件

创建好 JFrame 后，就可以向它的内容面板中添加组件。对 JFramel 添加组件有两种方式。第一种方式，用 getContentPane( )方法获得 JFrame 的内容面板，再对其加入组件，语句如下：

```
frame.getContentPane().add(childComponent);
```

第二种方式，先建立一个 JPanel 或 JDesktopPane 之类的中间容器，把组件添加到容器中，用窗口对象的 setContentPane( )方法把该容器置为 JFrame 的内容面板：

```
JPanel conPane = new JPanel( );
...                              // 把其他组件添加到 JPanel 中
frame. setContentPane (conPane)  // 把 conPane 对象设置成为窗口对象 frame 的内容面板
```

注意，Swing 容器可以用来容纳其他组件，但除了 JPanel 及其子类可以直接添加组件，其他 Swing 容器都不允许把组件直接加进去，添加方法 JFrame 中添加组件一样。
例如：

```
                            JFrameDemo.java
    import javax.swing.*;
    import java.awt.*;
    public class JFrameDemo extends JFrame{         // 定义一个窗口子类
        public JFrameDemo() {
            setTitle("Swing 窗口");                    // 设置窗口标题
            setSize(300, 200);                        // 设置窗口大小
            // 设置图标
            setIconImage(new ImageIcon("./src/img/javalogo.jpg").getImage());
            setDefaultCloseOperation(EXIT_ON_CLOSE);  // 设置关闭行为
            setVisible(true);                         // 使窗口可见
        }
        public static void main(String[] args) {
            new JFrameDemo();                         // 创建窗口
        }
    }
```

2．无边框的窗口（JWindow）

JWindow 可以构造无边框的窗口。主要的构造方法有如下两种。

① JWindow( )：创建一个无边界的窗口；

② JWindow(Frame owner)：创建一个依赖 Frame 对象的窗口。

3．对话框（JDialog）

对话框与框架窗口类似，是有边框、有标题、可独立存在的顶级容器，对话框分为无模态对话框和模态对话框两种。模态对话框只让程序响应对话框内部的事件，对于对话框以外的事件程序不响应，并且在该对话框被关闭之前，其他窗口无法接受任何形式的输入；而无模态对话框可以让程序响应对话框以外的事件，没有限制。

JDialog 的构造方法有如下 4 种：

```
    JDialog(Frame owner);
    JDialog(Frame owner, Boolean modal);
    JDialog(Frame owner, String title);
    JDialog(Frame owner, String title, Boolean modal);
```

其中，参数 owner 指明对话框隶属哪个窗口，参数 title 指明对话框的标题，参数 modal 为 true 时，指明对话框是模态的；如果 modal 为 false，则指明对话框是无模态的。

用 JDialog 作为对话框，必须实现对话框中的每个组件，但有时候对话框只要显示一段文字，或进行一些简单的选择，这时候可以利用 JOptionPane 类，从而大大地减少了程序代码的编写。JOptionPane 类也在 javax.swing 包内。要利用 JOptionPane 类来输出对话框，通常不使用 new 创建一个 JOptionPane 对象，而是使用 JOptionPane 所提供的一些静态方法，都以 showXxxxxDialog 形式出现。例如，使用 JOptionPane.showMessageDialog( )；可以建立一个消息对话框。另外，JOptionPane.showConfirmDialog( )会建立一个确认对话框，而 JOptionPane.showlnputDialog( )会建立一个输入对话框。

4．面板（JPanel）

Swing 容器的 JPanel 替代了 AWT 的画布（Canvas）和面板（Panel），兼有两者的功能。JPanel 是一个非顶级的通用容器，总是处于其他容器中。JPanel 不能像 JFrame 那样能够在桌面上浮动。利用 JPaneJ 可以使版面的排列方式更生动，对于复杂 GUI，通常由多个面板组成，而每个面板以特定的布局来排列组件。

JPanel 的构造方法有如下几种：

```
JPanel();
JPanel(boolean isDoubleBuffered);
JPanel(LayoutManager layout);
JPanel(LayoutManager layout, boolean isDoubleBuffered)。
```

其中，isDoubleBuffered 指明是否具有双缓冲，layout 指明布局方式。JPanel 默认是非双缓冲，布局为流式布局（FlowLayout）。

5．分割面板（JSplitPane）

JSplitPane 一次可将两个组件同时显示在两个显示区中，若要同时在多个显示区显示组件，必须同时使用多个 JSplitPane。JSpiltPane 提供两个常数：HORIZONTAL_SPLIT 和 VERTICAL_SPLIT，用来设置水平分割或是垂直分割。

6．JTabbedPane

如果一个窗口的功能有几项，可以给每项设置一个标签，每个标签下面包含为完成此功能专用的若干组件。用户要使用哪项功能，只要单击相应的标签，就可以进入相应的页面。这种选项卡功能的实现就需要使用 JTabbedPane 这个中间层容器。

7．滚动面板（JScrollPane）

当容器内要容纳的内容大于容器时，希望容器能够有一个滚动条，通过拖动滑块，就可以看到更多的内容。JScrollPane 就是能够实现这种功能的容器。

8．JInternalFrame

使用 JInternalFrame 容器类可以实现在一个主窗口中打开很多个文档,每个文档各自占用一个新的窗口。JInternalFrame 的使用跟 JFrame 几乎一样，可以最大化、最小化、关闭窗口、加入菜单；唯一不同的是 JInternalFrame 是轻量级组件，它只能是中间容器，必须依附于顶层容器上。

5.1.3 基于 Swing 的 JavaGUI 设计思路

构造用户界面会涉及一些基本概念，包括前面已经提到的组件、容器，还有后面要描述的布局管理器和事件处理等。Java GUI 编程，一般可依据下面的设计思路：

（1）设置顶层容器。通常是 JFrame 或 JApplet，用于设计 Java 应用程序或 Java 小应用程序。

（2）创建组件。组件包括按钮、菜单以及选项等。

（3）使用某种布局把组件加到某个容器中。对于复杂的用户界面，通常会使用若干中间层容器，这样便于对组件的管理，在编程时先将组件置于中间层容器中，之后再将中间层容器加到顶层容器中。对于组件在容器中的位置和大小，也可交由布局管理器全权负责。

（4）实现事件处理程序，以便响应单击鼠标、菜单选择、窗口缩放以及其他活动等。

5.2 Swing 布局管理器

Java 语言本身提供了多种布局管理器，用来控制组件在容器中的布局方式。另外，还可以自己定制特定的布局方式。一般建议尽量使用已有的布局管理器。这样可以节省代码，提高软件的生产率。常用的布局方式有 6 种：FlowLayout、BorderLayout、GridLayout、BoxLayout、GridBagLayout 和 CardLayout。表 5-2 列出了一些常用的容器和相应的默认布局管理器。

表 5-2 默认布局管理器表

容　器	默认的布局管理器	容　器	默认的布局管理器
java.applet.Applet	FlowLayout	javax.swing.JApplet	BorderLayout
java.awt.Frame	BorderLayout	javax.swing.JFrame	BorderLayout
java.awt.Dialog	BorderLayout	javax.swing.JDialog	BorderLayout
java.awt.Panel	FlowLayout	javax.swing.JPanel	FlowLayout

在 Swing 图形用户界面程序设计中，给顶层容器设置布局管理器一般是先通过顶层容器的成员方法 getContentPane( )获取顶层容器的内容窗格，再通过类 java.awt.Container 的成员方法 setLayout( )设置内容窗格的布局管理器，从而实现给顶层容器设置布局管理器的目的。

给其他容器设置布局管理器可以通过类 java.awt.Container 的成员方法 setLayout( )来设置内容窗格的布局管理器。布局管理器设置后，一般可以向顶层容器的内容窗格或其他容器中添加组件。如果不设置布局管理器，则相应的容器或内容窗格采用默认的布局管理器。

5.2.1 流式布局管理器 FlowLayout

FlowLayout 是最简单的布局管理器，组件在容器上，按从左到右、从上到下的方式排列，即按照 GUI 组件的添加次序将它们从左到右放置在容器中，在到达容器边界时，组件将显示在下一行中。这种布局在默认情况下，组件居中，间隙为 5 个像素。

FlowLayout 的构造方法有如下 3 种。

① FlowLayout( )：创建一个默认的流式布局。

② FlowLayout(int alignment)：可以设置每行组件的对齐方式。Alignment 的值可以是 FlowLayout.LEFT（左对齐）、FlowLayout.RIGHT（右对齐）、FlowLayout.CENTER（中间对齐）。

③ FlowLayout(int alignment, int horz, int vert)：可以设置对齐方式，并且通过参数

horz 和 vert 分别设定组件的水平和垂直间距。

例如，创建 3 个 JButton 对象，分别为 Left、Center、Right 按钮，使用 FlowLayout 布局管理器将这些按钮添加到应用程序中，这 3 个按钮的事件处理程序完成 3 种对齐方式的设置，默认组件是居中对齐的。在用户单击某按钮时，该布局管理器的对齐方式改为相应对齐方式。

FlowLayoutDemo.java

```java
import java.awt.*;
import java.awt.event.*;
import javax.swing.*;

public class FlowLayoutDemo extends JFrame implements ActionListener {
    private JButton  leftButton,centerButton,rightButton;
    private Container  container;
    private FlowLayout  layout;

    public FlowLayoutDemo() {
        super("流式布局示例");
        layout = new FlowLayout();                        // 创建流式布局对象
        container = getContentPane();
        container.setLayout(layout);                      // 将窗口布局设置为流式布局
        leftButton = new JButton("左对齐");
        leftButton.addActionListener(this);
        container.add(leftButton);
        centerButton = new JButton("居中对齐");
        centerButton.addActionListener(this);
        container.add(centerButton);
        rightButton = new JButton("右对齐");
        rightButton.addActionListener(this);
        container.add(rightButton);
        setSize(300,75);
        setVisible(true);
    }

    public void actionPerformed(ActionEvent e) {          // 按钮的事件处理触发
        if(e.getSource() == leftButton)
            layout.setAlignment(FlowLayout.LEFT);         // 设置对齐方式为左对齐
        else if(e.getSource() == centerButton)
            layout.setAlignment(FlowLayout.CENTER);       // 居中对齐
        else
            layout.setAlignment(FlowLayout.RIGHT);        // 右对齐
        layout.layoutContainer(container);                // 根据调整后的布局重新排列内容面板
    }

    public static void main(String[] args) {
        FlowLayoutDemo application=new FlowLayoutDemo();
        application.setDefaultCloseOperation(JFrame.EXIT_ON_CLOSE);
```

```
        }
    }
```

程序运行结果如图 5-3 所示。

单击 3 个按钮后的效果如图 5-4～图 5-6 所示。

图 5-3　运行结果

图 5-4　左对齐

图 5-5　居中对齐

图 5-6　右对齐

5.2.2　网格布局管理器 GridLayout

GridLayout 布局管理器将容器按行和列等分成棋盘状，即将容器等分成相同大小的矩形区域，然后组件从第一行开始从左到右依次被放到这些矩形区域内。当某一行放满了，继续从下一行开始。

GridLayout 类直接继承 Object 类，并实现 LayoutManager 接口。GridLayout 中的每个组件都有相同的宽度和高度。

GridLayout 的构造方法如下。

① GridLayout( )：生成一个单列的网格布局，默认无间距。

② GridLayout(int row, int col)：生成一个指定行数 row 和列数 col 的网格布局。

③ GridLayout(int row, int col, int horz, int vert)：生成一个指定行数 row 和列数 col 的网格布局，并通过参数 horz 和 vert 设置组件之间的水平和垂直间距。

网格布局是按行优先顺序排列组件，在组件数目多时自动扩展列，在组件数目少时自动收缩列，行数始终不变。

例如：

```
                           GridLayoutDemo.java
import java.awt.*;
import java.awt.event.*;
import javax.swing.*;

public class GridLayoutDemo extends JFrame implements ActionListener{
    private JButton buttons[];
    private final String names[]= {"按钮 1","按钮 2","按钮 3","按钮 4","按钮 5","按钮 6"};
    private boolean  tog = true;
    private Container  container;
    private GridLayout  grid1, grid2;

    public GridLayoutDemo() {
        super("网格布局示例");
```

```
            // 创建一个 2 行 3 列的网格布局 grid1，水平和垂直间距均为 5 个像素
            grid1 = new GridLayout(2,3,5,5);
            // 创建一个 3 行 2 列的网格布局 grid2，水平和垂直均为无间距
            grid2 = new GridLayout(3,2);
            container = getContentPane();
            container.setLayout(grid1);                  // 设置窗口的布局管理器为 grid1
            buttons = new JButton[names.length];
            for(int count = 0; count<names.length; count++) {
                buttons[count]=new JButton(names[count]);
                buttons[count].addActionListener(this);
                container.add(buttons[count]);
            }
            setSize(300, 150);
            setVisible(true);
        }
        public void actionPerformed(ActionEvent e) {    // 事件处理
            if(tog)
                container.setLayout(grid2);
            else
                container.setLayout(grid1);
            tog = !tog;
            // 根据当前布局管理器和显示的 GUI 组件，重新计算容器的布局
            container.validate();
        }
        public static void main(String[] args) {
            GridLayoutDemo application=new GridLayoutDemo();
            application.setDefaultCloseOperation(JFrame.EXIT_ON_CLOSE);
        }
    }
```

程序的运行结果如图 5-7 所示，单击任何按钮后的效果如图 5-8 所示。

图 5-7　GridLayout I

图 5-8　GrdiLayout II

5.2.3　边界布局管理器 BorderLayout

边界布局管理器 BorderLayout 是顶层容器 javax.swing.JFrame 和 javax.swing.JApplet 的默认布局管理器，将容器划分成东、西、南、北和中 5 个区域，每个区域分别对应常量 java.awt.BorderLayout.EAST、java.awt.BorderLayout.WEST、java.awt.BorderLayout.SOUTH、java.awt.BorderLayout.NORTH、java.awt.BorderLayout.CENTER。

例如：

```java
import java.awt.BorderLayout;
import java.awt.Container;
import java.awt.event.ActionEvent;
import java.awt.event.ActionListener;
import javax.swing.JButton;
import javax.swing.JFrame;
public class BorderLayoutDemo  extends JFrame implements ActionListener {
    private JButton  buttons[];
    private final String  names[] = {"东", "西", "南", "北", "中"};
    private BorderLayout  layout;
    private Container  container;

    public BorderLayoutDemo() {
        super("边界布局管理器例程");
        layout = new BorderLayout(5,5);
        container = getContentPane();
        container.setLayout(layout);                    // 设置窗口边界布局
        buttons = new JButton[names.length];

        for(int count = 0; count < names.length; count++) {
            buttons[count] = new JButton(names[count]);
            buttons[count].addActionListener(this);
        }
        // 添加组件到窗口的各个区域
        container.add(buttons[0],"North");
        container.add(buttons[1],"South");
        container.add(buttons[2],"East");
        container.add(buttons[3],"West");
        container.add(buttons[4],"Center");
        setSize(300,200);
        setVisible(true);
    }
    public void actionPerformed(ActionEvent event) {
        for(int count = 0; count < buttons.length; count++)
            if(event.getSource() == buttons[count])
                buttons[count].setVisible(false);
            else
                buttons[count].setVisible(true);
        layout.layoutContainer(container);
    }
    public static void main(String[] args) {
        BorderLayoutDemo application=new BorderLayoutDemo();
        application.setDefaultCloseOperation(JFrame.EXIT_ON_CLOSE);
    }
}
```

程序运行结果如图 5-9 所示，单击某按钮，则该按钮隐藏。

图 5-9　BorderLayout 示例

5.2.4　CardLayout 卡片布局管理器

卡片布局管理器 CardLayout 提供了像管理一系列卡片一样管理组件的功能，多个组件拥有同一个显示空间，不过一个时刻只能显示一个组件。

CardLayout 的构造方法如下。

① CardLayout( )：创建一个间隙为 0 的卡片布局管理器。

② CardLayout(int hgap, int vgap)：创建一个指定水平、垂直间隙的卡片布局管理器。

CardLayout 的主要方法以下。

① void next(Container parent)：显示下一页。

② void previous(Container parent)：显示前一页。

③ void first(Container parent)：显示第一页。

④ void last(Container parent)：显示最后一页。

⑤ void show(Container parent, String name)：显示指定页。

图 5-10　CardLayout 示例

例如，如下示例的运行结果如图 5-10 所示。在顶层容器框架中添加 5 个按钮，但是运行结果只看到一个按钮，其他按钮被压在该按钮的下面。

CardLayoutDemo.java

```java
import java.awt.CardLayout;
import java.awt.Container;
import javax.swing.JButton;
import javax.swing.JFrame;
public class CardLayoutDemo{
    public static void main(String args[]) {
        JFrame  app = new JFrame("卡片布局管理器例程");
        app.setDefaultCloseOperation(JFrame.EXIT_ON_CLOSE);
        app.setSize(180, 100);
        Container  c = app.getContentPane();
        CardLayout  card = new CardLayout();
        c.setLayout(card);
        String  s;
        JButton  b;
        for(int i = 0; i < 5; i++) {
            s = "按钮" + (i+1);
```

```
            b = new JButton(s);
            c.add(b, s);
        }
        card.show(c, "按钮 3");
        card.next(c);
        app.setVisible(true);
    }
}
```

5.2.5　网格袋布局管理器 GridBagLayout

在构造复杂的用户界面时，仅仅使用前面的几种布局往往不能达到理想的效果。网格袋布局是最灵活的（也是最复杂的）一种布局管理器，具有强大的功能，非常适合复杂界面的布局。与网格布局类似，网格袋布局也是将用户界面划分为若干网格（Grid），不同之处在于：① 网格袋布局中的每个网格的宽度和高度都可以不一样；② 每个组件可以占据一个或是多个网格；③ 可以指定组件在网格中的停靠位置。

当将一个 GUI 组件添加到使用了网格袋布局的容器中时，需要指定该组件的位置、大小、缩放等约束条件。可以使用 GridBagConstraints 类型的对象来存储这些约束条件。

例如：

GridBagLayoutDemo.java

```java
import java.awt.Container;
import java.awt.GridBagConstraints;
import java.awt.GridBagLayout;
import javax.swing.JButton;
import javax.swing.JFrame;

public class GridBagLayoutDemo {
    public static void main(String args[]) {
        JFrame  app = new JFrame("网格包布局管理器例程");
        app.setDefaultCloseOperation(JFrame.EXIT_ON_CLOSE);
        app.setSize(320, 160);
        Container  c = app.getContentPane();
        GridBagLayout  gr = new GridBagLayout();
        c.setLayout(gr);
        int[]  gx = {0, 1, 2, 3, 1, 0, 0, 2};
        int[]  gy = {0, 0, 0, 0, 1, 2, 3, 2};
        int[]  gw = {1, 1, 1, 1, GridBagConstraints.REMAINDER, 2, 2, 2};
        int[]  gh = {2, 1, 1, 1, 1, 1, 1, 2};
        GridBagConstraints  gc = new GridBagConstraints();
        String  s;
        JButton  b;
        for(int i = 0; i < gx.length; i++) {
            s = "按钮" + (i+1);
            b = new JButton(s);
            // 指定组件的起始网格坐标
```

```
            gc.gridx = gx[i];
            gc.gridy = gy[i];
            // 指定组件所占网格的列数和行数
            gc.gridwidth = gw[i];
            gc.gridheight = gh[i];
            // 组件在网格中的填充方式为：水平、垂直方向均扩张
            gc.fill = GridBagConstraints.BOTH;
            gr.setConstraints(b, gc);
            c.add(b);
        }
        app.setVisible(true);
    }
}
```

程序的运行结果如图 5-11 所示。

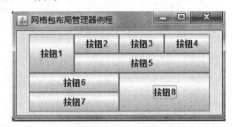

图 5-11　GridBagLayout 示例

5.2.6　盒式布局管理器 BoxLayout

盒式布局管理器 BoxLayout 允许多个组件在容器中沿水平方向或竖直方向排列。如果采用沿水平方向排列组件，当组件的总宽度超出容器的宽度时，组件也不会换行，而是沿同一行继续排列组件。如果采用竖直方向排列组件的方式，当组件的总高度超出容器的高度时，组件也不会换列，而是沿一列继续排列组件。这时可能需要改变容器的大小才能见到所有的组件，即有些组件可能处于不可见的状态。

BoxLayout 的构造方法如下。

BoxLayout(Container targe, int axis)：将容器 targe 设置为水平或垂直 BoxLayout 布局。

BoxLayout 是 Box 容器的默认布局管理器，而且 Box 容器只能使用这种布局管理器，否则会出现编译错误。Box 类用于控制组件之间的间隔，使组件之间可以更好地显示。由于 BoxLayout 是以水平或垂直方式排列的，因此要产生一个 Box 容器，就必须指定它的排列方式。

Box 的构造方法如下。

Box(int axis)：建立一个 Box 容器，并指定组件的排列方式是水平或垂直。Axis 参数可以使用 BoxLayout.X_AXIS 或 BoxLayout.Y_AXIS 来指定。

有关 Box 类的常用方法可查看 Java API。

BoxLayout 的示例如下：

BoxLayoutDemo.java

```
import java.awt.Container;
```

```java
import javax.swing.BoxLayout;
import javax.swing.JButton;
import javax.swing.JFrame;

public class BoxLayoutDemo {
    public static void main(String args[]) {
        JFrame  app = new JFrame("盒式布局管理器例程");
        app.setDefaultCloseOperation(JFrame.EXIT_ON_CLOSE);
        app.setSize(220, 130);
        Container  c = app.getContentPane( );
        c.setLayout(new BoxLayout(c, BoxLayout.X_AXIS));
        String  s;
        JButton  b;
        for(int i = 0; i < 3; i++) {
            s = "按钮" + (i+1);
            b = new JButton();
            c.add(b);
        }
        app.setVisible(true);
    }
}
```

运行结果如图 5-12 所示。如果参数 axis 的取值由 X_AXIS（组件在容器中沿水平方向排列）改为 Y_AXIS（组件在容器中沿垂直方向排列），那么运行结果如图 5-13 所示。

图 5-12　BoxLayout 水平排列

图 5-13　BoxLayout 垂直排列

5.3　Swing 事件处理

GUI 是事件驱动的，常见的事件包括鼠标单击、鼠标移动、单击按钮、选择菜单项、关闭窗口等。如果发生了一次用户交互，就将一个消息发送给程序。GUI 事件性能是存储在扩展 AWTEvent 的类的一个对象中。AWT 组件和 Swing 组件都可以使用 java.awt.event 包中的事件类型。Javax.swing.event 包还声明了其他一些事件类型，专用于 Swing 组件。

5.3.1　Java 事件处理机制

事件处理机制是一种事件处理框架，设计目的是把 GUI 交互动作（单击、菜单选择等）转变为调用相关的事件处理程序进行处理。

窗口管理器无法直接调用开发人员提供的事件处理程序，必须在运行时告诉事件模型哪个例程用于处理事件。因此，为了获取任何事件，开发人员必须事先通知窗口系统，令其将事件发送给自己提供的事件处理程序，把事件处理程序注册为窗口管理器中的一个回调例程，使之连接到产生事件的组件上。

要实现这个过程，需要用到事件处理机制中的 3 个对象：事件源、事件对象和事件监听器。

事件源就是前面介绍的各种组件或容器，是接收各种事件的对象。在各种事件源上运用鼠标、键盘或其他输入设备进行各种操作时，一般会有事件发生。

每种操作一般对应着事件。Java 语言通过事件对象来包装这些事件。事件对象记录事件源和处理该事件所需要的各种信息。事件对象对应的类一般位于包 java.awt.event 和包 javax.swing.event 中，而且类名通常以 Event 结尾，如表 5-3 所示。

表 5-3　常用事件表

事件类或接口	含　义
类 java.awt.event.ActionEvent	动作事件，如单击命令按钮
类 java.awt. event. AdjustmentEvent	调整事件，如移动滚动条的滑块位置
类 java awt.event. ComponentEvent	组件事件，如移动组件改变组件大小
类 java.awt. event.FocusEvent	焦点事件，如得到或失去焦点
类 java.awt. event.ItemEvent	项事件，如复选框的选中状态发生变化
类 java.awt.event.KeyEvent	键盘事件，如通过键盘输入字符
类 java.awt. event. MouseEvent	鼠标事件，如按下鼠标键
类 java.awt.event. MouseWheeIEvent	鼠标滚轮事件
类 java awt.event. WindowEvent	窗口事件
接口 javax.swing.event.DocumentEvem	文档事件，如文本区域内容发生变化
类 javax.swing.event. ListSelectionEvent	列表选择事件

对事件进行处理是通过事件监听器实现的。首先需要在事件源中登记事件监听器，一般称为注册事件监听器。当有事件发生时，Java 虚拟机会产生一个事件对象。事件对象记录处理该事件所需的各种信息。当事件源接收到事件对象时，就会启动在该事件源中注册的事件监听器，并将事件对象传递给相应的事件监听器。这时事件临听器接收到事件对象，并对事件进行处理。

事件监听器对应的接口一般也位于包 java.awt.event 和 javax.swing.event 中。在包 java.awt.event 和 javax. swing.event 中定义的事件监听器接口的命名一般以 Listener 结尾。这些接口规定了处理相应事件必须实现的基本方法，如表 5-4 所示。因此，实际处理事件的事件监听器对应的类一般是实现这些事件监听器接口的类。包 java.awt.event 和 javax.swing.event 中还定义了一种命名结尾为 Adapter 的实现事件监听器接口的抽象类，一般被称为事件适配器类。事件适配器类主要为了解决：有些事件监听器接口含有多个成员方法，而在实际应用时常常不需要对所有的这些成员方法进行处理。这样可以通过直接从事件适配器派生出子类，从而既实现了事件监听器接口，又只需要重新实现所需要处理的成员方法。

表 5-4　常用事件监听按口及事件适配器类

事件监听器接口和事件适配器类	类/接口	含　义
java.awt .event. ActionListener	接口	动作事件监听器
java .awt .event. AdjustmentListener	接口	调整事件监听器
java.awt.event.ComponentAdapter	抽象类	组件事件适配器
java.awt.event.ComponentListener	接口	组件事件监听器
java.awt.event.FocusAdapter	抽象类	焦点事件适配器
java.awt.event.FocusListener	接口	焦点事件监听器
java.awt.event.ItemListener	接口	项事件监听器
java.awt.event.KeyAdapter	抽象类	键盘事件适配器
java.awt.event.KeyListener	接口	键盘事件监听器
java.awt.event.MouseAdapter	抽象类	鼠标事件适配器
java.awt.event.MouseListener	接口	鼠标事件监听器
java.awt.event.MouseMotionAdapter	抽象类	鼠标移动事件适配器
java.awt.event.MouseMotionListener	接口	鼠标移动事件监听器
java.awt.event.MouseWheelListener	接口	鼠标滚轮事件监听器
Java.awt.event.TextListener	接口	文本事件监听器
java.awt.event.WindowAdapter	抽象类	窗口事件适配器
java.awt.event. WindowListener	接口	窗口事件监听器
java.awt.event. DocumentListener	接口	文档事件监听器
java.awt.event. ListSelectionListener	接口	列表选择事件监听器

5.3.2　鼠标事件处理

鼠标事件处理用于处理鼠标事件监听器有鼠标事件监听器（包括鼠标事件适配器）、鼠标移动事件监听器（包括鼠标移动事件适配器）和鼠标滚轮事件监听器。任何派生于 java.awt.Component 的 GUI 组件都可以捕获鼠标事件。

实现鼠标事件监听器需要编写实现接口 MouseListener 和 MouseMotionListener 的类，或编写实现抽象类 MouseAdapter 和 MouseMotionAdapter 的子类。

接口 java.awt.event.MouseListener 中的方法如下。

① mouseClicked(MouseEvent e)：鼠标按键在组件上单击（按下并释放）时调用。

② mouseEntered(MouseEvent e)：鼠标进入到组件上时调用。

③ mouseExited(MouseEvent e)：鼠标离开组件时调用。

④ mousePressed(MouseEvent e)：鼠标按键在组件上按下时调用。

⑤ mouseReleased(MouseEvent e)：鼠标按钮在组件上释放时调用。

接口 java.awt.event.MouseMotionListener 中的方法如下。

① mouseDragged(MouseEvent e)：鼠标按键在组件上按下并拖动时调用。

② mouseMoved(MouseEvent e)：鼠标光标移动到组件上但无按键按下时调用。

抽象类 java.awt.event.MouseAdapter 中定义的方法如下。

① mouseClicked(MouseEvent e)：鼠标按键在组件上单击（按下并释放）时调用。

② mouseDragged(MouseEvent e)：鼠标按键在组件上按下并拖动时调用。

③ mouseEntered(MouseEvent e)：鼠标进入到组件上时调用。

④ mouseExited(MouseEvent e)：鼠标离开组件时调用。

⑤ mouseMoved(MouseEvent e)：鼠标光标移动到组件上但无按键按下时调用。

⑥ mousePressed(MouseEvent e)：鼠标按键在组件上按下时调用。

⑦ mouseReleased(MouseEvent e)：鼠标按钮在组件上释放时调用。

⑧ mouseWheelMoved(MouseWheelEvent e)：鼠标滚轮旋转时调用。

抽象类 java.awt.event.MouseAdapter 同时实现了接口 MouseListener、MouseMotion-Listener 和 MouseWheelListener，所以鼠标事件适配器不仅可以作为鼠标事件监听器，还可以用作鼠标移动事件监听器、鼠标滚轮事件监听器（适用于 Java SE 1.6 以后版本）。

如果想让事件监听器起作用，可以通过组件或容器的成员方法

```
public void addMouseListener(MouseListener a);
```

注册鼠标事件监听器。当事件发生时，这些事件会被传递给鼠标事件监听器，以鼠标事件对象（MouseEvent）的形式进行封装。鼠标事件对应的类为 java.awt.event.MouseEvent。MouseEven 的成员方法可以查看 JDK API。

例如：

MouseEventDemo.java

```java
import java.awt.*;
import java.awt.event.*;
import javax.swing.*;

public class MouseEventDemo extends WindowAdapter
implements MouseListener,MouseMotionListener {
    private JFrame  frame;
    private JLabel  label;
    private Container  content;

    public MouseEventDemo() {
        frame = new JFrame("鼠标事件处理例程");        // 顶层容器
        content = frame.getContentPane();            // 取得顶层容器内容面板
        content.setLayout(null);                     // 设置布局管理器
        label = new JLabel();
        label.setBounds(10, 50, 200, 20);
        content.add(label);
        frame.addMouseListener(this);
        frame.addMouseMotionListener(this);
        frame.addWindowListener(this);
        frame.setSize(200, 100);
        frame.setVisible(true);
    }
    public void windowClosing(WindowEvent event) {
        System.exit(0);
    }
    public void mouseClicked(MouseEvent event){
```

```
        label.setText("鼠标单击 ["+event.getX()+", "+event.getY()+"]");
    }
    public void mousePressed(MouseEvent event) {
        label.setText("鼠标按下 ["+event.getX()+", "+event.getY()+"]");
    }
    public void mouseReleased(MouseEvent event) {
        label.setText("鼠标释放 ["+event.getX()+", "+event.getY()+"]");
    }
    public void mouseEntered(MouseEvent event) {
        label.setText("处理鼠标进入组件 ["+event.getX()+", "+event.getY()+"]");
        content.setBackground(Color.BLUE);
    }
    public void mouseExited(MouseEvent event) {
        label.setText("鼠标在窗口外");
        content.setBackground(Color.WHITE);
    }
    public void mouseDragged(MouseEvent event) {
        label.setText("鼠标拖动 ["+event.getX()+", "+event.getY()+"]");
    }
    public void mouseMoved(MouseEvent event) {
        label.setText("鼠标移动 ["+event.getX()+", "+event.getY()+"]");
    }
    public static void main(String args[]) {
        MouseEventDemo application=new MouseEventDemo();
    }
}
```

5.3.3　按钮动作事件处理

动作事件 ActionEvent 只包含一个事件 ACTION_PERFORMED，所以需要重写 actionPerfromed( )方法。能够触发该事件的动作包括：单击按钮 JButton，在文本框 JTextField 中按 Enter 键，双击列表 JList 中的选项，选择菜单项 JMenuItem 等。

动作事件属于 awt 事件，接口为 ActionListener。awt 的动作事件处理方法为

```
        public void actionPerformed(ActionEvent e);
```

在该事件的处理方法中，使用 e.getActionCommand 可以获得事件源的命令名。

JButton 类用于创建命令按钮，按钮表面显示的文本内容称为按钮标签（名称），在 GUI 中使用多个 JButton 时，应确保每个按钮有唯一标签。单击按钮，会发生 ActionEvent 事件。例如：

ActionEventDemo.java

```
import java.awt.ComponentOrientation;
import java.awt.Rectangle;
import java.awt.event.ActionEvent;
import java.awt.event.ActionListener;
import javax.swing.JButton;
```

```java
import javax.swing.JFrame;
import javax.swing.JTextField;

public class ActionEventDemo  extends JFrame implements ActionListener {
    // 确定间隔、大小等界面上的常量，以像素点为单位
    private static final int ComponentHeight = 30;
    private static final int ButtonWidth = 50;
    private static final int ComponentSpaceX = 10;
    private static final int ComponentSpaceY = 10;
    private static final int OriginOffsetY = 5;
     private static final int OriginOffsetX = 5;
    private static final int outPutFieldWidth = 700;
    // 依次创建各按钮
    JTextField  outputField = new JTextField(150);
    JButton  buttonOne = new JButton("1");
    JButton  buttonTwo = new JButton("2");
    JButton  buttonPlus = new JButton("+");
    JButton  buttonEqual = new JButton("=");
    JButton  buttonClear = new JButton("CE");
    // 生成各控件的相对于主窗口的矩形位置（原点 x 值，原点 y 值，宽，高）
    Rectangle boundOutputField = new Rectangle(OriginOffsetX +
                            0 *(ComponentSpaceX + ButtonWidth), OriginOffsetY +
                            0 *(ComponentSpaceY + ComponentHeight),
                            outPutFieldWidth, ComponentHeight);
    Rectangle  boundButtonOne = new Rectangle(OriginOffsetX +
                            0 *(ComponentSpaceX + ButtonWidth), OriginOffsetY +
                            1 *(ComponentSpaceY + ComponentHeight),
                            ButtonWidth, ComponentHeight);
    Rectangle  boundButtonTwo = new Rectangle(OriginOffsetX +
                            1 *(ComponentSpaceX + ButtonWidth), OriginOffsetY +
                            1 *(ComponentSpaceY + ComponentHeight),
                            ButtonWidth, ComponentHeight);
    Rectangle  boundButtonPlus = new Rectangle(OriginOffsetX +
                            0 *(ComponentSpaceX + ButtonWidth), OriginOffsetY +
                            2 *(ComponentSpaceY + ComponentHeight),
                            ButtonWidth, ComponentHeight);
    Rectangle  boundButtonEqual = new Rectangle(OriginOffsetX +
                            1 *(ComponentSpaceX + ButtonWidth), OriginOffsetY +
                            2 *(ComponentSpaceY + ComponentHeight),
                            ButtonWidth, ComponentHeight);
    Rectangle  boundButtonClear = new Rectangle(OriginOffsetX +
                            2 *(ComponentSpaceX + ButtonWidth), OriginOffsetY +
                            2 *(ComponentSpaceY + ComponentHeight),
                            ButtonWidth, ComponentHeight);
    public static void main(String[] args) {
        ActionEventDemo  frame = new ActionEventDemo();
        frame.setTitle("ActionEventDemo");
```

```java
            frame.setLocation(100, 100);
            frame.setSize(outPutFieldWidth + 3 * OriginOffsetY, 350);
            frame.setDefaultCloseOperation(JFrame.EXIT_ON_CLOSE);
            frame.setVisible(true);
        }
    public ActionEventDemo() {
            setLayout(null);
            // 设置 outputField 的边界（相对于主窗口的位置和大小）
            outputField.setBounds(boundOutputField);
            // 设置  oututField 的字符串显示顺序，设为从右到左显示
            outputField.setComponentOrientation(ComponentOrientation.RIGHT_TO_LEFT);
            // 设置 outputField 内的默认内容，应该显示为"0."
            outputField.setText(".0");
            // 禁止从界面（键盘）直接向 outputField 输入信息，只能通过程序改变 outputField 的内容
            outputField.setEditable(false);
            // 通过设置各控件的边界设置控件的坐标和大小
            buttonOne.setBounds(boundButtonOne);
            buttonTwo.setBounds(boundButtonTwo);
            buttonPlus.setBounds(boundButtonPlus);
            buttonEqual.setBounds(boundButtonEqual);
            buttonClear.setBounds(boundButtonClear);
            // 把各界面元素按照指定的位置加入主界面
            this.getContentPane().add(outputField);
            add(buttonOne);
            add(buttonTwo);
            add(buttonPlus);
            add(buttonEqual);
            add(buttonClear);
            // 为各按钮注册（鼠标左击）事件处理器
            buttonOne.addActionListener(this);
            buttonTwo.addActionListener(this);
            buttonPlus.addActionListener(this);
            buttonEqual.addActionListener(this);
            buttonClear.addActionListener(this);
        }
    public void actionPerformed(ActionEvent e){
            // 增加对新增事件源的选择判断
            if (e.getSource() == buttonOne || e.getSource() == buttonTwo ||
                                    e.getSource() == buttonPlus) {
                // 增加代码处理鼠标左击事件
                outputField.setText(outputField.getText() + e.getActionCommand());
            }
            else if(e.getSource() == buttonEqual) {
                ...                                        // 增加代码处理鼠标左击事件
            }
            else if(e.getSource() == buttonClear) {
                ...                                        // 增加代码处理鼠标左击事件
```

```
                    outputField.setText(".0");
                }
                else {
                    …                                               // Not implemented
                }
            }
        }
```

5.4 Swing 高级图形用户界面

本节主要介绍 Java 高级图形编程技术中的菜单、表格和树的使用方法，并通过示例说明。

5.4.1 菜单

菜单是图形用户界面中最常用的组件之一，菜单可以为设计的软件系统提供一种分类和管理软件命令、复选操作和单选操作的形式及手段，通过 Swing 菜单可以设计出十分方便的图形用户界面。菜单以树状的形式排列命令或操作的接口界面，从而方便查找，执行相应的命令或进行相应的操作。

菜单组件是窗体中经常用到的组件，包括菜单栏、菜单和菜单项。每个菜单还可以包括子菜单。

构建菜单首先通过 JMenuBar 建立一个菜单栏，它是菜单容器，然后使用 JMenu 菜单组件建立菜单，每个菜单再通过 JMenuItem 建立菜单项。

1．创建菜单的过程

菜单栏组件通过 JMenuBar 类来实现，可以将 JMenu 对象添加到菜单栏，以构造菜单并允许用户选择其中的某个菜单项。

① JMenuBar 类是 Jcomponent 类的子类，创建菜单栏可以使用构造方法：

```
public JmenuBar()
```

② 通过 JMenuBar 类的 add( )方法可以把指定的菜单追加到菜单栏的末尾：

```
public Jmenu add(Jmenu c)
```

③ 通过 JFrame 类中提供的 setJMenuBar( )方法，将菜单栏加到窗体中：

```
public void setJMenuBar(JMenuBar menubar)
```

④ 使用 JMenuIem 类创建菜单项，JMenuItem 类也是 JComponent 类的子类。可以使用下面的构造方法进行创建：

```
public JMenuItem()                          // 创建不带文本或图标的 JMenuItem
public JMenuItem(Icon icon)                 // 创建带有指定图标 icon 的 JMenuItem
public JMenuItem(String text)               // 创建带有指定文本的 JMenuItem
public JMenuItem(String text, Icon icon)    // 创建带有指定文本和图标的 JMenuItem
public JMenuItem(String text, int mnemonic) // 创建带有指定文本和快捷键的 JMenuItem
```

其中，Icon 接口表示一个小的固定尺寸的图片。

ImageIcon 的构造方法可以创建一个 Icon 类型的对象。ImageIcon 类实现了 Icon 接口。例如：

```
Icon  icon = new ImageIcon("open.jpg")
JMenuItem  edit = new JMenuItem("粘贴", icon);
```

⑤ 使用 JMenu 类创建菜单，它是 JMenuItem 类的子类，可以使用下面的构造方法创建菜单：

```
public JMenu()                          // 创建没有文本的 JMenu
public JMenu(String s)                  // 创建一个由字符串 s 作为菜单名字的 JMenu
public JMenu(String s, Boolean b)       // 创建一个指定菜单名和分类方式 (tear-off) 的 JMenu
```

⑥ 使用 JMenu 类中的 add( )方法，可以将指定的菜单项对象添加到菜单中。例如：

```
public JMenuItem add(JMenuItem menuItem)
public JMenuItem add(String s)
```

⑦ 可以使用 JMenu 类的 addSeparator( )方法在两个菜单项之间加一个分隔符。例如：

```
public void addSeparator()
```

2. 设置菜单快捷键

在使用菜单时，经常会使用菜单项的一些快捷键。快捷键的设置方法如下。

① 使用 JMenuItem 类提供的 setAccelerator( )方法。在使用 Swing 组件绘制的菜单中可以使用 JMenuItem 类的 setAccelerator( )方法为菜单项添加快捷键。

```
public void setAccelerator(KeyStroke keystroke)
```

KeyStroke 是一个可以表示键盘操作的类，可以使用该类给定的 getKeyStroke( )方法来指定相应的快捷键。getKeyStroke( )方法如下：

```
// 接收字符类型参数作为快捷键
public static KeyStroke getKeyStroke(char keyChar)
// 设置组合键作为快捷键
public static KeyStroke getKeyStroke(int keyCode, int modifiers)
```

例如：

```
edit.setAcceleraor(KeyStroke.getKeyStroke("N"))
edit.setAcceleraor(KeyStroke.getKeyStroke(KeyEvent.VK_Z, InputEvent.CTRL_MASK))
```

以上两个方法使用了 KeyEvent 类和 InputEvent 类。

② 使用 JMenuItem()构造方法。可以使用 JMenuItem 类提供的构造方法设置菜单的快捷键，可参考上面的构造方法。例如：

```
JMenuItem file1_open = new JMenuItem("打开(open)", KeyEvent.VK_O)
```

创建菜单的示例如下：

```
                              JMenuDemo.java
import java.awt.BorderLayout;
import java.awt.event.ActionEvent;
import java.awt.event.ActionListener;
import javax.swing.*;
```

```java
public class JMenuDemo extends JFrame implements ActionListener {
    // 在窗口中添加一个文本输出域
    private JTextField jfield1 = new JTextField(80);
    // 用于保存复制内容的字符串
    private String copiedStr = null;
    public JMenuDemo() {
        // 设置窗口名称
        super("菜单 Demo");
        // 创建除菜单以外的界面元素
        createBasicFrame();
        // 创键并设置菜单栏
        createMenu();
        // 显示窗口
        this.setVisible(true);
    }
    // 创建除菜单以外的界面元素
    private void createBasicFrame() {
        this.setDefaultCloseOperation(JFrame.EXIT_ON_CLOSE);
        this.setLocation(200, 100);
        this.setSize(250, 120);
        // 设置窗口为 BorderLayout
        this.setLayout(new BorderLayout());
        // 在窗口中央添加文本输出域
        this.getContentPane().add(jfield1, BorderLayout.CENTER);
        // 为 jfield1 添加事件处理（由 ActionPerformed 方法实现）
        jfield1.addActionListener(this);
    }
    // 创键并设置菜单栏
    private void createMenu() {
        // 首先创建菜单栏
        JMenuBar menuBar = new JMenuBar();
        // 为当前窗口添加菜单栏
        this.setJMenuBar(menuBar);
        // 数组 menuComands 给出了菜单和菜单项的助记符（快捷键，通过 ALT+字母的方式访问）
        char[][] menuComands = {{'F', 'E'}, {'O', 'S'}, {'C', 'V'}};
        // 创建菜单对象
        JMenu menuFile = new JMenu("文件(F)");
        JMenu menuEdit = new JMenu("编辑(E)");
        // 为各菜单设置助记符（快捷键）
        menuFile.setMnemonic(menuComands[0][0]);
        menuEdit.setMnemonic(menuComands[0][1]);
        // 在菜单栏上添加菜单
        menuBar.add(menuFile);
        menuBar.add(menuEdit);
        // 然后为菜单添加菜单项
        // 分别为各菜单创建菜单项对象
```

```
            JMenuItem[] menuFileItems = {new JMenuItem("打开(O)"),
                                         new JMenuItem("保存(S)") };
            JMenuItem[] menuEditItems = {new JMenuItem("复制(C)"),
                                         new JMenuItem("粘贴(V)") };
            int index = 0;
            for(index = 0; index < menuFileItems.length; index++) {
                // 为菜单项设置助记符(快捷键)
                menuFileItems[index].setMnemonic(menuComands[1][index]);
                menuFileItems[index].addActionListener(this);
                // 把菜单项加入菜单中
                menuFile.add(menuFileItems[index]);
            }
            // 设置菜单项之间的间隔符
            menuFile.insertSeparator(1);
            for(index = 0; index < menuEditItems.length; index++) {
                // 为菜单项设置快捷键
                menuEditItems[index].setMnemonic(menuComands[1][index]);
                menuEditItems[index].addActionListener(this);
                // 把菜单项加入菜单中
                menuEdit.add(menuEditItems[index]);
            }
            // 设置菜单项之间的间隔符
            menuEdit.insertSeparator(1);
        }
        public void actionPerformed(ActionEvent e) {
            System.out.println(e.getActionCommand());

            if(e.getActionCommand().equalsIgnoreCase("打开(O)") ||
                              e.getActionCommand().equalsIgnoreCase("保存(S)")) {
                System.out.println("功能: " + e.getActionCommand() + "尚未实现");
            }
            else if(e.getActionCommand().equalsIgnoreCase("复制(C)")) {
                System.out.println("复制文本输出域中的内容: " + jfield1.getText());
                copiedStr = jfield1.getText();
            }
            else if(e.getActionCommand().equalsIgnoreCase("粘贴(V)")) {
                System.out.println("粘贴复制的内容到文本输出域的尾部: " + jfield1.getText()
                              + copiedStr);
                jfield1.setText(jfield1.getText() + copiedStr);
            }
        }
        public static void main(String[] args) {
            JFrame  app = new JMenuDemo();
        }
    }
```

运行结果如图 5-14 所示，可对该菜单进行相应的操作。

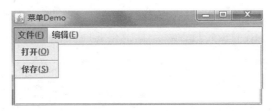

图 5-14　菜单

3．创建复选框菜单项

JCheckBoxMenuItem 类可以创建一个复选框菜单项。复选框菜单项旁边有一个复选框可以对其进行选定。

在上面例子的基础上，使用 JChecBoxMenuItem 类创建复选框菜单。

```java
                            JMenuDemo2.java
import java.awt.BorderLayout;
import java.awt.event.ActionEvent;
import java.awt.event.ActionListener;
import javax.swing.*;
public class JMenuDemo2 extends JFrame implements ActionListener {
    // 在窗口中添加一个文本输出域
    private JTextField jfield1 = new JTextField(80);
    // 用于保存复制内容的字符串
    private String copiedStr = null;
    public JMenuDemo() {
        // 设置窗口名称
        super("菜单 Demo");
        // 创建除菜单以外的界面元素
        createBasicFrame();
        // 创键并设置菜单栏
        createMenu();
        // 显示窗口
        this.setVisible(true);
    }
    // 创建除菜单以外的界面元素
    private void createBasicFrame() {
        this.setDefaultCloseOperation(JFrame.EXIT_ON_CLOSE);
        this.setLocation(200, 100);
        this.setSize(250, 120);
        // 设置窗口为 BorderLayout
        this.setLayout(new BorderLayout());
        // 在窗口中央添加文本输出域
        this.getContentPane().add(jfield1, BorderLayout.CENTER);
        // 为 jfield1 添加事件处理（由 ActionPerformed 方法实现）
        jfield1.addActionListener(this);
    }
    // 创键并设置菜单栏
    private void createMenu() {
```

```java
// 首先创建菜单栏
JMenuBar  menuBar = new JMenuBar();
// 为当前窗口添加菜单栏
this.setJMenuBar(menuBar);
// 数组 menuComands 给出了菜单和菜单项的助记符(快捷键，通过 ALT+字母的方式访问)
char[][]  menuComands = {{'F', 'E'}, {'O', 'S'}, {'C', 'V'}};
// 然后创建并添加菜单
// 创建菜单对象
JMenu  menuFile = new JMenu("文件(F)");
JMenu  menuEdit = new JMenu("编辑(E)");
JMenu  menuFont = new JMenu("字体(F)");
// 为各菜单设置助记符(快捷键)
menuFile.setMnemonic(menuComands[0][0]);
menuEdit.setMnemonic(menuComands[0][1]);
// 在菜单栏上添加菜单
menuBar.add(menuFile);
menuBar.add(menuEdit);
menuBar.add(menuFont);
// 然后为菜单添加菜单项
// 分别为各菜单创建菜单项对象
JMenuItem[] menuFileItems = {new JMenuItem("打开(O)"), new JMenuItem("保存(S)")};
JMenuItem[] menuEditItems = {new JMenuItem("复制(C)"), new JMenuItem("粘贴(V)")};
// 创建样式多项选择菜单
JMenu checkBoxopetion = new JMenu("样式");
// 创建表示字体样式复选框菜单项
JCheckBoxMenuItem bmItem1 = new JCheckBoxMenuItem("常规");
JCheckBoxMenuItem bmItem2 = new JCheckBoxMenuItem("斜体");
JCheckBoxMenuItem bmItem3 = new JCheckBoxMenuItem("粗体");
// 将菜单项放入样式菜单中
checkBoxopetion.add(bmItem1);
checkBoxopetion.add(bmItem2);
checkBoxopetion.add(bmItem3);
// 将 checkBoxopetion 多项选择菜单加到字体菜单中
menuFont.add(checkBoxopetion);
int  index = 0;
for(index = 0; index < menuFileItems.length; index++) {
    // 为菜单项设置助记符(快捷键)
    menuFileItems[index].setMnemonic(menuComands[1][index]);
    menuFileItems[index].addActionListener(this);
    // 把菜单项加入菜单中
    menuFile.add(menuFileItems[index]);
}
// 设置菜单项之间的间隔符
menuFile.insertSeparator(1);
for(index = 0; index < menuEditItems.length; index++) {
    // 为菜单项设置快捷键
    menuEditItems[index].setMnemonic(menuComands[1][index]);
```

```
            menuEditItems[index].addActionListener(this);
            // 把菜单项加入菜单
            menuEdit.add(menuEditItems[index]);
        }
        // 设置菜单项之间的间隔符
        menuEdit.insertSeparator(1);
    }
    public void actionPerformed(ActionEvent e) {
        System.out.println(e.getActionCommand());
        if(e.getActionCommand().equalsIgnoreCase("打开(O)") ||
                            e.getActionCommand().equalsIgnoreCase("保存(S)")) {
            System.out.println("功能：" + e.getActionCommand() + "尚未实现");
        }
        else if(e.getActionCommand().equalsIgnoreCase("复制(C)")) {
            System.out.println("复制文本输出域中的内容：" + jfield1.getText());
            copiedStr = jfield1.getText();
        }
        else if(e.getActionCommand().equalsIgnoreCase("粘贴(V)")) {
            System.out.println("粘贴复制的内容到文本输出域的尾部：" +
                                    jfield1.getText() + copiedStr);
            jfield1.setText(jfield1.getText() + copiedStr);
        }
    }
    public static void main(String[] args) {
        JFrame app = new JMenuDemo();
    }
}
```

运行结果如图 5-15 所示。

图 5-15　字体菜单

4. 创建单选按钮菜单项

JRadioButtonMenuItem 类可以实现一个单选按钮菜单项，其创建过程与上面的复选框菜单项的创建过程类似，请自行完成。

5. 禁用和启用菜单项

在某些情况下，希望在使用菜单时不使用某些菜单项。例如，当文本框中无字符时，不必使用"复制"和"粘贴"菜单项，此时可以将该菜单项变成灰色，禁止用户使用。

该功能的实现需要在程序中实现 MenuListener 接口（定义菜单事件的监听接口）。定义该监听接口中有以下几种方法。

`public void menuCanceled(MenuEvent e)`	`// 在取消菜单时被调用`
`public void menuDeselected(MenuEvent e)`	`// 在取消并关闭菜单时被调用`
`public void menuSelected(MenuEvent e)`	`// 在选择某个菜单时被调用`

在实际使用时，调用 menuSelected( )方法并从中通过设置 setEnabled( )方法的参数值来达到禁止使用或者重新启用某个菜单项的目的。对于禁用和启用菜单项的事件处理来说，还需要向菜单添加一个监听方法：

```
public void addMenuListener(MenuListener l)
```

在 JMenuItem 类中提供了一个可以用来启用和禁用菜单项的 setEnabled( )方法：

```
public void setEnabled(boolean b)
```

例如，修改上面的示例 JMenuDemo2.java，如果文本框中无内容，则编辑菜单中的菜单项禁用，否则可用。

JMenuDemo3.java

```java
import java.awt.BorderLayout;
import java.awt.event.ActionEvent;
import java.awt.event.ActionListener;
import javax.swing.*;
import javax.swing.event.MenuEvent;
import javax.swing.event.MenuListener;

public class JMenuDemo3 extends JFrame implements ActionListener,MenuListener {
    // 在窗口中添加一个文本输出域
    private JTextField jfield1 = new JTextField(80);
    // 保存复制内容的字符串
    private String copiedStr = null;
    // 编辑菜单菜单项
    JMenuItem[] menuEditItems = {new JMenuItem("复制(C)"), new JMenuItem("粘贴(V)")};
    public JMenuDemo() {
        super("菜单 Demo");              // 设置窗口名称
        createBasicFrame();              // 创建除菜单以外的界面元素
        createMenu();                    // 创建并设置菜单栏
        this.setVisible(true);           // 显示窗口
    }
    // 创建除菜单以外的界面元素
    private void createBasicFrame() {
        this.setDefaultCloseOperation(JFrame.EXIT_ON_CLOSE);
        this.setLocation(200, 100);
        this.setSize(250, 120);
        // 设置窗口为 BorderLayout
        this.setLayout(new BorderLayout());
        // 在窗口中央添加文本输出域
        this.getContentPane().add(jfield1, BorderLayout.CENTER);
        // 为 jfield1 添加事件处理（由 ActionPerformed 方法实现）
        jfield1.addActionListener(this);
    }
```

```java
// 创建并设置菜单栏
private void createMenu() {
    // 首先创建菜单栏
    JMenuBar menuBar = new JMenuBar();
    this.setJMenuBar(menuBar);                          // 为当前窗口添加菜单栏
    // 数组 menuComands 给出了菜单和菜单项的助记符（快捷键，通过 ALT+字母的方式访问）
    char[][] menuComands = {{'F', 'E'}, {'O', 'S'}, {'C', 'V'}};
    // 然后创建并添加菜单
    // 创建菜单对象
    JMenu  menuFile = new JMenu("文件(F)");
    JMenu  menuEdit = new JMenu("编辑(E)");
    JMenu  menuFont = new JMenu("字体(F)");
    // 为各菜单设置助记符（快捷键）
    menuFile.setMnemonic(menuComands[0][0]);
    menuEdit.setMnemonic(menuComands[0][1]);
    // 在菜单栏上添加菜单
    menuBar.add(menuFile);
    menuBar.add(menuEdit);
    menuBar.add(menuFont);
    // 然后为菜单添加菜单项
    // 分别为各菜单创建菜单项对象
    JMenuItem[] menuFileItems = {new JMenuItem("打开(O)"), new JMenuItem("保存(S)")};
    // 创建样式多项选择菜单
    JMenu checkBoxopetion = new JMenu("样式");
    // 创建表示字体样式复选框菜单项
    JCheckBoxMenuItem  bmItem1 = new JCheckBoxMenuItem("常规");
    JCheckBoxMenuItem  bmItem2 = new JCheckBoxMenuItem("斜体");
    JCheckBoxMenuItem  bmItem3 = new JCheckBoxMenuItem("粗体");
    // 将菜单项放入样式菜单中
    checkBoxopetion.add(bmItem1);
    checkBoxopetion.add(bmItem2);
    checkBoxopetion.add(bmItem3);
    // 将 checkBoxopetion 多项选择菜单加到字体菜单中
    menuFont.add(checkBoxopetion);
    int  index = 0;
    for(index = 0; index < menuFileItems.length; index++) {
        // 为菜单项设置助记符（快捷键）
        menuFileItems[index].setMnemonic(menuComands[1][index]);
        menuFileItems[index].addActionListener(this);
        // 把菜单项加入菜单
        menuFile.add(menuFileItems[index]);
    }
    // 设置菜单项之间的间隔符
    menuFile.insertSeparator(1);
    for(index = 0; index < menuEditItems.length; index++) {
        // 为菜单项设置快捷键
        menuEditItems[index].setMnemonic(menuComands[1][index]);
```

```
                menuEditItems[index].addActionListener(this);
                menuEdit.add(menuEditItems[index]);        // 把菜单项加入菜单
            }
            menuEdit.addMenuListener(this);                // 添加监听方法
            menuEdit.insertSeparator(1);                   // 设置菜单项之间的间隔符
        }
        @Override
        public void actionPerformed(ActionEvent e) {
            System.out.println(e.getActionCommand());
            if(e.getActionCommand().equalsIgnoreCase("打开(O)") ||
                            e.getActionCommand().equalsIgnoreCase("保存(S)")) {
                System.out.println("功能：" + e.getActionCommand() + "尚未实现");
            }
            else if(e.getActionCommand().equalsIgnoreCase("复制(C)")) {
                System.out.println("复制文本输出域中的内容：" + jfield1.getText());
                copiedStr = jfield1.getText();
            }
            else if(e.getActionCommand().equalsIgnoreCase("粘贴(V)")) {
                System.out.println("粘贴复制的内容到文本输出域的尾部：" +jfield1.getText()+copiedStr);
                jfield1.setText(jfield1.getText() + copiedStr);
            }
        }
        public static void main(String[] args) {
            JFrame app = new JMenuDemo();
        }
        @Override
        public void menuCanceled(MenuEvent e) {  }
        @Override
        public void menuDeselected(MenuEvent e) {  }
        @Override
        public void menuSelected(MenuEvent e) {
            // 判断文本是否为空，为空，则禁用“复制”和“粘贴”菜单项
            if(jfield1.getText().equals("")) {
                for(int index = 0; index < menuEditItems.length; index++) {
                    menuEditItems[index].setEnabled(false);
                }
            }
            else {
                for(int index = 0; index < menuEditItems.length; index++) {
                    menuEditItems[index].setEnabled(true);
                }
            }
        }
    }
```

6．弹出式菜单

JPopupMenu 类可以实现弹出式菜单（即快捷菜单）。可以使用无参的构造方法创建一个弹出式菜单：

```
public JPopupMenu()
```

一般情况下，在 Windows 系统中，单击鼠标右键就可以触发一个弹出式菜单。如果希望在某一个组件中弹出菜单，可以使用 setComponentPopupMenu( )方法：

```
Component. setComponentPopupMenu(popup);
```

其中，Component 是希望触发弹出式菜单的组件，参数 popup 表示弹出式菜单。例如：

```java
import java.awt.BorderLayout;
import java.awt.event.ActionEvent;
import java.awt.event.ActionListener;
import java.awt.event.InputEvent;
import java.awt.event.MouseAdapter;
import java.awt.event.MouseEvent;
import javax.swing.JFrame;
import javax.swing.JMenuItem;
import javax.swing.JPopupMenu;
import javax.swing.JTextField;
import javax.swing.event.TableModelEvent;
import javax.swing.event.TableModelListener;
public class PopUPMenu extends JFrame implements ActionListener, TableModelListener {
    private static final long serialVersionUID = 1L;
    // 在窗口中添加一个文本输出域
    private JTextField jfield1 = new JTextField(80);
    // 用于保存复制内容的字符串
    private String copiedStr = null;
    private JMenuItem menuItemEdit = new JMenuItem("修改信息");
    private JMenuItem menuItemAdd = new JMenuItem("增加用户");
    private JMenuItem menuItemRemove = new JMenuItem("删除用户");
    // 创建一个弹出菜单
    private JPopupMenu tablePopupMenu = new JPopupMenu();
    public PopUPMenu() {
        super("弹出式菜单");
        setLocation(100, 100);
        setSize(300, 300);
        setDefaultCloseOperation(JFrame.DISPOSE_ON_CLOSE);
        setLayout(new BorderLayout());
        // 在窗口中央添加文本输出域
        this.getContentPane().add(jfield1, BorderLayout.CENTER);
        // 为 jfield1 添加事件处理（由 ActionPerformed 方法实现）
        jfield1.addActionListener(this);
        tablePopupMenu.add(menuItemEdit);
        tablePopupMenu.addSeparator();                      // 增加间隔线
        tablePopupMenu.add(menuItemAdd);
        tablePopupMenu.addSeparator();                      // 增加间隔线
        tablePopupMenu.add(menuItemRemove);
        jfield1.setComponentPopupMenu(tablePopupMenu);  // 把弹出菜单加到 jfield1 上
        jfield1.addMouseListener(new MouseAdapter() {
```

```
            public void mouseClicked(MouseEvent e) {
                if(e.getClickCount() < 2 || e.getModifiers() != InputEvent.BUTTON1_MASK)
                    return;
                System.out.println("");                              // 弹出查看用户信息窗口
            }
        });
        menuItemEdit.addActionListener(this);
        menuItemAdd.addActionListener(this);
        menuItemRemove.addActionListener(this);
        setVisible(true);
    }
    public void tableChanged(TableModelEvent e) {
        System.out.println("tableChanged: " + e.getFirstRow() + " " + e.getColumn());
    }
    @Override
    public void actionPerformed(ActionEvent e) {
        if (e.getSource() == menuItemEdit) {
            System.out.println("当前选择编辑菜单");
        }
        else if (e.getSource() == menuItemAdd) {
            System.out.println("当前选择添加菜单");
        }
        else if (e.getSource() == menuItemRemove) {
            System.out.println("当前选择删除菜单");
        }
    }
    public static void main(String[] args) {
        new PopUPMenu();
    }
}
```

运行结果如图 5-16 所示。

图 5-16 弹出式菜单

5.4.2 表格

Swing 组件提供了 JTable 类来建立表格，主要控制数据的显示方式。JTable 表格有两种事件：ListSelectionEvent 和 TableModelEvent，分别对应 ListSelectionListener 和 TableModelListener 接口。

ListSelectionListener 包含 valueChanged(ListSelection e)方法，当选择表格中单元时触发。TableModelListener 只包含 tableChanged(TableModelEvent e)方法，当表格的内容改变时触发。

JTable 的常用构造方法如下。

① JTable( )：建立一个新的 JTable，并使用系统默认的模型。

② JTable(Object[][] rowData, String[] columnNames)：建立一个显示二维数组数据的表格，并且可以显示列的名称。

③ JTable(TableModel dm)：建立一个表格，有默认的字段模式和选择模型，并设置数据模型。

例如，表格的创建示例如下。

```
                              JTableDemo.java
    import java.awt.*;
    import java.awt.event.ActionEvent;
    import java.awt.event.ActionListener;
    import javax.swing.*;

    public class JTableDemo extends JFrame implements ActionListener {
        JTable table;
        JTextArea text;

        Object[][] student = {{new Integer(101), "Tom","男",new Integer(20),"计算机"},
                              {new Integer(102), "Tom","男",new Integer(20),"计算机"},
                              {new Integer(103), "牛牛","男",new Integer(21),"电子"},
                              {new Integer(104), "优优","女",new Integer(22),"通信"}
                             };

        public JTableDemo() {
            JLabel  label = new JLabel("学生信息表", JLabel.CENTER);
            String[]  header = {"学号", "姓名", "性别", "年龄", "专业"};
            table = new JTable(student, header);
            table.setPreferredScrollableViewportSize(new Dimension(500, 30));
            JScrollPane  scrollPane = new JScrollPane(table);
            Container  ct = this.getContentPane();
            ct.add(label, BorderLayout.NORTH);
            ct.add(scrollPane, BorderLayout.CENTER);
            table.setSelectionBackground(Color.GREEN);
            JPanel  pl = new JPanel();
            JButton  bt = new JButton("学生总人数为：");
            text = new JTextArea();
            text.setEditable(false);
            pl.add(bt);
            pl.add(text);
            ct.add(pl, BorderLayout.SOUTH);
            bt.addActionListener(this);
```

```
        }
        public static void main(String[] args) {
            JTableDemo  td = new JTableDemo();
            td.setBounds(400, 300, 500, 300);
            td.setVisible(true);
            td.setDefaultCloseOperation(JFrame.EXIT_ON_CLOSE);
        }

        @Override
        public void actionPerformed(ActionEvent e) {
            int num = table.getColumnCount();
            text.setText("");
            text.append(String.valueOf(num));
            text.setForeground(Color.red);
            text.setEditable(true);
        }
    }
```

运行结果如图 5-17 所示。

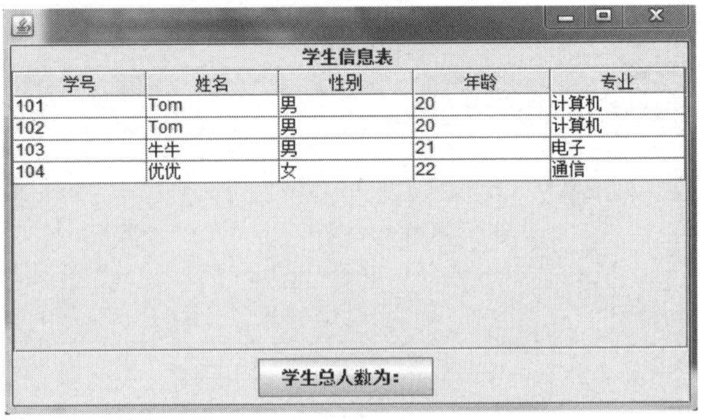

图 5-17　JTable 实例效果

5.4.3　树

树结构在计算机中是一种很常见的数据结构，计算机中的目录和文件就是以树结构。树具有以下特点：

① 一棵树中只有一个根节点，其余节点都是从该节点引出的；

② 除根节点外，其余节点要么是没有子节点的节点，称为叶子节点；要么是带有子节点的节点，称为分支节点。

在 Swing 中，使用 JTree 来构建一个树结构，其主要构造方法如下。

① public JTree (TreeModel newModel)：返回使用指定的数据模型创建的显示根节点的树。

② public JTree (TreeNode rootl)：返回一个指定 TreeNode 作为根的显示根节点的树。

③ public JTree (Object[] value)：返回指定数组的每个元素作为子节点的树，不显示根节点。

TreeModel 是一个接口，可以使用 DefaultMutableTreeNode 类的对象作为该构造方法的参数。DefaultMutableTreeNode 类可以用来表示树结构的节点，实现了 MutableTreeNode 接口，MutableTreeNode 实现了 TreeNode 接口。

创建一棵树的过程如下。

① 创建 DefaultMutableTreeNode 对象：

```
DefaultMutableTreeNode root = new DefaultMutableTreeNode("root");
DefaultMutableTreeNode node = new DefaultMutableTreeNode("node");
DefaultMutableTreeNode son = new DefaultMutableTreeNode("son");
```

② 使用 add( )方法添加子节点。先添加子节点到根节点，如果该子节点还有子节点，就将相应的节点加入该子节点。

```
root.add(node);
node.add(son);
```

③ 将根节点作为参数传递给 JTree 的构造方法。

```
JTree  tree = new JTree(root);
```

例如：

JTreeDemo.java

```
import javax.swing.*;
import javax.swing.tree.*;

public class JTreeDemo extends JFrame {
    JTree  jtree;
    public JTreeDemo() {
        // 创建节点
        DefaultMutableTreeNode specify = new DefaultMutableTreeNode("专业");
        DefaultMutableTreeNode  computer = new DefaultMutableTreeNode("计算机专业");
        DefaultMutableTreeNode  elec = new DefaultMutableTreeNode("电子专业");
        DefaultMutableTreeNode  com_1 = new DefaultMutableTreeNode("10级计算机");
        DefaultMutableTreeNode  com_2 = new DefaultMutableTreeNode("110级计算机");
        DefaultMutableTreeNode  com_3 = new DefaultMutableTreeNode("12级计算机");
        DefaultMutableTreeNode  ele_1 = new DefaultMutableTreeNode("10级电子");
        DefaultMutableTreeNode  ele_2 = new DefaultMutableTreeNode("110级电子");
        DefaultMutableTreeNode  ele_3 = new DefaultMutableTreeNode("12级电子");
        // 从根节点开始依次添加节点
        specify.add(computer);
        specify.add(elec);
        computer.add(com_1);
        computer.add(com_2);
        computer.add(com_3);
        elec.add(ele_1);
        elec.add(ele_2);
        elec.add(ele_3);
        jtree = new JTree(specify);
        add(jtree);
```

```
        }
        public static void main(String[] args) {
            JTreeDemo  jt = new JTreeDemo();
            jt.setBounds(400, 200, 500, 300);
            jt.setVisible(true);
            jt.setDefaultCloseOperation(JFrame.EXIT_ON_CLOSE);
        }
    }
```

运行结果如图 5-18 所示。

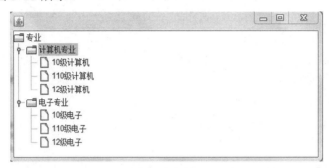

图 5-18　树结构

5.5　JavaFX

5.5.1　JavaFX 概述

JavaFX 是 JDK 8 版本后推出的一项 GUI 技术，包含强大的图形处理和多媒体处理工具，适应桌面或 Web 应用、移动设备等环境，为项目开发涉及的 GUI 提供了丰富的基础结构。JavaFX 中的类库也是继承于 java.lang.Object，其构成图形用户界面的类主要有面板类、控件类和辅助类。

面板作为容器，包含其他控件或形状的类。控件类包括参与用户的交互的各项组件，如按钮、标签、文本、滚动条等。辅助类的作用是辅助描述控件的属性，如字体（Font）、颜色（Color）、图像（Image）等。JavaFX 常用类的结构如图 5-19 所示。

5.5.2　JavaFX 窗口结构

应用程序类 javafx.application.Application 是特殊的抽象类，其继承于 java.lang.Object，是编写应用程序的基本框架，所有其子类均需重写 start( ) 方法，以此作为应用程序启动的入口。而 JavaFX 主程序继承于 Application 类，通常会将 JavaFX 的窗口布置放在 start( ) 方法中，JavaFX 应用程序启动后，则可以显示布置好的窗口界面。表 5-5 是 Application 类的常用方法。

JavaFX 借助剧院相关术语来描述图形用户界面的层次关系的，顶层为 Stage（舞台），即窗口。Stage 的第二层是 Scene（场景），可包含各种 Pane（布局面板）和 Node（节点）。

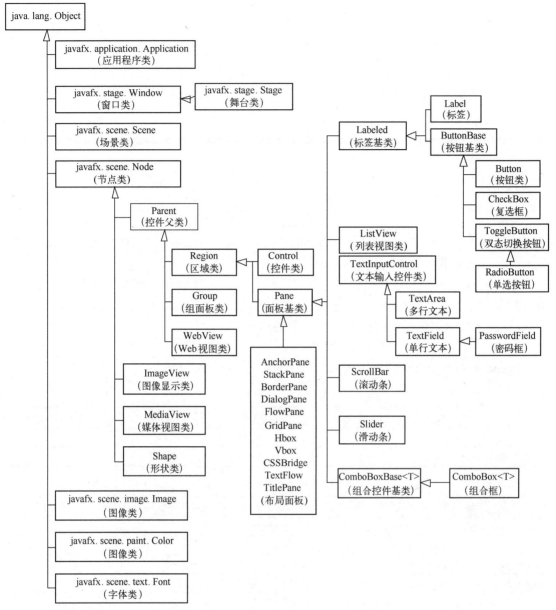

图 5-19 JavaFX 常用类的继承关系

表 5-5 Application 类的常用方法

常用方法	功能描述
public static void launch(String … args)	一般在 main()函数中调用。启动一个 JavaFX 程序,可变参数 args 接收命令行参数
public void init()	程序初始化方法,该方法在加载 Application 类之后立即被调用。不能将 JavaFX 窗口的布置放在该方法中
public abstract void start(Stage primaryStage)	JavaFX 应用程序的入口,参数 primaryStage 表示程序的主舞台,一般用于布置舞台,即窗口界面的布置
public void stop()	停止应用程序

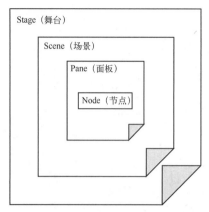

图 5-20　JavaFX 窗口的层次关系

Node（节点）属于可视化的组件，如 Pane（面板）、Control（控件）、ImageView（图像）、Shape（形状）等都可以是 Node（节点）。

Control（控件）包括常规的与用户交互的组件，如 Label（标签）、Button（按钮）、Textfield（文本）、CheckBox（复选框）等。

Shape（形状）包括直线、弧、圆、多边形等。

Stage 类的构造方法、常用方法如表 5-6 和表 5-7 所示。

Scene 类的构造方法及常用方法如表 5-8 和表 5-9 所示。

表 5-6　Stage 类的构造方法

构造方法	用法描述
public Stage()	创建一个新舞台
public Stage(StageStyle style)	以指定风格 style 创建一个新舞台

表 5-7　Stage 类的常用方法

常用方法	功能描述
public final void show()	显示窗口
public final void setTitle(String title)	设置窗口标题
public final void setScene(Scene scene)	为窗口设置场景 scene
public final void setMaximized(boolean value)	设置窗口可否最大化
public final void setAlwaysOnTop(boolean value)	设置窗口是否在顶层
public final void setResizable(boolean value)	设置窗口可否调整窗口大小
public void close()	关闭窗口。另 hide()用于隐藏窗口

表 5-8　Scene 类的构造方法

构造方法	用法描述
public Scene(Parent root)	以 root 为根节点创建一个场景，通常使用某种面板对象作为根节点
public Scene(Parent root,double width,double height)	创建指定 width、height 的场景（单位为像素），并将节点 root 放置场景中
public Scene(Parent root,Paint fill)	创建以 root 为根节点，填充色为 fill 的场景
public Scene(Parent root,double width, double height, paint fill)	创建指定宽、高、填充色的场景，并将根节点 root 放置场景中

表 5-9　Scene 类的常用方法

常用方法	功能描述
public final \<T extends Event \> void addEventHandler (EventTyle\<T\> eventTyle, EventHandler \<? Super T\> eventHandler)	为场景注册事件监听
public final void setFill(Paint value)	设置场景的背景填充色为 value
public final void setRoot(Parent root)	设置场景的根节点
public final void setOnContextMenuRequested (EventHandler \<? Super ContextMenuEvent \> value)	为场景注册快捷菜单动作事件监听

例如，创建舞台（窗口）并为其添加场景和按钮。

FirstStage.java

```java
package pack1;
import javafx.application.Application;
import javafx.scene.Scene;
import javafx.scene.control.Button;
import javafx.stage.Stage;

public class FirstStage extends Application {
    @Override
    public void start(Stage stage) throws Exception {
        Button  btn1 = new Button("按钮");            // 定义控件 button
        Scene  scene = new Scene(btn1, 200, 100);     // 定义场景 scene
        stage.setTitle("我的第一个 JavaFX 窗口");      // 设置窗口标题
        stage.setScene(scene);                        // 为窗口（舞台）设置场景
        stage.show();                                 // 显示窗口
    }
    /**
     * @param args
     */
    public static void main(String[] args) {
        Application.launch(args);                     // 启动 JavaFX 应用程序
    }
}
```

程序运行结果如图 5-21 所示。

图 5-21　舞台

说明：① 窗口默认是隐藏的，要用 show( )将窗口显示出来；② 如果用 DOS 命令行运行 JavaFX 程序，程序中的 main( )主函数是非必须的。对于不完全支持 JavaFX 的 IDE，则需要 main( )主函数（Eclipse 中运行 JavaFX 程序需要 main( )函数）。

例如，在 DOS 命令行不需要 main( )方法启动 JavaFX 应用程序。

```
                              SecondDemo.java
    import javafx.application.Application;
    import javafx.scene.Scene;
    import javafx.scene.control.Button;
    import javafx.stage.Stage;
    public class SecondDemo extends Application {
        @Override
        public void start(Stage stage) throws Exception {
            Button  btn1 = new Button("按钮");              // 定义控件 button
            Scene  scene = new Scene(btn1, 200, 100);      // 定义场景 scene
            stage.setTitle("主会场");                        // 设置窗口标题
            stage.setScene(scene);                          // 为窗口（舞台）设置场景
            stage.show();                                   // 显示窗口 1

            Stage stage2 = new Stage();                     // 定义窗口 2
            stage2.setAlwaysOnTop(true);
            stage2.setResizable(true);
            stage2.setTitle("分会场");
            Button btn2 = new Button("分会场按钮");
            stage2.setScene(new Scene(btn2,150,100));
            stage2.show();                                  // 显示窗口 2
        }
    }
```

程序运行结果如图 5-22 所示。

图 5-22　SecondDemo 运行结果

5.5.3　JavaFX CSS 样式

为了更能适应桌面应用、Web 应用或移动应用的开发，JavaFX 引入样式属性设置方法，称为 JavaFX CSS。JavaFX 中的 Node（节点）包括所有的可视化组件都可以设置它的样式属性，如为面板、控件、图像视图、形状等设置相应的样式。设置格式为：

```
<node>.setStyle("-fx-stylename:value");
```

<node>表示某个节点，参数中的样式属性名用"-fx-"进行引导，样式值为"value"，如有多项属性一起设置，需用";"隔开，若样式名 stylename 由多个单词构成，需用"-"隔开。例如，设置按钮 btn 的边框颜色为绿色：

```
btn.setStyle("-fx-border-color:green");
```

设置面板 pane 的边框颜色为蓝色，背景色为黄色：

```
pane.setStyle("-fx-border-color:blue, -fx-background-color:yellow");
```

5.5.4　JavaFX 布局面板

面板是一种介于场景和控件之间的中间面板，属于一种既没有标题，也没有边框的中间容器，可以用于组织、管理 Node（节点）。组织好 Node（节点）后，再将一个或多个面板放置到场景中，方便窗口格局的结构化。

JavaFX 中常用的面板类包括栈面板 StackPane、边界面板 BorderPane、流式面板 FlowPane、网格面板 GridPane 等

1．栈面板 StackPane

栈面板 StackPane 其布局方式是将所有节点放置在面板中央，多个节点就会以叠加的方式叠放在面板中央。若想通过某些图形叠加或图像叠加，以达到一种较好的视觉效果，则可以使用栈面板 StackPane。栈面板 StackPane 的构造方法及常用方法如表 5-10 和表 5-11 所示。

表 5-10　栈面板 StackPane 的构造方法

构造方法	用法描述
public StackPane()	创建一个栈面板，面板中节点中心对齐
public StackPane(Node … children)	创建一个栈面板，并为其添加多个节点，节点中心对齐

表 5-11　栈面板 StackPane 的常用方法

常用方法	功能描述
public static void clearConstrains(Node child)	删除面板中的节点
public static void setMargin(Node child,Insets value)	设置面板中节点到边界的距离
public static void setAlignment(Node child,Pos value)	设置面板中节点的对齐方式
public static void setAlignment(Pos value)	设置节点的整体对齐方式

例如，栈面板 StackPane 的使用如下。

StackPaneDemo.java

```
package PaneDemo;
import javafx.application.Application;
import javafx.scene.Scene;
import javafx.scene.control.Button;
import javafx.scene.layout.StackPane;
import javafx.stage.Stage;

public class StackPaneDemo extends Application {
    Button btn1,btn2;                              // 定义节点
    StackPane stackPane;
    @Override
```

```
public void start(Stage stage) throws Exception {
    btn1 = new Button("1号按钮");
    btn1.setPrefSize(100, 50);                              // 设置按钮尺寸
    btn1.setStyle("-fx-border-color:red");                  // 设置按钮样式
    btn1.setRotate(45);                                     // 设置旋转角度
    btn2= new Button("2号按钮");
    btn2.setStyle("-fx-border-color:green");
    btn2.setRotate(90);

    stackPane = new StackPane();                            // 初始化栈面板
    stackPane.setStyle("-fx-background-color:yellow");      // 设置面板样式
    stackPane.setRotate(-45);
    stackPane.getChildren().addAll(btn1,btn2);             // 面板添加节点

    Scene scene = new Scene(stackPane,200,100);             // 创建场景
    stage.setScene(scene);                                  // 舞台添加场景
    stage.setTitle("栈面板示例");
    stage.show();                                           // 舞台展示
}
/**
 * @param args
 */
public static void main(String[] args) {
    Application.launch(args);
}
}
```

程序运行结果如图 5-23 所示。

图 5-23　栈面板示例

2. 边界面板 BorderPane

边界面板 BorderPane 将面板分为上（Top）、下（Bottom）、左（left）、右（Right）、中（center）5 个主要区域，可根据程序设置的需要将 Node（节点）放置在指定的区域，完成布局排版。边界面板 BorderPane 的构造方法和常用方法如表 5-12 和表 5-13 所示。

表 5-12　边界面板 BorderPane 的构造方法

构造方法	用法描述
public BorderPane()	创建一个边界面板
public BorderPane(Node center)	创建边界面板，并将节点 center 放置在中央
public BorderPane(Node center, Node top, Node right, Node bottom,Node left)	创建边界面板，并将节点放置在指定区域

表 5-13　边界面板 BorderPane 的常用方法

常用方法	功能描述
public final void setTop(Node value)	设置顶部区域的节点
public final void setBottom(Node value)	设置底部区域的节点
public final void setLeft(Node value)	设置左边区域的节点
public final void setRight(Node value)	设置右边区域的节点
public final void setCenter(Node value)	设置中央区域的节点
public final void setAlignment(Node child,Pos value)	设置节点的对齐方式

例如，边界面板 BorderPaneDemo 的使用。

BorderPaneDemo.java

```java
package PaneDemo;
import javafx.application.Application;
import javafx.geometry.Insets;
import javafx.scene.Scene;
import javafx.scene.control.Button;
import javafx.scene.layout.BorderPane;
import javafx.stage.Stage;
public class BorderPaneDemo extends Application {
    Button  btn;
    BorderPane  borderPane;
    Scene  scene;

    @Override
    public void start(Stage stage) throws Exception {
        btn = new Button("顶部菜单");
        btn.setPrefSize(300, 20);

        borderPane = new BorderPane();
        borderPane.setPadding(new Insets(5));            // 设置节点到面板边框的间距
        borderPane.setMargin(btn, new Insets(5));        // 设置 btn 与其他节点间距
        borderPane.setTop(btn);                          // 设置顶部区域节点
        borderPane.setLeft(new Button("左边导航栏"));     // 设置左边区域节点
        borderPane.setBottom(new Button("底部状态栏"));   // 设置底部区域节点
        borderPane.setRight(new Button("右边信息栏"));    // 设置右边区域节点
        borderPane.setCenter(new Button("中央编辑区"));   // 设置中央区域节点

        scene = new Scene(borderPane,300,100);           // 场景
        stage.setScene(scene);
        stage.show();
    }
    /**
     * @param args
     */
    public static void main(String[] args) {
        Application.launch(args);
    }
```

```
        }
```

程序运行结果如图 5-24 所示。

图 5-24　边界面板示例

3. 流式面板 FlowPane

流式面板 FlowPane 提供水平方向流式布局方式、垂直方向流式布局方式，根据面板大小，Node（节点）按顺序一行一行或一列一列依次进行排列，每一行或每一列排满自动转到下一行或下一列。流式面板 FlowPane 的构造方法和常用方法如表 5-14 和表 5-15 所示。

表 5-14　流式面板 FlowPane 的构造方法

构造方法	用法描述
public FlowPane()	创建一个流式水平布局面板，节点的水平、垂直间距为 0 像素
public FlowPane(double hgap,double vgap)	创建一个流式水平布局面板，节点水平、垂直间距为指定值
public FlowPane(Orientation orientation)	创建指定方向布局的流式面板 Orientation.HORIZONTAL 为水平布局 Orientation.VERTICAL 为垂直布局
public FlowPane(double hgap,double vgap,Node … children)	创建流式面板，添加多个节点，并指定节点的水平间距、垂直间距
public FlowPane(Orientation orientation, Node … children)	创建指定方向布局的流式面板，并添加多个节点

表 5-15　流式面板 FlowPane 及其父类的常用方法

常用方法	功能描述
public final void setHgap(double value)	设置节点水平间距
public final void setVgap(double value)	设置节点垂直间距
public final void setOrientation(Orientation value)	设置节点放置方向
public final void setAlignment(Pos value)	设置布局面板中整体对齐方式

例如，流式面板 FlowPaneDemo 的示例如下。

FlowPaneDemo.java

```
package PaneDemo;
import javafx.application.Application;
import javafx.geometry.Insets;
import javafx.geometry.Orientation;
import javafx.scene.Scene;
import javafx.scene.control.Button;
```

```
import javafx.scene.layout.FlowPane;
import javafx.stage.Stage;
public class FlowPaneDemo extends Application {
    Button[]  btns = new Button[9];
    FlowPane  flowPane;
    Scene  scene;
    @Override
    public void start(Stage stage) throws Exception {
        flowPane = new FlowPane();                                      // 初始化流式面板
        flowPane.setOrientation(Orientation.HORIZONTAL);               // 水平排列
        flowPane.setPadding(new Insets(15));
        flowPane.setHgap(10);                                          // 设置节点水平间距
        flowPane.setVgap(5);                                           // 设置节点垂直间距

        for(int i = 0; i < btns.length; i++) {
            btns[i] = new Button("按钮"+(i+1));
            flowPane.getChildren().add(btns[i]);
        }
        scene = new Scene(flowPane, 300, 100);
        stage.setScene(scene);
        stage.setTitle("流式面板示例");
        stage.show();
    }
    /**
     * @param args
     */
    public static void main(String[] args) {
        Application.launch(args);
    }
}
```

程序运行结果如图 5-25 所示。

图 5-25　流式面板示例

4．网格面板 GridPane

网格面板 GridPane 的布局方式类似矩阵，多行多列整齐排列，创建时不需指定行数、列数，网格的实际行、列数由添加进去的节点动态确定，每个网格单元格有相应的行列编号，首行首列的行号、列号均为 0。如实现简易计算器的界面，通常会结合网格面板 GridPane 进行布局排列。网格面板 GridPane 的构造方法和常用方法如表 5-16 和表 5-17 所示。

表 5-16　网格面板 GridPane 的构造方法

构造方法	用法描述
public GridPane()	创建一个网格面板

表 5-17　网格面板 GridPane 的常用方法

常用方法	功能描述
public final void setHgap(double value)	设置节点水平间距
public final void setVgap(double value)	设置节点垂直间距
public void add(Node child, int columnIndex, int rowIndex)	将节点添加到指定单元格
public void add(Node child, int columnIndex, int rowindex, int colspan, int rowspan)	将节点添加到指定单元格，并占据 colspan 列、rowspan 行
public void setConstraints(Node child, int columnIndex, int rowIndex)	将节点添加到指定单元格
public void setConstraints(Node child, int columnIndex, int rowindex, int columnspan, int rowspan)	将节点添加到指定单元格，并占据 columnspan 列、rowspan 行
public void addColumn(int columnIndex, Node … child)	将多个节点添加到指定列
public void addRow(int columnIndex, Node … child)	将多个节点添加到指定行
public static Integer getColumnIndex(Node child)	返回节点的列编号
public static Integer getRowIndex(Node child)	返回节点的行编号
public static void setColumnIndex(Node child, Integer value)	将节点设置到新的列
public static void setRowIndex(Node child, Integer value)	将节点设置到新的行
public final void setGridLinesVisible(boolean value)	设置是否显示网格线，默认为 false
public final void setAlignment (Pos value)	设置节点的对齐方式

5.5.5　JavaFX 常用控件

JavaFX 应用程序的常用控件包括按钮、单选按钮、复选框、标签、文本、多行文本、列表视图等，它们是 Node 节点的子类，若为其添加注册监听，则可以完成与用户的交互，完成相应的事件处理。表 5-18 是 JavaFX 应用程序的常用控件。

JavaFX 常用控件较多，建议参考 JDK API 帮助文档，了解相应控件的构造方法及其常用方法。例如，关于标签、文本、密码框、滚动面板的示例如下。

```
                           SubControlDemo.java
package PaneDemo;
import javafx.application.Application;
import javafx.geometry.Insets;
import javafx.scene.Scene;
import javafx.scene.control.Button;
import javafx.scene.control.Label;
import javafx.scene.control.PasswordField;
import javafx.scene.control.ScrollPane;
import javafx.scene.control.TextArea;
import javafx.scene.control.TextField;
import javafx.scene.layout.GridPane;
import javafx.stage.Stage;
```

表 5-18 JavaFX 常用控件

控件名称	类　名	控件名称	类　名
按钮	Button	菜单栏	MenuBar
单选按钮	RadioButton	菜单	Menu
复选框	CheckBox	菜单选项	MenuItem
组合框	ComboBox	单选菜单选项	RadioMenuItem
选择框	ChoiceBox	复选菜单选项	CheckMenuItem
标签	Label	弹出菜单	ContextMenu
文本框	TextField	滚动条	ScrollBar
多行文本	TextArea	进度条	ProgressBar
密码框	PasswordField	滑动条	Slider
列表视图	ListView	工具栏	ToolBar
表格视图	TableView	工具提示	ToolTip
树视图	TreeView	颜色选择器	ColorPicker
选项卡面板	TabPane	日期选择器	DatePicker
选项卡	Tab	对话框	Dialog
微调选择器	Spinner	超链接	Hyperlink

```java
public class SubControlDemo extends Application {
    final Label lab1 = new Label("账 号: ");              // 定义控件
    final Label lab2 = new Label("密 码: ");
    final TextField user = new TextField();
    final PasswordField  psw = new PasswordField();
    final TextArea  textArea = new TextArea("多行文本框, 可显示多行内容。");
    Button  btn1, btn2;
    GridPane  pane;
    @Override
    public void start(Stage stage) throws Exception {
        btn1 = new Button("用户验证");                     // 初始化
        btn2 = new Button("内容编辑");

        pane = new GridPane();                            // 初始化网格面板
        pane.setPadding(new Insets(10));                  // 设置与面板边框间距
        pane.setHgap(5);                                  // 设置控件水平间距
        pane.setVgap(5);                                  // 设置控件垂直间距

        user.setPromptText("请输入账号");                  // 设置输入提示
        psw.setPromptText("请输入密码");

        pane.add(lab1, 0, 0);                             // 添加控件
        pane.add(user, 1, 0);
        pane.add(lab2, 0, 1);
        pane.add(psw, 1, 1);
        pane.add(btn1, 0, 2);
        pane.add(btn2, 1, 2);

        final ScrollPane  scrollPane = new ScrollPane(textArea); // 滚动面板
        textArea.setPrefColumnCount(15);                  // 设置多行文本框宽度为 15 列
```

```
        textArea.setEditable(false);
        pane.add(scrollPane, 2, 0, 5, 4);                // 添加滚动面板

        Scene scane = new Scene(pane,450,200);           // 添加网格面板
        stage.setScene(scane);
        stage.setTitle("控件的使用");
        stage.show();
    }
    /**
     * @param args
     */
    public static void main(String[] args) {
        Application.launch(args);
    }
}
```

程序运行结果如图 5-26 所示。

图 5-26   控件

例如，选项卡面板的示例如下。

```
                        TabPaneDemo.java
package PaneDemo;
import javafx.application.Application;
import javafx.geometry.Insets;
import javafx.scene.Scene;
import javafx.scene.control.CheckBox;
import javafx.scene.control.Label;
import javafx.scene.control.Tab;
import javafx.scene.control.TabPane;
import javafx.scene.image.Image;
import javafx.scene.image.ImageView;
import javafx.scene.layout.HBox;
import javafx.stage.Stage;

public class TabPaneDemo extends Application {
    Scene  scene;                                        // 定义节点
    TabPane  tabPane;
    HBox  hBox;
    Tab  tab1, tab2;
```

```java
Image  image;
ImageView  imageView;
final CheckBox  cb1= new CheckBox("素菜");
final CheckBox  cb2= new CheckBox("肉类");
final CheckBox  cb3= new CheckBox("面食");
@Override
public void start(Stage stage) throws Exception {
    tabPane = new TabPane();                      // 初始化选项卡面板
    tab1 = new Tab("选项卡 1");                    // 选项卡 1
    tab2 = new Tab("选项卡 2");                    // 选项卡 2
    tab1.setClosable(false);                      // 设置不可关闭
    tab2.setClosable(false);

    image = new Image("大中国.png");               // 初始化图像对象
    imageView = new ImageView(image);             // 初始化图像视图
    imageView.setFitHeight(100);                  // 图像视图高度
    imageView.setPreserveRatio(true);             // 保持缩放比例

    hBox = new HBox(10);                          // 单行面板
    hBox.setPadding(new Insets(10));
    // 单行面板添加节点
    hBox.getChildren().addAll(new Label("我的爱好:"), cb1, cb2, cb3);
    tab1.setContent(hBox);                            // 选项卡设置内容
    tab2.setContent(new Label("大中国", imageView));

    tabPane.getTabs().addAll(tab1, tab2);         // 选项面板添加选项卡
    scene = new Scene(tabPane, 250, 150);         // 场景添加选项面板
    stage.setScene(scene);
    stage.setTitle("选项面板示例");
    stage.show();
}
/**
 * @param args
 */
public static void main(String[] args) {
    Application.launch(args);
}
}
```

程序运行结果如图 5-27 所示。

图 5-27　选项面板

5.5.6　JavaFX 事件处理

在用户图形界面设计过程中，事件处理技术最后一个环节，也是重点部分，没有事件处理，可视化界面无法实现与用户交互。通常在设计用户图形界面时，更希望系统有所反馈，根据指定动作做出响应。

在 Java 语言的时间处理机制中，事件处理包括三要素：事件（Event）、事件源（Event Source）、事件监听者（Listener）。JavaFX 类库中的 javafx.event 包包含了事件类和用来处理事件的接口，接口中提供一些抽象方法。实现这些接口，便可以在实现的方法中预先设定好需要响应的内容，动作触发时即实现相应功能。

JavaFX 定义了统一的监听者接口 EventHandler<T extends Event>，需要进行事件监听，必须有一个对应的事件监听者实例，并结合事件监听实例化注册监听。不同事件源有不同的注册监听的方法。不同事件源触发的事件类型和时间的注册方法说明如表 5-18 和表 5-19 所示。

表 5-18　事件源、触发的事件类型和注册监听方法

触发动作	事件源	触发的事件类型	注册监听方法
单击按钮	Button	ActionEvent	setOnAction(EventHandler< ActionEvent > e)
文本框按回车键	TextField		
选中或取消选中	RadioButton		
选中或取消选中	CheckBox		
选中组合框选项	ComboBox		
按下鼠标	Node、Scene	MouseEvent	setOnMousePressed(EventHandler <MouseEvent > e)
释放鼠标			setOnMouseReleased(EventHandler <MouseEvent > e)
单击鼠标			setOnMouseClicked(EventHandler <MouseEvent > e)
鼠标进入			setOnMouseEntered(EventHandler <MouseEvent > e)
鼠标离开			setOnMouseeExited(EventHandler <MouseEvent > e)
鼠标移动			setOnMouseMoved(EventHandler <MouseEvent > e)
鼠标拖动			setOnMouseDragged(EventHandler <MouseEvent > e)
按下键	Node、Scene	KeyEvent	setOnKeyPressed(EventHandler <MouseEvent > e)
释放键			setOnKeyReleased(EventHandler <MouseEvent > e)
单击键			setOnKeyTyped(EventHandler <MouseEvent > e)

表 5-19　事件类型和触发动作及注册监听方法所在的类

事件类型	触发动作	注册监听方法所在的类
ActionEvent	单击按钮、文本或菜单项	ButtonBase、ComboBoxBase、ContextMenu、MenuItem、TextField
KeyEvent	键盘操作	Node、Scene
MouseEvent	鼠标按下、移动	
MouseDragEvent	鼠标拖放	
InputMethodEvent	输入内容时	
DragEvent	拖放操作	
ScrollEvent	滚动操作	
ContextMenuEvent	快捷菜单请求	

事件类型	触发动作	注册监听方法所在的类
TextEvent	文本事件	Node、Scene
WindowEvent	窗口事件	
ListView.EditEvent	ListView 被编辑	ListView
TreeView.EditEvent	TreeView 被编辑	TreeView
TableColumn.CellEditEvent	表格列被编辑	TableColumn

例如，动作事件处理示例如下。

```java
package EventDemo;
import javafx.application.Application;
import javafx.event.ActionEvent;
import javafx.event.EventHandler;
import javafx.geometry.Insets;
import javafx.geometry.Orientation;
import javafx.scene.Scene;
import javafx.scene.control.Button;
import javafx.scene.control.Label;
import javafx.scene.layout.BorderPane;
import javafx.scene.layout.FlowPane;
import javafx.scene.layout.StackPane;
import javafx.stage.Stage;

public class EventCtrlDemo extends Application {
    StackPane  stackPane;                                    // 定义节点
    Label  label;
    BorderPane  borderPane;
    FlowPane  flowPane;
    Button  btn_rotate, btn_color;
    static int  n = 0;                                       // 共享变量

    @Override
    public void start(Stage stage) throws Exception {
        borderPane = new BorderPane();                       // 边界面板
        flowPane = new FlowPane(Orientation.HORIZONTAL);     // 流式面板

        label = new Label("可变标签");
        label.setStyle("-fx-text-fill:red");
        btn_rotate = new Button("图形旋转");
        btn_color = new Button("颜色变更");

        Handle handler = new Handle();                       // 动作事件类实例
        btn_color.setOnAction(handler);                      // 按钮注册监听
        btn_rotate.setOnAction(handler);

        flowPane.getChildren().add(btn_color);               // 流式面板添加节点
        flowPane.getChildren().add(btn_rotate);
        flowPane.setPadding(new Insets(10));
```

```java
        flowPane.setVgap(5);                                        // 节点垂直间距
        flowPane.setHgap(8);                                        // 节点水平间距

        borderPane.setCenter(label);                                // 边界面板添加节点
        borderPane.setBottom(flowPane);

        Scene  scene = new Scene(borderPane, 165, 100);
        stage.setScene(scene);
        stage.setTitle("事件处理");
        stage.show();
    }
    /**
     * @param args
     */
    public static void main(String[] args) {
        Application.launch(args);
    }

    /**
     * 自定义内部类
     * 实现动作事件接口
     * @author he
     */
    class Handle implements EventHandler <ActionEvent> {
        @Override
        public void handle(ActionEvent e) {
            // TODO Auto-generated method stub
            if(btn_color.equals(e.getTarget())) {
                int  i = (int) (Math.random()*10);                  // 随机数
                switch(i) {                                         // 标签设置颜色
                    case 1:    label.setStyle("-fx-text-fill:red");  break;
                    case 2:    label.setStyle("-fx-text-fill:blue");  break;
                    case 3:    label.setStyle("-fx-text-fill:black");  break;
                    case 4:    label.setStyle("-fx-text-fill:green");  break;
                    default:   label.setStyle("-fx-text-fill:yellow");  break;
                }
            }
            else if(btn_rotate.equals(e.getTarget())) {
                n += 45;
                label.setRotate(n);                                 // 标签设置旋转
            }
        }
    }
}
```

程序运行结果如图 5-28 所示。

本例中，节点对象注册监听，还可以直接使用匿名内部类实现，如

```java
btn_color.setOnAction(new EventHandler <ActionEvent> {
        @Override
```

图 5-28 动作事件处理

```
        public void handle(ActionEvent e) {
            // TODO Auto-generated method stub
            // 处理
        }
    }
);
```

JavaFX 也支持音频、视频应用，2D、3D 等多媒体应用技术开发。

例如，结合匿名内部类注册监听方式实现音频、视频应用如下。

```
package EventDemo;
import javafx.application.Application;
import javafx.event.ActionEvent;
import javafx.event.EventHandler;
import javafx.geometry.Pos;
import javafx.scene.Scene;
import javafx.scene.control.Button;
import javafx.scene.control.Label;
import javafx.scene.control.Slider;
import javafx.scene.layout.BorderPane;
import javafx.scene.layout.HBox;
import javafx.scene.media.Media;
import javafx.scene.media.MediaPlayer;
import javafx.scene.media.MediaView;
import javafx.stage.Stage;
import javafx.util.Duration;

public class MediaDemo extends Application {
    final String  url = "file:///F:/test.mp4";
    Media  media;
    MediaPlayer  mPlayer;
    MediaView  mView;

    Button  btn1, btn2;
    Slider  slider;
    HBox  hBox;
    Label  label;
    BorderPane  borderPane;

    @Override
    public void start(Stage stage) throws Exception {
```

```java
        media = new Media(url);                          // 多媒体类
        mPlayer = new MediaPlayer(media);                // 多媒体播放器
        mView = new MediaView(mPlayer);                  // 多媒体视图
        mView.setFitWidth(300);
        mView.setFitHeight(200);
        btn1 = new Button(">");
        btn2 = new Button("> <");
        slider = new Slider();                           // 滑动条
        slider.setMinWidth(30);                          // 滑动条最小宽度
        slider.setPrefWidth(150);                        // 滑动条优先宽度
        slider.setValue(50);
        mPlayer.volumeProperty().bind(slider.valueProperty().divide(100));//音量设置

        hBox = new HBox(10);                             // 单行面板
        hBox.setAlignment(Pos.CENTER);                   // 面板上节点居中放置
        label = new Label("音量");
        hBox.getChildren().addAll(btn1, btn2, slider);

        borderPane = new BorderPane();
        borderPane.setCenter(mView);
        borderPane.setBottom(hBox);

        Scene scene = new Scene(borderPane);
        stage.setTitle("媒体播放器");
        stage.setScene(scene);
        stage.show();

        // 使用匿名内部类注册监听
        btn1.setOnAction(new EventHandler<ActionEvent>() {
            @Override
            public void handle(ActionEvent e) {
                if(">".equals(btn1.getText())){
                    mPlayer.play();
                    btn1.setText("||");
                }
                else {
                    mPlayer.pause();
                    btn1.setText(">");
                }
            }
        });

        btn2.setOnAction(new EventHandler<ActionEvent>() {
            @Override
            public void handle(ActionEvent e) {
                mPlayer.seek(Duration.ZERO);
            }
        });
    }
    /**
```

```
     * @param args
     */
    public static void main(String[] args) {
        Application.launch(args);
    }
}
```

程序运行结果如图 5-29 所示。

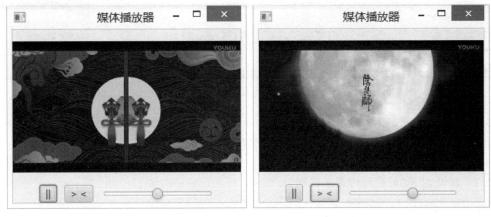

图 5-29　媒体播放器

本章小结

本章介绍了各种常用的图形用户界面及程序设计的方法。在 Swing 图形用户界面程序设计中，顶层容器包括 JDialog、JFrame、JApplet，向顶层容器中添加组件或其他容器需要通过内容窗格，设置顶层容器的布局管理器也需要通过内容窗格。

Swing 图形用户界面的组件和容器与 AWT 图形用户界面的组件和容器在组织方式与行为上有一定的区别，通常不提倡将两者在同一个图形界面中混用。建议采用 Swing 图形用户界面的组件和容器。

JavaFX 属于 Java GUI 较新的图形用户技术框架，集图形设计和多媒体处理工具包一体，采用层次分明的窗口结构，丰富 API 实现，用户可完成面向不同应用程序的设计和开发，往后 JavaFX 将逐步取代 Swing 技术。

事件处理模型提供了图形用户界面交换方式的程序设计模式，在事件处理模型中，组件是事件处理模型必备的事件源，事件对象记录各种事件的基本信息，对事件处理要通过事件监听器，事件监听器必须在事件源中注册，这样才能在事件来临时激活事件监听器，从而对事件进行处理。

习 题 5

5-1　请简述 Java 界面编程的一般步骤。

5-2 实现图 5-19 所示界面和功能，当单击"计算"按钮时，在右边的文本框内显示计算结果。

5-3 如果去掉图 5-30 中的"计算"按钮，如何实现习题 5-2 的计算功能。

5-4 实现图 5-31 所示界面和功能，当用户双击列表（JList）中的某一项时，把选中的内容显示在界面下方的文本域中。

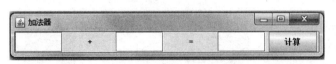

图 5-30 习题 5-2 图　　　　　　　　　　　　　图 5-31 习题 5-4 图

5-5 实现图 5-32 所示的用户登录界面和登录功能，如果用户名为"user"、密码为"user"，那么弹出登录成功对话框，否则弹出登录失败对话框。

5-6 实现图 5-33 所示的界面。

5-7 实现图 5-34 所示的菜单界面。

图 5-32 习题 5-5 图

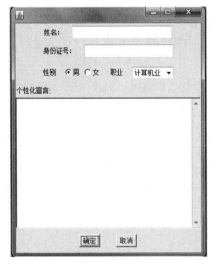

图 5-33 习题 5-6 图　　　　　　　　　　图 5-34 习题 5-7 图

5-8 完成学生管理系统的界面设计，如图 5-35 所示。

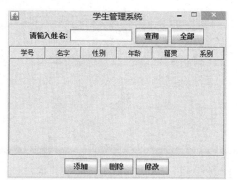

图 5-35 习题 5-8 图

5-9 实现简易的音乐播放器界面设计，如图 5-36 所示。

图 5-36 习题 5-9 图

第二部分

Java GUI 实训——简易计算器

　　第二部分侧重于指引学生学习和应用 GUI 编程（用户界面编程）的方法，通过 GUI 的编程过程，练习 Java 的基本语法：数据类型，数值计算，数组，基本控制语句与面向对象编程的相关概念。在练习 Java 基本语法的同时，引导学生学会使用 Java JDK API，提高学生独立查阅资料解决问题和实际编程的能力。

　　本部分由第 6、第 7 和第 8 章组成，由浅入深、由简到繁实现简易计算器（参考 Windows 自带的计算器），通过计算器的开发过程，使读者熟练应用 Java 的基本语法，掌握面向对象编程的相关的目的，同时提高查阅资料的能力和编程水平。

　　完成简易计算器的第一步是实现标准型计算器，掌握 Java 界面编程（包括界面编程的一般方法、步骤和 GUI 架构知识）、Java 基本语法（包括数据类型、数值计算、数组、基本控制语句）和面向对象封装的概念；第二步是在标准型计算器的基础上实现科学型计算器，通过代码重构学习面向对象中对象与继承概念及应用方法；第三步是综合标准型计算器和科学型计算器，实现复合型（既支持标准型，也支持科学型模式）计算器，主要学习面向对象的抽象和对象聚类组合的概念及应用方法。

　　简易计算器开发的每一步都是一个小项目，通过知识的递进学习，读者最终达到学习 Java 基本语法、面向对象的概念和 Java 界面编程的教学目的。每章用到的新知识点都给出了示例代码，供读者在编程过程中参考。

　　本部分的章节内容安排如下：

章　节	目　标	实现的功能	Java 编程技术
第 6 章	标准型计算器	计算器界面	Java 界面编程的一般方法和步骤 面向对象封装的概念和方法
		算术运算	事件处理、基本数据类型 数值计算、基本控制语句 集合的概念
第 7 章	科学型计算器	直接修改已有代码实现科学计算器	Java 数学计算
		采用继承的方法实现	面向对象继承的概念与方法
第 8 章	复合型计算器	单击按钮显示不同模式计算器	面向对象多态的概念和方法 面向对象聚类组合的概念和方法
		使用菜单弹出不同模式计算器	Java 界面编程中的菜单技术

第6章 标准型计算器

- 简易计算器需求、功能分析
- 界面实现
- 四则运算实现

本章的重点是 GUI 界面组成和事件处理。由于事件处理相对抽象，因此事件处理也是项目的技术的难点。本章在介绍这些知识过程中，以示例形式展开，并配合程序调试手段予以讲解和练习。

6.1 需求分析与项目目标

6.1.1 需求分析

微软操作系统如 Windows 7 自带的计算器软件功能非常强大，如图 6-1 所示，该计算器有 4 种不同的操作模式和界面，即标准模式、科学模式、程序员模式和统计信息模式，适合不同行业的人员使用。其中，标准模式计算器是人们头脑中对计算器的一般概念，而其他模式的计算器是针对具有特殊需求的人群而设计的。本章将详细分析标准型计算器（如图 6-2 所示）的使用方法和特点。

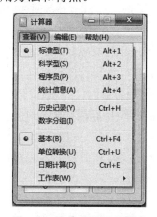

图 6-1 计算器的 4 种模式

图 6-2 标准型计算器

在图 6-1 中，选择"查看"菜单，然后单击"标准型"即可进入标准模式，可以进行如加、减、乘、除等简单的算数运算。标准型模式的计算器根据运算符的优先级，在计算过程中会先计算乘除（乘除运算的优先级相同），再计算加减。表 6-1 以典型输入序列"5+2-3+8/2*10-16="为例，用列表的方式展示该运算器的运算过程。

表 6-1 标准型计算器运算过程的典型例子

输入序列	显示的计算结果	当前计算内容	保存的待计算序列	注 解
5	5	无	5	
5+	5	无	5+	
5+2	2	无	5+2	
5+2-	7	5+2	7-	①
5+2-3	3	无	7-3	
5+2-3+	4	7-3	4+	②
5+2-3+8	8	无	4+8	
5+2-3+8/	8	无	4+8/	
5+2-3+8/2	2	无	4+8/2	
5+2-3+8/2*	4	8/2	4+4*	③
5+2-3+8/2*1	1	无	4+4*1	
5+2-3+8/2*10	10	无	4+4*10	
5+2-3+8/2*10-	44	4*10	44-	
5+2-3+8/2*10-6	6	无	44-6	④
5+2-3+8/2*10-6=	38	44-6	38	⑤

① 只有输入运算符号时，计算器才开始计算。

② 待计算序列中只保存一个同等优先级的运算符。

③ 当待计算序列中已经有一个高优先级运算符，再输入一个同等优先级的运算符时，计算待计算序列中同等优先级部分（和高优先级部分），并把结果作为新的序列的一部分。

④ 当待计算序列中已经有一个运算符，再输入一个同等优先级的运算符时，计算待计算序列中同等优先级部分（和高优先级部分），并把结果作为新的序列的一部分。

⑤ 当输入的符号是"="时，按照优先级计算待计算序列，显示计算结果。

当单击清空键"C"时，输出结果显示 0；当单击回退键"←"时，只能清除输入的前一个数字，连续单击"←"时，连续删除前面输入的数字，直到待计算序列的最后一个运算符或者待计算列表为空为止。

此计算器采用 Java 语言可以很容易实现。下面详细分析用户的使用过程，进而分析标准型计算器的特点，即我们在使用标准型计算器时该计算器表现出的行为和特点，这些表现在软件设计中称为需求。

由于本书中标准型计算器的例子只是用来讲解简单的 GUI 界面编程，因此实现的界面可不与微软的界面完全相同，可以是一个简化的版本，要求：界面上只需有数字 0~9，运算符包括"+""–""*"和"/"，功能键包括"←"C"和"="，以及一个文本输出框（只需要显示输入的数字或者计算结果）。

下面所有的分析和设计都围绕简化版标准型计算器进行，如图 6-3 所示。在本例中，计算器的使用步骤包括：打开计算器软件，单击界面上的按键，关闭计算器。其中，用户单击界面上不同按键时，计算器文本输出框中显示不同的结果。

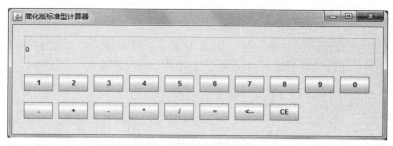

图 6-3 简化版标准型计算器

如图 6-4 所示的简化版标准型计算器用例图直观地描述了用户使用该软件的方法和操作的过程。根据用户使用标准型计算器的操作过程、界面显示的内容和计算器应该做的工作，表 6-2 列出了简化版标准型计算器（以下简称"标准型计算器"）的用例。

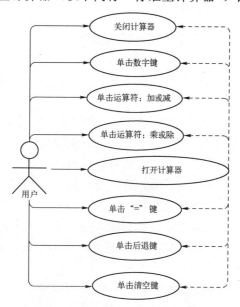

图 6-4 简化版标准型计算器用例图

表 6-2 简化版标准型计算器用例表

用例	用 例 描 述		
	用户操作	界面显示内容	软件功能
1	打开计算器	标准型计算器主界面	调用显示界面的功能
2	单击数字键	数字为双精度 double 型	显示数字，该数字为前面输入的完整数字序列，包含小数点
3	单击运算符：加、减键	界面显示前一个数字，或者计算结果	输入序列中存在加或减运算符，计算并显示结果
4	单击运算符：乘、除键	界面显示上一个数字，或者计算结果	输入序列中存在乘或除运算符，计算并显示结果
5	单击功能键：后退键	清除刚输入的数字	若保存的待计算序列的最后一个元素不是数字，则不做清除，显示也没有变化
6	单击功能键：清空键	界面显示"0"	清除输入历史，清除待计算列表，计算器返回刚启动状态
7	单击功能键：等于键	计算结果	计算待计算列表的所有内容，清除输入历史，清除待计算列表
8	关闭计算器		退出软件

1．用例分析：如何实现标准型计算器

按照用户使用计算器的过程和方法，图 6-4 给出了用户使用计算器的不同情况。用例的参与者为一般用户，实线箭头线表示用户发起的操作，虚线箭头线表示用例之间的依赖关系。所以，用户先打开计算器，才能单击界面上的按键或者关闭计算器。

2．需求列表

根据标准型计算器的用例分析结果和表 6-1 中计算器进行运算的例子，来分析 Windows 计算器的特点。

（1）计算器是界面软件：计算器是图形界面，数据、运算符和功能键通过单击来触发，程序必须能够区分当前单击的是什么内容。

（2）计算器上的运算结果显示在文本框中：运算的结果必须显示，也就是在界面上有输出区域。

（3）计算的对象为双精度型数字：连续输入多个一位数字时表示一个多位双精度整数，用户有可能输入负数。

（4）计算器的计算功能：可以支持四则运算，有优先级，加减同级，乘除同级。

（5）计算器支持功能键：

① 等号"="：输入等号时计算之前的输入历史，并且显示计算结果。

② 清空键"C"：清空待计算序列、输入序列和计算结果，也就是说程序中需要保存两部分内容，一个是完整的输入序列，一个是待计算（没有计算的）序列。

③ 回退键"←"：当用户输入错误时，可以及时更正。Windows 的计算器只能更正最后输入的一个数字的错误，但不能更正运算符的错误。

（6）输入序列：计算器可以处理通过按键输入的任意一个序列，用户的输入不可能是完全正确的，可能存在很多不正确的输入情况，如连续输入多个运算符、输入的数字过大等等，程序应该可以处理这些异常输入。

（7）正常情况下输入的序列：需要考虑下面的不同情况。

① 输入序列为加减法序列，如"1+2-3-4+5"，由于加减运算的优先级相同，当有第 2 个加、减运算符输入时，即可开始计算；

② 输入序列为乘除法序列，如"1×2/3×4/5"，由于乘除运算的优先级相同，当有第 2 个乘、除运算符输入时，即可开始计算。

③ 输入序列"5+2-3+8/2×10-6="应该依据尽早运算和运算优先级的顺序，按表 2-1 所示的处理过程完成运算。

根据上述分析，总结标准型计算器需求条款如表 6-3 所示。

表 6-3 标准型计算器的需求列表

需求编号	需求描述	解释
Req6-1	计算器必须支持 GUI 界面	必须在图形界面上通过（鼠标）单击来操作
Req6-2	必须有一个计算结果输出区域	只显示当前的计算结果
Req6-3	必须能够处理输入的数字 0～9	
Req6-4	必须能够处理输入的运算符加、减、乘、除	
Req6-5	必须按照运算优先级大小运算	

需求编号	需求描述	解　　释
Req6-6	必须能够区分数字和运算符	1 位或者多位数字
Req6-7	必须尽早运算，使待计算序列最短	这样软件简单一些，给用户的感觉是运算较快
Req6-8	当输入等号时，必须计算并显示最终结果	等号为"="
Req6-9	当单击清空键时，必须清空输入历史和结果	清空键为"C"
Req6-10	当单击回退键时，必须能够清除最后输入的数字	符号可清除可不清除；回退键为"←"
Req6-11	建议程序可以应付输入连续多个运算符的情况	可以忽略后输入的符号；也可以只保留最后一个符
Req6-12	建议程序可以应付输入过大数字的情况	可以不处理
Req6-13	建议程序可以应付输入是负数的情况	可以不处理
Req6-14	建议程序可以一次计算所有输入，不需要待计算序列	可以不处理。这样软件复杂一些，给用户的感觉是运算较慢

注：当需求描述中有"必须"时，表示该需求必须实现，否则可不实现。

6.1.2　项目目标

为了降低项目的复杂度，我们可以只考虑标准型计算器正常使用的情况，也就是说，软件只需要满足这些必须实现的需求：Req6-1～Req6-10，我们将其称为确定的项目目标。由于需求 Req6-11～Req6-14 中要求的功能不一定实现，因此在本书中未被列为项目目标（在实际项目开发中，被推荐要实现的内容一般均要实现），编程能力较强的同学可以尝试继续实现，本书也提供了相应的例题和分析，以供参考。

根据表 6-3 的项目需求，本书介绍的标准型计算器的项目目标如表 6-4 所示。

表 6-4　标准型计算器的项目目标

要实现的需求编号	需求描述	注　　解
Req6-1	计算器必须是 GUI 的	GUI 界面，事件驱动
Req6-2	必须有一个计算结果输出区域	有输出文本框
Req6-3	必须能够处理输入的数字 0～9	0～9，共 10 个数字按键
Req6-4	必须能够处理输入的运算符加减乘除"+－*/"	加、减、乘、除 4 个运算符按键
Req6-5	必须按照运算优先级大小运算	运算有优先级
Req6-6	必须能够区分数字和运算符	功能
Req6-7	必须尽早运算，使待计算序列最短	运算过程
Req6-8	当输入等号时，必须计算并显示最终结果	功能键：等号"="
Req6-9	当单击清空键时，必须清空输入历史和结果	功能键：清空键"C"
Req6-10	当单击回退键时，必须能够清除最后输入的数字	功能键：回退键"←"

6.2　功能分析与软件设计

6.2.1　功能分析

为了实现标准型计算器的项目目标（见表 6-4），必须对计算器的功能及采用的技术进行详细的分析。

Req6-1 要求计算器是 GUI 界面，故程序设计的结果需产生一个主界面，可以采用 Java 图像界面编程技术中的 JFrame 来实现。由于 Java 是纯面向对象的编程语言，因此编程中会涉及类与对象、继承、接口的概念。

Req6-2 要求计算器的运算结果必须显示在主界面的一个输出文本框中；文本框需要放置在主界面的上方，文本框的内容用户不能编辑。所以，可以采用 Java 中的 JTextFeild 或者 JTextArea 来实现该文本框。

Req6-3、Req6-4、Req6-8、Req6-9 和 Req6-10 要求界面上有按钮，按钮要显示对应的标题，按钮根据指定位置排列，可以用 Java 的 JButton 实现。当用户单击按钮时，程序必须能够响应鼠标左键的单击，在 Java 中，用户单击按钮会产生鼠标左键的单击事件 Event，程序需要实现对各按钮产生的事件处理才能实现相应的功能，所以可以采用 Java 的 ActionListener。

Req6-5 和 Req6-6 要求软件能够区分用户单击的是数字按钮、运算符加减、运算符乘除还是功能键，采用的技术是 Java 条件控制语句，可以使用 if 语句，来判断内容是单击的哪个按钮。

Req6-7 和 Req6-8 要求程序能够判断保存的待计算列表中是否已经存在某种运算符，实现按优先级的运算和尽早运算，所以需要使用条件控制语句，可以采用 if 语句。同时，由于 if 语句判断的对象是保存在待计算列表中的内容，因此该计算列表可以采用字符串来保存，Java 中的字符串有对应的数据类型 String；而将按顺序保存的多个字符串作为待计算列表可以采用 String 数组，也可以使用 String 列表 ArrayList。值得一提的是，字符串形式的小数在参与四则运算前需要先转换为小数，求得计算结果后，再将小数形式的计算结果转换为字符串形式，这样才能保存进待计算列表。

表 6-5 详细列出了实现标准型计算器项目目标的 Java 技术。

表 6-5　需求及其 Java 技术的对应关系

需求编号	需 求 描 述	采用的技术
Req6-1	计算器必须是 GUI	JFrame，类与对象，继承，接口
Req6-2	必须有一个计算结果输出区域	JTextFeild 或 JTextArea
Req6-3	必须能够处理输入的数字 0～9	JButton，String
Req6-4	必须能够处理输入的运算符加、减、乘、除	
Req6-5	必须按照运算优先级大小运算	if 语句，String，String 数组，String 列表 ArrayList，字符串与小数之间的相互转换
Req6-6	必须能够区分数字和运算符	
Req6-7	必须尽早运算，使待计算序列最短	
Req6-8	当输入等号时，必须计算并显示最终结果	JButton，if 语句，ActionListener，事件 Event
Req6-9	当单击清空键时，必须清空输入历史和结果	
Req6-10	当单击回退键时，必须能够清除最后输入的数字	

6.2.2　软件设计

标准型计算器软件由三部分组成：界面显示、四则运算和软件关闭。其中，界面显示部分只需要按照 Java 界面设计的流程即可完成，技术复杂度低；四则运算部分占据了用例的大部分，是标准型计算器的业务逻辑，需要实现一定的软件逻辑，是本章的难点；软件关闭部分可以由 Java 自带的方法完成，编程时只需设置相应的关闭方法即可。由于标准型计算器的功能比较简单，因此整个计算器软件只用一个源文件（一个类）就可以实现。

图 6-5 所示的活动图将计算器在用户鼠标操作下的工作内容和状态转变进行了分解。其中，"等待用户输入"是计算器一个静止状态，在此状态下，如果有用户单击界面上的按钮，计算器就开始判断用户单击了哪个按钮，再进行相应的计算，计算完成后，计算器返回至"等待用户输入"状态。

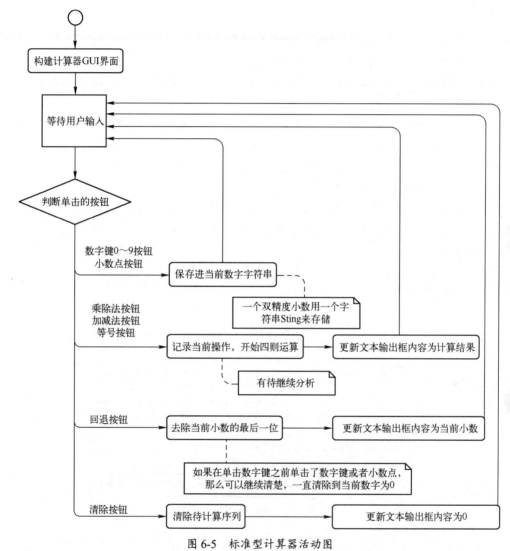

图 6-5　标准型计算器活动图

6.2.3　四则运算过程

下面以实例的形式对图 6-6 中描述的四则运算的计算过程进行详细分析。从表 6-1 描述的计算器输入序列的例子可以看出，在保存的待计算的输入列表中，最多只需保存 2+1=3 个运算符；根据尽早计算的原则，保存的序列中不会存在连续 3 个同等优先级的运算符（加、减运算的优先级相同，乘、除的运算优先级相同但高于加减运算），所以四则运算过程只需判断如下 6 种情况（以 Dn 表示第 n 个双精度操作数，以+代表加或减运算符，以*代表乘或除运算符），如表 6-6 所示。

表 6-6 四则运算过程的 6 种情况

情 况	保存的待计算序列	计 算 流 程	更新的保存的待计算序列
1	D1+或者 D1*	不用处理，运算结束	无更新
2	D1+D2+	计算 D1+D2，把计算结果替换掉 D1+D2	D+
3	D1*D2+	计算 D1*D2，把计算结果替换掉 D1*D2	D+
4	D1*D2*	计算 D1*D2，把计算结果替换掉 D1*D2	D*
5	D1+D2*D3+	计算 D1+D2*D3，把计算结果替换掉 D1+D2*D3	D+
6	D1+D2*D3*	计算 D2*D3，把计算结果替换掉 D2*D3	D1+D*

注：D（不带下标）表示计算结果。

所以，四则运算的计算过程为：先判断待计算序列中运算符的个数，如果为 2，则把前两个小数按相应的计算方法计算，再把计算结果替换掉已经计算的序列部分；如果为 3，则需要判断最后一个运算是加、减还是乘、除，如果是加或减，则按情况 5 处理，如果是乘或除，则按情况 6 处理。

图 6-6 描述了四则运算过程的流程图。注意：由于待计算序列是字符串形式，因此在进行四则运算之前需要把字符串转为双精度数据，在保存计算结果时，再把计算结果（双精度型）转变为字符串。

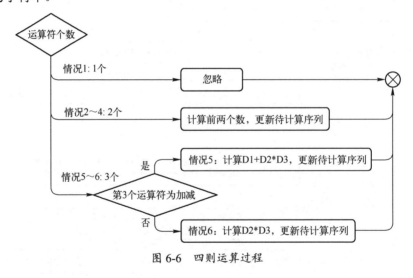

图 6-6　四则运算过程

6.3　标准型计算器增量项目开发计划

根据图 6-5 所示的标准型计算器活动图和图 6-6 所示的四则运算过程，分步骤、按照增量的方式来实现标准型计算器。各增量的划分按照图 6-5 标准型计算器活动图来进行，标准型计算器的增量开发计划如表 6-7 所示。

为实现每个增量，在接下来的章节中，我们先给出实现该增量的技术和示例，并在实验内容安排时给出标准型计算器的实验要求。

表 6-7　标准型计算器增量开发计划

增量序号	功　　能	对应的用例
增量 6-1	显示界面	用例 1，用例 8
增量 6-2	处理数字（包括小数点）和运算符输入	用例 2
增量 6-3	处理四则运算：表 6-6 中四则运算情况 1-4	用例 3，用例 4，用例 7
增量 6-4	处理四则运算：表 6-6 中四则运算情况 5-6	用例 3，用例 4，用例 7
增量 6-5	处理回退键输入和清空键输入	用例 5，用例 6

6.4　增量 6-1：显示界面

表 6-5 中列出的需求及其 Java 技术的对应关系，我们使用 Java GUI 图形编程中的 JFrame 和 GUI 控件，如 JTextField（或 JTextArea）或 JButton 来实现界面要求。下面以标准型计算器为例介绍 Java 图形界面组成的相关概念。

Java 界面一般由两部分组成：主界面和内容面板（如图 6-7 所示）。主界面的相关元素包括：主窗口图标、主窗口名，主窗口窗体和主窗口功能按钮（放大、缩小和关闭），其他为内容面板的相关元素。内容面板及其原点位置是面板固有内容，内容面板中还可以放置文本框、按钮等界面元素（Java 中简称为控件）。在内容面板中放置控件时，需要考虑的因素包括：各控件的位置（其左上角相当于内容面板原点的坐标(x, y)），控件名称，控件尺寸，控件横向间距，控件纵向间距，控件属性等。

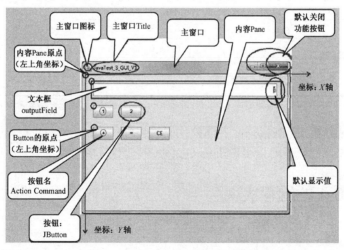

图 6-7　Java 图形界面组成的相关概念

本节以图 6-7 标准型计算器的部分界面为例，采用无布局管理器介绍 Java 界面编程的一般流程和步骤。无布局管理器是指在界面的内容面板（Panel）上添加控件时，直接把控件按指定位置和大小放在内容面板上，而不需要采用控件组织管理器，如网格式、流式等。

6.4.1　Java GUI 程序设计过程

无布局管理器下的 Java 图形界面程序设计过程如图 6-8 所示。其中，步骤 1 用于确定界

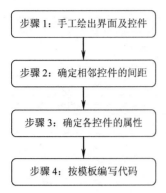

步骤 1：手工绘出界面及控件

↓

步骤 2：确定相邻控件的间距

↓

步骤 3：确定各控件的属性

↓

步骤 4：按模板编写代码

图 6-8　无布局管理器图形界面编程过程

面是什么样子、界面上有什么控件和确定控件的平面空间排列关系；步骤 2 用于定量确定相邻控件间的横向和列向间距，供步骤 3 确定控件位置时使用；步骤 3 用于定量描述界面上控件的属性，如位置（坐标(x, y)）、大小（长和宽）、颜色、可编辑情况等；步骤 4 是按照界面编程的代码模板，按照步骤 1～3 中确定的界面来编程的过程。

注意：本流程中的坐标和大小都以像素点的个数为单位，可以按 5 像素点/毫米（不同显示器可能有所不同）来计算，所以坐标和大小只是估算值，可不必追求精确。

例如，以图 6-7 中的部分标准型计算器界面进行 Java 界面编程。

步骤 1：画出界面，界面上的控件由 3 行组成

步骤 2：计算控件间距，本例设所有纵向、横向间距为 20。

步骤 3：确定控件的属性：位置、大小、颜色、可编辑情况，如表 6-8 所示。

表 6-8　图 6-7 中的部分标准型计算器界面的控件属性

控件	属性			
	位置（*）	大小（宽/高）	颜色	可编辑情况
输出文本框	(20, 20)	600 / 50	默认（白）	不允许
按钮 "1"	(20,90)	100 / 50	默认（白）	默认（允许）
按钮 "2"	(140, 90)	100 / 50	默认（白）	默认（允许）
按钮 "+"	(20, 160)	100 / 50	默认（白）	默认（允许）
按钮 "="	(140, 160)	100 / 50	默认（白）	默认（允许）
按钮 "CE"	(260, 160)	100 / 50	默认（白）	默认（允许）

注*：位置为控件左上角相对于内容面板原点（左上角）的坐标，单位为像素，按 5 像素点/毫米来计算。

步骤 4：实现增量 6-1 的代码，各部分代码需按顺序写入一个 Java 源文件中，文件名为 BasicCaculater.java，此代码可以用作 Java GUI 程序的模板。

6.4.2　增量 6-1 的编程实现

〖代码 6-1〗标准型计算器部分界面编程：编程第 1 步。

```java
import java.awt.event.ActionEvent;
import java.awt.event.ActionListener;
import javax.swing.JButton;
import javax.swing.JFrame;
import javax.swing.JTextField;

// 创建一个名为 BasicCaculater 的类（class），继承类 JFrame 的所有属性和函数，并且
// 扩展接口（Interface）ActionListener，实现事件处理必需的功能
public class BasicCaculater extends JFrame implements ActionListener {
    /*
```

```
* serialVersionUID 相当于 C 语言中的常量
* serialVersionUID 是该类的一个长整型的序列号，其值不可改变 (final)
* 它是静态的 (static)，表示在所有类的对象中该值都相同
*/
private static final long serialVersionUID = 1L;


/*
* 编程第 1 步：在类的数据成员中，依次创建各个控件
* 注意：控件的声明不能在函数内部进行，否则退出该函数后控件不能使用
*/
// 输出文本框：100 指显示的字符个数
JTextField  outputField = new JTextField(100);
// 按钮"1"：其中"1"是按钮的名字，也是事件中的命令 (ActionCommand) 名
JButton  buttonOne = new JButton("1");
// 按钮"2"
JButton  buttonTwo = new JButton("2");
// 按钮"+"
JButton  buttonPlus = new JButton("+");
// 按钮"="
JButton  buttonEqual = new JButton("=");
// 按钮"CE"
JButton  buttonClear = new JButton("CE");
```

〖代码 6-2〗 标准型计算器部分界面编程：界面编程第 2～5 步。
初始化主界面：主界面、控件、添加控件和事件监听。

```
/* 构造函数，在主函数的 BasicCaculater frame = new BasicCaculater()中调用此函数
 * 构造函数的特点是与类名 BasicCaculater 相同
 */
public BasicCaculater() {
    // 编程第 2 步：设置主界面属性:无界面管理器、名字、位置、大小、关闭方法
    setLayout(null);
    // 设置主界面名
    setTitle("Example2-1");
    // 设置主界面在屏幕上的位置（相对于屏幕左上角的主界面左上角坐标）
    setLocation(100, 100);
    // 设置主界面的长和宽
    setSize(450, 350);
    // 设置主界面关闭方式为退出程序
    setDefaultCloseOperation(JFrame.EXIT_ON_CLOSE);

    // 编程第 3 步：设置控件的属性：位置、长宽、颜色、是否可编辑，其中默认属性不需要设置
    // 设置输出文本框的属性，位置和大小通过 setBounds(x, y, width, height)方法实现
    outputField.setBounds(20, 20, 400, 50);
    // 设置 outputField 内的默认内容，应该显示为"0"
    outputField.setText("0");
    // 禁止从界面（键盘）向 outputField 输入信息，其内容只能通过程序内部改变
    outputField.setEditable(false);
```

```
            // 设置各按钮属性：位置和长宽
            buttonOne.setBounds(20, 90, 100, 50);
            buttonTwo.setBounds(140, 90, 100, 50);
            buttonPlus.setBounds(20, 160, 100, 50);
            buttonEqual.setBounds(140, 160, 100, 50);
            buttonClear.setBounds(260, 160, 100, 50);

            // 编程第 4 步：把各界面元素按照指定的位置加入主界面的内容面板中
            add(outputField);add(buttonOne);
            add(buttonTwo);
            add(buttonPlus);
            add(buttonEqual);
            add(buttonClear);

            /* 编程第 5 步：为各按钮注册（鼠标左击）事件处理器
             * BasicCaculater.actionPerformed 函数
             * 没有下面的代码，界面对鼠标的单击将没有任何反应  */
            buttonOne.addActionListener(this);
            buttonTwo.addActionListener(this);
            buttonPlus.addActionListener(this);
            buttonEqual.addActionListener(this);
            buttonClear.addActionListener(this);
        }
```

〖代码 6-3〗 标准型计算器部分界面编程：界面编程第 6 步：实现事件处理

```
        publicvoid actionPerformed(ActionEvent e) {
            /*
             * 编程第 6 步：实现事件处理
             * 当用户单击按钮时，程序调用此函数
             * 此事件处理功能将在之后的例子中实现
             * 本例针对鼠标单击按钮事件只提供了两个反应：
             * 1 在控制台 Console 中打印出命令名（ActionCommand），与按钮名一致
             * 2 在输出文本框中显示该命令名
             */
            // 反应 1
            System.out.println("收到事件：" + e.getActionCommand());
            // 反应 2
            outputField.setText(e.getActionCommand());
        }
```

〖代码 6-4〗 计算器部分界面编程：界面编程第 6 步，启动程序。

```
    /*
     * 主程序
     * @param args
     */
    public static void main(String[] args) {
        /*
         * 编程第 7 步：程序启动：创建一个主界面，并显示到屏幕上
```

```
         */
         // 创建 BasicCaculater 的一个对象 BasicCaculater
         BasicCaculater caculater = new BasicCaculater();
         caculater.setVisible(true);
     }
}
```

6.4.3 增量 6-1 的程序分析：GUI 界面编程模板分析

代码 6-1～代码 6-4 共同组成了一个界面程序模板，读者可以参考该模板轻松写出自己的 Java 界面。

在代码 6-1 和代码 6-4 中，BasicCaculater 类是一个继承于 JFrame 并扩展接口 ActionListener 的一个类，包含控件对象，作为其数据成员（见代码 6-1），用来表示界面上的按钮和文本框变量，还包含 3 个函数：构造函数 BasicCaculater( )，事件处理函数 ActionPerformed( )（来自 ActionListener）和主函数 main( )。其中，构造函数 BasicCaculater( )（见代码 6-2）实现了启动计算器界面的所有工作，事件处理函数 ActionPerformed( )（见代码 6-3）实现了对界面上用户操作的处理方法和响应，主函数 main( )（见代码 6-4）实现了启动一个计算器界面并把它显示出来的工作。

使用类 BasicCaculater 的过程为：在 main 函数中创建该类的一个对象（见代码 6-4），在创建该对象（BasicCaculater caculater = new BasicCaculater( )）的同时，系统会调用其构造函数 BasicCaculater( )来初始化整个界面程序，从而实现表 6-2 中"打开计算器"的功能，使程序进入了图 6-5 中的"等待用户输入"的状态。接下来程序就可以响应用户的操作（见表 6-2 中的用例 6～7）。单击界面右上角的"关闭"按钮，就可以关闭计算器（表 6-2 中的用例 8）。

6.4.4 Java 图形界面的程序编码流程

Java 界面程序模板中的编程流程（对应图形界面程序设计过程的步骤 4）如图 6-9 所示。

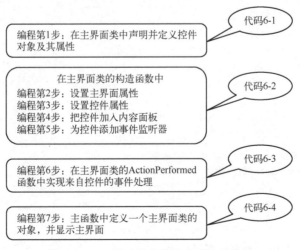

图 6-9 Java 界面程序模板中的编程流程

6.4.5　图形设计：Swing 容器

在 Java 中，AWT 是一个用来编写图形图像的应用程序开发包，对于使用 java.awt 包创建的组件来说，在实际应用中会存在一些不足。例如，在不同平台上程序的外观和操作行为可能会有所不同，而且使用 AWT 进行的界面开发会消耗更多的系统资源。为了解决以上问题，从 JDK 1.2 版本开始，Java 新增了 Swing 包。

Swing 组件是在 AWT 组件基础上发展的新型 GUI 组件，与 AWT 组件相比，Swing 组件是轻量级 GUI 组件，完全由纯 Java 代码编写，不含任何依赖特定平台的代码，因此具有更高的平台无关性、更好的移植性。Swing 完善了 GUI 组件的功能，提供了滚动窗格、表格、树等新的组件，也为某些 GUI 控件如按钮等提供了更多的特性，使得编写 GUI 程序更方便和高效。为了与 java.awt 包中相应的类相区别，Swing 包中的类都是以大写字母 J 开头的。

创建可视化界面的一般步骤为：选择外观、创建容器、布局管理、添加组件、事件处理。Swing 采用 MVC 设计模式，即模型—视图—控制，其中模型用来保存内容，视图用来显示内容，控制器用来控制用户输入。

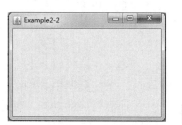

图 6-10　JFrame 例程的运行结果

下面介绍如何使用 Swing 中的窗体类 JFrame 绘制 GUI 的主窗口。JFrame 类定义在 JDK API 的 javax.swing.JFrame 中，可以创建一个窗体。在使用 JFrame 前需要在源文件的头部导入该程序包，语法如下：

```
import javax.swing.JFrame;
```

使用 JFrame 创建窗体见例程 6-1，相当于增量 1 中的编程第 2 步与第 6 步之和。运行结果如图 6-10 所示。

【例程 6-1】　使用 JFrame 窗体。

```java
import javax.swing.JFrame;
public class Example2_1extends JFrame {
    Example2_1() {
        setLayout(null);
        setTitle("Example2-1");
        // setBounds(100, 100, 100, 50);      相当于下面两个语句的作用
        // setLocation(100, 100);    setSize(100, 50);
        setBounds(100, 100, 300, 300);
        setDefaultCloseOperation(JFrame.EXIT_ON_CLOSE);
    }
    public  static  void main(String[] args) {
        Example2_1  ex1 = new Example2_1();
        ex1.setVisible(true);
    }
}
```

下面介绍例程 6-1 中用到的 JFrame 类中的方法。

（1）setLayout：设置窗体的布局管理器

方法原型：

```
void javax.swing.JFrame.setLayout(LayoutManage rmanager)
```

方法作用：设置当前窗体的布局管理器为参数 manager 指定的类型。

方法参数：布局管理器 LayoutManager 类型的 manager，不使用布局管理器时，使用参数 null。

（2）setTitle：设置窗体的标题

方法原型：

```
void java.awt.Frame.setTitle(String title)
```

方法作用：设置当前窗体的标题为函数的参数 title 所指定的值。

方法参数：1 个字符串 String 类型的 title，此参数默认为空。

（3）setBounds：设置窗体的位置和尺寸（宽和高）。

方法原型：

```
void java.awt.Window.setBounds(int x, int y, int width, int height)
```

方法作用：设置当前窗体的位置到指定坐标(x, y)，设置窗体宽（width）、高（height）。

方法参数：4 个整型参数，x 和 y 构成窗体左上角坐标(x, y)，width 和 height 分别指定窗体的宽和高，单位为像素，参数默认为 0。

（4）setDefaultCloseOperation：设置窗体关闭方式。

方法原型：

```
void javax.swing.JFrame.setDefaultCloseOperation(int operation)
```

方法作用：在采用 JFrame 下，当用户试图关闭窗口时，按 operation 指定方式关闭窗口。

方法参数：整型参数 operation，用于指定窗体的关闭方式，常用值有如下几种。

❖ JFrame.HIDE_ON_CLOSE：默认选项，隐藏但不关闭窗体，程序不会退出。

❖ JFrame.DO_NOTHING_ON_CLOSE：不做任何操作，窗体不会关闭。

❖ JFrame.DISPOSE_ON_CLOSE：关闭当前窗体，如果没有其他窗体打开，那么退出当前程序，否则只关闭当前窗体。

❖ JFrame.EXIT_ON_CLOSE：用 System.exit( )方法退出当前程序，左移窗体会被关闭。

（5）setVisible：设置窗体的可见性

方法原型：

```
void java.awt.Window.setVisible(boolean b)
```

方法作用：设置窗体的可见性，b 为 true 时窗体可见，否则窗体不可见。

方法参数：布尔型参数 b，用于指定窗体可见与否。

（6）add：向窗体界面中添加界面元素（控件）

方法原型：

```
void javax.swing.JFrame. add(Component comp)
```

方法作用：向当前窗体界面中添加控件元素。

方法参数：Component 对象 comp，可以是文本框 JTextField 或者按钮 JButton、JLabel 和 JPanel 等。

Jframe 类常用的方法如上，若查询更多 Jrame 方法，请参考 JDK API 的 javax.swing.JFrame。

6.4.6　图形设计：Swing 基本组件——文本框 JTextField

文本框类 JTextField 是 Java 窗体中的界面元素，用于在界面中写入或者显示一行字符串（文本）。JTextField 必须以窗体为载体才能显示出来，通过调用 JFrame 的 add( )方法或者内容面板 JContentPane 的 add( )方法来实现。在使用 JTextField 前，需要在源文件的头部导入该程序包，语法如下：

```
import javax.swing.JTextField;
```

在使用 JTextField 时，需要定义 JTextField 的一个对象变量，一般定义为窗体所在类的数据成员，在窗体的初始化过程中需要设置其位置和尺寸，并加入当前窗体。

【例程 6-2】　使用 JTextField。

其中，斜体部分是 JTextField 的使用例子，运行结果如图 6-11 所示。

图 6-11　JTextField 例程的运行结果

```java
import javax.swing.JFrame;
import javax.swing.JTextField;


public class Example2_2 extends JFrame {
    // 声明并定义文本框的一个对象为窗体类的数据成员
    private JTextField  outputField1 = new JTextField(50);
    private JTextField  outputField2 = new JTextField(50);

    Example2_2() {
        setLayout(null);
        setTitle("Example2-2");
        // setBounds(100, 100, 300, 200);        相当于下面两个程序语句的作用
        setLocation(100, 100);           setSize(300, 2);
        setDefaultCloseOperation(JFrame.DISPOSE_ON_CLOSE);
        outputField1.setBounds(10, 10, 200, 40);
        outputField1.setEditable(true);
        outputField1.setText("outputField1");
        outputField2.setBounds(10, 60, 200, 40);
        outputField2.setEditable(false);
        outputField2.setText("outputField2");
        add(outputField1);                           // 把该文本框加到主界面的指定位置
        add(outputField2);
    }
```

```
        public static void main(String[] args) {
            Example2_2  ex2 = new Example2_2();
            ex2.setVisible(true);
        }
    }
```

例程 6-2 在窗体上添加了两个文本框，一个（位置靠上的）可以输入文本，另一个（位置靠下的）不允许输入文本。由图 6-11 不难看出，上面文本框是白色背景，表示可以从界面上输入字符串，下面文本框是灰色背景，表示不可以从界面输入字符串。

下面介绍例程 6-2 中使用到的 JTextField 的方法。

（1）setBounds：设置文本框的位置和尺寸

方法原型：

```
    void java.awt.Component.setBounds(int x, int y, int width, int height)
```

方法作用：设置当前文本框的位置到指定坐标(x, y)，该坐标是相对于主窗体的位置坐标的相对值，设置窗体宽 width、高 height。

方法参数：4 个整形参数，x 和 y 构成窗体左上角坐标(x, y)，width 和 height 分别指定窗体的宽和高，单位为像素，参数默认为 0。

（2）setEditable：设置文本框是否可编辑

方法原型：

```
    void javax.swing.text.JTextComponent.setEditable(boolean b)
```

方法作用：设置文本框的内容用户是否可以从界面上编辑。

方法参数：布尔型参数 b，为 true 时，该文本框的内容可以从界面上编辑，否则只能通过程序代码编辑。

（3）setText：设置文本框的内容

方法原型：

```
    void javax.swing.text.JTextComponent.setText(String t)
```

方法作用：设置文本框的内容。

方法参数：字符串对象 t，是文本框需要显示的新内容。

（4）getText：设置文本框的内容

方法原型：

```
    String javax.swing.text.JTextComponent.getText()
```

方法作用：获取文本框的内容。

方法参数：无。

以上为 JTextField 类中常用的方法，如果需要查询更多 JTextField 的方法，请参考 JDK API 的 javax.swing.JTextField。

6.4.7　图形设计：Swing 基本组件——按钮 JButton

按钮 JButton 是 Java 窗体中的界面元素，用于在界面上显示一个按钮。与 JTextField 一样，JButton 必须以窗体为载体才能显示，添加的方法是调用 JFrame 的 add( )方法或者内容面板 JContentPane 的 add( )方法。使用 JButton 前，需要在源文件的头部导入该程序包，语法为：

```
import javax.swing.JButton;
```

在使用 JButton 时，需要定义 JButton 的一个对象变量，一般定义为窗体所在类的数据成员，在窗体的初始化过程中需要设置其位置和尺寸，并把它加入当前窗体。

【例程 6-3】 使用 JButton。

其中，斜体部分是 JButton 的使用例子，运行结果如图 6-12 所示。

```java
import javax.swing.JButton;
import javax.swing.JFrame;

public class Example2_3 extends JFrame {
    // 声明并定义按钮的一个对象为窗体类 Example2_3 的数据成员
    private JButton buttonY = new JButton("Y");
    private JButton buttonN = new JButton("N");
    Example2_3() {
        setLayout(null);
        setTitle("Example2-3");
        // setBounds(100, 100, 100, 50);   相当于下面两个程序语句的作用
        // setLocation(100, 100);          setSize(100, 50);
        setBounds(100, 100, 300, 200);
        setDefaultCloseOperation(JFrame.DISPOSE_ON_CLOSE);
        buttonY.setBounds(10, 10, 200, 40);
        buttonY.setEnabled(true);
        buttonN.setBounds(10, 60, 200, 40);
        buttonN.setEnabled(false);

        add(buttonY);                        // 把该文本框加入到主界面的指定位置
        add(buttonN);
    }
    public static void main(String[] args) {
        Example2_3  ex3 = new Example2_3();
        ex3.setVisible(true);
    }
}
```

例程 6-3 在窗体上添加了两个按钮，一个（位置靠上的）是可以使用的，另一个（位置靠下的）不允许使用。由图 6-12 不难看出，上面的按钮正常显示，可以相应鼠标操作，下面的文本框是灰色的，表示不能响应鼠标操作。

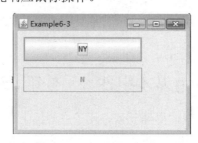

图 6-12　JButton 运行结果

下面介绍例程 6-3 中用到的 JButton 类的常用方法。

（1）setBounds：设置按钮的位置和尺寸

此方法与 JTextField 的 setBounds 相似，可参阅 JDK API。

（2）setEnabled：设置按钮是否可使用（单击）

方法原型：

```
void javax.swing.AbstractButton.setEnabled(boolean b)
```

方法作用：设置按钮是否可使用，即能否被单击。

方法参数：布尔型参数 b，为 true 时，按钮对鼠标的操作有反应，否则该按钮变为灰色，对鼠标操作不做反应。

（3）setText：设置按钮名字和 ActionCommand

方法原型：

```
void javax.swing.AbstractButton.setText(Stringtext)
```

方法作用：设置按钮显示的内容和 ActionCommand。

方法参数：字符串对象 text。

（4）getText：获取按钮名字和 ActionCommand

方法原型：

```
String javax.swing.AbstractButton.getText()
```

方法作用：获取按钮显示的内容和 ActionCommand。

方法参数：无。

（5）getActionCommand：获取 ActionCommand

方法原型：

```
String javax.swing.AbstractButton.getActionCommand()
```

方法作用：获取按钮的 ActionCommand 和按钮显示的内容。

方法参数：无。

以上为 JButton 类常用的方法，如果读者需要查询更多 Jrame 的方法，请参考 JDK API 的 javax.swing.JFrame。

6.5 增量 6-2：处理数字和运算符输入

6.5.1 按钮的事件响应

本节将实现用户单击标准型计算器上的数字按钮和小数点按钮时，程序相应的响应。响应包括两部分：存储输入的数字序列，更新界面文本输出框中显示的内容。

获取按钮显示的内容可以使用 JButton 的 getActionCommand( )方法，存储连续输入的数字需要使用字符串 String。

更新文本输出框中显示的内容需要使用 JTextField 的 setText( )方法。

为了实现对按钮单击事件的响应，必须使用事件处理机制，可以采用例程 6-1 中用到的 ActionListener。

例程 6-4 在界面上添加了一个文本输出框、两个按钮（按钮名分别为"1"和"2"），实现了获取按钮的 ActionCommand，存储一个字符串，并把字符串的内容显示在文本框中，其中斜体代码实现了事件处理和输入历史保存操作。

【例程 6-4】 事件处理。

```java
import java.awt.event.ActionEvent;
import java.awt.event.ActionListener;
import javax.swing.JButton;
import javax.swing.JFrame;
import javax.swing.JTextField;

public class Example2_5 extends JFrame implements ActionListener {
    // 声明并定义文本框的一个对象为窗体类 Example2_3 的数据成员
    private JTextField  outputField = new JTextField(50);
    private JButton  button1 = new JButton("1");
    private JButton  button2 = new JButton("2");
    private String  inputHistory = new String();

    Example2_4() {
        setLayout(null);
        setTitle("Example2-4");
        // setBounds(100, 100, 100, 50);    相当于下面两个程序语句的作用
        // setLocation(100, 100); setSize(100, 50);
        setBounds(100, 100, 300, 300);
        setDefaultCloseOperation(JFrame.DISPOSE_ON_CLOSE);
        outputField.setBounds(10, 10, 200, 40);
        outputField.setEditable(true);
        outputField.setText("");
        button1.setBounds(10, 60, 200, 40);
        button2.setBounds(10, 110, 200, 40);
        add(outputField);                        // 把该文本框加到主界面的指定位置
        add(button1);
        add(button2);
        button1.addActionListener(this);
        button2.addActionListener(this);
    }
    @Override
    public void actionPerformed(ActionEvent e) {
        if (e.getSource() == button1 || e.getSource() == button2) {
            inputHistory += e.getActionCommand();
            outputField.setText(inputHistory);
        }
    }
    publicstaticvoid main(String[] args) {
        Example2_4  ex4 = new Example2_4();
        ex4.setVisible(true);
    }
}
```

例程 6-4 根据事件处理的一般流程,类 Example2_4 首先扩展(implements)ActionListener:

```
public classExample2_4extends JFrame implements ActionListener
```

从而具有了事件处理的功能,然后在构造函数中为两个按钮注册事件处理接口:

```
button1.addActionListener(this);
button2.addActionListener(this);
```

最后,添加并实现了事件处理功能 actionPerformed:

```
public void actionPerformed(ActionEvent e) {
    if (e.getSource() == button1 || e.getSource() == button2) {
        inputHistory += e.getActionCommand();
        outputField.setText(inputHistory);
    }
}
```

至此,针对两个按钮的事件处理功能就添加完成了。运行该程序,任意单击两个按钮,得到类似图 6-13 事件处理例程的运行结果。

图 6-13   例程 6-4 的运行结果示例

6.5.2   使用字符串数组链表记录输入内容

在实现了完整的简化版标准型计算器界面和数字输入的基础上,接下来考虑如何处理除功能键之外的混合输入。下面以典型输入序列 "5+2-3+8/2*10-16=" 为例进行说明,如果把输入序列保存在一个字符串中,那么在遇到运算符输入时,首先从保存的字符串中搜索各运算符并予以记录,这个过程会比较烦琐和费时。所以,为了实现四则运算,首先需要合理的保存输入序列,可以把每个数字和每个运算符按输入顺序分别存在一个字符串数组的不同的字符串中,如果没有考虑尽早运算,而是等到"="输入才开始计算,那么输入序列"5+2-3+8/2*10-16="会被保存到字符串数组。

"5"	"+"	"-"	"3"	"+"	"8"	"/"	"2"	"*"	"10"	"-"	"16"	"="

然而,数组的缺点是其元素的个数是固定的,如果有一种能够动态调整元素个数的方法,会使计算更简单。Java 的字符串数组链表 ArrayList 就可以满足动态调整元素个数的要求。ArrayList 的优点为:可以动态在链表尾部添加新的字符串(使用 add 方法),可以删除(remove 方法)或者更新(set 方法)链表中任何一个元素,还可以直接获得链表中元素的个数(size 方法)。

在实现四则运算前，首先需要把输入的内容存入字符串数组链表。程序要能区分输入的是数字还是运算符（包括"="），并定义一个字符串（numStr），用来保存连续输入的数字（加在该字符串尾部）。当遇到运算符输入时，把该数字字符串加到（add( )方法）字符串数组链表尾部，并清空该字符串（numStr=""），准备再次保存数字，输入的运算符直接保存进字符串数组链表（add( )方法）。参照图 6-5，应用字符串数组链表即可完成对输入内容的记录工作。

字符串数组链表的定义和使用方法请参见例程 6-5。

【例程 6-5】 字符串链表的定义和使用方法。

```
publicclass BasicCaculater extends JFrame implements ActionListener {
    ……
    // 定义保存通过单击连续输入的数字序列 numStr
    ……
    // 定义保存待计算输入序列的字符串数组链表 toCaculateStrList
    ……
    publicvoid actionPerformed(ActionEvent e) {
        // 使用 if 语句判断是否事件来自数字按钮或者小数点按钮
        // 如果是，那么取出事件的 ActionComm，附加在字符串 numStr 的尾部
        ……
        // 否则判断是否来自运算符按钮+ - * / =
        // 如果是，那么把 numStr 附加在 toCaculateStrList 尾部，清空 NumStr
        // 取出事件的 ActionComm，附加在待计算序列 toCaculateStrList 的尾部
        // 可以遍历打印 toCaculateStrList 中的内容，以供调试使用
        ……
    }
    ……
}
```

6.5.3　增量 6-2 的编程实现

增量 6-2 需要保存用户单击按钮生成的输入序列，涉及事件捕捉后应用字符串数组列表进行字符串存储的内容。其编程实现要求在实验 03 即标准型计算器：实现增量 6-2 中实现，这里只给出增量 6-2 处理数字和运算符输入的程序框架（见代码 6-5），读者需要补充完整框架中给出的注释的代码实现。

〖代码 6-5〗　处理数字和运算符输入的程序框架。

```
import java.util.ArrayList;

publicclass Example6_5 {
    publicstaticvoid main(String[] args) {
        // 1. 字符串链表的定义，此时 strList 中有 0 个元素
        ArrayList<String> strList = new ArrayList<String>();
        // 2. 向字符串链表尾部添加字符串元素
        strList.add("123");              // 此时 strList 中有 1 个元素
        strList.add("+");                // 此时 strList 中有 2 个元素
        strList.add("456");              // 此时 strList 中有 3 个元素
        strList.add("-");                // 此时 strList 中有 4 个元素
```

```java
        strList.add("=");                              // 此时 strList 中有 5 个元素
        // 3. 显示字符串链表中的所有字符串, 获取该字符串链表中的元素个数(方法 size)
        System.out.println("strList 的内容");
        for (int i = 0; i < strList.size(); i++) {
            String str = strList.get(i);
            System.out.println(str);
        }
        // 4. 更新字符串链表中(按索引)指定字符串元素的值
        strList.set(0, "12");
        System.out.println("更新 strList 的第 1 个元素");
        System.out.println("strList 的内容");
        for (int i = 0; i < strList.size(); i++) {
            System.out.println(strList.get(i));
        }
        // 5. 删除字符串链表中(按索引)指定字符串元素
        strList.remove(1);
        System.out.println("删除 strList 的第 2 个元素");
        System.out.println("strList 的内容");
        for (int i = 0; i < strList.size(); i++) {
            System.out.println(strList.get(i));
        }
        // 6. 删除字符串链表中尾部的字符串元素, 此时尾部元素只是被清空
        // 编程过程中必须注意: 删除字符串链表的尾部元素与其他元素的结果不同
        strList.remove(strList.size() - 1);
        System.out.println("删除 strList 的最后一个元素");
        System.out.println("strList 的内容");
        for (int i = 0; i < strList.size(); i++) {
            System.out.println(strList.get(i));
        }
        // 7. 清空字符串链表, 删除所有元素
        strList.clear();
        System.out.println("strList 的内容");
        for (int i = 0; i < strList.size(); i++) {
            System.out.println(strList.get(i));
        }
    }
}
```

6.6 增量 6-3: 四则运算(一)

6.6.1 用 startCaculation 方法实现四则运算过程

采用该字符串数组链表后, 在利用尽早计算的原则后, 字符串数组链表中的内容将只有待计算的序列, 再进行四则运算时就变得非常简单。下面利用字符串数组链表并参考图 6-6 四则运算过程来实现四则运算算法。

由于增量 6-1 已经实现了标准型计算器的界面，增量 6-2 实现了把数字（和小数点）和运算符保存到待计算字符串数组链表中，因此增量 6-3 只需要实现一个名为 startCaculation 的方法来实现四则运算（表 6-6 中四则运算的情况 1～4）的过程，并在 ActionPerformed 中检测到有运算符输入时进行调用。

6.6.2　增量 6-3 的编程实现

图 6-14 给出了四则运算的详细过程。

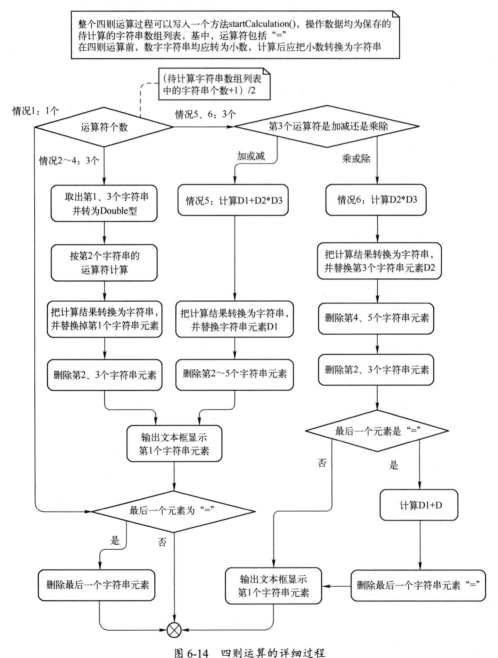

图 6-14　四则运算的详细过程

〖代码6-6〗 针对表6-6所列四则运算情况1～4的程序框架

```
publicclass BasicCaculater extends JFrame implements ActionListener {
    ......
    publicvoid actionPerformed(ActionEvent e) {
        ......
        // 否则是判断是否来自运算符按钮+ - * / =，在保存待计算列表后调用
        // 方法 startCaculation()
        ......
    }
    // 实现方法 startCaculation，返回文本输出框中应该显示的内容/计算结果
    protected String startCaculation() {
        String  toDisplayStr = new String();
        // 计算操作符的个数 opNbr
        switch(opNbr) {
            case 0:        ...... break;        // 不可能出现的情况
            case 1:        ...... break;        // 情况1
            case 2:        ...... break;        // 情况2、3、4
            case 3:        ...... break;        // 情况5、6
            default:       ......               // 在尽早计算原则下，不可能出现的情况
        }
        ......
        Return toDisplayStr;
    }
    ......
}
```

读者可参照本节相关知识点，按照尽早运算的原则，按照图 6-14 给出的详细的四则运算过程中的情况 1～4，实现增量 6-3 的完整功能。

6.7   增量6-4：四则运算（二）

增量 6-4 要求参照前面讲得详细的四则运算过程实现表 6-6 中所列四则运算的第 5、6 种情况。增量 6-3 中针对表 6-6 所列四则运算情况 1～4 的程序框架已经给出了实现增量 6-4 的基本思路。在实现增量 6-4 的过程中，需要注意是否可以优化程序，如两个数字按照某种运算符计算的过程是否可以用一个方法来实现。

实现表 6-6 所列四则运算的第 5、6 种情况的程序框架如下。

〖代码6-7〗 四则运算情况 5、6 的程序框架。

```
publicclass BasicCaculater extends JFrame implements ActionListener {
    ......
    protected String startCaculation() {
        ......
        switch(opNbr) {
            ......
            case 3:        ...... break;                        // 情况5、6
```

```
          ......
        }
      ......
    }
  ......
}
```

6.8　增量 6-5：处理回退键输入和清空键输入

在实现了标准型计算器的四则运算后，接下来需要实现的是功能键的回退和清除。根据图 6-5，在单击回退"←"按钮时，程序应该清除上一次输入的数字（如果是运算符则不能删除），一直清除到整个数字被清空，也就是 numStr 字符串的长度为 0；单击清除"CE"按钮时，程序应该清除所有数据和记录，并且把文本输出框的内容设为初始值"0"。

相对于前面几个增量，按照图 6-5 和上述分析，增量 6-5 的功能比较简单，实现起来比较容易。

增量 6-5 的程序实现按照代码 6-8 的模板完成。

〖代码 6-8〗　实现功能键的程序框架。

```
publicclass BasicCaculater extends JFrame implements ActionListener {
    ......
    publicvoid actionPerformed(ActionEvent e) {
        ......
        // 否则判断是否来自功能键：回退
        // 如果是，就予以处理
        ......
        // 否则判断是否来自功能键：清空
        // 如果是，就予以处理
        ......
    }
}
```

读者可参考例程 6-6 采用数组和循环实现界面编程。

【例程 6-6】　使用数组和循环进行界面编程。

```
import java.awt.event.ActionEvent;
import java.awt.event.ActionListener;
import javax.swing.JButton;
import javax.swing.JFrame;

public class Example2_7 extends JFrame implements ActionListener {
    // 界面编程第 1 步
    // 声明并定义 JButton 的名字数组，JButton 数组，和尺寸数组
    private String  buttonNameArray[] = {"1", "2"};
    private JButton  buttonArray[] = new JButton[buttonNameArray.length];
    private int buttonBoundsArray[][] = new int[][]{{10, 60, 200, 40},{10, 110, 200, 40}};
    protected enum  BUTTON_NAMES{BUTTON_ONE, BUTTON_TWO};
```

```
    Example2_7() {
        // 界面编程第 2 步
        setLayout(null);    setTitle("Example2-7");
        setBounds(100, 100, 300, 300);
        setDefaultCloseOperation(JFrame.DISPOSE_ON_CLOSE);
        for(int i = 0; i < buttonArray.length; i++) {
            buttonArray[i] = new JButton(buttonNameArray[i]);
            // 界面编程第 3 步
            buttonArray[i].setBounds(buttonBoundsArray[i][0],buttonBoundsArray[i][1],
                            buttonBoundsArray[i][2], buttonBoundsArray[i][3]);
            // 界面编程第 4 步
            add(buttonArray[i]);
            // 界面编程第 5 步
            buttonArray[i].addActionListener(this);
        }
    }
    @Override
    public void actionPerformed(ActionEvent e) {
        // 界面编程第 6 步
        if (e.getSource() == buttonArray[BUTTON_NAMES.BUTTON_ONE.ordinal()] ||
                    e.getSource() == buttonArray[BUTTON_NAMES.BUTTON_TWO.ordinal()]) {
            System.out.println(e.getActionCommand()); }
    }
    public static void main(String[] args) {
        Example2_7  ex7 = new Example2_7();
        ex7.setVisible(true);
    }
}
```

6.9 四则运算的另一种算法

标准型计算器的增量 6-3 和增量 6-4 实现的四则运算的原则是"尽早运算"（可以决定运算顺序时就立即运算），我们也可以在等到"="输入时再计算。如果采用后者，就必须考虑运算的优先级，也就是需要先计算完待计算字符串数组链表 toCaculateStrList 中所有的乘除法后，再计算剩余的加、减法操作，所以可以把 startCaculation 方法用下面的代码替换。

```
protected void startCaculation() {
    caculateMultiplyAndDivide();
    caculatePlusAndSubtract();
}
void caculateMultiplyAndDivide() {…}
void caculatePlusAndSubtract() {…}
```

计算器的四则运算算法还可以采用其他数据存储方式、其他数据结构和算法，本书不再一一列举。

本章小结

经过 5 个增量的代码开发，一个简化版的标准型计算器最终实现了项目目标，但还存在很多问题：

① 界面简陋。与微软的计算器相比，界面显得过于简陋，并且不符合用户使用习惯，界面可以美化。

② 主函数被包含在了 BasicCaculater 内部，在同一个软件中不能同时定义多个标准型计算器的对象，限制了 BasicCaculater 的使用。

③ 程序的代码结构冗余度过高。如声明了 16 个按钮，但按钮的定义、属性设置、控件添加和事件注册都非常相似，存在可以优化的地方。

④ 软件的鲁棒性低。标准型计算器在正常输入情况下能正常工作，但当输入不按照正常的情况输入时，计算器会出现异常，如实验 03 和实验 04 中提到的选做内容。

针对以上问题，表 6-9 针对优化对象提出了软件优化方案，例程 6-6 也给出了解决后 3 个优化对象的参考代码。整个代码优化要求在实验 07 即标准型计算器程序优化中完成（除了界面美化已经在实验 06 中完成）。

表 6-9　标准型计算器软件优化方案

优化对象	优化方法
界面简陋	调整按钮的属性：位置、大小、边框、字体、颜色等，并参照微软的界面布局或者个人偏好来设置界面布局，相关的方法可以查询 JDK API 中的 JButton 来实现
主函数在计算器类内部	新创建一个计算器的测试类，如 CaculaterTest.java，再把主函数（包括函数体）从 BasicCaculater 中移植类 CaculaterTest 中
代码冗余度高	用 JButton 数组定义各按钮，用 String 数组按顺序保存各按钮的名字，使用 int 型二维数组按顺序保存按钮的位置和大小；然后通过循环语句定义数组元素、设置属性、添加到主窗体和事件注册；还可以使用枚举类型标记个数组元素的下标名，使程序更具有可读性
软件鲁棒性低	实现实验 03 和实验 04 中的选做内容，还可以通过测试查找其他软件缺陷

实验 02　增量 6-1：标准型计算器（一）

实验目的

（1）掌握 Java 图形界面的程序编码流程。

（2）掌握 JButton 的使用方法。

（3）了解事件监听、监听注册和事件处理的概念。

实验内容

【必做】　在例 6-1 的代码基础上，实现图 6-3 的标准型计算器界面，界面必须包含如下元素：数字按钮 0～9，小数点按钮，运算符按钮 "+" "−" "*" "/"，功能按钮 "="、回退键 "←" 和清空键 "CE"。

实验步骤

在 BasicCaculater 类中：

（1）参考增量 6-1，添加数据成员，实现界面编程第 1 步中其他按钮的声明和定义。

（2）参考增量 6-1，在构造函数中，实现界面编程第 3 步中其他按钮属性设置。

（3）参考增量 6-1，在构造函数中，实现界面编程第 4 步中其他按钮在主界面的添加。

（4）参考增量 6-1，在构造函数中，实现界面编程第 5 步中其他按钮的事件监听注册。

（5）其他界面编程步骤不需更改。

（6）运行程序，依次单击各按钮，查看并分析界面中文本输出框的变化。

（7）关闭程序，注释掉增量 1 编程第 3 步的下面一行，运行程序并查看界面有何变化，分析为什么？

```
outputField.setEditable(false);
```

（8）关闭程序，把增量 1 编程第 3 步中设置按钮"1"的属性代码：

```
buttonOne.setBounds(20, 90, 100, 50);
```

扩充为两行：

```
buttonOne.setBounds(20, 90, 100, 50);
buttonOne.setEnabled(false);
```

运行程序并查看界面有何变化，分析为什么。

（9）把步骤（7）和（8）中的改动恢复，运行程序并查看界面有何变化，分析为什么。

实验报告

按规定格式提交实验步骤的结果。

实验 03　增量 6-2：标准型计算器（二）

实验目的

（1）掌握 JButtun 事件监听、监听注册和事件处理的简单方法。

（2）掌握字符串 String 的简单应用。

（3）掌握字符串数组链表 ArrayList<Sting>的简单应用。

实验内容

（1）【必做】 在实验 02（增量 6-1）代码基础上，实现图 6-3 中标准型计算器对数字按钮 0～9 和小数点按钮的响应。

（2）【选做】 考虑如何处理连续输入运算符的情况，如何处理输入数字前就开始输入运算符。

实验步骤

在实验 02（增量 6-1）代码的基础上：

（1）确保界面编程第 5 步中所有按钮的事件监听注册已正确完成。

（2）参照例程 6-5 和图 6-5，采用 if 语句和字符串 String 实现界面编程第 5 步针对来自数字按钮和小数点按钮的事件处理。

① 为 BasicCaculater 类增加一个 String 类型名为 numStr 数据成员（也可以为其他名字），

并设置该字符串的初始值为空（""）。

② 在 ActionPerformed 函数中，参照例程 6-5，采用 if 语句（和逻辑表达式），判断事件是否来自数字按钮和小数点按钮。

③ 如果事件来自数字按钮和小数点按钮，则从事件中获取 ActionCommand 并附加到数据成员 numStr 的尾部。

（3）把 numStr 的内容显示到输出文本框中。

（4）运行程序，依次单击各按钮，查看界面中文本输出框的变化，分析并解释原因。

（5）利用字符串数组链表知识，实现运算符的保存：

① 为 BasicCaculater 类增加一个 ArrayList<String>类型名为 toCaculateStrList 的数据成员（也可以为其他名字），用与保存待计算序列。

② 在 ActionPerformed 方法中，参照例程 6-5，采用 if 语句（和逻辑表达式），判断事件是否来自运算符按钮。

③ 如果事件来自运算符按钮，把 numStr 附加到待计算序列 toCaculateStrList 尾部，清空 numStr，从事件中获取 ActionCommand 并附加到待计算序列 toCaculateStrList 的尾部。

④ 输出文本框中的内容无需修改。

⑤ 可以尝试遍历打印出 toCaculateStrList 中的内容，以供调试使用。

（6）运行程序，依次单击各按钮，查看界面中文本输出框的变化，分析并解释为什么。

实验报告

按规定格式提交实验步骤的结果。

实验 04　增量 6-3：标准型计算器（三）

实验目的

（1）掌握字符串 String 与 Double 型小数之间的相互转换。

（2）掌握字符串数组链表 ArrayList<Sting>的使用方法。

实验内容

（1）【必做】 在实验 03（增量 2）代码基础上，根据尽早运算的原则，按照图 6-6 实现四则运算情况 1～4。

（2）【选做】 考虑如何处理除数为 0 的情况。

实验步骤

在实验 03（增量 6-2）代码的基础上：

（1）参照图 6-5 和图 6-6，根据尽早运算的原则，在增量 6-3 四则运算情况 1～4（见表 6-6）的程序框架（方法 startCaculation）中实现四则运算情况 1～4。

（2）在 ActionPerformed 中对应的地方调用方法 startCaculation，并把计算结果（待显示内容）的内容显示到输出文本框中。

（3）运行程序，依次单击各按钮，进行简单的加、减、乘、除运算，查看界面中文本输出框的变化，分析并解释原因。

实验报告

按规定格式提交实验步骤的结果。

实验 05　增量 6-4：标准型计算器（二）

实验目的

（1）继续掌握字符串 String 与 Double 型小数之间的相互转换。

（2）继续掌握字符串数组链表 ArrayList<Sting>的使用方法。

（3）掌握 switch 和 if 语句的使用。

（4）提高编程中的逻辑思维能力和排错能力。

实验内容

【必做】 在实验 04（增量 6-3）代码基础上，根据尽早运算的原则，按照图 6-6 实现四则运算情况 5、情况 6。

实验步骤

在实验 04（增量 6-3）代码的基础上：

（1）参照图 6-5 和图 6-6，根据尽早运算的原则，在增量 6-3 四则运算情况 1～4 的程序框架（方法 startCaculation）中实现四则运算情况 5、情况 6。

（2）运行程序，依次单击各按钮，进行加、减、乘除、运算，查看并分析界面中文本输出框的变化，分析并解释为什么？

（3）注意程序是否存在可以优化的地方，如两个数字按照某种运算符计算的过程可以用方法 caculate(d1, d2, op)来实现。

（4）如果程序运行出错，请在开始计算前（调用 startCaculation 前）遍历打印字符串数组链表 toCaculateStrList，分析错误原因并改正。

实验报告

按规定格式提交实验步骤的结果。

实验 06　增量 6-5：标准型计算器和界面优化

实验目的

（1）巩固事件处理的概念和方法。

（2）继续掌握字符串数组链表 ArrayList<Sting>的使用方法。

（3）巩固 if 语句的用法。

实验内容

（1）【必做】 在实验 05（增量 6-4）代码基础上，按照 6-5 实现功能键回退和清空。

（2）【必做】 调整按钮的位置和大小（也可以采用其他办法），解决界面简陋的问题。

实验步骤

在实验 05（增量 6-4）代码的基础上：

（1）参照图 6-5 实现回退键的功能。

（2）参照图 6-5 实现清空键的功能。

（3）运行程序，测试软件的工作情况（正常输入与异常输入），把遇到问题和想到/做到的解决方案写进实验报告。

（4）调整按钮的布局（位置和大小，参考图 6-15），运行程序并分析结果。

图 6-15　美化的（标准型）计算器界面

实验报告

按规定格式提交实验步骤的结果。

实验 07　程序优化：标准型计算器

实验目的

（1）理解软件优化的概念和简单方法。

（2）理解代码冗余度的概念。

（3）理解 MVC 编程模型的概念。

（4）掌握数组和 for 循环的使用。

（5）掌握枚举类型的简单用法。

实验内容

（1）【必做】 优化主函数在计算器类内部的问题。

（2）【必做】 解决代码鲁棒性低的问题：实现实验 03 和实验 04 中的选做内容。

（3）【必做】 解决代码冗余度高的问题。

（4）【选做】 实现"="输入时才开始计算的四则运算算法。

实验步骤

在实验 06 代码的基础上，参照表 6-10 和例程 6-6：

（1）完成实验必做内容 1。

（2）完成实验必做内容 2。

① 如果连续收到运算符，那么丢弃（不加入待计算字符串数组链表）。

② 如果收到运算符时 numStr 和 toCaculateStrList 均为空，那么丢弃该运算符。

③ 如果在进行除法运算时除数为 0，那么清空 toCaculateStrList，并在输出文本框中显示出错原因"0 不能做除数"。

④ 运行程序查看问题是否解决，软件是否更鲁棒，分析原因。

（3）参考例程 6-6，解决代码冗余度高的问题。

① 创建含有界面上按钮数目的 JButton 数组，取名为 buttonArray。

② 创建与 buttonArray 元素个数相同的 String 数组（取名 buttonNameArray），依次存储各按钮的名字。

③ 创建按钮位置与大小的二维 int 型数组 int[buttonArray.size()][4]，依次存储各按钮的位置和大小（宽和高）。

④ 在 BasicCaculater 类内部创建枚举类型 BUTTON_NAMES，枚举值分别与按钮名对应，如 BUTTON_ONE 对应按钮"1"。

⑤ 使用循环语句（for 或 while）完成界面编程第 3～5 步（图 6-9 中的编程流程）。

⑥ 更新 ActionPerformed 方法，实现通过枚举值的序号作为数组下标来访问各按钮，如：

```
if(e.getSource() == buttonArray[BUTTON_NAMES.BUTTON_ONE.ordinal()])
```

⑦ 对比修改前后的代码，评价代码量大小、和代码的易读性。

（4）运行程序，并测试软件的工作情况（正常输入与异常输入），如果遇到问题，把问题和想到/做到的解决方案写进实验报告。

实验报告

按规定格式提交实验步骤的结果。

习 题 6

6-1 进行 LED 显示屏项目的设计与实现，设计内容包括：（1）界面；（2）事件处理。

6-2 进行汇率牌项目的设计与实现，设计内容包括：（1）界面；（2）事件处理。

6-3 模拟实现交通灯，设计内容包括：（1）界面；（2）事件处理。

第 7 章　科学型计算器

- 科学型计算器需求、功能分析
- 科学型计算器 GUI 实现
- 增量功能实现

本章目的是通过实现简化版科学型计算器的不同技术方法，深入学习 Java 面向对象继承的概念、语法和应用技巧。在第 6 章简化版标准型计算器的基础上，实现标准型计算器有两种方法：第一种方法是在简化版标准型计算器代码的基础上添加代码，第二种方法是利用继承的概念重用简化版标准型计算器的代码，实现科学型（简化版）计算器。

下面先看 Windows 操作系统自带的科学型计算器界面。在计算器中选择"查看"→"科学型"菜单命令，即可切换至科学型计算器，如图 7-1 所示。在科学型计算器下进行计算时，除了可以进行算术运算，还可以进行取反（inv）、cos、sin、log、乘方和阶乘等运算，并且运算有优先级，优先级排列顺序从高到低依次为科学计算、乘除法、加减法。科学计算的使用方式是先输入数字，再输入科学计算运算符。比如计算 2^2，应当先单击按钮"2"，再单击按钮"x^2"，计算结果就可以立即显示在结算结果栏中。

本章不是写出绚丽的界面或者多种功能，而是学习 Java 面向对象特性的继承性，所以在简化版标准型计算器的基础上，需要实现科学型（简化版）计算器，界面如图 7-2 所示。

图 7-1　Windows 的科学型计算器

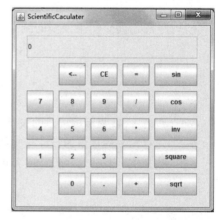

图 7-2　科学型（简化版）计算器界面

本章的内容安排是，首先在标准型计算器的基础之上直接修改代码，增加科学计算的功能；然后引入继承的概念，设计标准型计算器的一个子类，通过类继承的方法实现科学型计算器；最终通过对比两种实现方式，深入理解面向对象程序设计的概念——继承。

7.1 需求分析和项目目标

7.1.1 需求分析

本章要实现的是图 7-2 所示的科学型（简化版）计算器，对比图 6-15 不难看出，科学型计算器在界面右侧比标准型计算器在界面多出一列科学计算按钮，在功能上增加了科学计算的功能。从对象的角度来看，科学型计算器是标准型计算器的扩展，在面向对象的软件开发过程中，科学型计算器继承了标准型计算器的功能，是标准型计算器的一个子类。

科学型计算器的特点如表 7-1 所示。

表 7-1　科学型计算器与标准型计算器的对比

特　　点	科　学　型	标　准　型
界面元素	包含标准型界面	标准型界面
	包含科学计算的按钮	
功能	四则运算	四则运算
	科学计算	
	功能键：回退、清除	功能键：回退、清除

1．用例分析

用户在使用计算器的科学模式时，既能使用标准型的全部功能，也能使用科学计算功能，还能进行四则运算与科学计算的混合计算，图 7-3 给出了用户使用科学型计算器的全部情况，与标准型计算器的用例图相比，多了单击科学运算的操作，需要支持科学计算。

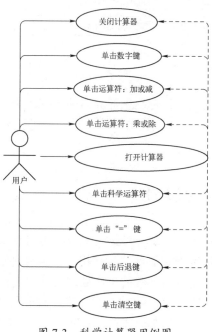

图 7-3　科学计算器用例图

所以，与表 6-2 所列的标准型计算器用例相比，科学型计算器多了与科学计算相关的用例，如科学计算的正常和异常情况，如表 7-2 所示。

表 7-2　科学型计算器用例

用　例	用　例　描　述		
	用户操作	界面显示内容	软件功能
用例 1～8	同标准型计算器		
用例 9	单击科学运算符	对最后输入的数字进行科学运算的结果	对前面输入的数字按当前输入科学符计算，显示当前的计算结果

2．需求列表

在科学型模式下，用户既可以只进行四则运算，也可以进行科学计算，还可以进行四则运算与科学计算的混合运算，下面分析后者的特点：

① 科学计算的优先级高于四则运算加减乘除。

② 科学计算运算符是单目运算符，其计算的对象是计算前用户输入的数字。

③ 按照尽早运算原则，科学运算符输入后即可计算，运算结果需要替换待计算列表中随后一个数字。

④ 有可能出现用户在输入数字前就输入科学运算符的情况。

根据上述分析，表 7-3 列出了科学型计算器的所有需求。

表 7-3　科学型计算器需求列表

需求编号	需求描述	注　解
Req7-1	必须支持标准型必须有的功能	表 6-3 中必须有的需求
Req7-2	必须至少支持 5 种科学计算：sin，cos，inv，square，sqrt	
Req7-3	科学计算符的优先级必须相同、并高于四则运算	
Req7-4	必须支持科学运算与四则运算的混合运算	
Req7-5	建议程序可以一次计算所有输入，不需要待计算序列	与 Req6～Req13 相同

7.1.2　项目目标

科学型计算器的开发实质上是在标准型计算器的基础上增加科学运算的能力，只需参照标准型的设计思路即可完成，科学型计算器的项目目标是实现表 7-3 中除 Req7-5 之外的所有需求条款。

7.2　功能分析与软件设计

科学型计算器能够支持标准型计算器的所有功能，并且增加了科学计算、四则运算与科学运算的混合运算能力。与标准型计算器的设计相比，实现科学型计算器的工作包括：添加 GUI 界面元素 JButton，处理新界面元素的事件处理机制，完成科学运算结果在文本输出框 JTextField 中的显示。在标准型计算器的基础上，只需增加相应的按钮和事件处理即可实现科学型计算的功能。与图 6-5 相比，图 7-4 只增加了科学计算的活动。

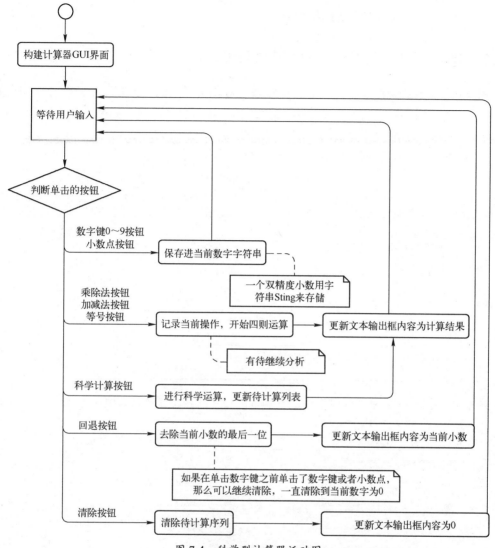

图 7-4　科学型计算器活动图

　　科学型计算器首先执行科学计算，按照尽早运算的准则，当用户单击科学运算按钮时，需要立即与待计算序列中的最后一个小数进行科学运算，并把该小数更新为科学计算的计算结果，然后在文本输出框中显示该结果。例如，待计算序列中最后一个元素为 D，在用户单击某科学计算按钮后，首先完成对 D 的科学计算，然后把待计算序列的最后一个元素 D 更新为计算结果 D1。所以，科学计算的过程没有影响到四则运算的过程。

　　我们可以通过直接修改标准型计算器的代码来增加科学计算的功能，也可以采用继承的概念来完成软件的设计。

7.3　增量项目开发

　　我们先在下面的增量 7-1 中通过直接修改标准型计算器的代码实现科学型计算器，然后在增量 7-2 中采用继承的概念实现科学型计算器。

7.3.1 增量 7-1：直接实现科学型计算器

增加科学计算的功能与实现标准型计算器的过程大致相同，参照无布局管理器图形界面编程过程，首先得到科学计算按钮属性（步骤 3），然后参照代码 6-1 实现图 6-8 的步骤 4，在实验 07 实现的标准型计算器的基础上实现编码工作，类 BasicCaculator 通过重构命名为 ScientificCaculator，然后按照图 6-9 的编程流程完成代码修改，具体修改内容如表 7-4 所示。

表 7-4　直接实现科学计算器的代码修改步骤

编程步骤	步 骤 内 容	实现科学计算的工作
第 1 步	在主界面类中声明并定义控件对象	增加科学计算按钮对象，定义其属性
第 2 步	设置主界面属性，调整主界面	调整主界面大小，以便显示增加的按钮
第 3 步	设置控件属性	不需修改（循环已经能够处理）
第 4 步	把控件加入内容面板	不需修改（循环已经能够处理）
第 5 步	为控件添加事件监听器	不需修改（循环已经能够处理）
第 6 步	在主界面类的 ActionPerformed 函数中实现来自控件的事件处理	根据单击科学计算按钮，完成科学计算，待计算序列更新，计算结果显示
第 7 步	主函数中定义一个主界面类的对象，并把主界面显示出来	不需修改（需要显示的是 ScientificCaculator 界面，但类名重构时已修改完毕）

例程 7-1 是在 Java 中进行科学计算的例子，利用了 Java 的 Math 程序包（java.lang.math）。

【例程 7-1】 科学计算的例子。

```java
publicclass Example3_1 {
    Example3_1() { }
    publicvoid performMathCaculation() {
        double  a = 0.5;
        double  resultSin = java.lang.Math.sin(a);
        System.out.println("sin(a): " + resultSin);
        double resultCos = java.lang.Math.sin(a);
        System.out.println("cos(a): " + resultCos);
        double resultSquare = a * a;
        System.out.println("a*a: " + resultSquare);
        double resultInv = 1 / a;
        System.out.println("1/a: " + resultInv);
        double resultLog = java.lang.Math.log(a);
        System.out.println("log(a): " + resultLog);
    }
    publicstaticvoid main(String[] args) {
        Example3_1  ex = new Example3_1();
        ex.performMathCaculation();
    }
}
```

增量 7-1 要求利用已学的知识点，参照实验 07 和例程 7-1 实现科学计算器，编程实现要求在实验 08 中完成。

7.3.2 增量 7-2：通过继承实现科学计算器

增量 7-1 通过直接修改标准型计算器的代码实现了科学型计算器，例程 7-1 代码中混合了科学运算和四则运算，读者在阅读代码的过程中需要判断各种逻辑，代码的可维护性不好。

增量 7-2 通过采用继承的概念来实现科学行计算器，即科学型计算器需要继承标准型计算器的成员，然后实现科学型计算器的功能。

图 7-5 是继承的例子，包括 7 个概念：Animal、Dog、Pigeon、BullDog（斗牛犬）、HerdingDog（牧羊犬）、CrownPigeon（冠鸽）和 SparrowPigeon（雀鸽）。从动物分类来看，Dog 和 Pigeon 是 Animal 的子类，拥有 Animal 的特点和行为，所以 Animal 是一个大的类别，Dog 和 Pigeon 都是 Animal 的子类，拥有 Animal 没有的特点和行为，如跑、跳和咬，BullDog 和 HerdingDog 是 Dog 的子类，有 Dog 的特点和行为，也有一般 Dog 没有的特点和行为，如 BullDog 擅长争斗，HerdingDog 可以保护羊群 protect，SparrowPigeon 和 CrownPigeon 是 Pigeon 的子类，有 Pigeon 的特点和行为，也有一般 Pigeon 没有的特点和行为，SparrowPigeon 体形最小，CrownPigeon 体形最大。

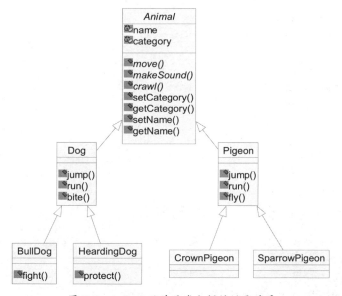

图 7-5　Animal 及其子类之间的继承关系

图 7-5 采用 UML（统一建模语言）列举了 Animal 及其子类之间的特点和关系，箭头表示的是继承的关系，子类继承父类（箭头指向的是父类，箭头的另一端是子类），子类有父类 Animal 所没有的特点和行为。其中，Animal 有数据成员 name 和 category，方法 move( )、makeSound( )和 crawl( )，Animal 的 Dog 子类集成了 Animal 的所有成员，并添加了 jump( )、run( )和 bite( )方法，Dog 的 HeardingDog 子类集成了 Dog 的所有方法（包括 Animal 的），还添加了 protect( )方法。

例程 7-2 是用 Java 实现图 7-5 中所示继承的示例。

【**例程 7-2**】　Animal 及其子类之间的继承关系。

```
publicclass AnimalDemo {
    publicstaticvoid main(String[] args) {
```

```
        HeardingDog hDog = new HeardingDog("hdog 1", "HeardingDog");
        hDog.move();    hDog.makeSound();hDog.crawl(); // 调用 Dog 的父类 Animal 的方法
        hDog.run();    hDog.bite();                    // 调用父类 Dog 类的方法
       hDog.protect();
    }
}

class Animal {
    protected String  name = new String();
    protected String  category = new String();
    public Animal(String n, String c) {
        name = n;
        category = c;
    }
    publicvoid move() {
        System.out.println("Animal "+ name+"can move");
    }
    publicvoid makeSound() {
        System.out.println("Animal "+name+"can make sound");
    }
    publicvoid crawl() {
        System.out.println("Animal "+name+"can crawl");
    }
}

class Dog extends Animal {
    public Dog(String name, String category) {  super(name, category);  }
    publicvoid run() {
        System.out.println("Dog: " + category + " " + name + " run on 4 legs");
    }
    publicvoid bite() { System.out.println("Dog: "+name+" bite worst painfully "); }
}

class HeardingDog extendsDog{
    public HeardingDog(String name, String category) {
        super(name, category);
    }
    publicvoid protect() {
        super.bite();
        System.out.println(category + " " + name + " can also protects sheeps by fighting
                        with Wolves!");
    }
}
```

图 7-6 是例程 7-2 的运行结果，分别用 3 个方框把 Animal、Dog 和 HeardingDog 类的功能调用结果标记出来。主函数中定义了子类 HeardingDog 的对象 hDog，通过 hDog 分别调用了 Dog 的父类 Animal 类的方法 move( )、makeSound( )和 scrawl( )，其父类 Dog 类的方法

run( )和 bite( )，HeardingDog 独有的方法 protect( )。其中，由于 protect 的行为是通过 bite 来实现的，所以 HeardingDog 的 protect( )方法仍需要调用父类 Dog 的 bite( )方法，所以在 hDog.protect( )方法的输出结果中，先出现的是 Dog.bite( )的输出结果。

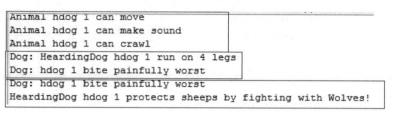

```
Animal hdog 1 can move
Animal hdog 1 can make sound
Animal hdog 1 can crawl
Dog: HeardingDog hdog 1 run on 4 legs
Dog: hdog 1 bite painfully worst
Dog: hdog 1 bite painfully worst
HeardingDog hdog 1 protects sheeps by fighting with Wolves!
```

图 7-6 例程 7-2 的运行结果

接下来分析科学型计算器与标准型计算器之间的继承关系，通过本章开始针对计算器的标准模式与科学模式的对比分析，不难看出，在科学模式中可以实现标准模式的所有功能，还可以进行科学计算，所以标准型计算器是一般的计算器，而科学型计算器是标准型计算器的特例，是标准型计算器的一个子类，可以采用面向对象的继承的概念来表示科学型计算器与标准型计算器之间的关系。也就是说，科学型计算器既集成了标准型计算器的所有特点和行为，也有科学计算的特点和功能。

图 7-7 采用 UML 图描述了科学型计算器与标准型计算器之间的继承关系。标准型计算器在上半部分，科学型计算器在下半部分。科学型计算器除了继承了标准型计算器 ActionPerformed( )方法，还添加了科学计算器按钮及其属性，重新定义了 ActionPerformed( )方法，以实现科学计算的功能；另外，ActionPerformed( )方法仍需使用其父类计算器的 ActionPerformed( )方法，调用方法为 super.ActionPerformed( )。

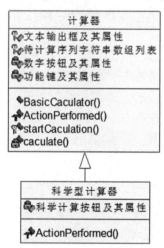

图 7-7 科学型计算器与标准型计算器之间的继承关系

增量 7-2 要求按照图 7-7 的继承关系，编程实现要求在实验 09 中完成，下面的代码 7-1 给出了程序实现的框架。在该框架中，为了代码逻辑简单，把主函数从 ScientificCaculator 类中移到一个新建的应用类（主函数功能）Caculator 中，并且 Caculator 类单独放于一个单独文件 Caculator.java，这样代码 7-1 由 3 个文件共同来实现。

〖代码 7-1〗 通过继承实现科学型计算器。

```
// 文件 1：BasicCaculator.java
BasicCaculater extends JFrame implements ActionListener {
    ......                                  // 删除主函数
};
// 文件 2：ScientificCaculator.java
ScientificCaculater extends BasicCaculaterimplements ActionListener {
    ......                          // 定义科学计算按钮及其名字、属性数组
    ......                          // 定义科学计算方法的枚举类型 SCIENTIFIC_OPS
    ScientificCaculater() {         // 构造函数 ScientificCaculater
        super();    setBounds();     // 通过调用 setBounds()调整主界面窗口大小
        ......            // 按照 GUI 编程的第 3、4、5 步初始化科学按钮、添加主界面、添加事件监听
    }
    public void actionPerformed(ActionEvent e) {
        ...... // 判断单击事件是否来自科学按钮，如果是的话，完成科学计算，待计算序列更新，计算结果显示
        super.ActionPerformed();        // 执行标准型计算器已经实现的代码
    }
};
// 文件 3：主函数所在类 Caculator.java
Class Caculator {
    public static void main(String[] args) {
        new ScientificCaculator();
    }
};
```

本章小结

对比增量 7-1 和增量 7-2 的实现不难看出，通过继承标准型计算器方式实现的科学型计算器的程序设计更合理，减少了科学型计算器的源代码量，使得代码逻辑更清晰、功能实现更容易理解，软件更容易维护。

标准型计算器的增量 7-1 和增量 7-2 实现的四则运算仍然遵守的就是尽早运算的原则，我们可以在等到 "=" 输入时再计算。如果采用后者，必须考虑运算的优先级，也就是需要先计算完待计算字符串数组链表 toCaculateStrList 中所有的乘除法后，再计算剩余的加、减法操作，所以可以把 startCaculation 方法用下面的代码替换。

```
protected void startCaculation() {
    caculateScientificOps();
    caculateMultiplyAndDivide();
    caculatePlusAndSubtract();
}
void caculateScientificOps() {...}
void caculateMultiplyAndDivide() {...}
void caculatePlusAndSubtract() {...}
```

上面的代码依照运算的优先级，先处理优先级最高的科学计算，再处理运算级稍低的乘除运算，最后处理优先级最低的加减运算。这段代码从软件的结构上看更加简洁，函数的分

工也更明确。

实验 08　直接实现科学计算器

实验目的

（1）巩固 GUI 编程的一般过程。

（2）巩固事件处理的方法。

（3）深入理解数组与循环的应用。

（4）了解 Java 中的数学计算。

实验内容

（1）【必做】　在实验 07 基础上，按照表 7-3 直接实现科学型计算器的代码修改步骤，实现如图 7-2 所示的简化版的科学计算器。

（2）【选做】　按照 Req7-5 实现科学型计算器。

实验步骤

在实验 07 代码的基础上：

（1）按编程第 1 步的要求，在 ScientificCaculator 类的数据成员中增加科学计算按钮对象，并定义其属性。

（2）按编程第 2 步的要求，调整主界面和文本输出框的大小，实现如图 7-2 所示的标准型科学计算器的主界面。

（3）按编程第 6 步的要求，在 ActionPerformed 函数中检查事件是否来自某个科学按钮，按照该按钮对应的运算方法完成科学计算，更新待计算序列，显示计算结果。

（4）运行程序，通过单击相应按钮执行科学计算和四则运算，查看并分析运行结果。

实验报告

按规定格式提交实验步骤的结果。

实验 09　通过继承实现科学计算器

实验目的

（1）掌握继承的概念。

（2）掌握继承的使用方法。

（3）实现通过继承标准型计算器来实现科学型计算器。

实验内容

（1）【必做】　在实验 07 和实验 08 基础上，按照增量 7-2，通过继承实现科学计算器的程序框架，实现科学型计算器。

实验步骤

在实验 07 代码的基础上：

（1）创建一个名为"Caculator"的 Java 项目。

（2）把 BasicCaculator 加入 Caculator 项目。

（3）删除类 BasicCaculator 中的主函数。

（4）新建一个 Caculator 类，并把增量 7-2 程序框架中的文件 3 的内容复制到该类所在的源文件 Caculator.java 中。

（5）新建一个 ScientificCaculator 类，参考增量 7-2 程序中的文件 2 实现科学型计算器。

（6）运行程序，并测试软件的工作情况（正常输入与异常输入），把遇到问题和想到/做到的解决方案写进实验报告。

实验报告

按规定格式，提交实验步骤的结果。

第8章　复合型计算器

卜　复合型计算器需求、功能分析

卜　复合型计算器 GUI 实现

卜　增量功能实现

Windows 操作系统自带的计算器是一种复合多种模式的计算器，通过菜单的"查看"选项，可以选择不同模式的计算器，满足不同的需要。本章在标准型计算器和科学型计算器的基础上，通过不同方法，实现支持标准型和科学型模式的计算器，第一种是无菜单同时只能显示一种计算模式的计算器，第二种是支持菜单同时可以显示多种计算模式的计算器，向读者讲解界面切换、菜单、多态和抽象类的概念和实际应用。

本章的目的仍然是讲解 Java GUI 编程（菜单和界面切换）和 Java 面向对象的相关概念（聚类组合），所以只要求实现相应的功能，并不要求实现界面的美观性。

8.1　需求分析与项目目标

本章需要实现的复合型计算器既支持标准模式，也支持科学计算模式。为了实现简单，需要直接利用第 6 章设计的标准型计算器和第 7 章设计的科学型计算器，而不必修改它们的设计或者编码。

参考 Windows 的计算器界面，我们需要在计算器的界面上添加计算器菜单，通过计算器的菜单执行不同计算模式和界面的计算器。我们可以采用不同的菜单项技术实现不同效果的菜单，如采用一般的菜单项，如图 8-1 所示，也可以采用单选按钮菜单项，如图 8-2 所示。

还可以采用复选框菜单项，如图 8-3(a) 所示。选中"标准型"或"科学型"中的一个菜单项，可以显示相应的计算器界面；如果两个选项都被选中，则两种模式的计算器均显示，但菜单项只显示在其中一个界面上；如果两个选项都没有选中，则只显示一个只有菜单项的界面，如图 8-3(b) 所示。

甚至可以不通过菜单而是用图 8-4 所示的界面来执行标准型计算器或科学型计算器模式，单击"启动标准型"按钮，弹出标准型计算器，同时"启动标准型"按钮名变为"关闭标准型"，单击"关闭标准型"按钮，关闭标准型计算器，同时"关闭标准型"按钮名变为"启动标准型"科学型计算器也需要实现同样的效果。

图 8-1　使用普通菜单项的复合计算器 I

图 8-2　使用单选菜单项的复合计算器 II

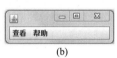

(a)　　　　　　　　(b)

图 8-3　使用复选菜单项的复合计算器 III

图 8-4　不使用菜单的复合型计算器 IV

表 8-1 综合分析了图 8-1～8-4 所示的计算器的特点和采用的技术，其中聚类组合是把一个对象作为另一个对象的数据成员，是指把标准型计算器和科学型计算器的对象作为复合计算器的数据成员，也就是说，标准型计算器和科学型计算器是复合计算器的组成部分。

表 8-1　实现复合计算器的不同方法

实现方法	同时显示的计算器模式种类	采用的技术
图 8-1	1	对象聚类组合，界面跳转，菜单
图 8-2	1	对象聚类组合，界面跳转，菜单，单选菜单项
图 8-3	0、1、2	对象聚类组合，界面跳转，菜单，复选菜单项
图 8-4	0、1、2	对象聚类组合，布局管理器，界面跳转，按钮状态变化

综上所述，读者可以根据个人的偏好实现不同的复合计算器，而实现的方式大致为设计不同的界面，通过单击界面的不同元素来触发计算器弹出一个新的窗体，在新的窗体中显示和执行对应模式的计算器。而标准型计算器和科学型计算器在第 6 章或者第 7 章已经实现，本章只需采用聚类组合的方式显示它们的界面即可。

8.1.1　需求分析

本章要求实现图 8-1～图 8-4 所示的复合型计算器，下面依次分析两种计算器的特点。

图 8-5 是复合型计算器 I（见图 8-1）和复合型计算器 II（见图 8-2）的活动图（使用过程），它们的特点如下。

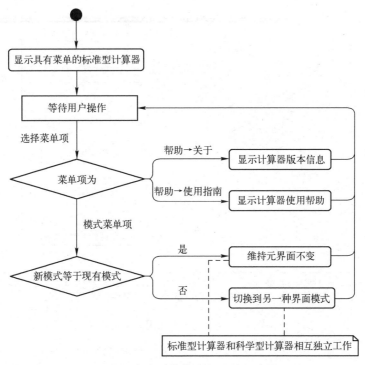

图 8-5　复合型计算器 I/II 的活动图

① 计算器有菜单选项。

② 通过该复合型计算器可以使用标准型计算器，也可以使用科学型计算器。

③ 程序启动，图 8-1 对应的复合计算器只显示图 8-1 的界面。

④ 选中图 8-1 的相应的菜单项时，显示相应计算模式的计算器。

⑤ 同时只能使用一种计算模式的计算器，使用一种模式的同时必须关闭另一种模式的（其他模式）计算器。

⑥ 关闭标准型计算器或者科学型计算器即关闭主程序（复合计算器）。

⑦ 图 8-1 所示的计算器采用普通菜单项（JMenuItem）实现，图 8-2 所示的计算器采用单选菜单项（JRadioButtonMenuItem）实现。

⑧ 选择"帮助→关于"菜单项，显示计算器版本信息；

⑨ 选择"帮助→帮助信息"菜单项，显示计算器使用帮助。

图 8-6 是复合型计算器III（见图 8-3）的活动图，其特点如下。

① 计算器有菜单选项。

② 通过该复合型计算器可以使用标准型计算器，也可以使用科学型计算器。

③ 程序启动，复合计算器只显示图 8-3（a）部分。

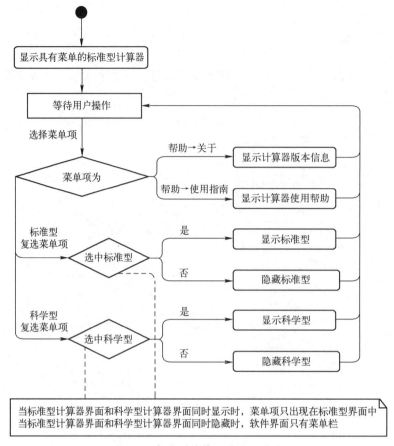

图 8-6　复合型计算器Ⅲ的活动图

④ 用户选中复选菜单项时，显示相应计算模式的计算器。

⑤ 没有一项复选菜单项被选中时，只显示图 8-3(b) 部分。

⑥ 同时可以使用标准型计算器和科学型计算器，并且标准型计算器和科学型计算器在使用过程中互不干扰。

⑦ 关闭标准型计算器或者科学型计算器关闭主程序（复合计算器）。

⑧ 选择"帮助→关于"菜单项，显示计算器版本信息。

⑨ 选择"帮助→帮助信息"菜单项，显示计算器使用帮助。

图 8-7 是复合型计算器Ⅳ（见图 8-4）的活动图，其特点如下。

① 计算器没有菜单选项，而是通过界面的两个按钮来显示相应模式的计算器界面。

② 通过该计算器可以使用标准型计算器，也可以使用科学型计算器。

③ 程序启动，复合计算器的显示界面如图 8-4 所示。

④ 同时可以使用标准型计算器和科学型计算器，并且标准型计算器和科学型计算器在使用过程中互不干扰。

⑤ 关闭标准型计算器或者科学型计算器不会关闭主程序（复合计算器），关闭图 8-4，才会关闭主程序。

⑥ 单击"启动标准型"按钮后，弹出标准型计算器，同时"启动标准型"按钮名变为"关

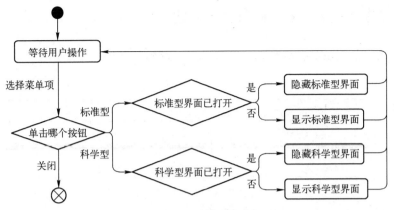

图 8-7　复合型计算器Ⅳ的活动图

闭标准型"；单击"关闭标准型"按钮，关闭标准型计算器，同时"关闭标准型"按钮名变为"启动标准型"。

⑦ 单击"科学标准型"按钮后，弹出科学型计算器，同时"启动科学型"按钮名变为"关闭科学型"；单击"关闭科学型"按钮，关闭科学型计算器，同时"关闭科学型"按钮名变为"启动科学型"。

由于本章需要实现的复合计算器有 4 种类型，功能比较简单，上述各复合计算器类型的特点分析得已经很详细，可以直接进行项目开发，因此本章不再编写需求列表。

8.1.2　项目目标

实现图 8-1～图 8-4 所示的复合计算器Ⅰ到复合计算器Ⅳ。

8.2　功能分析与软件设计

本章需要实现的 4 种（Ⅰ～Ⅳ型）复合型计算器都需通过聚类组合的技术使用第 6 章实现的标准型计算器和第 7 章实现的科学型计算器，要求尽量不修改各计算器的代码，所以需要采用代码复用的技术，通过对象聚类组合实现复合型计算器；另外，由于复合型计算器会出现新的界面，因此每种复合型计算器需要采用界面编程的技术来实现对菜单事件的处理。

在实现 4 种复合计算器的过程中，Ⅰ型需要使用普通菜单项，Ⅱ型需要使用单选菜单项，Ⅲ型需要使用复选菜单项，Ⅳ型需要使用布局管理器和按钮。

8.3　技术准备和增量项目开发

由于Ⅰ型和Ⅱ型复合计算器的功能基本一致，因此可以在一个增量（增量 8-1）中实现，Ⅲ型复合计算器需要使用复选菜单项，支持同时显示多个界面，逻辑较复杂，需要一个增量（增量 8-2）过程来实现；Ⅳ型复合计算器也作为一个独立的增量（增量 8-3）过程来实现。

8.4　复合型计算器增量开发计划

表 8-2 描述了本章实现 4 种复合型计算器的增量开发计划。

表 8-2　复合计算器的增量开发计划

增　量	实现目标	相　关　技　术
增量 8-1	复合计算器Ⅰ型和Ⅱ型	对象聚类组合，界面跳转，菜单，单选菜单项
增量 8-2	复合计算器Ⅲ型	对象聚类组合，界面跳转，菜单，复选菜单项
增量 8-3	复合计算器Ⅳ型	对象聚类组合，界面跳转，菜单，界面管理器

8.5　增量 8-1：复合型计算器Ⅰ型和Ⅱ型

在已有计算器的界面上添加一个菜单，见图 8-1 和图 8-2。菜单上有"查看"和"帮助"菜单。其中，"查看"菜单有"标准型"和"科学型"两个菜单项，"帮助"菜单有"关于"和"使用方法"两个菜单项。对于复合型计算器Ⅰ型和Ⅱ型来说，它们的区别在于"查看"菜单中两个菜单项的实现方式不同，Ⅰ型需要使用普通的菜单项，Ⅱ型需要采用单选菜单项。

用户在使用复合型计算器时，通过选择"查看"菜单中的不同菜单项，可以进入不同模式计算器。为了达到这个效果，我们需要使用事件处理技术来处理鼠标单击事件，从而显示不同模式计算器。

所以，增量 8-1 中需要实现的内容包括：设计一个复合计算器类 CombinedCaculater，用来为不同模式的计算器提供一个菜单条，并且处理来自菜单条的事件响应，由于无需改动标准型和科学型计算器的代码，因此 CombinedCaculater 需要实现对菜单条的事件处理功能。

CombinedCaculater 类的定义方式如下：

```
public class CombinedCaculater implements ActionListener
```

当选择"查看"菜单中不同模式的菜单项时，CombinedCaculater 需要显示相应模式的计算器界面，并为该计算器界面添加菜单，所以 CombinedCaculater 类中必须通过聚类组合的方式定义标准型计算器和科学型计算器的两个对象，并且定义一个菜单条。

```
publicclass CombinedCaculater implements ActionListener {
    private ScientificCaculater sc = new ScientificCaculater();
    private BasicCaculater bc = new BasicCaculater();

    JMenuBar mb = new JMenuBar();                              // 创建菜单栏
    ……
}
```

为标准型或者科学型计算器界面添加菜单条需要调用 JFrame 的接口 setMenuBar，在响应计算器模式选择时，需要在 CombinedCaculater 的 actionPerformed( )方法中为不同模式的计算器界面添加菜单条。例如：

```
bc.setMenuBar(mb)
```

或者

代码 8-1 给出了实现复合计算器 I 实现"查看"菜单的代码框架。

〖代码 8-1〗 复合计算器 I 实现"查看"菜单的代码框架。

```java
import java.awt.event.*;
import javax.swing.*;

public class CombinedCaculater implements ActionListener {
    private ScientificCaculater sc = new ScientificCaculater();
    private BasicCaculater bc = new BasicCaculater();

    JMenuBar  mb = new JMenuBar();                                    // 创建菜单栏
    JMenu  checkMenu = new JMenu("查看");                              // 创建查看菜单
    JMenuItem  miCheckMenuBasicMode = new JMenuItem("标准型");          // 创建"标准型"菜单项
    JMenuItem  miCheckMenuScientificMode = new JMenuItem("科学型");     // 创建"科学型"菜单项
    JMenuItem  miCheckMenuClose = new JMenuItem("关闭");               // 创建"关闭"菜单项

    public CombinedCaculater() {
        bc.setDefaultCloseOperation(JFrame.EXIT_ON_CLOSE);
        sc.setDefaultCloseOperation(JFrame.EXIT_ON_CLOSE);
        mb = createMenuBar();
        miCheckMenuBasicMode.addActionListener(this);
        miCheckMenuScientificMode.addActionListener(this);
        miCheckMenuClose.addActionListener(this);
        miHelpMenuAbout.addActionListener(this);
        miHelpMenuUsage.addActionListener(this);
        sc.setMenuBar(null);
        sc.setVisible(false);
        bc.setJMenuBar(mb);
        bc.setVisible(true);
    }

    private JMenuBar createMenuBar()   {
        ...                                        // 参照知识点菜单实现菜单的创建
        return mb;
    }

    @Override
    public void actionPerformed(ActionEvent e) {
        if(e.getActionCommand().equals("标准型")) {
            sc.setMenuBar(null);
            sc.setVisible(false);
            bc.setJMenuBar(mb);
            bc.setVisible(true);
        }

        else if(e.getActionCommand().equals("科学型")) {
            bc.setMenuBar(null);
            bc.setVisible(false);
            sc.setJMenuBar(mb);
```

```
                sc.setVisible(true);
        }
    }
}
```

为了实现完整的复合计算器 I 型，仍需在增量 8-1 的基础上添加"帮助"菜单，并且实现其中的两个菜单项"关于"和"使用方法"。单击"关于"时，应该弹出如图 8-8 所示的版权信息；单击"使用方法"时，应该弹出如图 8-9 所示的使用信息。两个菜单项可以分别使用 JOptionPane 的 showConfirmDialog( )和 showMessageDialog( )来实现。

图 8-8 "帮助→关于"确定对话框

图 8-9 "帮助→使用方法"消息对话框

完整的增量 8-1 要求实现复合计算器 I 型和 II 型，分别包括"查看"和"帮助"两个菜单，具体要求和实现步骤请参考实验。

8.6 增量 8-2：复合计算器 III 型

III 型复合计算器的菜单包括"查看"和"帮助"。其中，"查看"菜单有"标准型"和"科学型"两个菜单项，"帮助"菜单有"关于"和"使用方法"两个菜单项。与复合计算器 II 型的区别是 II 型需要采用单选菜单项，III 型需要采用复选菜单项 JCheckBoxMenuItem。

通过复选菜单项，III 型复合计算器可以同时显示 0～2 中的计算器界面，代码逻辑稍显复杂，具体功能见图 8-6。

8.7 增量 8-3：复合计算器 IV 型

IV 型复合计算器没有菜单，而是通过两个按钮来分别显示标准型计算器和科学型计算器。IV 型复合计算器的特点是需要实现 CombinedCaculater 的界面，即 CombinedCaculater 需要继承 JFrame 的成员。

```
publicclass CombinedCaculater extends JFrame implements ActionListener
```

通过布局管理器添加"标准型"和"科学型"两个按钮，Ⅳ型复合计算器可以同时显示 0～2 中的计算器界面，代码逻辑比较简单，具体功能见图 8-7。

本章小结

在显示某种模式的计算器时，相应模式的计算器的界面上的计算结果显示为"0"，保存的待计算序列为空。这样要求标准型计算器和科学型计算器在显示主界面前清除当前的计算结果和输入历史，并设置输出计算结果文本框为"0"。

实验 10　实现复合型计算器（三选一）

实验目的

（1）掌握 GUI 菜单的使用方法。

（2）掌握 GUI 中 JOptionPane 的消息对话框的使用方法。

（3）理解并运用聚类组合的概念。

（4）理解界面跳转的方法。

实验内容

选择下面三个题目中的一个即可。

在实验 09 标准型和科学型计算器的基础上，参照增量 8-1，实现复合型计算器功能，包括：菜单、计算器模式选择和简单的帮助信息（见图 8-8 和图 8-9）。

（1）实现增量 8-1 的复合型计算器Ⅰ型（见图 8-1）和Ⅱ型（见图 8-2）

（2）实现增量 8-2 的复合型计算器Ⅲ型（见图 8-3）

（3）实现增量 8-3 的复合型计算器Ⅳ型（见图 8-4）

实验步骤

在实验 09 代码的基础上：

（1）创建一个工程。

（2）在工程中加入实验 09 代码中的标准型计算器和科学型计算器的两个文件；如果其中有主函数 main( )，那么删除。

（3）创建一个 CombinedCaculater 的类，参照增量 8-1（或增量 8-2、增量 8-3），通过添加"查看"和"帮助"菜单及其功能，实现相应复合计算器。

（4）创建一个带有主函数的类，文件命名为 CaculaterDemo.java（带有主函数的类一般成为应用类），在主函数中创建 CombinedCaculater 的一个对象。

（5）运行程序，通过菜单选择不同的计算器模式和选择不同的帮助信息，查看并分析运行结果。

实验报告

按规定格式提交实验步骤的结果。

第三部分

Java 程序设计基本技能（二）

在掌握 Java 基本知识的基础上，同时已经完成第 6~8 章计算器的项目后，本部分将介绍在项目开发过程中的异常处理机制、文件和数据流的输入和输出、网络编程的原理及方法、在解决网络通信等问题上的多线程问题以及数据库的使用。并在掌握基本知识的基础上，通过 P2P 聊天工具和基于 C/S 结构聊天工具的设计与实现，掌握本部分的相关知识。

第 9 章 异常处理

- 异常和错误
- 捕获异常、声明抛出异常
- try-with-resources 语句
- 断言

早期的程序设计语言没有异常（Exception）处理机制，通常是遇到异常时（包括错误）返回一个特殊的值或设定一个标志，由此来判断是否产生错误。随着系统规模的不断扩大，在一些语言中出现了异常处理机制。

Java 语言运用面向对象的方法进行异常处理，把不同的异常进行分类，并提供了良好的接口，这种机制为复杂程序提供了强有力的控制方式。同时，异常代码与"常规"代码分离，增强了程序的可读性。

异常处理可以简化代码，软件开发人员不需要将所有的可能错误列出，对其进行逐一检查，只需要使用 Java 异常处理机制中提供的 try…catch 语句将运行时可能出现的异常用"{ }"包括起来，或者用关键字 throws 和 throw 声明抛出异常即可。

9.1 异常和错误

程序中有两种错误：一种是程序中的语法错误，在编译期间会被检查出来，编译错误的代码无法编译成 .class 文件；还有一种错误是由于用户的输入或者其他原因导致的发生在程序运行时的错误，只有在程序运行时才能被捕获。

java.lang 包中提供了一个 Throwable 类，是所有错误或异常类的父类。它有两个子类 Error 和 Exception，一般用来指示程序发生了异常情况。异常类的层次结构如图 9-1 所示。

Error 类是指系统错误或运行环境出现的错误，一般是严重的错误，大部分不需要去捕获。该类的对象通过 Java 虚拟机生成并抛出。

Exception 类是指由于程序本身错误或者用户输入非法数据等原因导致的错误，如读取文件不存在、数组下标越界、输入除数为 0 等。

Exception 类分为如下两种。

① 运行时异常：由程序错误导致，Java 本身也能捕获并可以把它交给系统去处理，如数组下标越界、错误的类型转换等。

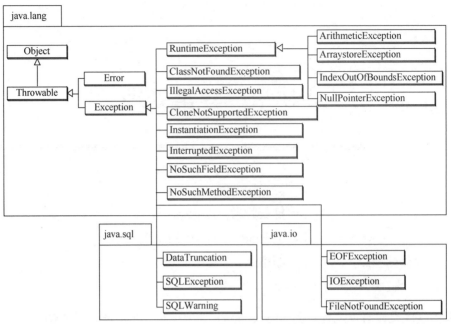

图 9-1 异常类的层次结构

② 非运行时异常：在实际应用中必须捕获，否则编译器会指出错误。

例如，运行时异常示例如下，程序有输出结果，同时系统对出现的数组下标越界异常进行了处理，如图 9-2 所示。

```
                          HelloException.java
public class HelloException {
    public static void main (String args[]) {
        int i = 0;
        String greetings [] = {"Hello world!", "No, I mean it!", "HELLO WORLD!!"};
        while (i < 4) {
            System.out.println (greetings[i]);
            i++;
        }
    }
}
```

```
Hello world!
No, I mean it!
HELLO WORLD!!
Exception in thread "main" java.lang.ArrayIndexOutOfBoundsException: 3
        at HelloException.main(HelloException.java:13)
```

图 9-2 HelloException.java 运行结果

9.2 异常的处理方式

Java 中处理异常有两种方式：捕获异常、声明抛出异常。捕获异常是就地解决，并使程序继续执行。声明抛出异常是将异常向外转移，即将异常抛出方法之外，由调用该方法的环境去处理。

9.2.1　捕获异常

当 Java 运行时，如果系统得到一个异常对象，它将沿着方法的调用栈逐层回溯，寻找处理这一异常的代码，找到后，运行时系统把当前异常对象交给这个方法进行处理，这个过程称为捕获（catch）异常。如果 Java 运行时系统找不到可以捕获异常的方法，则运行时系统终止，相应的 Java 程序也将退出。

捕获异常由 try-catch-finally 语句块来实现。try 用来执行一段可能抛出异常的程序，可以根据异常的类型来捕捉（catch）并处理，或最后（finally）由默认处理器来处理。应用程序一旦出现异常，系统会产生一个异常类的对象（简称异常）。

处理异常的程序结构如下：

```
try {
    ……                          // 接收监视的程序代码，发生的异常将由 catch 中指定的程序处理
}
catch(异常类 1 标识符 1) {
    ……                          // 处理异常
}
catch(异常类 2 标识符 2) {
    ……                          // 处理异常
}
……
finally {
    ……                          // 最终处理
}
```

其中：

① try 语句块中的代码是可能发生异常的代码，存放需要捕获的可能抛出异常的代码。

② catch 语句块需要跟在 try 语句块后，括号中是可能发生的异常类及这个异常类的名称，用来处理可能产生的不同类型的异常类的对象。catch 中的代码可以打印输出相应的异常信息。

③ 如果代码运行时出现异常，程序就会停止执行 try 后的代码，并寻找与 catch 语句中类型相符的异常。程序会依照发生异常的种类，跳到该异常种类的 catch 语句块中去进行异常处理。

④ 捕获异常的最后一步是通过 finally 语句为异常处理提供一个统一出口，使得在控制流转到程序的其他部分以前，能够做出一些必要的善后工作。这些工作包括关闭文件或释放其他有关系统资源等。无论在 try 语句块中是否发生了异常，finally 语句块中的语句都会被执行。所以，finally 语句块中包含的就是那些在出现和未出现异常的情况下都要执行的代码。不过，finally 语句块是可选的。

例如：

```
                          HelloException2.java
public class HelloException2 {
    public static void main (String args[]) {
        int  i = 0;
        String greetings [] = {"Hello world!", "No, I mena it!", "HELLO WORLD!!"};
```

```
        while (i < 4) {
            try {
                System.out.println(greetings[i]);
            }
            catch (ArrayIndexOutOfBoundsException e) {
                System.out.println("数组下标越界");
                i = -1;
            }
            catch (Exception e) {
                System.out.println(e.toString());
            }
            finally {
                System.out.println("不管有无异常，总是执行");
            }
            i++;
        }
    }
}
```

9.2.2 声明抛出异常

在 Java 程序的执行过程中，如果出现了异常事件，就会生成一个异常对象。生成的异常对象被传递给 Java 运行系统，这个过程称为抛出（throw）异常。如果一个方法并不知道如何处理所出现的异常，则可在方法声明时声明抛出异常。

抛出异常就是产生异常对象的过程，首先要生成异常对象，异常由虚拟机生成，或者由某些类的实例生成，也可以在程序中生成。

如果在一个方法中生成了一个异常，但是该方法并不确切地知道该如何对这一异常事件进行处理，这时就应该声明抛出异常，使得异常对象可以从调用栈向后传播，直到有合适的方法捕获它为止。也就是说，抛出异常的方法和处理异常的方法不是同一个方法时，则需要声明抛出异常。程序员也可以创建自己的异常。

声明抛出异常使用 throws 关键字，语法格式如下：

```
public int read( ) throws IOException {
    ......
}
```

例如：

ExceptionDemo.java

```
class MyException extends Exception {                    // 创建自己的异常
    private int detail;
    MyException (int a) {
        detail = a;
    }
    public String toString() {
        return "MyException[ "+ detail + " ] ";
```

```
        }
    }

class ExceptionDemo {
    static void compute (int a) throws MyException {        // 声明抛出异常
        System.out.println("Called compute (" + a + ".");
        if (a > 10)
            throw new MyException(a);                       // 抛出异常
        System.out.println("Normal exit");
    }
    public static void main(String args[]) {
        try {
            compute(1);
            compute(20);
        }
        catch (MyException e) {
            System.out.println("Exception caught" + e);
        }
    }
}
```

9.3　异常处理的基本原则

Java 的异常处理在实际的应用程序中会经常用到，但是使用异常也会增加系统的开销。所以，异常处理时需要遵守一些基本原则。

1. 在可能出现异常的情况下使用异常

在程序中，对于一些简单的测试不建议使用异常。因为程序处理异常要花费一定的时间，如果程序中有大量的异常捕获语句，会降低程序的运行速度。如下面代码中的简单判断不适合使用捕获异常的方式进行处理：

```
try {
    treeset.last();                          // 对象 treeset 集合最后一个元素
}
catch(NoSuchElementException e) {
    System.out.println(e.getMessage());
    e.printStackTrace();
}
```

2. 不要不处理捕获的异常

如果在程序中使用了 try…catch 语句，当用 catch 语句捕获到异常后，就需要对其进行处理，即使用打印语句打印输出该异常的相关信息都可。例如：

```
try {
    ……                                       // 课程出现异常的程序代码
}
```

```
catch( ArithmeticException e){                        // 捕获 ArithmeticException 异常
    System.out.println("捕获 ArithmeticException 异常");
    System.out.println(e.getMessage());               // 使用 getMessage 方法打印输出异常的信息
    e.printStackTrace();                  //使用 printStackTrace 方法跟踪异常事件发生时执行堆栈的内容
}
```

3．不要不指定具体的异常代码

在捕获多个异常时，需要注意异常的层次，一般原则是先捕获子类的异常，再捕获其父类的异常。当然，也没有必要将程序中产生的全部异常捕获到，有些异常可以交给更高级别的调用者来处理。如果只想知道程序中是否出现了异常，但并不关心确切的异常类型，可以直接使用 catch（Exception e）捕获异常。例如：

```
try {
    ……                                    // 可能出现异常的程序代码
}
catch(ArithmeticException e){
    ……                                    // 处理异常
}
catch(ArrayIndexOutOfBoundsException e){
    ……                                    // 处理异常
}
catch(Exception e){
    ……                                    // 处理异常
}
```

4．不要把每条语句都用 try…catch 封装

在程序中，不要把每一条语句都用 try…catch 封装，例如下面的代码会过于冗长，可读性不强，而且也不利于问题的解决：

```
try{
    // 创建文件字符输入流对象
    FileReader  reader = new FileReader("D:\\workspace\\hello.txt");
}
catch(FileNotFoundException e1) {
    System.out.println("FileNotFoundException 异常: "+e1.getMessage());
    e1.printStackTrace();
}
BufferedReader  input = new BufferedReader(reader);        // 创建缓冲输入流对象
try {
    String  str = input.readLine();
}
catch(IOException  e2) {
    System.out.println("IOException 异常: "+e2.getMessage());
    e1.printStackTrace();
}
```

下面代码将异常处理放到了一个 try…catch 语句块中，将错误代码和实现操作的代码进行了有效分割，增强了代码的可读性。

```
try {
    FileReader  reader = new FileReader("D:\\workspace\\hello.txt");
    BufferedReader  input = new BufferedReader(reader);
    String  str = input.readLine();
}
catch(FileNotFoundException e1) {
    System.out.println("FileNotFoundException 异常: "+e1.getMessage());
    e1.printStackTrace();
}
catch(IOException  e2) {
    System.out.println("IOException 异常: "+e2.getMessage());
    e1.printStackTrace();
}
```

5. 异常声明的数量

在 Java 语言规范中，对于一个方法声明异常的数量没有一个硬性的标准，但通常声明较少的异常为好。因为每个方法的调用者必须对它所调用的方法所声明的每个异常进行处理：声明必须捕获。所以，声明的异常数量越多，方法越难使用。

一般，声明 3 个以上异常通常代表程序设计问题：或是该方法做了太多的事情，应该拆分成多个小方法；或是声明了太多的子类异常，应该将这些子类异常映射到一个父类异常，也可以在方法内部自行捕获。

对于每个希望抛出的异常，应该考虑：① 方法的调用者接收到这个异常后，能够做什么操作？② 方法的调用者是否能够区分异常的不同类型，从而做出不同的处理？

如果考虑后的回答是否定的，那么应该在该方法中自行处理该异常，或者将它改为对调用者更有意义的异常。

9.4　try…catch…resources 语句

在前面的例子当中，程序设计中如需打开文件、数据库操作、IO 流处理等操作时，为了确保打开的资源在使用后关闭，通常在 finally 语句块中调用 close( )来关闭打开的资源。可以想象，如果调用 close( )方法关闭资源时也抛出异常了，则只能在 finally 语句块中，为 close( )方法再嵌套一个 try…catch 语句，程序就显得冗长。JDK 7 以后，推出了一种自动关闭资源的 try…with…resources 语句块。在 try…catch 语句块中，只要是实现了 java.lang.AutoCloseable 接口的资源，通过设置说明，都可以在使用之后实现自动关闭。

try…catch…resources 语句的格式如下：

```
try(声明或初始化资源语句) {
    ……                                          // 使用资源处理语句
}
```

若涉及多个资源使用需要关闭，可以在"声明或初始化资源语句中"进行声明，用";"隔开。try…catch…resources 语句块也可以带有一个或多个 catch{…}　finally{…}，执行顺序是 try…catch…resources 语句块中打开的资源被关闭后，分别进入 catch 语句块，再进入 finally

语句块。

例如，读取指定文件夹的内容。

```java
                              DemoNewTry.java
package pack1;
import java.io.IOException;
import java.nio.file.Paths;
import java.util.Scanner;

public class DemoNewTry {
    public static void main(String[] args) throws IOException {
        try(Scanner scanner = new Scanner(Paths.get("C:\\a.txt"))) {
            while(scanner.hasNext())
                System.out.println(scanner.nextLine());
        }
    }
}
```

Scanner 类实现了 AutoCloseable 接口，因此在读取相应内容后，当代码块正常结束或发生异常，都会自动调用 close()方法关闭资源，相比于 finally 语句的用法，程序更加简明。

9.5 断言

JDK 1.4 之后的版本增加了新的语言特性，就是断言。断言（assert）是一个包含布尔表达式的语句。如果断言失败，系统会产生一个 AssertionError 错误，AssertionError 是 Error 的子类，所以如果断言失败，那么产生的错误是不可恢复的。断言有如下两种形式。

① assert BooleanException:该表达式会产生一个布尔值 true 或 false。若产生的值是 false，则产生 AssertionError。

② assert BooleanException:Exception：若 BooleanException 产生的布尔值为 false，则可以通过使用 Exception 显示一个字符串信息。

断言在默认情况下是被禁用的。

断言是用来对程序中不该发生的问题进行检查。例如，学生的成绩只能为 0～100，可以使用断言对输入的学生成绩进行检查。

```java
                              AssertTest.java
public class AssertTest {
    public double inputGrade(double g) {
        assert(g >= 0 && g <= 100):"输入值为 "+g+" 该值不在 0～100 之间";        // 设置断言
        // 根据成绩设置等级
        if(g<60) {
            System.out.println("E");
        }
        else if(g>=60&&g<70) {
            System.out.println("D");
        }
```

```
        else if(g >= 70 && g < 80) {
            System.out.println("C");
        }
        else if(g >= 80 && g < 90) {
            System.out.println("B");
        }
        else {
            System.out.println("A");
        }
        return g;
    }

    public static void main(String[] args) {
        AssertTest ast = new AssertTest();
        ast.inputGrade(150);
    }
}
```

在 MyEclipse 中默认是没有开启断言功能的，如果想使用断言需要先开启断言。

① 打开断言的开关：选择"Windows→Preferences→Java→Installed JREs"，然后单击正使用的 JDK，选择"Edit→Default VM Arguments"，在出现的文本框中输入"-ea"。

② 运行示例 AssertTest.java，运行结果如图 9-3 所示。

```
Exception in thread "main" java.lang.AssertionError: 输入值为150.0 该值不在0-100之间
        at AssertTest.inputGrade(AssertTest.java:4)
        at AssertTest.main(AssertTest.java:26)
```

图 9-3　AssertTest.java 运行结果

本章小结

Java 语言提供的异常处理方法给程序设计带来方便，各种异常情况可以统一处理，从而可以减少各种异常处理分支，简化程序流程，提高程序的编写效率与程序的健壮性。

习 题 9

9-1　简述 Java 中的 error 和 exception 有什么区别。

9-2　简述 Java 中异常处理的两种不同方法。

9-3　简述 Java 中异常处理机制的原理。

9-4　简述 final、finally、finalize 的区别。

9-5　自定义并测试一个用户异常，用于数值运算时在输入的字符中检测非数字字符，并编写抛出异常时的提示"使用非法字符"。

9-6　请编程测试：try( )中有一个 return 语句，那么后面的 finally{ }中的代码会不会被执行，什么时候执行，是在 return 前还是 return 后？

9-7 分析以下程序代码输出的结果。

```
public class  smallT {
    public static void  main(String args[]) {
        smallT  t = new smallT();
        int  b =  t.get();
        System.out.println(b);
    }
    public int  get() {
        try {  return 1;  }
        finally {  return 2;  }
    }
}
```

第 10 章　文件处理与数据流

- 流的分类
- 字节流
- 字符流
- 随机访问文件
- 对象序列化
- 文件

10.1　流的概念

程序在运行时通常要与外部进行交互，从外部读取数据或向外部设备发送数据，这就是输入、输出（Input/Output）。在 Java 语言中，程序所完成的输入和输出操作是以"流"（stream）的形式来实现的。所谓流，即数据被有次序地组织在一起，程序以流的形式从数据源中顺序读出数据；同样，数据以流的形式被程序顺序写入目的端。

Java 程序的输入/输出操作主要针对如下 3 种类型。

- ❖ 控制台：屏幕输出和键盘输入。
- ❖ 文件：针对磁盘文件的读、写操作。
- ❖ 网络：通过网络套接字所实现的数据发送和接收。

Java API 提供了两套流来处理输入/输出：一套是面向字节（Byte）的流，一套是面向字符（char）且基于 Unicode 编码的流。

面向字节的流以 8 字节为单位处理输入、输出数据，面向字符的流则以 16 位字符为处理单位。字节通常是计算机进行数据处理的最小单位，面向字节的流实际上可处理任何格式的数据，因为具体格式由程序自己负责解释。面向字符的流则将输入、输出的数据解释为基于 Unicode 编码的字符，因此通常用于处理文本文件。

10.2　字节流

字节流主要用于处理文件、图片、声音等非文本文件、网络传输等。InputStream 类和

OutputStream 类是字节流的基本类，是两个抽象类，其他字节流类都继承自 InputStream 类和 OutputStream 类。

10.2.1 字节输入流和字节输出流

1．InputSteam

InputSteam 类中拥有很多字节输入流都需要的方法，可以使用 InputStream 类提供的方法实现输入流读取字节或者字节数组数据的功能。InputStream 的层次结构如图 10-1 所示。

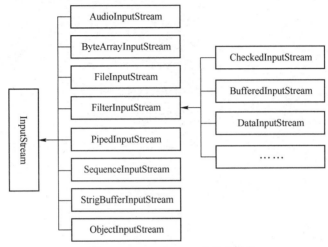

图 10-1　InputStream 类层次结构

InputStream 类的成员方法如表 10-1 所示。

表 10-1　InputStream 类的成员方法

成员方法	功能描述
public int available()	返回此输入流方法的下一个调用方可以不受阻塞地从此输入流读取（或跳过）的字节数
public void close()	关闭此输入流并释放与该流关联的所有系统资源
public void mark(int readlimit)	在此输入流中标记当前的位置
public boolean markSupported()	测试此输入流是否支持 mark 和 reset 方法
public int read(byte[] b)	从输入流中读取一定数量的字节并将其存储在缓冲区数组 b 中
public int read(byte[] b, int off, int len)	将输入流中最多 len 字节读入字节数组
public void reset()	将此流重新定位到对此输入流最后调用 mark 方法时的位置
public long skip(long n)	跳过和放弃此输入流中的 n 字节
public abstract int read()	抽象方法，从输入流读取下一字节

read( )方法在读取前一直处于阻塞状态。InputStream 类的大部分方法会抛出 IOException 异常。在读取字节流后，需要使用 close( )方法将其关闭，以便释放资源。

2．OutputStream

OutputStream 类是所有字节输出流类的父类，包含很多字节输出流都需要的方法，可以实现向输出流写入字节或者字节数组数据的功能。

OutputStream 类的层次结构如图 10-2 所示。

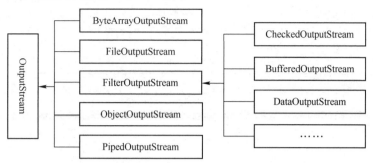

图 10-2　OutputStream 类层次结构

OutputStream 类的成员方法如表 10-2 所示。

表 10-2　OutputStream 类的成员方法

成员方法	功能描述
void close()	关闭此输出流，并释放与此流有关的所有系统资源
void flush()	刷新此输出流，并强制写出所有缓冲的输出字节
void write(byte[] b)	将 b.length 字节从指定的字节数组写入此输出流
void write(byte[] b, int off, int len)	将指定字节数组中从偏移量 off 开始的 len 字节写入此输出流
public abstract void writer(int b)	抽象方法，将指定的字节写入此输出流

write( )方法在写入前也一直处于阻塞状态。OutputStream 类的大部分方法都会抛出 IOException 异常。在写入字节流后，也需要使用 close( )方法将输出流关闭，也可以在关闭一个输出流时，使用 OutputStream 类中的 flush( )方法刷新此输出流。

10.2.2　文件字节流

FileInputStream 类和 FileOutputStream 类是可以从指定的文件中对字节数据的内容进行读写的输入流类、输出流类。FileInputStream 类可以顺序读取文本文件中的字节数据，是 InputStream 的子类；FileOutputStream 类是用于将字节数据顺序写入文件的输出流，是 OutputStream 类的子类。

1．FileInputStream

FileInputStream 类常用的构造方法如表 10-3 所示。

表 10-3　FileInputStream 类常用的构造方法

构造方法	用法描述
public FileInputStream(File file)	通过打开一个到实际文件的链接来创建一个 FileInputStream，该文件通过文件系统中的 File 类型的对象 file 指定
public FileInputStream(String name)	通过打开一个到实际文件的连接来创建一个 FileInputStream，该文件通过文件系统中的路径名 name 指定

如果指定的文件不存在或者指定的不是文件而是一个目录，以上两个构造方法都会抛出 FileNotFoundException 异常，所以需要在创建 FileInputStreaem 对象时捕获异常，或者在方法

中抛出异常。

FileInputStream 类继承了 InputStream 类中的所有方法，并重写了 InputStream 类的抽象方法 read( )。在 FileInputStream 类读取文件数据的方法如表 10-4 所示。

表 10-4　FileInputStream 类读取数据的方法

成员方法	功能描述
public int read()	从此输入流中读取一个数据字节
public int read(byte[] b)	从此输入流中将最多 b.length 字节的数据读入一个字节数组
public int read(byte[] b, int off, int len)	从此输入流中将最多 len 字节的数据读入一个字节数组

2．FileOutputStream

FileOutputStream 类的构造方法有以下几种。

表 10-5　FileOutputStream 类的构造方法

构造方法	用法描述
public FileOutputStream(File file)	创建一个向指定 File 对象表示的文件中写入数据的文件输出流
public FileOutputStream(File file, boolean append)	创建一个向指定 File 对象表示的文件中写入数据的文件输出流。若第二个参数为 true，则将字节写入文件末尾处，而不是将文件写入文件开始处
public FileOutputStream(FileDescriptor fdObj)	创建一个向指定文件描述符处写入数据的输出文件流，该文件描述符表示一个到文件系统中的某个实际文件的现有链接
public FileOutputStream(String name)	创建一个向具有指定名称的文件中写入数据的输出文件流
public FileOutputStream(String name, boolean append)	创建一个向具有指定 name 的文件中写入数据的输出文件流。若第二个参数为 true，则将字节写入文件末尾处，而不是写入文件开始处

在使用构造方法创建对象时，如果指定的不是文件而是一个目录，或者无法成功创建文件，或者无法打开文件，FileOutputStream 类的构造方法也会抛出 FileNotFoundException 异常，所以在使用时需要对异常进行处理。

FileOutputStream 类的写入方法如表 10-6 所示。

表 10-6　FileOutputStream 类的写入方法

成员方法	功能描述
void write(byte[] b)	将 b.length 字节从指定字节数组写入此文件输出流
void write(byte[] b, int off, int len)	将指定字节数组中从偏移量 off 开始的 len 字节写入此文件输出流
void write(int b)	将指定字节写入此文件输出流

例如，实现对文本文件字节数据进行读、写，用 FileOutputStream 输出流对象写入文件，用输入流对象 FileInputStream 读取文件内容。

```
                          FileStreamDemo.java
    import java.io.FileInputStream;
    import java.io.FileNotFoundException;
    import java.io.FileOutputStream;
    import java.io.IOException;

    public class FileStreamDemo {
```

```java
public static void main(String args[]) {
    String  s = "Hello";
    try {
        FileOutputStream  fo = new FileOutputStream("file.txt");
        byte[]  b = s.getBytes();
        fo.write(b);
        fo.close();
        FileInputStream f =new FileInputStream("file.txt");
        int  num = f.available();              // 从输入流读取字节数
        byte[]  buf = new byte[num];           // 将 fo 中的数据读入字节数组 buf

        int  i;
        int  by = f.read(buf);
        for(i = 0; by != -1; i++) {            // 顺序读取文件内容
            String  str = new String(buf);
            System.out.println("该文件中的内容是：" + str);
            by = f.read(buf);
        }
        f.close();
    }
    catch(FileNotFoundException e) {
        System.out.println("发生 FileNotFound 异常" + e.getMessage());
        e.printStackTrace();
    }
    catch(IOException e) {
        System.err.println("发生输出输出异常:" + e);
        e.printStackTrace( );
    }
}
```

10.2.3　字节数组流

ByteArrayInputStream 类和 ByteArrayOutputStream 类是可以对字节数组的数据进行读写的输入/输出流类。它们不仅可以对文件进行操作，还可以使用计算机的内存进行读写操作。

ByteArrayInputStream 类可以从流中读取字节数组，其构造方法如表 10-7 所示。用构造方法创建 ByteArrayInputStream 对象后，就可以读取文件中的数据。ByteArrayInputStream 类提供了两个读取文件内容的成员方法，如表 10-8 所示。

ByteArrayOutputStream 类可将其中的数据写入一个字节数组，其构造方法如表 10-9 所示。

表 10-7　ByteArrayInputStream 类的构造方法

构造方法	用法描述
public ByteArrayInputStream(byte[] buf)	创建一个 ByteArrayInputStream，使用 buf 作为其缓冲区数组
public ByteArrayInputStream(byte[] buf, int offset, int length)	创建 ByteArrayInputStream，使用 buf 作为其缓冲区数组

表 10-8　ByteArrayInput Stream 类读取文件的成员方法

成员方法	功能描述
public int read()	从此输入流中读取下一个数据字节
public int read(byte[] b, int off, int len)	将最多 len 数据字节从此输入流读入字节数组，读取到文件末尾，则返回-1

表 10-9　ByteArrayOutputStream 类的构造方法

构造方法	用法描述
public ByteArrayOutputStream()	创建一个新的字节数组输出流
public ByteArrayOutputStream(int size)	创建一个新的字节数组输出流，它具有指定大小的缓冲区容量（以字节为单位）

例如，指定拥有 50 字节缓冲大小的 ByteArrayOutputStream 对象：

```
ByteArrayOutputStream  bo = new ByteArrayOutputStream(50);
```

当写入的字节数大于缓冲区的容量时，缓冲区的容量会自动增加。

ByteArrayOutputStream 类提供了 3 种写入数据的方法，如表 10-10 所示。

表 10-10　ByteArrayOutputStream 类的成员方法

成员方法	功能描述
public void write(byte[] b, int off, int len)	将指定字节数组中从偏移量 off 开始的 len 字节写入此字节数组输出流
public void write(int b)	将指定的字节写入此字节数组输出流
public void writeTo(OutputStream out)	将此字节数组输出流的全部内容写入到指定的输出流参数中
public int size()	返回缓冲区的当前大小
public byte[] toByteArray()	创建一个新分配的字节数组
String toString()	将缓冲区的内容转换为字符串，根据平台的默认字符编码将字节转换成字符
String toString(String enc)	将缓冲区的内容转换为字符串，根据指定的字符编码将字节转换成字符

例如，用 ByteArrayOutputStream 类中的 write( )方法将字节数组的内容写入内存中，用 toByteArray( )方法将写入的内容转换为数组并将其打印输出，用 ByteArrayInputStream 类中的 read( )方法将写入内存的字节数组的内容读出，并将读出的内容打印输出。在使用字节数组流进行读写操作时，程序不会出现 IOException 异常，所以程序不需要处理异常。

```java
                              ByteArrayDemo.java
import java.io.ByteArrayInputStream;
import java.io.ByteArrayOutputStream;
public class ByteArrayDemo {
    public static void main(String[] args) {
        int  n = 0;
        ByteArrayOutputStream  bo = new ByteArrayOutputStream();
        byte[]  array = {1, 2, 3, 4};
        for(int i = 0; i <array.length; i++) {
            bo.write(array[i]);                    // 将字节数组的内容写入输出流
        }
        System.out.println("写入的内容为：");
        byte[]  buf = bo.toByteArray();            // 将输出流的内容转换为字节数组
        for(int i = 0; i< buf.length; i++) {
            System.out.print(buf[i] + "\t");
```

```
        }
        System.out.println();
        ByteArrayInputStream  bi = new ByteArrayInputStream(buf);
        System.out.println("读取的内容为：");
        while((n=bi.read()) != -1) {                    // 读取输入流中的内容
            System.out.print(n + "\t");
        }
    }
}
```

运行结果如图 10-3 所示。

图 10-3　ByteArrayDemo.java 的运行结果

10.2.4　数据流

DataInputStream 类和 DataOutputStream 类是可以读写基本数据类型数据的输入、输出流类，能够对任何基本数据类型的数据或者字符串进行操作。DataInputStream 类是 FilterInputStream 类的子类，DataOutputStream 类是 FilterOutputStream 类的子类。

DataInputStream 类有一个构造方法：

```
    public DataInputStream(InputStream in)
```

该构造方法创建一个由 InputStream 类型参数 in 指定的输入流 DataInputStream 对象，in 类 FileInputStream 的实例对象。例如：

```
    FileInputStream  f = new FileInputStream("file.txt");
    DataInputStream  df = new DataInputStream(f);
```

DataInputStream 类提供了读取基本数据类型数据的方法，如表 10-11 所示。

DataOutputStream 也有一个构造方法：

```
    public DataOutputStream(OutputStream out)
```

创建一个 DataOutputStream 对象，并将数据内容写入指定的 out 对象中。与 DataInputStream 类相似，可以用 OutputStream 中的任何一个类型创建一个 DataOutputStream 对象。例如：

```
    DataOutputStream  fo = new DataOutputStream("file.txt");
    DataOutputStream  do = new DataOutputStream(fo);
```

DataOutputStream 类提供了写入基本数据类型数据的方法，如表 10-12 所示。

例如，如下示例用 DataOutputStream 类中的 write( )方法写入基本数据类型和 String 类型的数据，用 DataInputStream 类的 read( )方法读取文件中的数据。

DataStreamDemo.java

```
import java.io.DataInputStream;
import java.io.DataOutputStream;
import java.io.FileInputStream;
```

表 10-11 DataInputStream 类的成员方法

成员方法	功能描述
public int read(byte[] b)	从所包含的输入流中读取一定数量的字节，并将它们存储到缓冲区数组 b 中
public int read(byte[] b, int off, int len)	从所包含的输入流中将 len 字节读入一个字节数组中
public boolean readBoolean()	读取一个输入字节并返回读取的布尔值
public byte readByte()	读取并返回一个输入字节
public char readChar()	读取一个输入的字符并返回该字符的类型值
public double readDouble()	读取 8 个输入字节并返回一个 double 类型值
public float readFloat()	读取 4 个输入字节并返回一个 float 类型值
public int readInt()	读取 4 个输入字节并返回一个 int 类型值
public long readLong()	读取 8 个输入字节并返回一个 long 类型值
public short readShort()	读取 2 个输入字节并返回一个 short 类型值
public int readUnsignedShort()	读取 2 个输入字节，并返回 0~65535 范围内的一个 int 值
public int readUnsignedByte()	读取一个输入的无符号字节
public String readUTF()	读入一个使用 UTF-8 格式编码的字符串
public int skipBytes(int n)	跳过指定数量的字节并返回实际跳过的字节数

表 10-12　DataOutputStream 类的成员方法

成员方法	功能描述
public void write(byte[] b, int off, int len)	将指定字节数组中从偏移量 off 开始的 len 字节写入基础输出流
public void write(int b)	将指定字节（参数 b 的 8 个低位）写入基础输出流
public void writeBoolean(boolean v)	将 boolean 值以 1 字节值形式写入基础输出流
public void writeByte(int v)	将 byte 值以 1 字节值形式写入基础输出流
public void writeBytes(String s)	将字符串按字节顺序写入基础输出流
public void writeChar(int v)	将 char 值以 2 字节值形式写入基础输出流，先写入高字节
public void writeChars(String s)	将字符串按字符顺序写入基础输出流
public void writeDouble(double v)	使用 Double 类的 doubleToLongBits( )方法，将 double 参数转换为一个 long 值，然后将该 long 值以 8 字节值形式写入基础输出流中，先写入高字节
public void writeFloat(float v)	使用 Float 类中的 floatToIntBits 方法将 float 参数转换为一个 int 值，然后将该 int 值以 4 字节值形式写入基础输出流，先写入高字节
public void writeInt(int v)	将一个 int 值以 4 字节值形式写入基础输出流，先写入高字节
public void writeLong(long v)	将一个 long 值以 8 字节值形式写入基础输出流，先写入高字节
public void writeShort(int v)	将一个 short 值以 2 字节值形式写入基础输出流，先写入高字节
public void writeUTF(String str)	以与机器无关方式，使用 UTF-8 修改版编码，将字符串写入基础输出流

```java
import java.io.FileOutputStream;

public class DataStreamDemo {
    public static void main(String args[]) {
        try {
            FileOutputStream  fout = new FileOutputStream("file.txt");
            DataOutputStream  dfout =new DataOutputStream(fout);
            int i;
            for(i=0; i < 5; i++)
                dfout.writeInt('a' + i);
```

```
            dfout.close();

            FileInputStream fin= new FileInputStream("file.txt");
            DataInputStream dfin= new DataInputStream(fin);
            for (i=0; i < 5; i++)
                System.out.print(dfin.readInt() + "\t");
            dfin.close();
        }
        catch(Exception e) {
            System.err.println("发生异常:" + e);
            e.printStackTrace();
        }
    }
}
```

运行结果如图 10-4 所示。

| 97 | 98 | 99 | 100 | 101 |

图 10-4　DataStreamDemo.java 的运行结果

10.2.5　缓冲字节流

BufferedInputStream 类和 BufferedOutputStream 类可以为输入、输出流建立一个缓冲区，提高数据的读写效率。其中，BufferedInputStream 类是 FilterInputStream 类的子类，BufferedOutputStream 类是 FilterOutputStream 类的子类。

BufferedInputStream 类有两个构造方法，如表 10-13 所示。

表 10-13　BufferedInputStream 类的构造方法

构造方法	用法描述
public BufferedInputStream(InputStream in)	创建 BufferedInputStream 并保存其参数，即输入流 in
public BufferedInputStream(InputStream in, int size)	创建具有指定缓冲区大小的 BufferedInputStream 并保存其参数，即输入流 in

BufferedOutputStream 类有两个构造方法，如表 10-14 所示。

表 10-14　BufferedOutputStream 类的构造方法

构造方法	用法描述
public BufferedOutputStream(OutputStream out)	创建一个新的缓冲输出流，以将数据写入指定的基础输出流
public BufferedOutputStream(OutputStream out, int size)	创建一个新的缓冲输出流，以将具有指定缓冲区大小的数据写入指定的基础输出流

类 BufferedInputStream 兼容抽象类 InputStream 的成员方法 read( )和 close( )，分别进行读取数据和关闭输入流的操作。类 BufferedOutputStream 兼容抽象类 OutputStream 的成员方法 write( )、flush( )和 close( )，分别进行数据的存储、强制输出和关闭输出流的操作。

例如，如下示例用 BufferedInputStream 类的 read( )方法，将 file1.txt 文件中的内容读入 buf 字节数组，然后用 BufferedOutputStream 类的 write( )方法，将 buf 字节数组中的内容写入 file2.txt 文件。

```java
import java.io.BufferedInputStream;
import java.io.BufferedOutputStream;
import java.io.FileInputStream;
import java.io.FileNotFoundException;
import java.io.FileOutputStream;
import java.io.IOException;

public class BufferedDemo {
    public static void main(String args[]) {
        try {
            byte[]  buf = new byte[10];
            String  f1 = "file1.txt";
            String  f2 = "file2.txt";
            FileInputStream  fis = new FileInputStream(f1);
            BufferedInputStream  bis = new BufferedInputStream(fis);

            FileOutputStream  fos = new FileOutputStream(f2);
            BufferedOutputStream  bos = new BufferedOutputStream(fos);

            while(bis.read(buf) != -1) {
                bos.write(buf);
            }
            bos.flush();
            System.out.println("file1 文件内容写入 file2! ");
            bos.close();
            bis.close();
        }
        catch(FileNotFoundException e) {
            System.out.println("文件未找到异常");
            e.printStackTrace();
        }
        catch(IOException e) {
            System.out.println("发生异常：" + e.getMessage());
            e.printStackTrace();
        }
    }
}
```

10.2.6 标准输入流和输出流

类 java.lang.System 包含三个静态成员域 in、out 和 err，分别表示标准输入流、标准输出流和标准错误输出流，都可以通过类名直接访问，即 System.in、System.out 和 System.err。

标准输入流主要用来接收键盘的输入，标准输出流主要用来在控制台窗口中输出信息，标准错误输出流用来在控制台窗口中输出错误提示信息，其类型分别为 java.io.InputStream、java.io.PrintStream 和 java.io.PrintStream，所以可以调用这些类中的成员方法进行各种操作。

注意：java.io.InputStream 为抽象类，System.in 所指向的实例对象实际上是类 java.io.BufferedInputStream 类的示例对象。

PirntStream 类是非常重要的输出流类，表示标准输出并用来在控制台窗口中输出信息的 System.out 是 PrintStream 类型的变量。

PrintStream 类的特性包括：

❖ 包含可以用来直接输出多种类型数据的不同成员方法。

❖ 大部分成员方法不抛出异常。

❖ 可以选择是否采用自动强制输出（flush）特性。若采用自动强制输出特性，则当输出回车换行时，缓存中的数据一般会全部自动写入指定的文件或在控制台窗口中显示。

PrintStream 类的构造方法如表 10-15 所示。

表 10-15　PrintStream 类的构造方法

构造方法	用法描述
public PrintStream(OutputStream out)	创建新的打印流
public PrintStream(OutputStream out, boolean autoFlush)	创建新的打印流
public PrintStream(String fileName)	创建具有指定文件名称且不带自动行刷新的新打印流

PrintStream 提供了多种数据输出成员方法，具体方法的定义可查看 Java API。例如：

```
                        PrintStreamDemo.java
import java.io.FileNotFoundException;
import java.io.IOException;
import java.io.PrintStream;


public class PrintStreamDemo {
    public static void main(String[] args) throws IOException {
        try {
            PrintStream  f = new PrintStream("file1.txt");
            f.printf("%s", "hello");
        }
        catch(FileNotFoundException e) {
            System.out.println(e.getMessage());
            e.printStackTrace();
        }
    }
}
```

标准输入流、标准输出流和标准错误输出流还可以分别与指定的文件建立起对应关系。也就是说，当输入数据时，数据从文件读取；当需要输出数据时，数据写入文件，即重定向。

例如，标准输入输出流的使用和数据流的重定向示例如下。

```
                        SystemDemo.java
import java.io.FileInputStream;
import java.io.IOException;
import java.io.InputStream;
```

```
public class SystemDemo {
    public static void input(InputStream in) {
        try {
            while (true) {
                int i = in.read();
                if (i == -1)                              // 输入流结束
                    break;
                char c = (char) i;
                System.out.print(c);
            }
        }
        catch (IOException e) {
            System.err.println("发生异常:" + e);
            e.printStackTrace();
        }
        System.out.println();
    }

    public static void main(String args[]) {
        try {
            System.setIn(new FileInputStream("file1.txt"));
            input(System.in);
        }
        catch (Exception e) {
            System.err.println("发生异常:" + e);
            e.printStackTrace();
        }
    }
}
```

10.3　字符流

字符流主要用来处理程序代码、汉字等文本文件，Reader 和 Writer 是字符流的基本输入输出流，大部分的字节流都有其对应的字符流。

10.3.1　Reader 和 Writer

1．Reader

Reader 类是用于读取字符流的抽象类，包含很多字符输入流都需要的方法，可以实现从输入流读取字符、字符数组或者字符串的功能。Reader 类的层次结构图如图 10-3 所示。

Reader 类有两个抽象方法：

```
public abstract int read(char[] cbuf, int off, int len)
public abstract void close()
```

其他方法可查看 Java API。

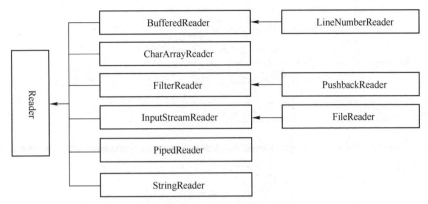

图 10-5　Reader 类的层次结构

2．Writer

Writer 类是用于写入字符流的抽象类，包含很多字符输出流都需要的方法，可以实现向输出流写入字符、字符数组或者字符串的功能。Writer 类的层次结构如图 10-6 所示。

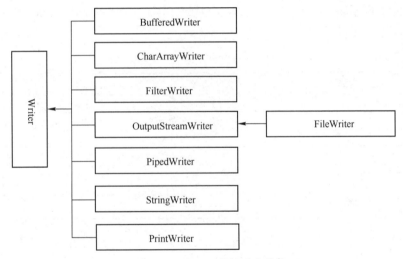

图 10-6　Writer 类的层次结构

Writer 类有 3 个抽象方法：

```
public abstract void writer(char[] cbuf, int off, int len)
public abstract void flush()
public abstract void close()
```

其他方法可查看 Java API。

10.3.2　文件字符流

FileReader 类和 FileWriter 类是可以从指定的文件中对字符数据的内容进行读写的输入流类、输出流类。

FileReader 类是 InputStreamReader 的子类，其构造方法如表 10-16 所示。对于这两个构造方法，如果指定的文件不存在，或者指定的不是文件而是一个目录，那么程序会抛出 FileNotFoundException 异常，所以在使用上述方法创建一个 FileReader 对象时，需要对异常进行处理。

表 10-16　FileReader 类的构造方法

构造方法	用法描述
public FileReader(File file)	在给定从中读取数据的 File 的情况下创建一个新 FileReader
public FileReader(String fileName)	在给定从中读取数据的文件名的情况下创建一个新 FileReader

创建 FileReader 对象后，就可以读取文件中的数据，FileReader 类的 read( )方法继承自 InputStreamReader 类的 read( )方法，FileReader 类的读取文件的方法如表 10-17 所示。

表 10-17　FileReader 类的读取文件的方法

成员方法	功能描述
public int read()	从输入流中读取一个字节的数据
public int read(char[] c)	从输入流中将最多 c.length 个字符数据读入到字符数组中
public int read(char[] c, int off, int len)	从 off 处开始读取流中 len 长度的字符并将其存储在数组中

FileWriter 类用于将字符数据顺序写入文件的输出流，是 OutputStreamWriter 类的子类。其构造方法如表 10-18 所示。

表 10-18　FileWriter 类的构造方法

构造方法	用法描述
public FileWriter(File file)	在给出 File 对象的情况下构造一个 FileWriter 对象
public FileWriter(File file, boolean append)	在给出 File 对象的情况下构造一个 FileWriter 对象，boolean append 值表示是否在末尾写入
public FileWriter(FileDescriptor fd)	构造与某个文件描述符相关联的 FileWriter 对象
public FileWriter(String fileName)	在给出文件名的情况下构造一个 FileWriter 对象
public FileWriter(String fileName, boolean append)	在给出文件名的情况下构造 FileWriter 对象，boolean append 值表示是否在末尾写入

FileWriter 类的构造方法都会抛出 IOException 异常，所以在使用时也需要对异常进行处理。FileWriter 类的写入方法继承自 OutputStreamWriter，如表 10-19 所示。

表 10-19　FileWriter 类的成员方法

成员方法	功能描述
public void writer(char[] c)	将 b.length 个字符写入输出流
public void writer(char[] c, int off, int len)	将指定字节数组 c 从 off 开始的 len 个字符写入输出流

在用 OutputStreamWriter 类对文件进行写入操作时，若文件存在，则写入的内容会被重写，若文件不存在，则会试图创建一个新的文件。成功创建后，数据内容会写入该文件。无法成功创建，则会抛出 IOException 异常。

例如，如下示例将符号串用 FileWriter 输出流写出文件，并用输入流对象 FileReader 读取文件内容。

```
                            FileReaderWriterDemo.java
import java.io.FileNotFoundException;
import java.io.FileReader;
```

```java
import java.io.FileWriter;
import java.io.IOException;

public class FileReaderWriterDemo {
    public static void main(String args[]) {
        String s = "hello niuniu!";
        try {
            FileWriter out = new FileWriter("file1.txt");
            char[] c = s.toCharArray();
            out.write(c);
            out.close();

            FileReader in = new FileReader("file1.txt");
            while (in.read(c) != -1) {
                String str = new String(c);
                System.out.println("file1: " + str);
            }
        }
        catch (FileNotFoundException e) {
            System.out.println("FileNotFoundException" + e);
            e.printStackTrace();
        }
        catch (IOException e) {
            System.err.println("发生异常:" + e);
            e.printStackTrace();
        }
    }
}
```

10.3.3　字符数组流

CharArrayReader 类和 CharArrayWriter 类是可以对字符数组的数据进行读写的输入/输出流类，它们可以对计算机的内存进行读写操作。

CharArrayReader 类可以从流中读取字符数组，其构造方法如表 10-20 所示。

表 10-20　CharArrayReader 类的构造方法

构造方法	用法描述
public CharArrayReader(char[] buf)	根据指定的 char 数组创建一个 CharArrayReader
public CharArrayReader(char[] buf, int offset, int length)	根据指定的 char 数组创建一个 CharArrayReader

CharArrayReader 类提供了两个读取文件内容的方法，如表 10-21 所示。

表 10-21　CharArrayReader 类的成员方法

成员方法	功能描述
public int read()	读取单个字符
public int read(char[] b, int off, int len)	将字符读入数组的某一部分

用 CharArrayReader 类的 read( )方法时，会抛出 IOException 异常，所以在使用该方法进行读取数据操作时，需要对该异常进行处理。

CharArrayWriter 类可以将数据写入一个字符数组中，其构造方法如表 10-22 所示。

表 10-22　CharArrayWriter 类的构造方法

构造方法	用法描述
public CharArrayWriter()	创建一个新的 CharArrayWriter
public CharArrayWriter(int initialSize)	创建一个具有指定初始大小的新 CharArrayWriter

CharArrayWriter 类的方法如表 10-23 所示，包括写入数据的方法、返回输出流中字符数、以字符数组、字符串形式返回输出流内容的方法等。

表 10-23　CharArrayWriter 类的成员方法

成员方法	功能描述
public int size()	返回缓冲区的当前大小
public char[] toCharArray()	返回输入数据的副本
public String toString()	将输入数据转换为字符串
public void write(char[] c, int off, int len)	将字符写入缓冲区
public void write(int c)	将一个字符写入缓冲区
public void write(String str, int off, int len)	将字符串的某一部分写入缓冲区

例如，如下示例用 CharArrayReader 类的 read( )方法，将写入内存中的字符数组内容读出，用 CharArrayWriter 类的 write( )方法，将字符数组的内容写入内存。

```java
                                    CharArrayDemo.java
import java.io.CharArrayReader;
import java.io.CharArrayWriter;
import java.io.IOException;

public class CharArrayDemo {
    public static void main(String[] args) {
        int  n = 0;
        char[]  array = {'1', '2', '3', '4'};
        try {
            CharArrayWriter  w = new CharArrayWriter();
            for(int i = 0; i < array.length; i++) {
                w.write(array[i]);                      // 将字符数组的内容写入输出流
            }
            System.out.println("写入内存中数据：");
            char[]  buf = w.toCharArray();
            for(int i = 0; i < buf.length; i++) {
                System.out.print(buf[i] + "\t");
            }
            System.out.println();
            CharArrayReader  r = new CharArrayReader(buf);
```

```
            System.out.println("读取内存中的数据：");
            while((n = r.read()) != -1) {
                System.out.print((char) n + "\t");
            }
        }
        catch(IOException e) {
            System.out.println("IOException:" + e.getMessage());
            e.printStackTrace();
        }
    }
}
```

10.3.4 缓冲字符流

BufferedReader 类和 Bufferedwriter 类可以为输入流、输出流建立一个缓冲区，提高数据的读写效率。

BufferedReader 类是用来实现缓冲的输入流，可以从字符输入流中读取文本信息，其构造方法如表 10-24 所示。

表 10-24 BufferedReader 类的构造方法

构造方法	用法描述
public BufferedReader(Reader in)	创建一个使用默认大小输入缓冲区的缓冲字符输入流
public BufferedReader(Reader in, int sz)	创建一个使用指定大小输入缓冲区的缓冲字符输入流

BufferedReader 类提供了 3 个读取数据的方法，如表 10-25 所示。

表 10-25 BufferedReader 类的成员方法

成员方法	功能描述
public int read()	读取单个字符
public int read(char[] cbuf, int off, int len)	将字符读入数组的某一部分
public String readLine()	读取一个文本行

Bufferedwriter 类是实现缓冲的输出流，可将文本的内容写入字符输出流，其构造方法如表 10-26 所示。

表 10-26 Bufferedwriter 类的构造方法

构造方法	用法描述
public BufferedWriter(Writer out)	创建一个使用默认大小输入缓冲区的缓冲字符输出流
public Buffered Writer(Writer out, int sz)	创建一个使用指定大小输入缓冲区的缓冲字符输出流

Bufferedwriter 类提供了单个写入数据的方法，如表 10-27 所示。

在使用 BufferedWriter 类向缓冲区流写入数据时，只有当缓冲区的数据已满时，才会将所有缓冲区的数据写入输出流。相对于文件的写入操作，使用缓冲区写入数据可以减少对文件的操作次数，提高写入效率。

表 10-27　Bufferedwriter 类的成员方法

成员方法	功能描述
public void write(char[] cbuf, int off, int len)	写入字符数组的某一部分
public void write(int c)	写入单个字符
public void write(String s, int off, int len)	写入字符串的某一部分
public void flush()	刷新缓冲输出流
public void close()	关闭输出流并释放与此流有关的所有系统资源

例如，缓冲输入流和缓冲输出流的示例如下。

```java
                        BufferedReaderWriter.java
import java.io.BufferedReader;
import java.io.BufferedWriter;
import java.io.FileReader;
import java.io.FileWriter;
import java.io.IOException;
import java.io.LineNumberReader;

public class BufferedReaderWriter {
    public static void main(String args[]) {
        try {
            // 创建缓冲输出流，将符号串输出至 file.txt
            BufferedWriter  bw = new BufferedWriter(new FileWriter("file1.txt"));
            bw.write("hello");
            bw.newLine();
            bw.write("niuniu");
            bw.newLine();
            bw.flush();
            bw.close();
            // 创建缓冲输入流，从 file.txt 读取数据
            BufferedReader  r = new BufferedReader(new FileReader("file1.txt"));
            String s;
            for(s = r.readLine(); s != null; s = r.readLine())
                System.out.println(s);
            r.close();
            // 输出文件中行号信息类
            LineNumberReader br = new LineNumberReader(new FileReader("file1.txt"));
            for(s = br.readLine(); s != null; s = br.readLine())
                System.out.println(br.getLineNumber() + ": " + s);
            br.close();
        }
        catch (IOException e) {
            System.err.println("发生异常:" + e);
            e.printStackTrace();
        }
    }
}
```

10.3.5　字符流打印类

　　PrintWriter 是非常重要的字符流类，与 PrintStream 类非常相似。PrintStream 类在处理字节时更强，而 PrintWriter 类在字符处理中更具优势，在输出时将需要打印的字符按当前系统的默认字符编码格式转换为字节后再进行打印。因此，当需要打印字符而不是字节时，Java 语言推荐使用 PrintWriter 类，PrintWriter 类是基于字符的类。

　　PrintWriter 类的构造方法如表 10-28 所示。

表 10-28　PrintWriter 类的构造方法

构造方法	用法描述
PrintWriter(File file)	使用指定文件创建一个 PrintWriter 对象
PrintWriter(String fileName, String csn)	使用指定文件和字符集创建一个 PrintWriter 对象
public PrintWriter(OutputStream out)	根据现有 OutputStream 创建一个 PrintWriter 对象
public PrintWriter(OutputStream out, boolean autoFlush)	通过现有的 OutputStream 对象创建一个 PrintWriter 对象
public PrintWriter(Writer out)	根据现有的 Writer 对象创建一个 PrintWriter 对象
public PrintWriter(Writer out, boolean autoFlush)	创建一个 PrintWriter 对象，其具有自动刷新特性

　　PrintWriter 类的大部分成员方法不会抛出异常，如果需要检查是否有错误发生，可以通过 PrintWriter 的成员方法：

```
public boolean checkError();
```

当有错误发生时，该成员方法返回 true，否则返回 false。

　　PrintWriter 类实现了 PrintStream 类的所有 print 成员方法，因此 PrintWriter 也具有可以直接输出多种类型数据的不同成员方法。具体方法使用可查看 Java API。

　　例如，通过 PrintWriter 类重定向控制台屏幕输出的示例如下。

```
                         PrintWriterDemo.java
import java.io.PrintWriter;

public class PrintWriterDemo {
    public static void main(String args[]) {
        PrintWriter  pw = new PrintWriter(System.out, true);
        pw.println("Hello World!");
        pw.println("你好呀! ");
    }
}
```

10.3.6　字符与字节相互转换流

　　InputStreamReader 类和 OutputStreamWriter 类是可以实现字符与字节相互转换的类，可以认为是字节流通过字符流的桥梁。InputStreamReader 类可以将读取的字节解码为字符，OutputStreamWriter 类可以将写入的字符编码为字节。

　　可以使用默认字符集创建一个 InputStreamReader 对象，也可以使用指定字符集创建一个 InputStreamReader 对象。其构造方法如表 10-29 所示。

表 10-29　InputStreamReader 类的构造方法

构造方法	用法描述
public InputStreamReader(InputStream in)	创建一个使用默认字符集的 InputStream Reader
public InputStreamReader(InputStream in, String charsetName)	创建使用指定字符集的 InputStreamReader

Java 可以运行在不同的平台上，不同平台环境中都有自己的字符编码，这些字符编码也不尽相同。例如，Windows 操作系统中使用的是以 ASCII 形式存储的字符串数据，如果使用其他编码方式向文本文件写入数据，可能导致在本机上打开的文件的内容出现乱码，此时需要使用 InputStreamReader 类的构造方法设定字符编码。

Java 中主要的字符编码包括：

❖ ASCII：美国国家信息交换标准码。

❖ ISO 8859-1：国际标准化组织（ISO）为西欧语言中的字符制定的编码，用 1 字节（8 bit）为字符编码，可表示 255 个字符。该编码可以使字符在不同的平台之间正确转换。

❖ UTF-8：不定长编码，使用 1～6 字节来存储一个字符的 Unicode 编码。

❖ UTF-16：用 2 字节存储一个字符的 Unicode 编码。

在使用 InputStreamReader 创建对象时，为避免字符与字节之间的频繁转换影响程序的读写效率，一般使用 BufferedReader 类缓冲输入。

例如，读取从键盘输入的数据的示例如下。

```java
InputStreamReaderDemo.java
import java.io.BufferedReader;
import java.io.IOException;
import java.io.InputStreamReader;

public class InputStreamReaderDemo {
    public static void main(String[] args) {
        try {
            InputStreamReader  in = new InputStreamReader(System.in);
            BufferedReader  bf = new BufferedReader(in);
            System.out.println("输入数据: ");
            String  s = bf.readLine();
            int  num = Integer.parseInt(s);
            System.out.println("输入的数据是: " + num);
        }

        catch(IOException e) {
            System.out.println("IOException:" + e.getMessage());
            e.printStackTrace();
        }

    }
}
```

10.4　随机访问文件

Java API 提供的输入流、输出流只能顺序读写流中的数据，但是有时需要随机读写文件中的内容，如查词典的功能。Java API 提供了 RandomAccessFile 类来支持文件的随机读写。RandomAccessFile 类是 Object 的子类，既提供了与 InputStream 类似的 read( )方法，又提供了与 OutputStream 类似的 write( )方法，还提供了更高级的直接读写各种基本数据类型数据的读、写方法。

为了支持文件随机读、写，RandomAccessFile 类设置了文件指针，该指针以字节为单位，通过从文件开头开始计算的偏移量来指明当前读写的位置。

RandomAccessFile 类提供移动文件指针的方法 seek(long pos)。其中，pos 是移动后文件指针的位置。移动文件指针到 pos 指定的位置后，调用读写方法就可以从该位置起读写数据，读写方法在读写一定字节数的数据后，会将文件指针自动移动到读写数据后的位置。

RandomAccessFile 类提供了 getFilePointer( )方法返回文件指针的当前位置。

例如，通过 RandomAccessFile 类向文件 file1.txt 中写入两位员工的姓名和工资，然后通过移动文件指针读取第二个员工的信息。

RandomDemo.java

```java
import java.io.FileNotFoundException;
import java.io.IOException;
import java.io.RandomAccessFile;

public class RandomDemo {
    public static void main(String[] args) {
        try {
            RandomAccessFile  rf = new RandomAccessFile("file1.txt", "rw");
            // System.out.println("");
            rf.writeUTF("牛牛");
            rf.writeDouble(3500.0);
            long  pos = rf.getFilePointer();
            rf.writeUTF("优优");
            rf.writeDouble(3300.0);
            rf.seek(pos);
            String  name = rf.readUTF();
            double  salary = rf.readDouble();
            System.out.println("姓名: " + name);
            System.out.println("工资: " + salary);
        }
        catch (FileNotFoundException e) {
            System.out.println("FileNotFoundException" + e.getMessage());
            e.printStackTrace();
        }
        catch (IOException e) {
            System.out.println("IOException" + e.getMessage());
            e.printStackTrace();
```

```
        }
    }
}
```

10.5   对象序列化

如果用 Java 语言开发一个软件产品，一般要用到对象的序列化功能。对于一个软件产品，用户的需求总会发生变化，而且总是希望产品的功能越来越强大。除此以外，软件产品也会不断升级，做出包括功能等方面的调整，这样常常会不可避免地修改文件的格式，如类的定义可能发生变化。

在软件升级的过程中，不同版本之间的文件兼容性问题是软件产品必须充分考虑的问题，对象序列化方法能够在一定程度上解决该问题。对象序列化在 Socket、RMI 等网络编程的应用中有着重要的作用。

一个类要具有可序列化的特性就必须实现接口 java.io.Serializable。可以序列化的对象可以用 java.io.ObjectOutputStream 类输出该对象，而且可以用 java.io.ObjectInputStream 类读入该对象。

实现 Serializable 接口的方式为：

```
public class ClassA implements Serializable
```

实现了该接口的类的所有成员都是可序列化的。只要类实现了 Serializable 接口，就可以使用 ObjectOutputStream 输出流提供的 writeObject( )方法和 ObjectInputStream 输入流提供的 readObject( )方法对对象进行读写操作，从而将对象序列化。

例如，对象序列化的示例如下。

```java
import java.io.File;
import java.io.FileInputStream;
import java.io.FileNotFoundException;
import java.io.FileOutputStream;
import java.io.IOException;
import java.io.ObjectInputStream;
import java.io.ObjectOutputStream;
import java.io.Serializable;

public class ObjectStreamDemo {
    public static void main(String[] args) {
        new ObjectStreamDemo();
    }
    public ObjectStreamDemo() {
        myDateOutputStream();
        myDateInputStream();
    }
    public void myDateOutputStream() {
        String  filename = "./mydates.dat";
        File  f = new File(filename);
```

```java
        FileOutputStream fOut;
        try {
            fOut = new FileOutputStream(f);
            ObjectOutputStream  objOut = new ObjectOutputStream(fOut);
            // 写入日期对象
            objOut.writeObject(new MyDate(2013, 5, 18));
            objOut.writeObject(new MyDate(2013, 5, 19));
            objOut.close();
        }
        catch(FileNotFoundException e) {
            e.printStackTrace();
        }
        catch (IOException e) {
            e.printStackTrace();
        }
    }
    public void myDateInputStream() {
        String  filename = "./mydates.dat";
        File  f = new File(filename);
        FileInputStream fIn;
        try {
            fIn = new FileInputStream(f);
            ObjectInputStream  objIn = new ObjectInputStream(fIn);
            // 写入日期对象
            MyDate  d = (MyDate) objIn.readObject();
            d.show();
            d = (MyDate) objIn.readObject();
            d.show();
            objIn.close();
        }
        catch(FileNotFoundException e) {
            e.printStackTrace();
        }
        catch(IOException e) {
            e.printStackTrace();
        }
        catch(ClassNotFoundException e) {
            e.printStackTrace();
        }
    }
}
class MyDate implements Serializable {
    int  year  = 0;
    int  month = 0;
    int  day = 0;
    public MyDate(int y, int m, int d) {
        year = y;
```

```
        month = m;
        day = d;
    }
    public void show() {
        System.out.println("");
        System.out.println("Year:\t" + year);
        System.out.println("Month:\t" + month);
        System.out.println("Day:\t" + day);
    }
}
```

10.6　文件

文件一般分为文本文件和非文本文件。文本文件以字符（16 位）为单位进行读、写，而非文本文件以单字节（8 位）为单位进行读、写，如图片、声音等文件属于非文本文件。Java提供了一个用来描述文件对象属性的 File 类，可以进行创建、删除、重命名、文件读、写权限的判断、文件修改时间的查询与设置等操作。

File 类不仅可以对文件进行操作，还可以对路径进行操作。File 类的构造方法如表 10-30所示。File 类的成员方法如表 10-31 所示。

表 10-30　File 类的构造方法

构造方法	用法描述
public File(File parent, String child)	根据 parent 抽象路径名和 child 路径名字符串创建一个新 File 实例
public File(String pathname)	通过将给定路径名字符串转换成抽象路径名来创建一个新 File 实例
public File(String parent, String child)	根据 parent 路径名字符串和 child 路径名字符串创建一个新 File 实例
public File(URI uri)	通过将给定的 file: URI 转换成一个抽象路径名来创建一个新 File 实例

表 10-31　File 类的成员方法

成员方法	功能描述
public boolean canRead()	测试应用程序是否可以读取此抽象路径名表示的文件
public boolean canWrite()	测试应用程序是否可以修改此抽象路径名表示的文件
public int compareTo(File pathname)	按字母顺序比较两个抽象路径名
public Boolean createNewFile()	当且仅当不存在具有此抽象路径名指定的名称的文件时,原子地创建由此抽象
public static File createTempFile(String prefix, String suffix)	在默认临时文件目录中创建一个空文件，使用给定前缀和后缀生成其名称
public static File createTempFile(String prefix, String suffix, File directory)	在指定目录中创建一个新的空文件,使用给定的前缀和后缀字符串生成其名称
public boolean delete()	删除此抽象路径名表示的文件或目录
public void deleteOnExit()	在虚拟机终止时，请求删除此抽象路径名表示的文件或目录
public boolean equals(Object obj)	测试此抽象路径名与给定对象是否相等
public boolean exists()	测试此抽象路径名表示的文件或目录是否存在
public File getAbsoluteFile()	返回抽象路径名的绝对路径名形式
public String getAbsolutePath()	返回抽象路径名的绝对路径名字符串

成员方法	功能描述
public File getCanonicalFile()	返回此抽象路径名的规范形式
public String getCanonicalPath()	返回抽象路径名的规范路径名字符串
public String getName()	返回由此抽象路径名表示的文件或目录的名称
public String getParent()	返回此抽象路径名的父路径名的路径名字符串,如果此路径名没有指定父目录,则返回 null
public File getParentFile()	返回此抽象路径名的父路径名的抽象路径名,如果此路径名没有指定父目录,则返回 null
public String getPath()	将此抽象路径名转换为一个路径名字符串
public int hashCode()	计算此抽象路径名的哈希码
public boolean isAbsolute()	测试此抽象路径名是否为绝对路径名
public boolean isDirectory()	测试此抽象路径名表示的文件是否是一个目录
public boolean isFile()	测试此抽象路径名表示的文件是否是一个标准文件
public boolean isHidden()	测试此抽象路径名指定的文件是否为一个隐藏文件
public long lastModified()	返回此抽象路径名表示的文件最后一次被修改的时间
public long length()	返回由此抽象路径名表示的文件的长度
public String[] list()	返回由此抽象路径名所表示的目录中的文件和目录的名称所组成字符串数组
public String[] list(FilenameFilter filter)	返回由包含在目录中的文件和目录的名称所组成的字符串数组,这一目录是通过满足指定过滤器的抽象路径名来表示的
public File[] listFiles()	返回一个抽象路径名数组,这些路径名表示此抽象路径名所表示目录中的文件
public File[] listFiles(FileFilter filter)	返回表示此抽象路径名所表示目录中的文件和目录的抽象路径名数组,这些路径名满足特定过滤器
public File[] listFiles(FilenameFilter filter)	返回表示此抽象路径名所表示目录中的文件和目录的抽象路径名数组,这些路径名满足特定过滤器
public static File[] listRoots()	列出可用的文件系统根目录
public boolean mkdir()	创建此抽象路径名指定的目录
public boolean mkdirs()	创建此抽象路径名指定的目录,包括所有必需但不存在的父目录
public boolean renameTo(File dest)	重新命名此抽象路径名表示的文件
public boolean setLastModified(long time)	设置由此抽象路径名所指定的文件或目录的最后一次修改时间
public boolean setReadOnly()	标记此抽象路径名指定的文件或目录,以便只可对其进行读操作
public String toString()	返回此抽象路径名的路径名字符串
public URI toURI()	构造一个表示此抽象路径名的 file: URI
public URL toURL()	将此抽象路径名转换成一个 file: URL

例如,如下示例对 3 个文件进行操作,其中 file1.java 和 file2.java 在项目路径下存在,file3.java 不存在。

```
                            FileDemo.java
import java.io.File;
public class FileDemo {
    public static void main(String args[]) {
        String[]  files = {"file1.txt", "file2.txt", "file3.txt"};
        fileInfo(files);
    }
```

```
public static void fileInfo(String[] files) {
    for(int i = 0; i < files.length; i++) {
        File  f = new File(files[i]);
        if(f.exists()) {
            System.out.println("getName: " + f.getName());
            System.out.println("getPath: " + f.getPath());
            System.out.println("getParent: " + f.getParent());
            System.out.println("length: " + f.length());
        }
        else
            System.out.printf("文件%s 不存在", files[i]);
        System.out.println();
    }
}
```

运行结果如图 10-7 所示。

```
getName: file1.txt
getPath: file1.txt
getParent: null
length: 46

getName: file2.txt
getPath: file2.txt
getParent: null
length: 10

文件file3.txt不存在
```

图 10-7　FileDemo.java 的运行结果

本章小结

  Java 语言将文件作为数据流，可以统一处理文件和标准输和输出。Java 语言提供了丰富的类用来读取和写入文件内容。InputStream 类和 OutputStream 类是对字节文件进行读、写的抽象类，其他字节流文件都是这两个类的子类；Reader 类和 Writer 类是对字符文件进行读、写的抽象类，其他字符文件都是这两个类的子类。本章对常用的文件和数据流进行了介绍。

习 题 10

10-1　编写一个程序，要求在控制台中输入两个整数，并把两个整数的和写入文件"result"。

10-2　创建一个文件"data.txt"，从键盘上读取若干行数据，写入文件，然后关闭此文件。

10-3　复制一张图片，将其从一个文件夹复制到另一个文件夹。

10-4 统计一个文件 calcCharNum.txt（见附件）中字母'A'和'a'出现的总次数。

10-5 使用随机文件流类 RandomAccessFile 将一个文本文件倒置读出。

10-6 查看 D 盘中所有的文件和文件夹名称，并且使用名称进行文件夹升序、降序和文件大小排序等。

10-7 对象串行化程序设计：

（1）实现串行化 Student 类，其属性有学号 stuID、姓名 name 和成绩 score，方法有：构造方法 Student（要求实现对 3 个属性的初始化），设置成绩 setScore，获取成绩 getScore，显示学生信息 show。

（2）创建对象输出流，创建几个 Student 对象，写入文件"studentdata.dat"。

（3）打开对象输入流，从文件"studentdata.dat"中读取所有 Student 对象，然后调用其 show( )方法显示学生信息。

第 11 章　网络编程

- ⌗ 网络基础知识
- ⌗ TCP Socket 通信
- ⌗ UDP 通信

Java 与网络是紧密结合的，Java 是网络编程能力很强的语言，能够方便地访问 Internet 上的资源，与服务器建立传输通道，将数据发送到网络各地方。java.net 包中有一些与 Java 网络编程有关的类。本章将介绍有关计算机网络和有关 Java 网络编程的基本知识，以及如何使用套接字实现服务器端和客户端之间的通信、如何使用 UDP 收发数据报等。

11.1　计算机网络基本知识

计算机网络是通过一定的连接方式将多台计算机或者其他设备连接起来组成的，连接方式可以是电缆、宽带、光纤等传输介质。

1．TCP/IP

网络通信的核心是协议。协议是指进程之间交换信息为完成任务所使用的一系列规则和规范，主要定义进程之间交互消息所必须遵循的顺序和进程之间所交换的信息的格式。两个进程只要遵循相同的协议，就可以相互交互信息，这两个进程可以用不同的程序设计语言编写，可以位于两个完全不同的计算机上。

Internet 的通信协议是 TCP/IP（Transmission Control Protocol/Internet Protocol），称为传输控制/网际协议，也称为网络通信协议。其中，TCP 保证了数据包能够得到可靠的传输，IP 为数据包能被传到目标计算机上提供了保证。TCP/IP 可以使不同的操作系统的计算机之间实现可靠的网络通信。

TCP/IP 协议族其实是一组包括 TCP 和 IP、UDP（User Datagram Protoco）、ICMP（Internet Control Message Protocol）和其他协议的协议族。TCP/IP 网络模型由 4 层组成，从下到上分别是网络接口层、互联网层、传输层和应用层。网络接口层负责指定主机使用某协议与具体网络连接，能够传输 IP 数据报；互联网层负责将数据传输到目的地，中间可能跨越多个网络，需要为数据找到一条正确的路径；传输层提供端到端的通信服务；应用层负责向用户提供常用的应用程序，如电子邮件、文件传输、远程访问等。

2．网络地址

Internet 上不同的计算机是通过网络地址来标识的。网络地址通常有两种表示形式：IP 地址和域名。

IP 地址是网络上计算机的唯一标识。IPv4 使用了 32 位地址，每个主机的 IP 地址都由 32 位（bit）即 4 字节组成。为了方便记忆，通常使用点分十进制数字表示，如 202.103.141.9 是中山大学南方学院主页网站服务器的 IP 地址。

另一种方法是通过域名表示，如 www.nfsysu.cn 是中山大学南方学院主页网站的域名，它与 IP 地址表示的是同一个网络地址。

3．端口

计算机中的端口可以认为是计算机与外界进行通信交流的出口，在网络中的端口可以分为面向连接服务的 TCP 端口和无连接服务的 UDP 端口两种。TCP 端口是指发送信息后，需要给予客户端应答，以确认信息是否送达，这种方式大多采用 TCP；UDP 端口是指消息发送后并不确认信息是否被送达，这种方式大多采用 UDP。

端口的范围是 0～65535，其中 0～1023 端口号是与一些服务有关的端口，是 HTTP、FTP 和系统服务用的端口，如端口号 21 为 FTP 服务器所开放的端口，用于上传和下载。

4．套接字

套接字（Socket）是用来描述 IP 地址和端口的，即一个通信端点。应用程序可以通过套接字向网络发送请求并且可以相应网络的请求。

套接字可以实现两个应用程序之间的通信，需要先在两个应用程序之间建立连接。其中，请求连接的是客户端，接收连接的是服务器端。客户端可以向服务端的某个端口发出连接请求，服务器端会对其指定端口进行监听，当有客户请求时就会试图建立连接。如果连接成功，服务器端就响应客户端的请求，并接收客户端的请求信息。在使用套接字进行网络连接时，端口号一般要求大于 1024。

5．URL

URL（Uniform Resource Location，统一资源定位器）主要用于 WWW 客户端程序和服务器程序上。

URL 的格式主要由三部分组成：协议、服务器地址（页面所在计算机的 DNS 名字）和路径。其中，协议和服务器地址之间用"//"分隔，服务器地址与文件的路径、文件之间通过"/"分隔。例如：

```
http://www.oracle.com/us/sun/index.htm
http://www.nfsysu.cn
```

6．UDP

UDP（User Datagram Protocol）是用户数据报协议，与 TCP 不同，UDP 不保证数据传输的可靠性，只将数据发送给目标计算机，并不保证是否发送到目标计算机，也不保证发送信息的顺序和接收信息的顺序是否一致。

UDP 是一种不可靠的协议，但是 UDP 可以使应用程序效率更高，传递信息速度更快。UDP 一般应用于快速实时传输但对误码率、丢包率要求不高的情况。

11.2 URL 类

java.net 包中的 URL 类和 URLConnection 类是与 URL 有关的两个重要的类。URL 类代表一个统一资源定位符，该类被定义成 final 类型。RULConnection 类用来表示应用程序和 URL 之间的通信连接，它是一个抽象类。URL 类和 URLConnection 类中封装了可以从远程站点获取信息的操作。

11.2.1 创建 URL 对象

URL 类提供了多种构造方法用来创建一个 URL 对象，其构造方法如表 11-1 所示。

表 11-1　URL 类构造方法

构造方法	用法描述
public URL(String spec)	根据 String 表示形式创建 URL 对象
public URL(URL context,　String spec)	通过指定的 context 对给定的 spec 进行解析创建 URL
public URL(String protocol, String host, String file)	根据指定的 protocol、host 和 file 名称创建 URL 对象
public URL(String protocol, String host, int port, String file)	根据指定的 protocol、host、port 和 file 名称创建 URL 对象

如果构造方法中的协议不合法，会抛出一个 MalformedURLException 异常，该异常表示指定的 URL 出现了错误。因此，在使用构造方法时，需要对该异常进行处理，可以使用 try…catch 捕获异常，或者在方法中使用 throws 抛出异常。

例如，通过 URL 的构造方法创建对象 url，并打印输出 URL 中的所有信息，其中 URL 中没有指定端口号，getPort( )方法返回-1。

```
                              URLInfoDemo.java
import java.net.URL;
import java.net.MalformedURLException;

public class URLInfoDemo {
    public static void createURL() {
        try {
            URL  url = new URL("http://www.sysu.edu.cn/~vmis/java.html");
            System.out.println("The protocol is:" + url.getProtocol());
            System.out.println("The host is:" + url.getHost());
            System.out.println("The port is:" + url.getPort());
            System.out.println("The file is:" + url.getFile());
        }
        catch(MalformedURLException e) {
            System.out.println("MalformedURLException exception" + e.getMessage());
            e.printStackTrace();
        }
    }
    public static void main(String args[]) {
        createURL();
    }
```

```
    }
```

运行结果如图 11-1 所示。

```
The protocol is:http
The host is:www.sysu.edu.cn
The port is:-1
The file is:/~vmis/java.html
```

图 11-1　URLInfoDemo.java 的运行结果

11.2.2　读取页面信息

创建一个 URL 对象后，就可以使用 URL 类中的 openStream()方法读取 URL 所描述的页面信息。该方法会打开 URL 的连接，并返回一个用于从该连接读入的 InputStream 对象。

openStream( )方法的定义为：

```
public final InputStream openStream()
```

该方法返回一个 InputStream 对象，从而读取 URL 所描述的页面的信息，可能抛出 IOException 异常，所以在使用时要对该异常进行处理。

例如，读取 URL 描述的信息的过程示例如下。其中，对象 url 调用 openStream( )方法打开 URL 连接，并将读取的 URL 信息放入输入缓冲字符流 DataInputStream，然后使用 readLine( )方法将信息逐行读出，并打印输出。

ReadURLContent.java

```java
import java.net.URL;
import java.net.MalformedURLException;
import java.io.*;

public class ReadURLContent {
    public static void main(String args[]) {
        URL  url = null;
        String  readstring;
        DataInputStream dis;
        try {
            url = new URL("http://dzx.nfsysu.cn/show.php?contentid=721");
            dis = new DataInputStream(url.openStream());
            while ((readstring = dis.readLine()) != null) {
                System.out.println(readstring);
            }
            System.out.println("***** end of the file *****");
            dis.close();
        }
        catch (MalformedURLException e) {
            System.out.println("MalformedURLException: " + e);
        }
        catch (IOException e) {
            System.out.println("IOException: " + e);
        }
```

```
            }
        }
```

11.2.3 创建一个到 URL 的连接

URL 类的 openStream( )方法只能从网络上读取资源中的数据。通过 URLConnection 类，可以在应用程序和 URL 资源之间进行交互，既可以从 URL 读取数据，也可以向 URL 中发送数据。URLConnection 类表示应用程序和 URL 资源之间的通信连接，具体步骤如下：

（1）通过调用 URL 类中的 openConnection( )方法创建连接对象。openConnection( )方法返回一个 URLConnection 对象，表示到 URL 所引用的远程对象的连接。例如：

```
URL  url = new URL("http://www.sysu.edu.cn");
URLConnection con = url.openConnection();
```

（2）向服务器端写数据。

首先，建立数据流：

```
PrintStream  out = new PrintStream( con.getOutputStream());
```

然后，向服务器写数据：

```
out.println(String data);
```

（3）从服务器端读数据。

首先，建立输入数据流：

```
InputStreamReader in = new InputStreamReader( con.getInputStream());
BufferedReader inb = new BufferedReader(in);
```

或

```
DataInutStream din = new DataInputStream(con.getInputStream());
```

然后，向服务器读数据：

```
inb.readLine();
```

或

```
din.readLine();
```

例如，URLConnection 类的创建和使用如下。

URLConnectionDemo.java

```
import java.io.BufferedReader;
import java.io.InputStreamReader;
import java.io.PrintStream;
import java.net.URL;
import java.net.URLConnection;

public class URLConnectionDemo {
    public static void main(String args[]) {
        try {
            // 创建连接对象
            URL  t = new URL("http://dzx.nfsysu.cn/show.php?contentid=721");
```

```
            URLConnection  uc = t.openConnection();
            uc.setDoOutput(true);
            // 向服务器端写数据
            PrintStream  out = new PrintStream(uc.getOutputStream());
            out.println("123456");
            out.close();
            // 从服务器端读数据
            BufferedReader in = new BufferedReader(new InputStreamReader(uc.getInputStream()));
            String line;
            while ((line = in.readLine()) != null) {
                System.out.println(line);
            }
            in.close();
        }
        catch(Exception e) {
            System.out.println(e);
        }
    }
}
```

11.3　InetAddress 类

每台在 Internet 上运行的计算机都有一个 IP 地址和一个本地的、DNS 能够解析的 Internet 主机地址的域名。InetAddress 类的对象可以用来表示上述信息。InetAddress 类没有构造方法，可以通过 InetAddress 类提供的静态方法来创建该类的对象。

1.　获取本地主机的 IP 地址

可以使用 InetAddress 中的 getLocation()方法获取本地主机的 IP 地址。getLocation()方法的定义为：

```
public static InetAddress getLocation()
```

例如，示例，获取到本地主机的 IP 地址为 TechLife-PC/192.168.1.100。

GetHostAddress.java

```
import java.net.InetAddress;
import java.net.UnknownHostException;
public class GetHostAddress {
    public static void main(String args[]){
        try{
            InetAddress hd = InetAddress.getLocalHost();
            System.out.println("本地主机的 IP 地址为：" + hd);
        }catch(UnknownHostException e){
            System.out.println("UnknownHostException 异常为：" + e.getMessage());
            e.printStackTrace();
        }
    }
```

```
        }
```

2．获取 Internet 给定的主机和 IP 地址

InetAddress 类的 getByName( )方法可以获取 Internet 上给定的主机名和 IP 地址。
getByName( )方法的定义为：

```
public static InetAddress getByName(String host)
```

例如，获取给定的主机名和 IP 地址，获取的信号为 www.nfsysu.cn/202.103.141.9。

GetInternetIP.java

```java
import java.net.*;

public class GetInternetIP {
    public static void main(String args[]) {
        InetAddress  hd = null;
        try {
            hd = InetAddress.getByName("www.nfsysu.cn");
            System.out.println(hd);
        }
        catch(UnknownHostException e) {
            System.out.println("UnknownHostException exception" + e.getMessage());
            e.printStackTrace();
        }
    }
}
```

11.4 TCP Socket 通信

为了支持 TCP/IP 面向连接的网络程序的开发，java.net 包提供了 Socket 类和 ServerSocket 类，均直接继承于 Object 类。其中，ServerSocket 用于服务器端程序，Socket 类用于编写客户端程序。

在网络通信中，建立连接的两个程序分别被称为客户端（Client）和服务器端（Server）。客户端程序发出连接请求，而服务器端程序监听端口，判断是否有客户端发出连接请求。当客户端请求与某个端口建立连接时，服务器端程序就将套接字连接到该端口，与客户端程序建立了一个专门的虚拟连接。客户端程序可以向套接字写入请求，服务器端程序处理请求并把处理结果通过套接字送回。通信结束，连接断开。

一个客户端程序只能连接服务器端的一个端口，一个服务器端可以有若干端口，不同的端口使用不同的端口号提供服务。

使用套接字进行通信的过程如下：

（1）创建 Socket（包括客户端和服务器端），建立连接。

（2）打开连接到 Socket 的输入、输出流，按照一定的协议对 Socket 进行读、写操作。

（3）关闭 Socket。

套接字使用方法如图 11-2 所示。

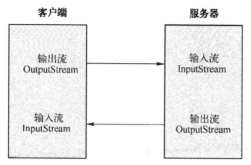

图 11-2　套接字使用方法

1. 实现客户端的 Socket 类

客户端使用 Socket 类的构造方法创建一个 Socket 对象，在创建的同时会自动向服务器发出建立连接请求。Socket 类的构造方法如表 11-2 所示。

表 11-2　Socket 类构造方法

构造方法	用法描述
public Socket()	创建一个不请求任何连接的套接字对象
public Socket(String host, int port)	创建一个流套接字对象并将其连接到指定主机上的指定端口号
public Socket(InetAddress address, int port)	创建一个流套接字对象并将其连接到指定 IP 地址的指定端口号

在创建 Socket 时，如果发生错误，将产生 IOException，在程序中必须进行处理。所以，在创建 Socket 或 ServerSocket 时必须捕获或抛出异常。

Socket 类的成员方法如表 11-3 所示。

表 11-3　Socket 类成员方法

成员方法	功能描述
public void close()	关闭 Socket，释放资源
public InputStream getInputStream()	获取与 Socket 相关联的字节输入流，用于从 Socket 中读数据
public OutputStream getOutputStream()	获取与 Socket 相关联的字节输出流，用于向 Socket 中写数据
public int getLocalPort()	返回本地 Socket 中的端口号
public int getPort()	返回对方 Socket 中的端口号
public InetAddress getLocalAddress()	返回本地 Socket 中 IP 的 InetAddress 对象
public InetAddress getInetAddress()	返回对方 Socket 中 IP 的 InetAddress 对象
public void setSoTimeout(int timeout)	设置客户端的连接超时时间

2. 实现服务器端的 ServerSocket 类

ServerSocket 类的对象代表服务器端，等待客户端发出 TCP 连接请求，然后返回一个用于与客户端进行 TCP 通信的 Socket 对象。

ServerSocket 类的构造方法如表 11-4 所示。

ServerSocket 类的成员方法如表 11-5 所示。

表 11-4　ServerSocket 类构造方法

构造方法	用法描述
public ServerSocket(int port)	在指定端口创建一个服务器 Socket 对象，默认可接收 50 个客户端连接
public ServerSocket(int port,int backlog)	在指定端口 port 创建一个服务器 Socket 对象，并说明服务器端所能支持的最大连接数 backlog
public ServerSocket(int port, int backlog, InetAddress bindAddr)	在指定端口创建一个服务器 Socket 对象，并说明服务器端所能支持的最大连接数 backlog，bindAddr 用来绑定服务器程序所使用的 IP 地址

表 11-5　ServerSocket 类成员方法

成员方法	功能描述
public Socket accept()	监听客户端的连接请求，直到监听到客户端连接，返回新创建的 Socket 对象
public void setSoTimeout(int timeout)	设置服务器程序等待客户端连接的最长时间 timeout，时间单位为毫秒
public void close()	关闭 Socket 资源
public int getPort()	读取创建 Socket 时指定远端主机的端口号
public void setReceiveBufferSize(int size)	设置接收缓冲区的大小
public int getReceiveBufferSize()	返回接收缓冲区的大小
public void setSendBufferSize(int size)	设置发送缓冲区的大小
public void getSendBufferSize()	返回发送缓冲区的大小

3．TCP Socket 通信示例

一个完整的实现 Socket 通信的 Java 程序包括服务器端程序和客户端程序。

客户端和服务器端互相通信的示例如下。服务器端在端口 5432 监听，等待与客户端连接，当建立连接后，客户端向服务端发送消息，服务器端收到消息后向客户端返回消息，直到客户端发送通信结束符号串"over"结束通信。

客户端程序：

```
                                TCPClient.java
    import java.net.*;
    import java.io.*;

    public class TCPClient {
        public static void main(String args[]) throws IOException{
            try {
                // 在端口 5432 打开连接
                Socket s1 = new Socket("localhost", 5432);
                // 获得 socket 端口的输入句柄，并从中读取（服务器端）数据
                InputStream s1In = s1.getInputStream();
                DataInputStream dis = new DataInputStream(s1In);
                // 读取键盘输入数据
                BufferedReader serverin = new BufferedReader(new InputStreamReader(System.in));
                // 创建标准输出流，从键盘接收数据
                PrintStream out = new PrintStream(s1.getOutputStream());
                String st;
                while(true) {
                    System.out.println("客户端发出消息：");
```

```java
                st = new String(serverin.readLine());    // 从键盘输入读数据
                out.println(st);                         // 发送给服务器
                if(st.equals("over"))
                    break;
                System.out.println("waiting...");
                st = dis.readLine();                     // 读取服务器发送数据
                System.out.println("客户端接收服务器端信息：" + st);
                if(st.equals("over"))
                    break;
            }
            //    操作结束，关闭数据流及 socket 连接
            out.close();
            dis.close();
            serverin.close();
            s1In.close();
            s1.close();
        }
        catch(Exception e) {
            System.out.println("Exception：" + e.getMessage());
        }
    }
}
```

服务器端程序：

TCPServer.java

```java
import java.net.*;
import java.io.*;

public class TCPServer {
    public static void main(String args[]) {
        ServerSocket  s = null;
        Socket  s1;
        String  st;
        // 通过 5432 端口建立连接
        try{
            s = new ServerSocket(5432);
            // 监听端口请求，等待连接
            s1 = s.accept();
            // 建立连接，通过 Socket 建立连接输入流
            BufferedReader in = new BufferedReader(new InputStreamReader (s1.getInputStream ()));
            // 建立连接，通过 Socket 建立连接输出流
            PrintStream out = new PrintStream(s1.getOutputStream());
            // 创建标准输入流，通过键盘接收数据
            BufferedReader userin = new BufferedReader(new InputStreamReader (System.in));
            while (true) {
                System.out.println("waiting...");
                st = in.readLine();
```

```
                System.out.println("接收客户端数据: " + st);
                if(st.equals("over"))
                    break;
                System.out.println("向客户端发送数据: ");
                st = userin.readLine();
                out.println(st);
                if(st.equals("over"))
                    break;
            }
            out.close();
            in.close();
            s1.close();
            s.close();

        }
        catch(IOException e) {
            System.out.println("IOException is:" + e.getMessage());
        }
    }
}
```

11.5　UDP 通信

  Socket 通信是一种面向连接的流式套接字通信，采用的协议是 TCP。在面向连接的通信中，通信的双方需要首先建立连接，再进行通信，这需要占用资源与时间。但是建立连接之后，双方就可以准确、同步、可靠地进行通信。TCP 通信被广泛应用在文件传输、远程连接等需要可靠传输数据的领域。

  用户数据报协议（UDP）是传输层的无连接通信协议。数据报是一种在网络中独立传播的自身包含地址信息的消息，它能否到达目的地、到达的时间以及到达时内容能否保持不变，这些都是不能保证的。由于 UDP 通信速度较快，所以常被应用在某些无须实时交互、准确性要求不高、但传输速度要求较高的场合。

  java.net 包中的 DatagramSocket 类和 DatagramPacket 类为实现 UDP 通信提供了支持。DatagramSocket 类用于在程序中建立传送数据报的通信连接，DatagramPacket 类则用来表示一个数据报。

  UDP 通信时，服务器端程序需要有一个线程不停地监听客户端发来的数据报，等待客户的请求。服务器只有通过客户发来的数据报中的信息才能得到客户端的地址及端口，所以客户端不管是否有数据要发送给服务器，都需要向服务器发送一个数据报来传递自己的信息。

11.5.1　数据报包 DatagramPacket 类

  UDP 进行通信时通常需要将传输的数据封装成数据报包（Datagram Packet）。发送和接收数据都需要封装，封装的方式稍有不同。在发送数据报包时，需要指明数据所要发送的目的网络地址及端口号，需要发送的数据报包的创建通常通过类 java.net.DatagramPacket 的构造方法实现。

```
public DatagramPacket(byte[] buf, int length, InetAddress address, int port)
```

该构造方法的参数 buf 指定数据存放的存储空间，length 指定需要发送数据的字节数，但是不能超过存储空间 buf 的实际大小，address 和 port 分别指定数据发送目的网络地址和端口号。当数据报包被发送时，在数据报包中会自动添加上发送方的网络地址及其端口号。

在接收数据时也需要封装数据报包，接收数据的数据报包创建通过类 java.net. DatagramPacket 的构造方法实现。

```
public DatagramPacket( byte[] buf, int length)
```

该方构造法的参数 buf 指定接收数据存放的存储空间，length 指定需要接收数据的字节数。在接收数据后，可以通过接收的数据报包获取数据和发送方的网络地址及端口号等信息。

在 DatagramPacket 类中可以使用如下方法获取发送的数据报信息：

① public byte[] getData( )：返回数据缓冲区。

② public int getLength( )：返回将要发送或接收到的数据的长度。

③ public InetAddress getAddress( )：返回某台机器的 IP 地址，此数据报将要发往该机器或者是从该机器接收到的。

④ public int getPort( )：返回某台远程主机的端口号，此数据报将要发往该主机或者是从该主机接收到的。

例如，用 DatagramPacket 的构造方法创建一个 DatagramPacket 对象，构造方法中指定数据报包中的字节数、数组长度、目标计算机地址和端口号，然后使用 DatagramPacket 类提供的方法获取数据报和目标计算机的相应信息。

```
                              UDPInfo.java
import java.io.IOException;
import java.net.DatagramPacket;
import java.net.InetAddress;

public class UDPInfo {
    public static void main(String[] args) {
        try {
            String  ms = "UDP Datagram Example";          // 发送字符串
            byte[]  data = ms.getBytes();                 // 创建字节数组
            InetAddress ad = InetAddress.getByName(null);// null 表示获取的是计算机的本地地址
            DatagramPacket  pk = new DatagramPacket(data, data.length,ad,1234);
            System.out.println("收到的数据是：");
            for(int i = 0; i < pk.getData().length; i++) {
                System.out.print((char)pk.getData()[i]);      //获取数据报中的字节数组
            }
            System.out.println();
            System.out.println("数据报的字节数组长度为：" + pk.getLength());
            System.out.println("目标计算机地址为：" + pk.getAddress());
            System.out.println("目标计算机端口为：" + pk.getPort());
        }
```

```
            catch(IOException e) {
                System.out.println("IOException" + e.getMessage());
                e.printStackTrace();
            }
        }
    }
```

运行结果如图 11-3 所示。

```
收到的数据是：
UDP Datagram Example
数据报的字节数组长度为：20
目标计算机地址为：localhost/127.0.0.1
目标计算机端口为：1234
```

图 11-3 UDPInfo.java 的运行结果

11.5.2 收发数据报 DatagramSocket 类

DatagramSocket 类是用来表示收发数据报的套接字类，数据报套接字就像一个邮箱，所有的数据报信息需要从数据报套接字中接收。

DatagramSocket 类的构造方法如表 11-6 所示。

表 11-6 DatagramSocket 类的构造方法

构造方法	用法描述
public DatagramSocket()	构造数据报套接字并将其绑定到本机的任何可用的端口
DatagramSocket(int port)	创建数据报套接字并将其绑定到本机的指定端口
DatagramSocket(int port, InetAddress laddr)	创建数据报套接字，将其绑定到指定的本地地址

如果使用不带参数的构造方法，系统会自动为其分配一个端口；如果使用带有端口的构造方法，需要注意接收和发送的端口号要一致。

DatagramSocket 类的成员方法如表 11-7 所示。

表 11-7 DatagramSocket 类的成员方法

成员方法	功能描述
public void receive(DatagramPacket p)	从此套接字接收数据报包
public void send(DatagramPacket p)	从此套接字发送数据报包
public void setSoTimeout(int timeout)	启用/禁用带有指定超时值的 SO_TIMEOUT，以毫秒为单位
public void close()	关闭此数据报套接字

实际应用中可以先创建一个 DatagramPacket 对象，该对象包含接收 DatagramSocket 的计算机地址和端口号，然后调用 DatagramSocket 类的 send( )方法，将数据包发送到网络上并传输给接收者。例如，DatagramPacket 类和 DatagramSocket 类收发数据报的示例如下。

UDPSendReceive.java

```
import java.io.IOException;
import java.net.DatagramPacket;
import java.net.DatagramSocket;
```

```java
import java.net.InetAddress;

public class UDPSendReceive {
    public static void main(String[] args) {
        DatagramSocket  s = null;
        try {
            s = new DatagramSocket(5432);
            s.setSoTimeout(5000);                        // 设置超时时间
            String  ms = "UDP message!";
            byte[]  data = ms.getBytes();                // 创建字节数组
            InetAddress  ad = InetAddress.getByName(null);
            DatagramPacket  pk = new DatagramPacket(data, data.length,ad,5432);
            System.out.println("发送的数据报是: " + ms);
            s.send(pk);                                  // 发送数据报
            byte[]  buf = new byte[1024];
            pk = new DatagramPacket(buf,buf.length);
            s.receive(pk);                               // 接收数据报
            String  inms = new String(pk.getData(), 0, pk.getLength());

            System.out.println("目标计算机地址为: " + pk.getAddress());
            System.out.println("目标计算机端口为: " + pk.getPort());
            System.out.println("接收的数据报信息: " + inms);    // 获取数据报信息
        }
        catch(IOException e) {
            System.out.println("IOException" + e.getMessage());
            e.printStackTrace();
        }
        finally {
            System.out.println("UDP is over!");
            s.close();                                   // 通信结束, 关闭 Socket
        }
    }
}
```

运行结果如图 11-4 所示。

```
发送的数据报是: UDP message!
目标计算机地址为: /127.0.0.1
目标计算机端口为: 5432
接收的数据报信息: UDP message!
UDP is over!
```

图 11-4   UDPSendReceive.java 的运行结果

11.5.3   基于 UDP 通信举例

下面的示例演示了服务器和客户端双方通过 UDP 实现通信的简单历程。本例程有两个文件: 服务器端 UDPServer.java 文件、客户端 UDPClient.java 文件。

服务器端文件:

UDPServer.java

```java
import java.io.IOException;
import java.net.*;

public class UDPServer {
    public static void main(String[] args) throws IOException {
        DatagramSocket server = new DatagramSocket(5050);
        byte[] recvBuf = new byte[100];
        DatagramPacket recvPacket = new DatagramPacket(recvBuf, recvBuf.length);
        server.receive(recvPacket);
        String recvStr = new String(recvPacket.getData(), 0, recvPacket.getLength());
        System.out.println("Hello World!" + recvStr);
        int port = recvPacket.getPort();
        InetAddress addr = recvPacket.getAddress();
        String sendStr = "Hello! I'm Server";
        byte[] sendBuf;
        sendBuf = sendStr.getBytes();
        DatagramPacket sendPacket = new DatagramPacket(sendBuf, sendBuf.length, addr, port);
        server.send(sendPacket);
        server.close();
    }
}
```

客户端文件:

UDPClient.java

```java
import java.io.IOException;
import java.net.*;

public class UDPClient {
    public static void main(String[] args) throws IOException {
        DatagramSocket client = new DatagramSocket();
        String sendStr = "Hello! I'm Client";
        byte[] sendBuf;
        sendBuf = sendStr.getBytes();
        InetAddress addr = InetAddress.getByName("127.0.0.1");
        int port = 5050;
        DatagramPacket sendPacket = new DatagramPacket(sendBuf, sendBuf.length, addr, port);
        client.send(sendPacket);
        byte[] recvBuf = new byte[100];
        DatagramPacket recvPacket = new DatagramPacket(recvBuf, recvBuf.length);
        client.receive(recvPacket);
        String recvStr = new String(recvPacket.getData(), 0, recvPacket.getLength());
        System.out.println("收到:" + recvStr);
        client.close();
    }
}
```

本章小结

本章主要介绍了 Java 网络编程的基础知识，重点介绍了如何使用 java.net 包中提供的类来实现 TCP 和 UDP 通信。读者可以根据自己的兴趣选择相应的 Java 网络编程的教材进行进一步学习。

习 题 11

11-1　画图并简述 URL 的各个组成部分。

11-2　简述 TCP 与 UDP 技术的区别与联系。

11-3　简述 TCP 程序设计的一般步骤。

11-4　实现如下程序：通过一个 URL 请求来读取站点 www.sysu.edu.cn 的首页，然后把首页内容以文本形式直接输出到控制台。

11-5　采用 TCP 编程技术，客户端向服务器端写字符串（键盘录入），服务器端（多线程）将字符串反转后写回，客户端再次读取到的是反转后的字符串。

11-6　编写程序实现客户端向服务器上传文件。

11-7　编写基于 TCP 和 UDP 协议的客户端和服务器端的程序，实现如下功能。

（1）服务器端提供服务：显示服务器端的日期和时间，并显示所相应的客户端的 IP 地址、时间和日期。

（2）客户端端通过输入服务器的地址和端口参数，可以显示服务器的日期和时间。

11-8　设计并实现一个基于 TCP 的单人音乐点播系统。

11-9　设计并实现一个基于 UDP 的单人视频点播系统。

第12章 多 线 程

- ▷ 线程的基本概念
- ▷ 线程的创建
- ▷ 线程的同步
- ▷ 线程间通信
- ▷ 多线程的死锁问题

12.1　线程的基本概念

在学习线程之前，我们先学习与之相关的概念：进程。进程（Process）是指程序（Program）的一次动态执行过程，或者说，进程是正在执行中的程序，其占用特定的地址空间。当前的操作系统，如 Windows 和 UNIX 等，都支持多任务处理，即将 CPU 的计算时间动态地划分给多个进程，操作系统可以同时运行多个进程，这些进程是相互隔离的、独立运行的程序。

线程（Thread）是进程中一段连续的控制流或一段执行路径，不能独立存在，必须存在于某个进程中。一个进程可以拥有多个线程，这些线程可以共享进程中的内存单元，可以访问相同的变量和对象，以实现线程间通信、数据交互和同步操作等功能。此外，线程也有属于它自身的堆栈、程序计数器和局部变量。与进程相比，线程在管理费用、相互间通信等方面所需的代价要小得多，所以也被称为"轻量级进程"。

多线程是 Java 语言的一个重要特性，Java 虚拟机正是通过多线程机制来提高程序运行效率的。合理进行多线程程序设计，编写多线程程序，可以充分地利用计算机资源，提高程序的执行效率。

多线程程序设计的例子有服务器支持同时与多个客户端进行双向通信，系统需要同时监视多个摄像头中的内容等。

Java 语言对线程的支持主要通过 java.lang.Thread 类和 java.lang.Runnable 接口来实现。

12.2　线程的创建

在 Java 语言中，线程的创建有两种方式：

① 定义 Thread 类的子类，并在该子类中重写 run( )方法，该方法是线程执行的起点。

② 定义实现 Runnable 接口的类，并在该类中定义 Runnable 接口的 run( )方法，该方法也是线程执行的起点。

下面对这两种方式分别进行介绍。

12.2.1　继承 Thread 类

java.lang.Thread 实际上也是实现了接口 java.lang.Runnable 的类，所以通过 Thread 创建线程本质上与通过实现 Runnable 接口去构建线程是一致的。

Thread 类封装了线程的行为，是一个具体的类。要创建线程，必须定义一个 Thread 类的子类，在该子类中重写 Thread 类的 run( )方法，即定义线程所需完成的工作。线程的启动是通过 Thread 子类的 start( )方法来实现的。

在调用成员方法 start( )后，Java 虚拟机会自动启动线程，从而由 Java 虚拟机统一调度线程，实现各线程一起并发运行。Java 虚拟机决定是否开始，以及何时开始运行该线程，而线程的运行实际上就是执行线程的成员方法 run( )。

Thread 类常用的构造方法如下：① public Thread( )；② public Thread(String name)。

Thread 类常用的方法如下：

（1）public void run()：如果该线程是使用独立的 Runnable 运行对象构造的，则调用该 Runnable 对象的 run 方法；否则，该方法不执行任何操作并返回。 Thread 的子类应该重写该方法。

（2）public void start()：使该线程开始执行；Java 虚拟机调用该线程的 run 方法。

（3）public static void sleep(long millis) throws InterruptedException：在指定的毫秒数内让当前正在执行的线程休眠（暂停执行）。

例如，示例定义了一个 Thread 的子类 PrintThread，并由该类实例化两个线程对象 th1 和 th2，打印当前时间，然后 th1 休眠 1000 毫秒，th2 休眠 3000 毫秒，两个线程各自运行 10 次。

```
                          PrintThread.java
    import java.util.Date;
    public class PrintThread extends Thread{
        int  sleepTime;
        String  name;
        int  counter;

        public PrintThread(int x, String n) {
            sleepTime = x;
            name = n;
            counter = 0;
        }
        public void run() {
            while(counter < 10) {
                try {
                    counter++;
                    System.out.println( name + ":" + new Date(System.currentTimeMillis()));
```

```
                Thread.sleep(sleepTime);
            }
            catch(InterruptedException e) {
                System.out.println(e.getMessage());
            }
        }
    }
    public static void main(String args[]) {
        PrintThread  th1= new PrintThread(1000,"Thread_1");
        th1.start();
        PrintThread th2= new PrintThread(3000,"Thread_2");
        th2.start();
    }
}
```

运行结果如图 12-1 所示。

```
Thread_1:Tue May 28 15:53:23 CST 2013
Thread_2:Tue May 28 15:53:23 CST 2013
Thread_1:Tue May 28 15:53:24 CST 2013
Thread_1:Tue May 28 15:53:25 CST 2013
Thread_1:Tue May 28 15:53:26 CST 2013
Thread_2:Tue May 28 15:53:26 CST 2013
Thread_1:Tue May 28 15:53:27 CST 2013
Thread_1:Tue May 28 15:53:28 CST 2013
Thread_2:Tue May 28 15:53:29 CST 2013
Thread_1:Tue May 28 15:53:29 CST 2013
Thread_1:Tue May 28 15:53:30 CST 2013
Thread_1:Tue May 28 15:53:31 CST 2013
Thread_1:Tue May 28 15:53:32 CST 2013
Thread_2:Tue May 28 15:53:32 CST 2013
Thread_2:Tue May 28 15:53:35 CST 2013
Thread_2:Tue May 28 15:53:38 CST 2013
Thread_2:Tue May 28 15:53:41 CST 2013
Thread_2:Tue May 28 15:53:44 CST 2013
Thread_2:Tue May 28 15:53:47 CST 2013
Thread_2:Tue May 28 15:53:50 CST 2013
```

图 12-1　URLInfoDemo.java 的运行结果

12.2.2　实现 Runnable 接口

通过继承 Thread 类可以创建线程，但是如果所定义的类已经是某个类的子类，就不能再采用继承 Thread 类的方法，因为 Java 语言具有单继承的特点，规定一个类只能有一个父类。这时，我们可以采用另外一种创建线程的方法，即实现 Runnable 接口。

Runnable 接口只包含一个方法的声明，即 run( )方法，该方法必须由实现 Runnable 接口的类来定义。实现 Runnable 接口的类还需要引用 Thread 类的构造方法，才能真正成为线程对象，所需 Thread 类的构造方法定义为：

```
public Thread(Runnable target)
```

例如，示例定义了一个扩展了 Runnable 接口的对象 PrintRunnable，并使用该类创建两个线程对象 th1 和 th2，打印当前时间，然后 th1 休眠 1000 毫秒，th2 休眠 3000 毫秒，两个线程各自运行 10 次。

```java
import java.util.Date;

public class PrintRunnable implements Runnable {
    int  sleepTime;
    String  name;
    int  counter;
    public PrintRunnable(int x, String n){
        sleepTime = x;
        name = n;
        counter = 0;
    }

    public void run() {
        while (counter < 10) {
            try {
            counter++;
            System.out.println(name + ":" + new Date(System.currentTimeMillis()));
            Thread.sleep(sleepTime);
            }
            catch(InterruptedException e) {
                System.out.println(e.getMessage());
         }
        }
    }

    public static void main(String[] args) {
        Thread th1= new Thread(new PrintRunnable(1000, "Thread_1"));
        th1.start();
        Thread th2= new Thread(new PrintRunnable(3000, "Thread_2"));
        th2.start();
    }
}
```

由于 Java 语法规定类只能使用单继承，因此通过继承 Thread 实现的线程子类将不能再继承其他类。通过使用 Runnable 接口实现线程，避免了通过继承 Thread 子类实现线程的局限性。同时，使用 Runnable 接口实现线程不会增加类的层次，有利于提高程序的健壮性和可读性。

12.3 线程的状态与线程调度

线程生命周期是指从创建线程对象到最后线程代码执行结束，与生物的生命周期类似，线程也有着其独特的生命周期。在整个生命周期过程中，一个线程在执行过程中有着不同的执行阶段，也称为线程的状态（如图 12-2 所示）：初始状态（Idle），可运行状态（Runnable），运行状态（Running），阻塞状态（Suspended），结束状态（Dead）。

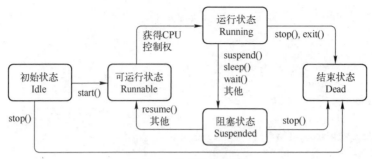

图 12-2　线程生命周期

线程调度是程序设计人员主动地查看和控制线程状态的技术，为此 Java 提供了相关的线程调度方法，如表 12-1 所示。

表 12-1　线程调度方法

方　法	描　述
currentThread()	返回对当前正在执行的线程对象的引用
getId()	返回该线程的标识符
getName()	返回该线程的名称
getPriority()	返回线程的优先级
setPriority(int newPriority)	更改线程的优先级
getState()	返回该线程的状态
interrupt()	中断线程
isAlive()	测试线程是否处于活动状态
join()	等待该线程终止
sleep(long millis)	在指定的毫秒数内，让当前正在执行的线程休眠
yield()	暂停当前正在执行的线程对象，并执行其他线程

下面通过示例 ThreadExample.Java 来分析线程调用方法的应用。

```
                        ThreadExample.Java
    public class ThreadExample implements Runnable {
        int  sleepTime;
        int  counter;
        String  name;

        public ThreadExample (int x, String n) {
            sleepTime = x;
            counter = 0;
            name = n;
        }
        public void run() {
            Thread.currentThread().setName(name);  // 设置当前线程名
            while (true) {
                try {
                    counter++;
```

```
                // 获取当前线程名: Thread.currentThread().getName()
                System.out.println(Thread.currentThread().getName() + ": " + counter);
                Thread.sleep(sleepTime);
                // 现在当前线程处于阻塞 (Suspended) 状态
            }
            catch(InterruptedException e) {
                System.out.println(Thread.currentThread().getName() + e.getMessage());
            }
        }
    }
}
```

查看当前线程的方法为 Thread.currentThread( )。例如:

```
public class ThreadSchedulingApp {
    public static void main(String[] args) {
        System.out.println(Thread.currentThread().getName());
        Thread  th1 = new Thread(new ThreadExample(500, "Thread_1"));
        Thread  th2 = new Thread(new ThreadExample(1500, "Thread_2"));
        // 线程对象创建后, th1 和 th2 都处于初始 (Idle) 状态
        // 现在 th1 进入 Runnable 状态, 如果当前 CPU 空闲或者没有更高优先级的任务, th1 即
        // 可进入 Running 状态
        th1.start();
        th2.start();
    }
}
```

运行结果如图 12-3 所示。

```
main
Thread_1: 1
Thread_2: 1
Thread_1: 2
Thread_1: 3
Thread_2: 2
Thread 1: 4
```

图 12-3　URLInfoDemo.java 的运行结果

查看和设置线程优先级方法分别如下:

```
getPriority()
setPriority(int n)
```

Java 中, 线程有 10 个优先级, 1 表示优先级最低, 10 表示优先级最高, 优先级高的线程首先得到执行。默认情况下, 线程的优先级为 5。getPriority( )方法可以获取一个线程的优先级, setPriority(int n)方法可以设置线程的优先级, 其中 n 的取值范围为 1～10。

```
public class ThreadSchedulingApp {
    public static void main(String[] args) {
        Thread  th1 = new Thread(new ThreadExample(500, "Thread_1"));
        Thread  th2 = new Thread(new ThreadExample(1500, "Thread_2"));

        System.out.println(Thread.currentThread().getName() + "默认的优先级: "
```

```
                                    + Thread.currentThread(). getPriority());
        System.out.println(th1.getName() + "的默认优先级: " + th1.getPriority());
        System.out.println(th2.getName() + "的默认优先级: " + th2.getPriority());

        th1.setPriority(4);
        th2.setPriority(6);
        System.out.println(th1.getName() + "新优先级: " + th1.getPriority());
        System.out.println(th2.getName() + "新优先级: " + th2.getPriority());
    }
}
```

运行结果如图 12-4 所示。

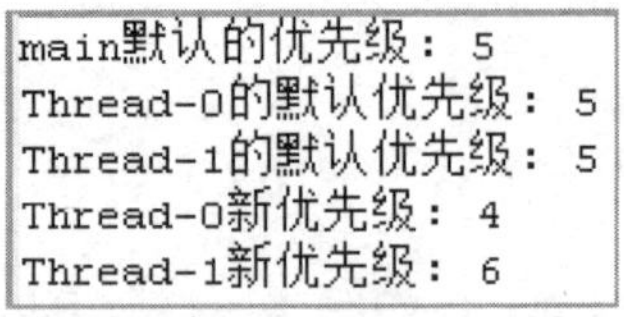

```
main默认的优先级: 5
Thread-0的默认优先级: 5
Thread-1的默认优先级: 5
Thread-0新优先级: 4
Thread-1新优先级: 6
```

图 12-4　线程示例运行结果

使当前线程休眠的方法为 Thread.sleep(long ms)。例如：

```
public class ThreadSchedulingApp {
    public static void main(String[] args) {
        Thread  th1 = new Thread(new ThreadExample(500, "Thread_1"));
        Thread  th2 = new Thread(new ThreadExample(1500, "Thread_2"));

        th1.start();
        try {
            Thread.sleep(3000);
            th2.start();
        }
        catch (InterruptedException e) {
            e.printStackTrace();
        }
    }
}
```

线程 th1 启动后，main 线程休眠 3 秒钟后才启动线程 th2，所以输出窗口中 th1 刚开始时输出了更多的信息，如图 12-5 所示。

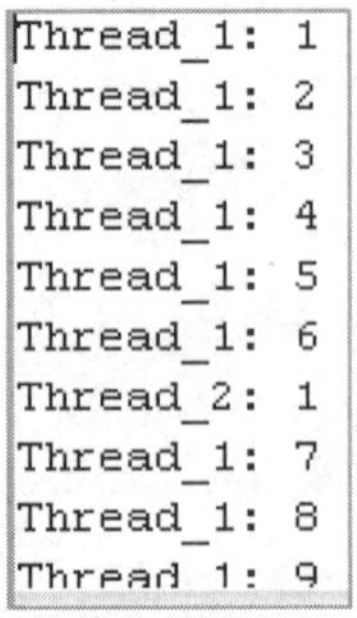

```
Thread_1: 1
Thread_1: 2
Thread_1: 3
Thread_1: 4
Thread_1: 5
Thread_1: 6
Thread_2: 1
Thread_1: 7
Thread_1: 8
Thread_1: 9
```

图 12-5　休眠线程示例的运行结果

暂停正在执行线程的方法为

```
Thread.yield()
```

用于多个相同优先级的线程之间，相同优先级的任务在执行过程中，得到执行权的线程将不断执行，一直到它被阻塞或结束。为了使其他相同优先级的线程得到执行机会，可以在当前程序中调用 Thread.yield( )暂停当前线程，这样如果其他线程等待执行（在 Runnable 状态），那么这些线程将得到执行机会，否则当前线程继续执行。所以，Threa.yield( )方法是相同优先级线程之间调度的一种方式。例如：

```java
public class ThreadSchedulingApp {
    @SuppressWarnings("deprecation")
    public static void main(String[] args) {
        Thread th1 = new Thread(new ThreadExample(1, "Thread_1"));
        th1.start();
        while(true) {
            for(int i = 0, sum = 0; i < 100000; sum+=i, i++)
                ;
            System.out.println( Thread.currentThread().getName() + "Running");
            Thread.yield();
        }
    }
}
```

```
mainRunning
mainRunning
mainRunning
Thread_1: 894
mainRunning
mainRunning
mainRunning
mainRunning
mainRunning
mainRunning
mainRunning
mainRunning
mainRunning
mainRunning
mainRunning
Thread_1: 895
mainRunning
```

图 12-6　暂停线程示例的运行结果

中断线程被阻塞的方法为 interrupt( )。例如：

```java
public class ThreadSchedulingApp {
    @SuppressWarnings("deprecation")
    public static void main(String[] args) {
        Thread th1 = new Thread(new ThreadExample(100, "Thread_1"));
        th1.start();
        while(true) {
            System.out.println( Thread.currentThread().getName() + "Running");
            th1.interrupt();
```

```
            }
        }
    }
```

运行结果如图 12-7 所示。不难看出，被中断后，线程 th1 立刻得到了执行，如果不使用中断方法，那么线程 th1 将不能得到执行机会。

```
Thread_1 sleep interrupted
Thread_1: 4971
mainRunning
Thread_1 sleep interrupted
Thread_1: 4972
mainRunning
Thread_1 sleep interrupted
```

图 12-7　中断线程示例的运行结果

等待线程终止的方法为 join( )。例如：

```
public class ThreadJoinDemo implements Runnable {
    @Override
    public void run() {
        Thread.currentThread().setName("Thread JoinDemo");
        for(int i = 0; i < 3; i++)
            System.out.println(Thread.currentThread().getName() + " is counting: " + i);
    }

    @SuppressWarnings("deprecation")
    public static void main(String[] args) {
        Thread  th1 = new Thread(new ThreadJoinDemo());

        System.out.println( th1.getName() + " is alive: " + th1.isAlive());
        th1.start();
        System.out.println( th1.getName() + " is alive: " + th1.isAlive());
        try {
            th1.join();
        }
        catch (InterruptedException e) {
            e.printStackTrace();
        }
        System.out.println( th1.getName() + " is alive: " + th1.isAlive());
    }
}
```

运行结果如图 12-8 所示。

```
Thread-0 is alive: false
Thread-0 is alive: true
Thread JoinDemo is counting: 0
Thread JoinDemo is counting: 1
Thread JoinDemo is counting: 2
Thread JoinDemo is alive: false
```

图 12-8　URLInfoDemo.java 的运行结果

在执行 th1.join( )之前，th1 正在运行，执行后，main 线程暂停，等待 th1 执行完毕才开始继续执行。

12.4 线程同步

在多线程软件系统中，多个线程可能需要同时访问共享数据，每个线程必须考虑与其他线程一起共享数据的状态和行为，否则不能保证共享数据的一致性，从而不能保证程序的正确性。

线程同步是指多个线程同时访问某一个共享资源时，需要保证在同一时间内最多只能有一个线程访问该资源，也就是说，不允许出现两个或多个线程在同一时间内对同一个共享资源进行访问，从而保证数据操作的完整性。

12.4.1 线程同步的示例

考虑如下情况：十字路口的车辆，在南北方向车辆可以运行的情况下，东西方向的车辆必须停下；而东西方向的车辆运行的情况下，南北方向的车辆也就必须停下，而控制车辆停止或运行的办法是交通信号，每个方向的车辆都必须按照信息灯的指示采取行动，否则十字路口就会发生交通事故。十字路口就是一个公共资源，东西方向和南北方向的车辆都需要经过这个公共资源，在共享过程中，资源的占用是独占式的，也就是两个交叉方向的车辆都是以互斥的方式来使用十字路口。

再如，程序中有一个计数器，有多个线程都需要访问这个计数器，访问的方式是先读取计数器当前的值，让计数器加 1，再把计数后的值读回来，最后比较前后两次读取的结果是否只差 1 次计数。例如：

```
                            ThreadCounter.java
public class ThreadCounter {
    public static void main(String[] args) {
        Counter  counter = new Counter();
        CountOperator[]  ops = new CountOperator[3];

        for (int i = 0; i < ops.length; i++) {
            ops[i] = new CountOperator(counter);
            ops[i].start();
        }
    }
}


class Counter {
    int count = 0;

    public void addCount(int i) {
        count += i;
    }
```

```java
    public int getCount() {
        return count;
    }
    public void validateAddCount(int i) {
        int oldCount = count;
        addCount(i);
        try {
            Thread.sleep(1);
        }
        catch (InterruptedException e) {
            e.printStackTrace();
        }
        int newCount = getCount();
        if ((newCount - oldCount) != i) {
            System.err.println(Thread.currentThread().getName() + "计数出错!!! "
                                    + "原值: " + oldCount + "新值" + newCount);
        }
    }
}
class CountOperator extends Thread {
    Counter counter = null;
    public CountOperator(Counter cnt) {
        counter = cnt;
    }
    public void run() {
        while (true) {
            counter.validateAddCount(1);
            try {
                Thread.sleep(1);
            }
            catch (InterruptedException e) {
                e.printStackTrace();
            }
        }
    }
}
```

运行结果如图 12-9 所示，线程 CountOperator 认为计数器出错，应该是 3 个 CountOperator 对同一个计数器 Counter 都进行了加法操作，但并没有保证在线程没有访问 Counter 结束前禁止其他线程访问。

```
Thread-0计数出错！！！原值：1新值5
Thread-1计数出错！！！原值：2新值4
Thread-0计数出错！！！原值：5新值7
Thread-2计数出错！！！原值：4新值8
Thread-0计数出错！！！原值：8新值10
Thread-1计数出错！！！原值：7新值11
Thread-2计数出错！！！原值：10新值13
Thread-0计数出错！！！原值：11新值13
```

图 12-9　线程同步示例的运行结果

12.4.2 线程同步方法 1：synchronized 方法

要实现线程同步，可以使用 synchronized 关键字，其作用是保证一个线程在没有结束共享资源访问之前，禁止其他线程访问该资源，所以 synchronized 方法可以避免多于一个的线程在同一时间内访问同一段代码。synchronized 方法的语法如下：

[访问修饰符] synchronized 方法类型 方法名(参数表)

例如，用 synchronized 方法实现 Counter 共享资源访问（只需修改 Counter.validateAddCount(int i)）：

/ThreadCounterSynchronized.java

```java
class Counter {
    int  count = 0;

    public void addCount(int i) {
        count += i;
    }

    public int getCount() {
        return count;
    }

    public synchronized void validateAddCount(int i) {
        int  oldCount = count;
        addCount(i);

        try {
            Thread.sleep(1);
        }
        catch (InterruptedException e) {
            e.printStackTrace();
        }

        int  newCount = getCount();

        if ((newCount - oldCount) != i) {
            System.err.println(Thread.currentThread().getName() + "计数出错!!! "
                                    + "原值: " + oldCount + "新值" + newCount);
        }
        else {
            System.err.println(Thread.currentThread().getName() + "计数成功, "
                                    + "原值: " + oldCount + "新值" + newCount);
        }
    }
}
```

运行结果如图 12-10 所示。

```
Thread-0计数成功，原值：0新值1
Thread-2计数成功，原值：1新值2
Thread-0计数成功，原值：2新值3
Thread-1计数成功，原值：3新值4
Thread-0计数成功，原值：4新值5
Thread-2计数成功，原值：5新值6
Thread-0计数成功，原值：6新值7
Thread-1计数成功，原值：7新值8
```

图 12-10　synchronized 方法的运行结果

上面实现了对方法的线程同步（也称为互斥）访问，其实现的方法一般只需要在方法类型前面加上 synchronized 关键字即可。

```
class Counter {
    …
    public synchronized void validateAddCount(int i) {
        …
    }
    …
}
```

12.4.3　线程同步方法 2：synchronized 数据

在同步的过程中，我们还可以只对一段代码进行访问的同步，方法如下：

```
synchronized(object) {
    …                                        // 访问 object 对象
}
```

对于计数器的例子，也可以这样实现同步：

```
class CountOperator extends Thread {
    …
    public void run() {
        while (true) {
            synchronized (counter) {
                counter.validateAddCount(1);
            }

            try {
                Thread.sleep(1);
            }

            catch (InterruptedException e) {
                e.printStackTrace();
            }

        }
    }
}
```

12.4.4　线程同步方法 3：class 同步

class 同步的是整个 class 类，语法如下：

```
synchronized(classname.class) {
    …                                        // 访问 classname 的对象
}
```

例如：

```
class CountOperator extends Thread {
    …
    public void run() {
        while(true) {
            synchronized (Counter.class) {
                counter.validateAddCount(1);
            }
            try {
                Thread.sleep(1);
            }
            catch(InterruptedException e) {
                e.printStackTrace();
            }
        }
    }
}
```

12.5　线程间的通信

12.4 节介绍了线程间同步访问共享资源的方法，同步方法只能保证在访问共享资源时线程可以以独享的方式来访问，但不能处理线程间对于共享资源间按一定顺序访问的问题。比如，我们处理某个资源时规定，只有线程 Thread1 访问完成，Thread2 才能访问。又如，当共享资源处于某种特定状态时，只有 Thread1 可以访问，而共享资源处于另一种特定状态时，Thread2 才能访问。再如，当 Thread1 操作访问共享资源结束后，如何通知 Thread2 去访问。

解决这些问题的方法是线程间的通信技术，可以通过 wait( ) 和 notify( ) 等线程通信的方法来实现。本节将介绍 Java 线程通信技术，并给出应用实例。

线程在执行过程中，可以通过调用 wait( ) 方法暂停当前进程的执行，过一段时间再继续执行，所以 wait( ) 方法可以应用于当前线程在等待某些期待的事情发生的情况下，如客户端向服务器发送了一个查询请求，然后客户端等待若干时间，期待在这段时间内请求的信息已经反馈回来。所以，wait( ) 方法是实现线程间通信的一种技术。Java 的 Thread 类的 wait( ) 方法有 3 个重载版本。

```
public final void wait() throws InterruptedException
public final void wait(long timeout) throws InterruptedException
public final void wait(long timeout, int nanos) throws InterruptedException
```

其中，timeout 表示等待的最长时间，单位为毫秒；nanos 表示精细时间，以纳秒为单位。第一种方法需要一直等待到同步对象被释放；第二种方法最多等待 timeout 毫秒；第三种 wait 方法可以实现更精确的等待时间控制，等待的时间长度为 106×timeout + nanos 纳秒。

　　下面的例子实现了模拟左右手交替举起来动作。其中，Hand 类实现了对左手标志 leftHandOn 的状态切换，其 changToRight( )方法同步地把 leftHandOn 标志从 true 改为 false，而 changToLeft( )方法同步地把 leftHandOn 标志从 false 改为 true。

```java
class Hand {
    boolean  leftHandOn = false;

    public synchronized void changeToRight() {
        while (!leftHandOn) {
            try {
                wait();
            }
            catch (InterruptedException e) {
                e.printStackTrace();
            }
        }
        leftHandOn = false;
        notifyAll();
    }
    public synchronized void changeToLeft() {
        while (leftHandOn) {
            try {
                wait();
            }
            catch (InterruptedException e) {
                e.printStackTrace();
            }
        }
        leftHandOn = true;
        notifyAll();
    }
    public boolean isleftHandOn() {
      return leftHandOn;
    }
}

class LeftHand extends Thread {
    Hand currentHand = null;

    public LeftHand(Hand hand) {
        currentHand = hand;
    }
```

```java
    public void run() {
        while (true) {
            try {
                sleep(500);
            }
            catch(InterruptedException e) {
                e.printStackTrace();
            }
            System.out.println("Left");
            currentHand.changeToRight();
        }
    }
}


class RightHand extends Thread {
    Hand currentHand = null;

    public RightHand(Hand hand) {
        currentHand = hand;
    }
    public void run() {
        while (true) {
            try {
                sleep(500);
            }
            catch (InterruptedException e) {
                e.printStackTrace();
            }
            System.out.println("Right");
            currentHand.changeToLeft();
        }
    }
}
public class WaitDemo {
    public static void main(String[] args) {
        Hand hand = new Hand();
        LeftHand left = new LeftHand(hand);
        RightHand right = new RightHand(hand);
        left.start();
        right.start();
    }
}
```

运行结果如图 12-11 所示。可以看出，左手线程 LeftHand 和右手线程 RightHand 交替地打印出 "Left" 和 "Right"。

```
Right
Left
Right
Left
Right
Left
Right
Left
```

图 12-11　URLInfoDemo.java 的运行结果

12.6　多线程中的死锁问题

在多线程程序运行过程中，死锁很容易出现，在线程间同步时比较常见。线程间的死锁现象是因为线程间相互等待对方释放正在占用的公共资源而引起的，是软件设计的问题，所以 Java 多线程技术本身不能避免死锁现象的发生。

12.6.1　死锁问题产生的例子

在多线程同步/通信的过程中，很可能出现多个线程在占有部分共享资源，同时需要等待对方线程释放公共资源的情况。

例如，两个线程间的死锁问题，线程 Thread1 已经占有了资源 A，但在等待同步资源 B，而线程 Thread2 已经占用了资源 B，但在等待资源 A，在这种情况下，线程 Thread1 和 Thread2 都在等待对方释放资源，但对方不能释放该资源，这样就出现了相互等待，造成了两个线程间的死锁现象。

把问题扩展到多个线程，线程 Thread1 已经占有了资源 A 但在等待同步资源 B，而线程 Thread2 已经占用了资源 B 但在等待资源 C，线程 Thread3 已经占有了资源 C 但在等待同步资源 A。在这种情况下，Thread1、Thread2 和 Thread3 间出现了循环等待的现象，出现了多个线程间的死锁现象。

总之，死锁的出现都与资源的独占使用相关，解决死锁问题必须从资源独占角度入手。例如：

```java
public class DeadLockDemo {
    public static void main(String[] args) {
        final String  resource1 = "资源1";
        final String  resource2 = "资源2";
        Thread  th1 = new Thread() {
            public void run() {
                synchronized (resource1) {
                    System.out.println("Thread1 locked " + resource1);
                    try {
                        sleep(1000);
                    }
                    catch(InterruptedException e) {
                        e.printStackTrace();
```

```
                    }
                    System.out.println("Thread1 waiting for " + resource2);
                    synchronized(resource2) {
                        System.out.println("Thread1 locked " + resource2);
                    }
                }
                System.out.println("Thread1 unlocked " + resource1);
                System.out.println("Thread1 unlocked " + resource2);
            }
        };

        Thread th2 = new Thread() {
            public void run() {
                synchronized (resource2) {
                    System.out.println("Thread2 locked " + resource2);
                    try {
                        sleep(1000);
                    }
                    catch(InterruptedException e) {
                        e.printStackTrace();
                    }

                    System.out.println("Thread2 waiting for " + resource1);
                    synchronized (resource1) {
                        System.out.println("Thread2 locked " + resource1);
                    }
                }
                System.out.println("Thread2 unlocked " + resource2);
                System.out.println("Thread2 unlocked " + resource1);
            }
        };

        th1.start();
        th2.start();
    }
}
```

运行结果如图 12-12 所示。

图 12-12　死锁示例的运行结果（一）

Thread1 和 Thread2 两个线程最后都处于阻塞状态，它们之间产生了死锁现象。在多线程之间产生死锁现象时，系统认为线程在正常执行，而不会提示任何的错误信息。所以，解决多线程间的死锁现象比较困难，在多线程程序设计的过程中一定要特别注意。

12.6.2 死锁问题常用解决方法

解决死锁问题的方法一般与多线程程序需要解决的问题有着密切关系，所以没有一般性的解决办法。下面针对 12.6.1 节中的死锁实例进行分析，然后给出解决办法。

DeadLockDemo 中 Thread1 和 Thread2 之间发生死锁的原因是它们锁定的"资源 1"和"资源 2"的顺序是相反的，所以我们可以把资源锁定的顺序改为相同的，如把 Thread1 锁定资源的顺序改为先"资源 2"后"资源 1"，即可解决问题。

```
Thread th1 = new Thread() {
    public void run() {
        synchronized (resource2) {
            System.out.println("Thread1 locked " + resource2);
            try {
                sleep(1000);
            }
            catch(InterruptedException e) {
                e.printStackTrace();
            }

            System.out.println("Thread1 waiting for " + resource1);
            synchronized (resource1) {
                System.out.println("Thread1 locked " + resource1);
            }
        }
        System.out.println("Thread1 unlocked " + resource1);
        System.out.println("Thread1 unlocked " + resource2);
    }
};
```

更改后，运行结果如图 12-13 所示。

图 12-13　死锁示例的运行结果（二）

由于多线程之间的死锁问题与软件所处理的事务密切相关，因此死锁问题产生的原因可能多种多样，分析和解决起来异常复杂。建议读者去参考一些专门研究多线程的书籍，去做更深入的学习。

本章小结

多线程程序可以在一定程度上更加充分地利用计算机内部的多个 CPU，使程序内部多个线程并发运行。多线程程序的设计，可以做到同时使用计算机的多个资源，在运行多线程程序时需要理解多线程执行过程的并发性。

习 题 12

12-1　简述线程同步和线程通信的意义。

12-2　编写程序，第一个线程用来计算 2～100000 的素数的个数，第二个线程用来计算 100000～200000 的素数的个数，最后输出结果。

12-3　使用多线程模拟龟兔赛跑的场景。

12-4　编写程序，设计 4 个线程，其中 2 个线程每次对 j 增加 1，另 2 个线程对 j 每次减少 1。需要考虑线程的安全性。

12-5　设计并实现一个基于 TCP 的多人音乐点播系统。

12-6　设计并实现一个基于 UDP 的多人视频点播系统。

第 13 章　Java 数据库编程技术

- ₱　SQL **基础**
- ₱　JDBC **基本知识**
- ₱　MySQL **开发实例**

本章将介绍如何利用 Java 语言进行数据库程序设计技术。数据库为存储、组织和管理大量有规则的计算机数据提供了一种通用的模式，对数据库进行的基本的操作就是存储数据和读取出数据。在通常情况下，存取数据使用的主要工具就是 SQL（Structured Query Language，结构化查询语言）。

JDBC 是一套面向对象的应用程序接口，它提供了一套标准的访问数据库的程序设计接口 API（Application Program Interface，应用程序接口），即各种 Java 类和接口，以及它们的成员方法，为各种类型的数据库规定统一的处理方法，使得相同的 Java 程序代码有可能统一处理不同类型的数据库的数据，从而增强程序的可移植性。

通过 JDBC 技术，开发人员运用 Java 技术和标准的 SQL 语句，能够轻松地开发完整的数据库应用程序。通过这种技术模式开发的系统能够真正地实现软件的平台无关性。

通过本章学习，读者可以掌握 SQL 的使用方法，在程序中连接数据库的 JDBC 代码等相关知识，熟练运用结合数据库的项目开发技术。

13.1　关系型数据库

13.1.1　数据库表

每个项目设计几乎都会有数据库作为后台支持，数据库提供某种特定的数据结构来有序地组织、管理项目中的数据内容。目前使用广泛的是关系型数据库，一个关系型数据库包含一份或多份数据库表（多份数据库表之间会维持某种关联关系），每张数据库表会有一个数据库表名和表头，表头包含多个不同的字段，每个字段有其字段名，数据类型等属性。为了更好描述关系型数据库的特点和使用，本章将围绕以下三份数据库表进行介绍，如表 13-1～表 13-3 所示。

表 13-1　Student（学生表）

sNo（学号）	sName（姓名）	sex（性别）	age（年龄）	dept（系别）
201901001	丁一	女	19	计算机
201901002	王楠	女	18	计算机
201901003	张迪	男	19	软件工程
201901004	夏明	男	20	智能科学
201901005	宁静	女	18	电子

表 13-2　Course（课程表）

cNo（课程号）	cName（课程名）	cred（学分）
c001	程序设计	3
c002	高等数学	3
c003	网络实训	2

表 13-3　Score（成绩表）

sNo（学号）	cNo（课程号）	grade（成绩）
201901001	c001	90
201901001	c002	95
201901001	c003	80
201901002	c001	86
201901002	c002	70
201901002	c003	60
201901003	c001	99
201901003	c002	94
201901003	c003	91
201901004	c001	75
201901005	c002	89

13.1.2　约束条件

对于每份数据库表，其字段可以设置一些限制条件，以满足实际项目的要求，如：成绩字段的值可限制为 0～100，学号字段一般不能为 NULL（空），而每个学生学号、课程号应该不能重复；三个表格又是通过某个字段关联在一起的。

表格约束包括域约束、主键约束、外键约束。域约束和主键约束只涉及一份表，外键约束是涉及多份表。

1．域约束

域约束指的是字段的取值限制条件。每个字段可以设置不同的数据类型，如字符型、文本型、数值型等，在不同数据类型基础上进一步限制字段的取值，就可以附加域约束。例如，表格中的年龄字段不能为负整数，成绩字段值应为 0～100，系别、学分字段是否能为空（NULL）值。

2．主键约束

对数据库查询时，可以唯一确定一条记录的字段被称为主键。主键可设置为一个字段，则该字段值在当前表中具有唯一性，不可重复，不能为空（NULL）。主键若由多个字段组成，则可由这些主键唯一确定一条记录，这些主键也被称为复合主键。如 Student（学生表）可将 sNo（学号）设置为主键。

3．外键约束

表中的某个字段（或多个组合字段）不是该表的主键，却是另一个表的主键，则该字段即该表的外键。外键的主要作用是使多个表关联在一起，使表内部满足某种关联关系。例如，Score（成绩表）中，sNo（学号）不是 Score（成绩表）的主键，但是 Student（学生表）的主键，则 sNo（学号）字段为 Score（成绩表）的外键；通过外键 sNo（学号），可使 Score（成绩表）和 Student（学生表）建立关系。

13.2 SQL 基本知识

SQL 由于功能丰富、语言简洁，目前已经成为关系型数据库中的通用访问语言，本节将简单介绍 SQL 的基本语法和基本用法。

SQL 是非过程化编程语言，主要使用集合作为输入、查询等操作的参数，从而实现复杂的、有条件的嵌套查询。无论通过何种查询力式，都可时得到查寻操作的结果集合。因此，目前流行的数据库都可以使用 SQL 作为输入和管理的接口。

SQL 按照功能可以分为如下 3 部分。

- ❖ 数据库模式定义语言（DDL）：CREATE、DROP、ALTER 等语句。
- ❖ 数据操纵语言（DML）：INSERT、UPDATE、DELETE、SELECT 等语句。
- ❖ 数据控制语言：GRANT、REVQKE、COMMIT、ROLLBACK 等语句。

13.2.1 SQL 基本语句

1．DDL

DDL 用于定义和管理数据库和数据表的格式，包括 CREATE、ALTER、DROP 语句等。CREATE 语句的应用实例如下。

创建数据库：

```
CREATE DATABASE StuSys;
```

创建数据表（TABLE）：

```
CREATE TABLE Student (
    sNo  VARCHAR(30) NOT NULL PRIMARY KEY,
    sName  VARCHAR(30),
    sex  CHAR(2),
    age  INT,
    dept  VARCHAR(50)
```

```
);
```

ALTER 语句用于修改数据表，增加或删除一个或者多个数据段，应用实例如下。

增加一个数据段：

```
ALTER TABLE Student ADD grade INT;
```

删除一个数据段：

```
ALTER TABLE Student DROP COLUMN grade;
```

DROP 语句用于删除数据表，应用实例如下。

删除数据表：

```
DROP TABLE Student;
```

2．DML

DML 用于在指定表中操作数据，包括 SELECT、INSERT、UPDATE、DELETE 语句等。
INSERT 语句的应用实例如下。

在表中增加一个新的记录：

```
INSERT INTO Student values('202011001', '张晓明', '男', 20, '自动化');
```

UPDATE 语句的应用实例如下。

更改表中已有记录的值

```
UPDATE Student SET age = 23    WHERE sNo='202011001';
```

DELETE 语句的应用实例如下。

删除表中指定的记录：

```
DELETE FROM Student    WHERE sNo='202011001';
```

SELECT 语句的应用实例如下

从表中查询符合指定条件的记录：

```
SELECT *    FROM student    WHERE dept='计算机';
```

13.2.2　SQL 的基本数据类型

SQL 常用的数据类型有 5 种，分别是字符型、文本型、数值型、逻辑型和日期型。

1．字符型

向数据库中存储字符串时，需要使用字符型的数据，常用的字符型为 VARCHAR。在定义表中字段为字符型时，必须指定其字符串的长度，应用实例：

```
CREATE  TABLE  Student (
    sNo VARCHAR(30) NOT NULL PRIMARY KEY,
    sName  VARCHAR(30)
);
```

2．文本型

文本型使用"TEXT"表示，可以存储超过 20 亿个字符的字符串。当程序中的字段用于存储较大数据时，可以使用文本型。

3. 数值型

数值型有 INT（表示 4 字节的整数）、SMALLINT（表示 2 字节的短整型整数）、TINYINT（表示 1 字节的正整数）、NUMERIC、SMALLMONEY、MONEY。

4. 逻辑型

逻辑型用"BIT"表示，只有两个值：0 或 1，适用于只有真和假两种状态的字段。

5. 日期型

日期型的数据类型有两种：SMALLDATETIME，表示 1900 年 1 月 1 日到 2079 年 6 月 6 日，只能精确到秒；DATETIME，表示 1753 年 1 月 1 日第一毫秒到 9999 年 12 月 31 日是后一毫钞。

13.2.3 SQL 数据库创建过程

下面以学生管理系统的数据库 StuSys 为例，使用表 13-1 的数据内容，说明使用 SQL 脚本创建数据库的过程。

（1）创建数据库 stusys，SQL 脚本如下：

```
CREATE DATABASE  StuSys;
use  StuSys;
```

（2）在数据库 StuSys 中创建数据表 Student 后，数据库 StuSys 中具有了 Student 表的表头。SQL 脚本如下：

```
CREATE TABLE Student (
    sNo  VARCHAR(30) NOT NULL PRIMARY KEY,    // PRIMARY KEY 表示 sNo 为主键，其值具有唯一性
    sName  VARCHAR(30) NOT NULL,              // NOT NULL 表示 name 必须赋值，不能为空
    sex  CHAR(2),
    age  INT,
    dept  VARCHAR(50)
);
```

（3）在数据表中填入数据，SQL 脚本如下：

```
INSERT INTO Student  VALUES('202011001', '王勤', '男', 21, '电子');
INSERT INTO Student  VALUES('202011002', '李浩', '男', 23, '软件工程');
INSERT INTO Student  VALUES('202011003', '杨树', '女', , '计算机');
```

（4）结合 ORDER BY 子句查询并按顺序排列

```
SELECT sNo,grade
FROM Score
WHERE cNo = 'c002' ORDER BY grade DESC;        // DESC 表示降序排列
```

至此，我们成功创建了数据库 stusys 及其数据表 Student，并在表中插入了 3 条记录。

可以看到，sNo（学号）是主键，所以所有学生的学号都不能相同；sNo（学号）和 sName（姓名）要求不能为空，所以在 SQL 脚本中，相应字段的值均不为空，但数据表 Student 中没有限制年龄 age 不能为空，所以第 3 条插入语句的第三个字段可以为空。

13.3   JDBC 基本知识

JDBC（Java Database Connectivity，Java 数据库连接），是一种用于执行 SQL 语句的 Java API，由 Java 语言编写的类和界面组成。应用 Java 和 JDBC 技术开发的应用程序可以很好地实现跨平台。

13.3.1   java.sql 软件包

java.sql 软件包是一个 Java 编程语言访问并处理存储在关系数据库中的数据的 API，包含了所有的 JDBC 类、接口和方法。编写的 Java 程序可以通过使用该包的方法对数据源进行读、写操作。数据源可以是服务器的远程数据库，也可以是本地计算机的数据库，还可以是计算机中的文本文件等。通过 JDBC，开发人员几乎可以将 SQL 语句传递给任何一种数据库，而不需为各种数据库编写单独的访问程序，JDBC 可以自动将 SQL 语句传递给相应的数据库管理系统。

图 13-1 给出了使用 JDBC 的应用程序访问数据库的过程描述，应用程序通过访问 JDBC 提供的编程接口（API）来操作数据库。

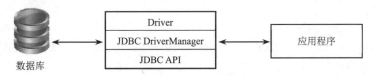

图 13-1   JDBC 数据库连接过程

JDBC 提供的编程接口如下，参考 JAVA JDK API 即可获得更多的信息。

❖ DriverManager 类：用来管理 JDBC 驱动程序，主要用户跟踪和加载驱动程序并负责选取数据库驱动程序和建立新的数据库连接。

❖ Driver 接口：每个驱动程序类必须实现的接口，将 API 的调用映射到数据库的操作。

❖ Connection 接口：用来连接应用程序与指定的数据库。

❖ Statement 接口：用来执行静态 SQL 语句并得到 SQL 语句执行后的结果。

❖ DatabaseMetaData 接口：用来返回有关数据、数据库和驱动程序等与底层数据库有关的信息。

❖ ResultSet 接口：提供对数据库表的访问，执行查询后返回结果集。ResultSet 对象是通过执行一个查询数据库的语句生成的。

13.3.2   JDBC 数据库访问过程

使用 JDBC 不需要知道底层数据库的细节，JDBC 操作不同的数据库时仅是连接方式的差异而已。使用 JDBC 的应用程序一旦与数据库建立连接，就可以使用 JDBC 提供的编程接口操作数据库。

通过 JDBC 完成数据库和数据表的操作过程如下。

（1）加载 JDBC 驱动，使用 Class.forName(JDBCDriverClass)加载。表 13-4 是常用数据库的驱动参数。

表 13-4　常用数据库的驱动参数

数据库	驱动参数	数据库	驱动参数
Access	sun.jdbc.odbc.JdbcOdbcDriver	MySQL	com.mysql.jdbc.Driver
SQLServer	com.microsoft.sqlserver.jdbc.SQLServerDriver	Oracle	oracle.jdbc.driver.OracleDriver

（2）与数据库建立连接，从 Driver 中获取连接 Connection 对象，用 DriverManager.get-Connection(URL, Username, Password)方法建立连接。表 13-5 是常用数据库的 URL。

表 13-5　常用数据库的 URL

数据库	驱动参数	数据库	驱动参数
Access	Jdbc:odbc:dataSource	MySQL	Jdbc:mysql://hostname/dbName
SQLServer	Jdbc:sqlserver://hostname:port#;DatabaseName=dbName	Oracle	Jdbc:oracle:thin:@hostname:port#:oracleDBSID

例如，JDBC 驱动注册和连接获取。

```java
try {
    // 注册 MySQL 驱动程序
    Class.forName("com.mysql.jdbc.Driver");                    // 驱动
}

catch (Exception e) {
    System.out.println("在类路径上找不到 MySQL 驱动程序," + "请检查类路径上是否加载 MySQL 的 JAR 包!");
}

// 获取数据库连接
Connection conn = null;                                        // 同时按下 Ctrl+Shift+O 键
try {
    conn = DriverManager.getConnection("jdbc:mysql://127.0.0.1:3306/Test", "root", "root");
    System.out.println("建立数据库连接成功");
}

catch (Exception e) {
    e.printStackTrace();
    System.out.println("创建数据库连接失败! ");
}
```

（3）向数据库发送 SQL 语句，包括生成 SQL 语句字符串、数据库客户端发起 SQL 语句的执行。例如，SQL 字符串的生成和执行。

```java
String sql = "INSERT INTO student(sno, sname, sex, age)
            VALUES('202011010', '张明', '男', 19, '自动化')";

try {                                                          // 执行 SQL 语句
    stmt.executeUpdate(sql);
    System.out.println("数据插入成功");
}

catch (Exception e) {
```

```
    e.printStackTrace();
    System.out.println("插入失败");
}
```

（4）数据库系统（如 MySQL）处理需要执行的 SQL 语句。此步由数据库执行，编程过程中只需要注意捕捉异常即可（参考上一步）。

（5）数据库系统将处理的结果返回给客户端。

```
ResultSet  rs = stmt.executeQuery("SELECT *    FROM Student");


// 访问处理结果集
while (rs.next()) {
    // rs.next()用于判断结果集中是否存在记录
    System.out.println(rs.getString(1));
    System.out.println(rs.getString(2));
    System.out.println(rs.getString(3));
    System.out.println(rs.getInt(4));
    System.out.println(rs.getString(5));
}
```

13.4　MySQL 与 Java 数据库开发

在实际应用中，大部分 Java 应用程序都需要与数据库进行连接来处理数据。本节介绍如何使用 JDBC 与 MySQL 5.0 进行数据库的开发。

13.4.1　使用 JDBC 实现与 MySQL 5.0 数据库的开发

1．启动 MySQL 5.0，通过 SQL 语句创建数据库及相应的表

在 MySQL 中创建数据库 Test，从中创建一个表 student，该表包含学生学号、姓名、性别和年龄属性。代码如下：

```
CREATE DATABASE  Test;
USE  Test;


CREATE TABLE student(
    sno  INT PRIMARY KEY,
    sname  CHAR(8) NOT NULL UNIQUE,
    sex CHAR(2),
    age  INT
);
```

在 MySQL 5.0 中的创建过程如图 13-2 所示。使用查询语句可以查询到学生信息表为空，见图 13-2 下方。

2．JDBC 驱动程序导入

使用 Java 与 MySQL5.0 数据库进行连接时，还需要有一个 JDBC 驱动程序，该驱动程序

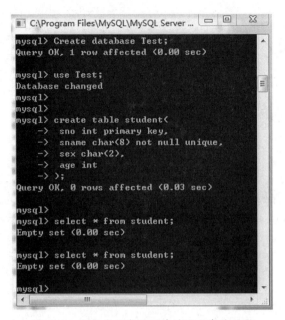

图 13-2　数据库及表的创建过程和查询结果

可到 MySQL 的官方网站下载。本例中使用的 JDBC 驱动程序为：mysql-connector-java-5.0.8-bin.jar。

在 MyEclipse 下，需要将 JDBC 驱动程序导入，导入过程如下。

（1）右击项目名称，在弹出的快捷菜单中选择"Build Path→Configure Build Path"命令，如图 13-3 所示。

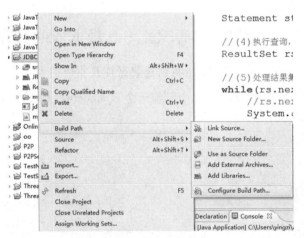

图 13-3　导入驱动程序

（2）出现 Java Build Path 对话框（如图 13-4 所示），选择"Libraries"项，然后单击"Add External JARs"按钮，在出现的对话框中选中驱动程序 mysql-connector-java-5.0.8-bin.jar 所在的文件夹，然后单击"打开"按钮，驱动程序会被加载。

（3）单击"OK"按钮，在工程文件夹下会增加一个 mysql-connector-java-5.0.8-bin.jar 包。至此，导入成功。

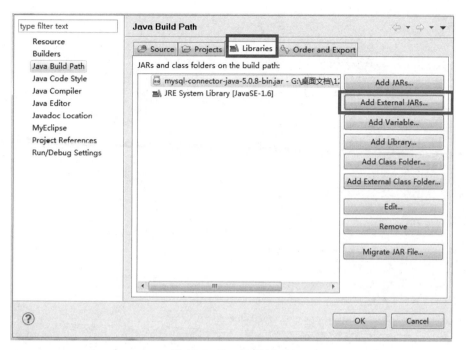

图 13-4　Java Build Path

3. 进行数据库连接和数据存取操作

在 MyEclipse 下加载完驱动程序后，新建一个 Java 文件，进行与 MySQL 5.0 数据库的连接和存取操作。

例如，TestFirstJDBC.java 演示了向 MySQL 数据库插入数据的过程，运行结果如图 13-5 所示；TestFirstJDBC2.java 演示了读取数据的过程，将 Student 表中的数据取出，运行结果如图 13-6 所示。

```java
                            TestFirstJDBC.java
import java.sql.Connection;
import java.sql.DriverManager;
import java.sql.Statement;

public class TestFirstJDBC {
    public static void main(String[] args) {
        // 第一个 Java 访问 Mysql 程序，使用 JDBC 技术
        // JDBC(Java Database Connectivity)
        // （1）在 MySQL 数据库中创建表 Student
        // （2）注册 JDBC 驱动程序(MySQL 的驱动程序 com.mysql.jdbc.Driver)
        // String  driver = "com.mysql.jdbc.Driver";
        try {                                      // 注册 MySQL 驱动程序
            Class.forName("com.mysql.jdbc.Driver");    // driver
            System.out.println("找到 MySQL 数据库驱动程序");
        }
        catch(Exception e) {
            System.out.println("在类路径上找不到 MySQL 驱动程序," + "请检查类路径上是否加载 MySQL 的 JAR 包!");
```

```java
    }
    // （3）获取数据库连接
    Connection conn = null;                                 // 同时按下 Ctrl+Shift+O 键
    // 通过 JDBC 工具类 DriverManager 创建到 MySQL 的连接对象
    // String  url = "jdbc:mysql://127.0.0.1:3306/Test";
    // String  userName = "root";
    // String  password = "root";
    try {
        // 第一个参数：数据库连接字符串 url
        // JDBC URL 格式：协议名+子协议名+数据源
        // 协议名固定为：jdbc
        // 子协议名：不同的数据库不一样，mysql 的子协议名就是 mysql
        // 数据源：具体指向那个数据库的信息
        // MySQL 例子 jdbc:mysql://127.0.0.1:3306/Test
        // 第二个参数：数据用户名
        // 第三个参数：数据库用户密码
        conn = DriverManager.getConnection(
                "jdbc:mysql://127.0.0.1:3306/Test", "root", "root");// (url,username, password)
        System.out.println("建立数据库连接成功");
    }
    catch (Exception e) {
        e.printStackTrace();
        System.out.println("创建数据库连接失败！");
    }

    // （4）创建一个 SQL 语句执行（需要在 Java 执行 SQL 语句）
    Statement stmt = null;
    try {                                                   // 通过 conn 对象创建 SQL 语句对象
        stmt = conn.createStatement();
    }
    catch(Exception e) {
        e.printStackTrace();
    }

    // （5）执行 SQL 语句
    String sql = "INSERT INTO student(sNo,sName,sex,age,dept) VALUES('2','niuniu','男',19,)";
    try {                                                   // 执行 SQL 语句
        stmt.executeUpdate(sql);
        System.out.println("数据插入成功");
    }
    catch (Exception e) {
        e.printStackTrace();
        System.out.println("插入失败");
    }

    // （6）关闭资源
```

```java
        try {
            stmt.close();
            conn.close();
        }
        catch (Exception e) {
            e.printStackTrace();
        }
    }
}
```

TestFirstJDBC2.java

```java
import java.sql.Connection;
import java.sql.DriverManager;
import java.sql.ResultSet;
import java.sql.Statement;

public class TestFirstJDBC2 {
    public static void main(String[] args) throws Exception {
        // （1）注册驱动程序（类路径上必须放置数据库驱动程序）
        Class.forName("com.mysql.jdbc.Driver");

        // （2）获取数据库连接
        Connection conn = DriverManager.getConnection(
                            "jdbc:mysql://127.0.0.1:3306/Test", "root", "root");

        // （3）创建 SQL 语句对象
        Statement  stmt = conn.createStatement();

        // （4）执行查询，返回结果集
        ResultSet rs = stmt.executeQuery("SELECT * FROM Student");

        // （5）处理结果集
        while (rs.next()) {
            // rs.next()判断结果集中是否存在记录
            System.out.println(rs.getString(1));
            System.out.println(rs.getString(2));
            System.out.println(rs.getString(3));
            System.out.println(rs.getInt(4))
            System.out.println(rs.getString(5));
        }

        // （6）关闭资源 try…catch…finally
        try {
            stmt.close();
            conn.close();
        }
        catch (Exception e) {
```

```
                e.printStackTrace();
        }
    }
}
```

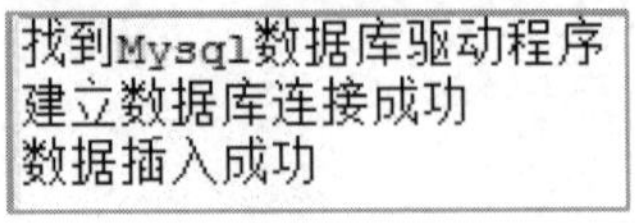

图 13-5　TestFirstJDBC 的运行结果

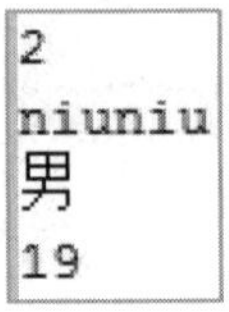

图 13-6　TestFirstJDBC2 的运行结果

13.4.2　通过 JDBC 实现 MySQL 数据库开发的一般过程

通过上面的两个例子可以看出，实现 JDBC 和数据的存取操作的步骤如下：

（1）在 MySQL 数据库中创建表，如 student。

（2）为项目加载 JDBC 驱动程序。

（3）编写基于 JDBC 的数据库访问接口。

① 注册 JDBC 驱动程序（MySQL 的驱动程序 com.mysql.jdbc.Driver））。例如：

```
Class.forName("com.mysql.jdbc.Driver");
```

② 获取数据库连接：

```
DriverManager.getConnection(URL, 用户名, 密码)
```

第一个参数为数据库连接字符串 URL，格式为：协议名+子协议名+数据源。其中，协议名固定为 jdbc；不同的数据库不一样，MySQL 的子协议名就是 mysql；数据源是具体指向那个数据库的信息。例如：

```
jdbc:mysql://127.0.0.1:3306/Test
```

第二个参数为数据用户名。

第三个参数为数据库访问密码。

③ 创建一个 SQL 语句执行（需要在 Java 中执行 SQL 语句）。例如：

```
Statement  stmt = conn.createStatement();
```

④ 编写常用的数据操作方法，如添加学生 addStudent( )、删除学生 dropStudent( )，方法中需要执行 SQL 语句。例如：

```
stmt.executeUpdate(sql);
```

（4）在应用程序中调用数据库操作方法，进行数据的各种操作，如用户需要注册新学生时调用 addStudent( )、注销学生时调用 dropStudent( )。

（5）不再访问数据库时，关闭资源。例如：

```
stmt.close();
```

```
        conn.close();
```

本章小结

本章对数据库、数据库表约束条件、JDBC 的基本概念以及使用 JDBC 连接数据库的方法进行了介绍，通过例子的形式讲解了 Java 数据库技术的开发过程。读者应该能够对 JDBC 有一定的了解，但是 JDBC 的技术远不止这些，如果想进一步了解 JDBC，可参考更多 Java 数据库编程的知识。

习 题 13

13-1 试说明客户端的 Java 程序需要完成的工作有哪些？

13-2 使用 SQL 语句创建 teacher 表。

teacher（教师表）

属性名	数据类型	可否为空	含 义
Tno	VARCHAR(3)	否	教工编号（主键）
Tname	VARCHAR(4)	否	教工姓名
Tsex	VARCHAR(2)	否	教工性别
Tbirthday	DATE	可	教工出生年月
Prof	VARCHAR(6)	可	职称
Depart	VARCHAR(10)	否	教工所在部门

并插入以下数据：

804	李诚	男	1958-12-02	副教授	计算机系
856	张旭	男	1969-03-12	讲师	电子工程系
825	王萍	女	1972-05-05	助教	计算机系
831	刘冰	女	1977-08-14	助教	电子工程系

13-3 根据习题 13-2 的 teacher 表，实现 JDBC 应用程序接口，实现 JdbcAccess 类。编写方法实现以下功能：

（1）可通过教工编号 Tno 查询、修改、删除教师信息。

（2）根据范围查找教师信息（如出生日期在 1970 年 1 月 1 日之后的教师）。

（3）修改表格以增加列 PhoneNum VARCHAR(12)。

13-4 在习题 13-3 的基础上进行扩展：为服务器建立关于 teacher 的数据库，创建 teacher 表，然后在 teacher 表中增加几条教师记录；当服务器收到客户端的教师信息的请求时，要求服务器（使用 JDBC 接口）从数据库中查询教师信息，并把信息返回给客户端。

13-5 利用数据库技术，实现一个简易的学生信息管理系统。

第四部分

网络通信与数据库实训——局域网聊天工具

通过第一部分计算器的分析实现过程，读者掌握了面向对象的重要概念，并体会到了 Java GUI 编程的乐趣。

第二部分实现的只是一个单机版（只能在本机使用）的应用软件，实现不了联网时的功能，如好友聊天。

针对这方面的需求，第四部分的内容侧重讲解 Java 的网络通信相关的高级编程技术：网络通信、多线程与数据库技术。通过一个即时通信（Instant Messaging，IM）聊天软件的开发过程，讲解 Java 网络编程、异常处理、多线程和数据库的相关知识和使用方法，让读者在应用软件的分步开发过程中，逐步学到相关的知识，积累软件开发的能力和经验。

为了说明即时通信软件的工作原理，我们需要分析当前主流的即时通信软件的功能和特点，从而清楚实现该软件所需的技术和涉及的相关知识。

目前主流的即时通信软件有 QQ、微信、Facebook 和 Twitter 等，即时通信软件一般具有的功能如下。

功　能	说　明
软件界面	非常友好的用户界面 从用户界面上可以找到相关的通信功能
用户注册	用户需要注册才能获得相应的账号 账号是登录到即时通信系统的凭证
用户登录	用户需要登录成功后才能使用该系统（网络）提供的功能 不同的即时通信软件之间的账号一般不能通用
用户管理	用户可以查找、添加、删除好友 可以创建群组、添加群用户、删除群用户
文本聊天	点到点聊天：实现两人的文本聊天 群体聊天：制定的一个群体之间的聊天
离线数据功能	用户不在线时，服务器会保存消息、文件（离线文件） 等用户上线时，在发送到用户使用的客户端
多媒体聊天	用户之间可以实现语音聊天、视频聊天 甚至多人音频、视频聊天
文件传输	两人之间可以传输文件 群内文件共享

第14章 点到点聊天工具：网络通信

> ⌦ 增量：点到点聊天工具开发
>
> ⌦ 网络通信技术

本章需要实现的是一个简易的点到点的聊天工具，两个用户可以直接聊天，即聊天场景的简化模型。本章通过介绍网络中用户的标识与定位的方法、网络通信、套接字和文件流的知识，分析并实现点到点聊天工具。

参与网络聊天的用户一般使用不同的计算机，涉及两台计算机之间的通信问题。目前，计算机之间的通信一般基于 TCP/IP，即需要用到套接字进行通信。所以，我们有必要理解套接字（Socket）通信的过程和方法。

套接字通信涉及了参与通信的两个节点（可以理解为用户使用的计算机），通信过程一般是一方发送信息，另一方接收消息，也可以是双方同时发送同时接收信息。由于参与通信的双方使用的是物理上不同的计算机，甚至相互之间不知道具体的物理位置，那么，必须有办法使得某计算机发出的消息能够传递到正确的计算机，而不是错误的计算机，这涉及计算机在网络中的标识问题。在计算机网络中，区分不同计算机的一般方法是使用 IP 地址。IP 地址在网络中能唯一地标识一台计算机，也就是说，IP 地址是网络中计算机的身份象征。

套接字（Socket）通信过程是基于 IP 地址的一种通信方法。在 Java 中，每个 Socket 对象都含有本机和对方机器的 IP 地址信息，这使得通过 Socket 发送和接收的消息中都含有 IP 地址，收到消息的计算机可以通过消息中的 IP 地址判断是否是发给自己的，如果消息中包含本机的 IP 地址，就可以接收并处理该消息。

为了实现点到点用户间（也是点到点的计算机之间）的聊天过程，我们可以利用套接字通信的方法完成。

14.1 需求分析和项目目标

14.1.1 需求分析

1. 网络中的用户标识方法

在网络聊天的过程中，我们首先要知道与哪个好友聊天，然后在聊天工具中找到该用户，开始聊天。所以，聊天的前提是聊天双方必须知道聊天的对象并且能够联系到对方，这样就涉及用户在聊天系统中的一个身份标识的问题。

标识聊天对象的方法常常是好友的名字（或昵称），然而由于好友名字或昵称经常变化，因此一般需要知道好友的 ID，如 QQ 的 QQ 号码、Facebook 的登录账号等，用户 ID 就成了好友在网络中的唯一标识。无论用户在哪台计算机上登录，我们都可以通过好友 ID 正确地找到该好友。

聊天需要依赖某个具体的物理终端，需要通过该终端（安装了聊天软件的 PC 或者移动设备）来传达聊天的内容，所以要求用户在聊天前首先在某终端上登录聊天软件。在聊天过程中，识别与定位网络时除了与好友 ID 有关，还与具体的物理终端有关系，这涉及在网络中如何标识一台计算机（或者终端）。计算机在网络中是通过 IP 地址来标识的，并且每台计算器的 IP 地址都与其他计算机不同（这里没有考虑内外网 IP 地址转换的问题），通过该 IP 地址就可以唯一地识别与定位网络中的一台计算机。

所以，聊天软件通过用户 ID 来标识一个用户，计算机网络通过 IP 地址来标识一台终端，实际的聊天过程既需要知道用户 ID 也需要知道用户的 IP 地址。

由于本章实现的是点到点聊天，可以采用 IP 地址来标识用户的 ID，简化在网络中标识与定位用户的方法与过程。

2. 聊天过程分析

在使用聊天工具进行聊天的过程中，首先要登录聊天系统，然后找到聊天对象并启动聊天界面，再开始聊天，最后聊天结束，关闭聊天界面。根据面向连接的概念不难看出，聊天过程是一个面向连接的通信过程，也就是参与通信的双方在通信之前首先建立起通信连接，聊天完成后断开连接。Java 可以采用 TCP 套接字实现聊天过程。

本章的重点是实现点到点通信，因此用户登录功能放到第 15 章，用户可以不经登录而直接启动与一个好友聊天的过程。图 14-1 和图 14-2 分别给出了本章需要实现的点到点聊天工具的参考主界面和参考聊天界面，读者可以根据自己的偏好设计不同的界面风格，但必须至少包含界面上列出的界面元素。用户启动聊天工具后，显示如图 14-1 所示的主界面，在填写完整用户 IP 地址后，单击"开始聊天"按钮，进入点到点聊天，界面如图 14-2 所示，用户可以发送文本也可以发送文件。

图 14-1　点到点聊天工具主界面　　　　图 14-2　点到点聊天界面

14.1.2 用例分析

用户使用聊天工具进行通信一般包含了以下步骤：首先打开软件，然后指定好友计算机的 IP，再开始聊天，聊天过程中可以发送文本消息也可以传送文件，最后聊天结束后关闭聊天界面。图 14-3 为点到点聊天工具用例图，具体说明如表 14-1 所示。

在图 14-3 中，文件发送包括 3 个用例：用户向对端发出文件发送请求，对方可以选择接收文件，也可以选择拒绝接收文件。

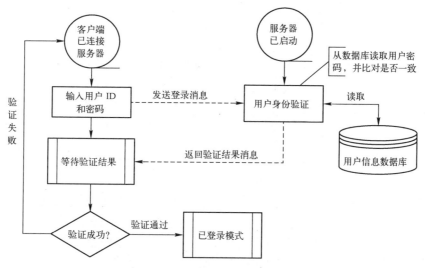

图 14-3　点到点聊天工具用例图

表 14-1　点到点聊天工具用例描述

用例	用例描述	
	用户操作	软件功能
用例 1	打开聊天工具	显示聊天工具主界面；界面上显示"好友 IP"文本框和"开始聊天"按钮
用例 2	填写好友标识	在"好友 IP"文本框中填写对端计算机的 IP 地址；保存"好友 IP"文本框中好友 IP
用例 3	启动聊天过程	单击"开始聊天"后，弹出聊天界面 聊天界面上有"聊天记录"文本框、"待发送的消息"文本框、"发送"按钮，"待发送文件"文本框和"发送文件"按钮 与好友建立 TCP 连接，若连接成功，则界面上按钮可以单击，否则不可单击
用例 4	发送文本消息	前提条件：与对端的 TCP Socket 连接已经建立成功 单击"发送"按钮后，接收用户输入的消息，并发给对方；把发出的消息加入"聊天记录"文本框的底部
用例 5	启动文件发送过程	前提条件：与对方的 TCP Socket 连接已经建立成功 发送端：填写文件名称并单击"发送文件"按钮，变为"文件发送中"按钮；向对方发出文件发送请求，并等待回应 接收端：显示"接收文件"和"拒绝接收"两个按钮
用例 6	接受文件发送请求	接收端：单击"接收文件"按钮后，变为"文件接受中"按钮；文件接收完成后，此按钮变为"文件接收成功"按钮；"消息记录"文本框显示文件接收成功的消息；单击"文件接收成功"按钮，聊天界面恢复初始聊天界面 发送端：文件发送完成后，"文件发送中"按钮变为"文件发送成功（确定）"按钮；"消息记录"文本框增加文件发送成功的消息；单击此按钮后，变为"发送文件"按钮

用例	用 例 描 述	
	用 户 操 作	软 件 功 能
用例 7	拒绝文件发送请求	接收端：聊天界面恢复初始聊天界面；"消息记录"文本框显示文件被拒绝接收的消息 发送端："文件发送中"按钮变为"文件发送失败（确定）"按钮，单击该按钮后变为"发送文件"按钮。 "消息记录"文本框显示文件被拒绝接收的消息

14.1.3 需求列表

根据表 14-1，表 14-2 为点到点聊天工具的需求列表。

表 14-2　点到点聊天工具的需求列表

需求	需 求 描 述	解 释
Req14-1	聊天工具必须是 GUI 界面的	用例 1
Req14-2	网络中的好友标识必须是好友的计算机 IP 地址	用例 1、2
Req14-3	主界面上必须有"好友 IP"文本框	用例 1
Req14-4	主界面上必须有"开始聊天"按钮	用例 1
Req14-5	必须能够修改用户标识	用例 1：可以与不同用户聊天
Req14-6	聊天界面上必须有消息记录文本框	用例 3
Req14-7	聊天界面上必须有待发送消息文本框	用例 3
Req14-8	聊天界面上必须有带发送文件名文本框	用例 3
Req14-9	必须能够进行文本通信	用例 2、3：文本框、按钮和通信
Req14-10	必须支持消息记录	用例 3、4，记录发送和接收的消息
Req14-11	必须能够传送文件	用例 5、6
Req14-12	必须能够提示对方有文件发送请求	用例 5
Req14-13	必须支持选择性文件接收	用例 5、7
Req14-14	必须能够显示文件传输的当前状态	用例 5、6、7 中的按钮名字变化
Req14-15	消息记录必须记录文件发送/接收的结果	用例 6、7
Req14-16	必须能够区分文本消息和文件请求、确认、数据	用例 4、5、6、7
Req14-17	能够与一个好友聊天	同时与多人聊天需要多线程技术
Req14-18	关闭聊天界面，不允许关闭整个程序	
Req14-19	关闭主界面，必须关闭整个程序	
Req14-20	能够同时传输多个文件	本章不支持
Req14-21	能够同时传输文本消息和文件	同时传输需要多线程技术，本章不支持

14.1.4 项目目标

本章目标是设计一个类似图 14-1 和图 14-2 的点到点聊天工具，并且满足 Req14-1～Req14-19 的需求条款。

14.2　功能分析和软件设计

本章设计的点到点聊天工具主界面见图 14-1，包括名为"好友 IP"的输入文本框，用于输入好友端的计算机 IP 地址，单击"开始聊天"按钮，则弹出聊天界面（见图 14-2）。如果已经与对端建立了 Socket 连接，就可以发送消息和发送文件，消息和文件的传输是通过 TCP/IP 进行的。图 14-4 为点到点聊天工具的结构。

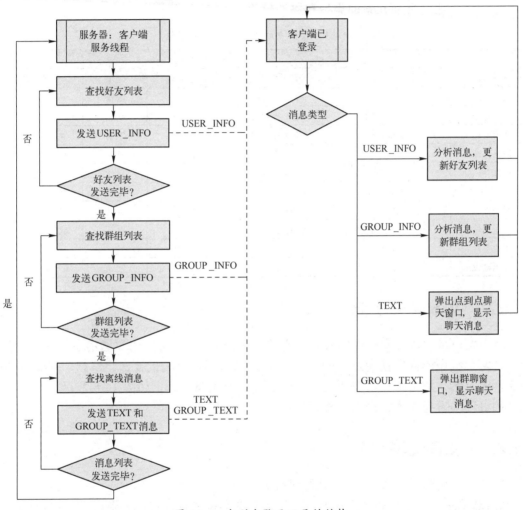

图 14-4　点到点聊天工具的结构

在图 14-4 中，方框内是软件功能组成，箭头的指向标识功能调用关系或者数据流向，实线表示相邻软件层次间有直接的联系，虚线表示相同功能的两个软件功能体间实现某种逻辑功能，如"文本/文件传输"表示参与聊天的双方之间在当前软件功能层次上实现了"文本/文件传输"，但箭头指向的两个模块间并没有直接的调用关系或数据传输关系。

14.2.1　界面设计

由图 14-1 和图 14-2 可以看出，GUI 界面由两部分组成：主界面和聊天界面。

主界面包含一个文本标识"好友 IP"，一个用于填写 IP 地址的文本框和一个"开始聊天"按钮，主界面使用了网格布局管理器（GridLayout）。

聊天界面有 3 个文本框和 4 个按钮。文本框分别为"消息记录""待发送消息"和"文件名"文本框。其中，"消息记录"和"待发送消息"文本框可以包含多行文本并且可以滚动，而"文件名"文本框只能包含一行文本。按钮分别为"发送文本""发送文件""接收文件"和"拒绝接收"按钮。其中，"接收文件"和"拒绝接收"默认不能操作。

表 14-3 列出了界面元素的类型和属性设置。

表 14-3　点到点聊天器界面元素属性

控　件		属　性			
控件名	类型	位置	大小（宽/高）	颜色	可编辑/使能
好友 IP	JLabel	第 1 行左侧	*	默认	不允许
IP 地址域	JTextField	第 1 行右侧	*	默认	默认（允许）
开始聊天	JButton	第 3 行中间	*	默认	默认（允许）
消息记录	JTextArea 和 JScrollPane	10, 10	560 / 300	默认	默认（允许）
待发送消息		10, 450	420 / 100	默认	默认（允许）
文件名	JTextField	10, 450	420 / 50	默认	默认（允许）
发送文本	JButton	450, 350	120 / 50	默认	默认（允许）
发送文件	JButton	450, 450	120 / 50	默认	默认（允许）
接收文件	JButton	310, 520	120 / 30	默认	不允许
拒绝接收	JButton	450, 520	120 / 30	默认	不允许

14.2.2　文本聊天功能

用户先在待发送文本框内输入要发送的文本消息，然后单击"发送消息"按钮，这样待发送文本框中的内容就通过 Socket 连接发送到对端，对端接收到此消息，判断得到的是文本消息后，把文本显示在聊天记录中并提示有消息到达，如图 14-5 所示。对方回复消息的过程与发送文本消息的过程相同。

14.2.3　文件传输功能

单击"开始聊天"按钮，弹出聊天界面（见图 14-2）。

"消息记录"文本框和"待发送消息"文本框支持多行内容，可采用 JTextArea 实现。

"发送文件"按钮有不同的名字（表示文件发送的不同状态）："发送文件""文件发送中""文件接收中""文件发送完毕（确定）""文件发送失败（确定）""文件接收完毕（确定）"。其中，"发送文件""文件发送中"和"文件发送完毕（确定）"是发送端文件发送的 3 种状态，"发送文件""文件接收中""文件发送失败（确定）"和"文件接收完毕（确定）"是接收端文件接收的 4 种状态。文件接收端在收到文件发送请求时，要显示"接收文件"和"拒绝接收"两个按钮，可支持选择性接收文件的功能。图 14-6 描述了聊天界面上的文件传输的过程。

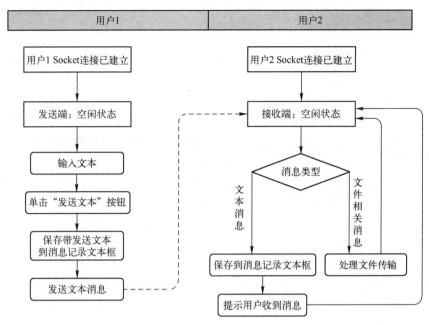

图 14-5 文本消息通信过程

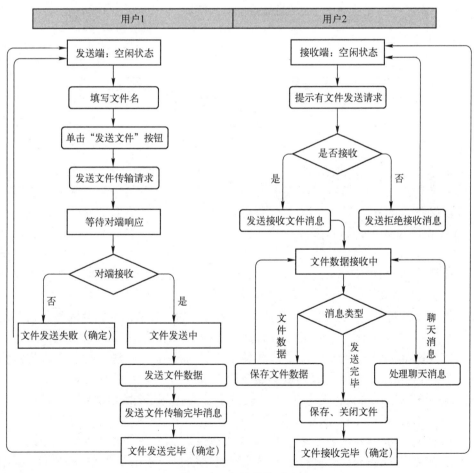

图 14-6 文件传输过程

14.2.4　网络通信功能

在 TCP/IP 通信中，通信双方的数据都是通过套接字来实现的，本章采用的是面向连接的通信过程，所以在 TCP 通信之前，双方必须先建立 TCP Socket 连接，连接成功后才能开始收发数据包。

一般情况下，通信双方只需要建立一对 Socket 连接即可，然后传输文本消息、文件数据和其他指令，如文件发送请求、允许文件传输和拒绝文件传输等，所以参与通信的双方必须能够区分从 Socket 上接收的数据包类型，再针对不同的数据类型进行相应的处理，从而实现不同的功能。如果是文本消息，则需要显示在消息记录文本域中；如果是指令消息，则需要根据指令的类型实现相应的界面提示和事件功能处理；如果是文件数据，则需要保存数据进文件；如果需要同时传输多个文件，则 Socket 中传输的数据必须携带能够区分多个文件的信息。

所以，网络通信功能必须在 Socket 传输的数据中加入数据包类型，而且发送和接收双方必须按照约定的格式加入和读取数据类型，如消息类型在数据中的起始位置、占用的字节数等，这样 Socket 中传输的数据就有一定的格式，即通信协议的概念。图 14-7 是简单的数据包，即 TLV（Type、Length 和 Value）格式，由三部分组成：数据包类型 type（占 4 字节）、数据包内数据的字节数 length（占 4 字节）和数据包中的数据 data（占 length 字节）。

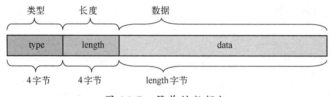

图 14-7　简单的数据包

TLV 格式中，通信双方根据类型值约定如何处理该数据包，数据存在 data 域中，data 域占用的字节数由 length 指定。接收端收到数据包后，先读取其前 4 字节获取数据包类型，再读取接下来的 4 字节，获取 data 数据域的长度，最后根据 length 取出 data。

在 Java 程序设计中，可以定义一个 Message 类用来实现数据包格式。Message 类中包括：

❖ 3 个私有数据成员 type、length 和 data，分别对应图 14-7 数据包格式的 3 个域。
❖ 枚举类型 MSG_TYPE，定义点到点聊天工具所有的消息类型。

按照类的封装特性，必须把这 3 个成员设为私有的。所以，为了可以类外访问这 3 个特性，分别设置共有的 setType( )、getType( )、setData( )和 getData( )方法。

为了把 Message 的内容通过 Socket 传输，设计 packup( )方法，把 3 个数据成员写进一个字符串，在 Socket 通信中只需要传输这个字符串。

unpack( )方法是 packup( )方法的逆过程，用于简化从 Socket 中收到数据包的过程。

changeTo4ByteString( )方法用于把整型转为长度为固定 4 字节的字符串。

convert2MsgType( )方法用于把整型的消息 type 转为枚举类型 MSG_TYPE。

下面给出使用 Message 类的例子：消息发送端创建一个消息类型为 MSG_TEXT，内容为"abcdef"的消息 msgSnt，然后调用 packup( )方法打包成 Socket 中传输的数据包；

接收端收到数据包后，调用 unpack( )方法，解析数据包的内容，赋值给 msgRev 的各成员，这样接收端就可以根据 msgRev 的消息类型进行相应的处理了。

【例程 14-1】 数据包 Message 的定义。

```java
// 消息发送端
Message msgSnt(MSG_TYPE.MSG_TEXT, "abcdef");
String  str = msgSnt.packup();
// 发送数据包，str 是 Socket 通信中传输的内容
System.out.println("打包好的数据包： " + str);
// 消息发送端
Message  msgRev;
msgRev.unpack(str);                         // 这时 msgRev 与 msgSnt 的三个数据成员内容一致
public class Message {
    private MSG_TYPE type = MSG_TYPE.MSG_MAX; // 假设 type 1 为请求消息，2 为消息反馈
    privateintlength = 0;                     // 消息的长度
    private String data = new String();       // 消息内容
    protected enum MSG_TYPE {MSG_UNKNOWN, MSG_TEXT, MSG_FILE_T_REQUEST,
                        MSG_FILE_T_ACCEPT, MSG_FILE_T_REJECT, MSG_FILE_T_DATA,
                        MSG_FILE_T_COMPLETE, MSG_MAX};
    public Message() {  }
    public Message(MSG_TYPE msgType, String str) {
        type = msgType;
        data = str;
        length = str.length();
    }
    public String packup() {                  // 把消息的内容写入一个字符串
        returnnew String("" + changeTo4ByteString(type.ordinal()) +
                    changeTo4ByteString(length) + data);
    }
    public void unpack(String str) {          // 把 str 的内容解析出来
        type = convert2MsgType(Integer.parseInt(str.substring(0, Integer.SIZE/8)));
        length = Integer.parseInt(str.substring(Integer.SIZE/8, Integer.SIZE/8
                        + Integer.SIZE/8));
        data = str.substring(Integer.SIZE/8 + Integer.SIZE/8, str.length());
    }
    private MSG_TYPE convert2MsgType(int type) {
        switch (type) {
            case 1:      return MSG_TYPE.MSG_REQ;
            case 2:      return MSG_TYPE.MSG_TEXT;
            case 3:      return MSG_TYPE.MSG_FILE_T_REQUEST;
            case 3:      return MSG_TYPE.MSG_FILE_T_ACCEPT;
            case 3:      return MSG_TYPE.MSG_FILE_T_REJECT;
            case 4:      return MSG_TYPE.MSG_FILE_T_DATA;
            case 5:      return MSG_TYPE.MSG_FILE_T_COMPLETE;
            default:     return MSG_TYPE.MSG_UNKNOWN;
        }
    }
```

```
            private String changeTo4ByteString(int i) {
                String  str = new String();
                if(i < 10)
                    str = "000" + Integer.toString(i);
                else if(i < 100)
                    str = "00" + Integer.toString(i);
                else if(i < 1000)
                    str = "0" + Integer.toString(i);
                else
                    str = Integer.toString(i);
                return str;
            }
            public void setType(MSG_TYPE msgType) {
                type = msgType;
            }
            public MSG_TYPE getType() {
                returntype;
            }
            public void setData(String content) {
                data = content;
                length = content.length();
            }
            public String getData() {
                returndata;
            }
    }
```

14.2.5　增量开发计划

　　下面制定开发计划，通过增量的方式实现这个聊天工具，增量的开发计划以聊天器功能为中心，通过对功能的叠加逐步完成。

表 14-4　点到点聊天工具增量开发计划

增　量	功　能	对应用例	实现的需求条款	相关技术
增量 14-1	主界面与聊天界面	用例 1～3	Req14-1～Req14-8 Req14-17～Req14-19	GUI 编程、事件处理
增量 14-2	实现文本聊天	用例 4	Req14-9、Req14-10	事件处理、Socket 通信
增量 14-3	实现文件传输过程	用例 5～7	Req14-11～Req14-16	文件流操作、数据包 Message

　　注：与第 6～8 章相比，每个增量的内容有所加大，这是在读者编程能力已经有所提高的基础上而有意设置的。

　　其中，增量 14-1 主要设计和实现界面，涉及 GUI 编程知识；增量 14-2 主要实现文本聊天功能，涉及事件处理、Socket 通信和文件流操作；增量 14-3 实现文件传输，涉及事件处理、Socket 连接和文件流操作。

14.3 增量项目开发

本节按照增量开发计划，依次实现各增量，最终实现点到点聊天工具的预定功能。

14.3.1 增量 14-1：实现聊天工具界面

增量 14-1 要求利用已学知识点，实现点到点聊天工具的界面，见图 14-1 和图 14-2，界面元素的属性设置参考表 14-3，代码实现参考增量 6-1 的代码，采用 6 个步骤来完成。需要指出的是，主界面和聊天界面是聚类组合的关系，也就是聊天界面是主界面的一个对象数据成员，主界面中的好友 IP 必须作为实参传递给聊天界面对象的构造函数。

在增量 14-1 中，使用带滚动条的文本域，滚动条的文本域可以参考 JScrollPane 即可完成，这里不再详述。

14.3.2 增量 14-2：实现文本聊天

增量 14-2 实现的是用例 4，即一个用户发送文本消息给另一个用户的过程，消息的发送和接收过程见图 14-5。

1. Socket 连接的建立

文本聊天的前提是两个用户的 Socket 连接已经建立，所以聊天工具首先要建立参与聊天双方的 Socket 连接。

在点到点聊天工具中，参与聊天的两个用户地位均等，不存在服务器与客户机的概念，即任何一方均可以向另一方发起 Socket 连接请求，这就要求 P2PChatter 既要创建本机的 ServerSocket，也要在发起聊天时向对端发起 Socket 连接请求，同时要求 P2PChatter 周期性地（或者持续地）检查有没有来自其他用户的 Socket 连接请求。

代码 14-1 就是一个在监听连接请求的同时启动向对方发起连接请求的一个例子。其中，serverSocket.setTimeout(1000)用于指定监听连接请求的最长等待时间为 1000 ms，即 1 s。如果在 1 s 内有连接请求，则代码 socket = serverSocket.accept( )执行后的 socket 不为 null，也不会有"Accept timed out"异常出现，表示收到了来自其他用户的连接请求并且已经建立了 Socket 连接。否则，程序会捕捉到"Accept timed out"异常，这样 P2PChatter 就可以先处理其他事件，继续监听 Socket 连接请求。

〖代码 14-1〗 周期性监听 Socket 连接请求。

```
public void startListening() {
    ServerSocket serverSocket = null;
    try {
        serverSocket = new ServerSocket(localServerPort);
        serverSocket.setSoTimeout(1000);
    }
    catch (IOException e2) {
        e2.printStackTrace();
    }
```

```
Socket socket = null;
boolean continueListening = true;

while (continueListening) {
    try {
        socket = serverSocket.accept();
        // 来自对方的 Socket 连接请求已经建立
        continueListening = false;
        chatDialog = new ChatDialog(socket);
    }
    catch (Exception e)  {
        System.out.println("Accept timed out");
        // 检查是否需要向另一用户发起 Socket 连接请求，即 startChatting 是否为 true
        if (startChatting) {                 // 如果单击了"开始聊天"按钮
            continueListening = false;
            chatDialog = new ChatDialog(friendIP.getText(), remoteServerPort);
        }
        else {                               // 否则继续坚监听 Socket 连接请求
            System.out.println("Continue Listening for another 1 second");
        }
    }
}
System.out.println("Socket connected, stop listening");
}
```

在 Socket 连接建立成功后，参与聊天的任何一方必须能够同时收发数据。由于没有使用多线程技术，任何一个用户所使用的聊天器都是单线程的，即程序从 Socket 等待读取数据的过程中没有机会发送数据。解决这种问题的方法有两个：一是利用多线程技术，二是利用中断机制，如事件就是一种中断，事件处理过程实质是中断处理的过程。与线程相比，中断处理的优先级要高于线程，所以即使软件阻塞在 Socket 数据接收过程中，中断处理（如单击按钮后 ActionPerformed 函数）也能立即得到执行，可以在事件处理过程中向 Socket 发送数据。

2．GUI 程序的中断功能

代码 14-2 为中断处理的例子。其中，主函数在调用 id.updateFieldText( )后进入无限循环，ActionPerformed( )方法是 InterruptDemo 的事件处理功能，即处理事件中断时执行的代码，由于中断处理的优先级高于当前程序（主函数中执行的代码），所以即使当前程序是无限循环，ActionPerformed( )方法也能得到执行。

〖代码 14-2〗 GUI 事件中断。

```
import java.awt.*;
import javax.swing.*;
public class InterruptDemo extends JFrame implements ActionListener {
    private JTextField  fieldText = new JTextField(100);
    private JButton  buttonInterrupt = new JButton("中断");
```

```java
    public InterruptDemo() {
        setLocation(100, 100);
        setSize(300, 100);
        setDefaultCloseOperation(JFrame.EXIT_ON_CLOSE);
        setLayout(new GridLayout(2, 1, 0, 0));
        getContentPane().add(fieldText);
        getContentPane().add(buttonInterrupt);
        buttonInterrupt.addActionListener(this);
        setVisible(true);
    }

    public void updateFieldText() {
        int k = 0;
        while (true) {
            synchronized (this) {
                try {
                    this.wait(2000);
                }
                catch(InterruptedException e) {
                    e.printStackTrace();
                }
            }
            fieldText.setText(fieldText.getText()+Integer.toString(k));
            k++;
            k %= 10;
        }
    }

    @Override
    public void actionPerformed(ActionEvent e) {
        if(e.getSource() == buttonInterrupt) {
            fieldText.setText(fieldText.getText() + "Int");
        }
    }
    public static void main(String[] args) {
        InterruptDemo  id = new InterruptDemo();
        id.updateFieldText();
    }
}
```

图 14-8 是代码 14-2 运行时的主界面,实现的功能是通过一个无限循环不断更新文本框中的内容,单击"中断"按钮时,会在文本框已有内容的尾部添加"Int"字符串,如图 14-9 所示。不难看出,ActionPerformed( )方法中断了主函数的无限循环执行过程,更新了界面文本框中的内容。

图 14-8 聊天工具主界面

图 14-9 中断处理的结果

在代码 14-2 中，下面的代码是让当前的程序（线程）暂停执行 2 秒：

```
synchronized (this) {
    try {
        this.wait(2000);
    }
    catch(InterruptedException e) {
        e.printStackTrace();
    }
}
```

3. 点到点聊天工具的文本发送和接收

我们参照代码 14-1 实现聊天双方的 Socket 连接过程。参与聊天的每个聊天工具客户机需要在启动过程中创建 ServerSocket，然后监听 ServerSocket 上来自对方的 Socket 连接请求。参与聊天的双方只要有一方发起了聊天请求，双方的 Socket 连接都必须建立成功。单击"开始聊天"按钮，则发起聊天过程，"开始聊天"按钮的事件处理程序需要设置一个标志 startChatting 为 true，通知主程序发起聊天请求。代码 14-3 是启动聊天界面的代码。

〚代码 14-3〛 启动聊天界面。

```
while(continueListening) {
    try {
        socket = serverSocket.accept();
        // 来自对方的 Socket 连接已经建立
        continueListening = false;
        chatDialog = new ChatDialog(socket);
    }
    catch(Exception e) {
        System.out.println("Accept timed out");
        // 检查是否需要向另一方发起了 Socket 连接请求，即 startChatting 是否为 true
        if (startChatting) {                    // 如果单击了"开始聊天"按钮
            continueListening = false;
            chatDialog = new ChatDialog(friendIP.getText(), remoteServerPort);
        }
        else {                              // 否则继续坚监听 Socket 连接请求
            System.out.println("Continue Listening for another 1 second");
        }
    }
}
```

在代码 14-3 中，客户机通过 ServerSocket 监听对端用户请求，如果在监听时间内收到了对方发送的 Socket 连接请求，就创建与对端的聊天界面，从而收发数据。至此，while

循环结束。

聊天工具在 ServerSocket 监听超时时，会检查标志 startChatting 是否被设为 true，如果 startChatting 的值是 true，则创建聊天界面，启动与对方的聊天过程。可以看到，创建聊天界面时用到了两种聊天界面构造函数：一个构造函数的参数是 Socket 对象，当监听到来自 ServerSocket 的连接请求后使用；另一个构造函数的参数有两个，分别是用户的 IP 地址和 ServerSocket 开放的端口号（固定为 12345），单击"开始聊天"按钮后，通过设置标志 startChatting 为 true 来调用。

聊天界面（取名 ChatDialog）需要两个构造函数，每个函数需要创建如图 14-2 所示的聊天界面，构造函数如代码 14-4 所示。

〖代码 14-4〗 ChatDialog 的两种不同的构造函数。

```
                        构造函数 1
public CopyOfChatDialog(Socket socket1) {        // 需要传入 socket 对象的引用作为实参
    socket = socket1;
    serverAddress = socket.getRemoteSocketAddress().toString();
    title = "Chat with " + serverAddress;
    createChatDialog();
    setVisible(true);
    startMonitoringSocket();
}
                        构造函数 2
public CopyOfChatDialog(String ip, int port) {  // 需给定对方 IP 和 ServerSocket 的端口号
    serverAddress = ip;
    serverPort = port;
    title = "Chat with " + ip;
    createChatDialog();
    setVisible(true);
    startMonitoringSocket();
}
```

用户也可以只定义一种 ChatDialog 构造函数，需要在创建聊天窗口前创建到对方的 Socket 连接。

在与对方建立 Socket 连接后，聊天工具需要持续接收（阻塞的方式）来自客户机 Socket 的消息。至此，用户就可以与对方开始 Socket 通信过程，打开图 14-2 所示的界面，与对方开始文本聊天通信。

监听客户机 Socket 的代码见代码 14-5。首先创建 Socket 的数据输入输出流对象 in 和 out，然后检查 Socket 输入流 in 中是否有数据到达（in.ready( )），如果没有数据到达（in.ready() = = false），就等 100 毫秒后再次检查，如果有数据到达（in.ready() = = true），就把消息写入图 14-2 所示的消息记录文本框中。

〖代码 14-5〗 监听客户机 Socket，读取对方发来的消息。

```
private void startMonitoringSocket() {
    try {
        socket = new Socket(serverAddress, serverPort);  // 向对方发起 Socket 连接请求
        // 成功与对方建立 Socket 连接
```

```
        InputStream  inStream = socket.getInputStream();
        OutputStream  outStream = socket.getOutputStream();

        // in 用于从 socket 读取消息，out 用于向对方发送消息
        in = new BufferedReader(new InputStreamReader(inStream));
        out = new PrintWriter(outStream, true);
        System.out.println("成功与对端建立 Socket 连接");
        String  msg = null;

        while (true) {
            synchronized (in)  {
                while(!in.ready()) {
                    try {
                        in.wait(100);
                    }
                    catch(InterruptedException e) {
                        e.printStackTrace();
                    }
                }
                // 从对方收取消息，一直等待到有消息收到
                msg = in.readLine();              // 程序运行至此，标识已经收到了消息
            }
            // 把消息写入消息记录文本框
            msgRecordArea.append("\nFrom " + serverAddress + ":\r\n  " + msg + "\r\n");
        }
    }
    catch(IOException e) {
        e.printStackTrace();
    }
}
```

如果单击界面中的"开始聊天按钮"，那么聊天界面的 ActionPerformed( )方法需要从待发送文本框中取出数据，通过 Socket 的 out 数据流发送给对端，见代码 14-5。

〖代码 14-6〗 发送文本消息的过程。

```
@Override
public void actionPerformed(ActionEvent e) {
    if(e.getSource() == buttonSend) {
        message = msgSendArea.getText();
        msgRecordArea.append("\nTo " + serverAddress + ":\r\n  " + message + "\r\n");
        msgSendArea.setText("");
        out.println(message);
    }

    …

}
```

增量 14-2 要求在实验 11 的的基础上，编程实现 ServerSocket 的建立与监听、Socket

的建立与读写，以及文本的收发功能，具体步骤请参考实验 12。

14.3.3 增量 14-3：实现文件传输过程

增量 14-3（见表 14-5）的目的是实现用例 5～7 的文件传输过程，完成需求条款（见表 14-6）的要求，使用消息格式完成文件发送端的文件发送过程和文件接收端的文件接收过程。

表 14-5　点到点聊天工具增量开发计划

增量	功　能	对应用例	实现的需求条款	相关技术
增量 14-3	实现文件传输过程	用例 5～7	Req14-11～Req14-16	事件处理、Socket 通信 文件流操作、数据包 Message

表 14-6　点到点聊天工具需求列表

需求	需求描述	解　释
Req14-11	必须能够传送文件	用例 5、6
Req14-12	必须能够提示对方有文件发送请求	用例 5
Req14-13	必须支持选择性文件接收	用例 5、7
Req14-14	必须能够显示文件传输的当前状态	用例 5、6、7 中的按钮名字变化
Req14-15	消息记录必须记录文件发送/接收的结果	用例 6、7
Req14-16	必须能够区分文本消息和文件请求/确认/数据	用例 4、5、6、7

增量 14-3 使用消息格式的目的是满足需求条款 Req14～Req16 的要求，实现的聊天界面同时支持文本和文件的功能。采用不同的消息类型，就可以发送不同的数据，判断收到的数据类型。代码 14-7 实现了消息类 Message 在设置 Message 的类型（type）和数据成员（data）后，可以调用 packup( )方法把消息中的所有数据成员打包成一个字符串，即图 14-7 的格式，在消息接收端收到（in.readline( )）一个字符串时，用一个消息去解析（unpack( )方法）收到的消息，这样就可以把收到字符串的内容按照图 14-7 的格式赋值给 Message 的各个数据成员。用户可以为 Message 类添加对各数据成员的设置、读取方法（set( )和 get( )方法）、打印（print( )) 方法，方便消息的调用者查看消息中的内容。

〖代码 14-7〗 Message 消息类的实现。

```
package im.p2p.iterate_3;

public class Message{
    private MSG_TYPE  type = MSG_TYPE.MSG_MAX;      // 假设 1 为请求消息，2 为消息反馈
    private int  length = 0;                        // 消息的长度
    private String  data = new String();            // 消息内容
    protected enum MSG_TYPE {MSG_UNKNOWN, MSG_TEXT, MSG_FILE_T_REQUEST,
                        MSG_FILE_T_ACCEPT, MSG_FILE_T_REJECT, MSG_FILE_T_DATA,
                        MSG_FILE_T_COMPLETE, MSG_MAX};
    public Message() { }
    public Message(MSG_TYPE msgType, String str) {
        type = msgType;
```

```java
        data = str;
        length = str.length();
    }
    public String packup() {                          // 把消息的内容写入一个字符串
        return new String("" + changeTo4ByteString(type.ordinal()) +
                                    changeTo4ByteString (length) + data);
    }
    public void unpack(String str) {                  // 解析 str 的内容
        type = convert2MsgType(Integer.parseInt(str.substring(0, Integer.SIZE/8)));
        length = Integer.parseInt(str.substring(Integer.SIZE/8, Integer.SIZE/8 +
                                                    Integer.SIZE/8));
        data = str.substring(Integer.SIZE/8 + Integer.SIZE/8, str.length());
    }
    private MSG_TYPE convert2MsgType(int type) {
        switch(type) {
            case 1:     return MSG_TYPE.MSG_TEXT;
            case 2:     return MSG_TYPE.MSG_FILE_T_REQUEST;
            case 3:     return MSG_TYPE.MSG_FILE_T_ACCEPT;
            case 4:     return MSG_TYPE.MSG_FILE_T_REJECT;
            case 5:     return MSG_TYPE.MSG_FILE_T_DATA;
            case 6:     return MSG_TYPE.MSG_FILE_T_COMPLETE;
            default:    return MSG_TYPE.MSG_UNKNOWN;
        }
    }
    public void show() {                              // 按格式打印内容
        System.out.println("\nMessage Type: " + type);
        System.out.println("Message Length: " + length);
        System.out.println("Message Content: " + data);
    }
    private String changeTo4ByteString(int i) {
        String  str = new String();
        if(i < 10)
            str = "000" + Integer.toString(i);
        else if(i < 100)
            str = "00" + Integer.toString(i);
        else if(i < 1000)
            str = "0" + Integer.toString(i);
        else
            str = Integer.toString(i);
        return str;
    }
    public void setType(MSG_TYPE msgType) {
        type = msgType;
    }
    public MSG_TYPE getType() {
        return type;
    }
```

```
    public void setData(String str) {
        data = str;
        length = str.length();
    }
    public String getData() {
        return data;
    }
}
```

为了方便，我们可以通过继承 Message 来定义几个具体的消息类，如定义对应消息类型 MSG_TEXT 的 MessageText 类（见代码 14-8）、用于简化设置消息类型的过程（参见实验 13 的步骤 5）。

〖代码 14-8〗 Meesgae 类的子类 MessageText。

```
package im.p2p.iterate_3;

public class MessageText extends Message {
    public MessageText() {
        setType(MSG_TYPE.MSG_TEXT);
    }
}
```

接下来实现文件的传输过程，前面的相关知识点中有文件的使用例程，图 14-6 对文件的传输流程描绘得也非常具体，这里不再重复。读者应参考实验 12 完成消息的文件传输过程。

本章小结

通过单线程实现双向通信，设计的软件复杂度较高，软件只能支持同时与一个好友聊天，软件实际应用意义不大。所以，我们可以采用多线程技术实现多用户之间的相互通信。

好友列表和聊天信息通过文件进行保存，用户信息的安全性没有保障，并且软件只能在固定的计算机上运行，在其他计算机上没有用户信息。针对以上缺陷，我们可以采用数据库技术予以改进。

实验 11　增量 14-1：实现聊天器界面

实验目的

（1）巩固 GUI 编程的一般过程（6 步法）。

（2）掌握 JScrollPane 的使用方法。

（3）实现点到点聊天器界面。

实验内容

参考图 14-1 和图 14-2、界面元素的属性设置表 14-3，完成以下实验内容：

（1）【必做】参考图 14-1，实现聊天器主界面。

（2）【必做】参考图 14-2，实现聊天器聊天界面。

实验步骤

（1）创建一个新的 Java 工程，取名 P2PChatter；

（2）创建一个新类，取名 P2PChatter，利用布局管理器实现聊天器主界面，IP 地址文本框的默认值是本机地址"127.0.0.1"；

```
public class P2PChatter extends JFrame implements ActionListene {
    ...
};
```

（3）创建一个新类，取名 ChatDialog，实现聊天器聊天界面。

ChatDialog 必须有一个带有 String 形参的构造函数，用来传递好友的 IP 地址：

```
public class ChatDialog extends JFrame implements ActionListene {
    public ChatDialog(Stirng peerIP){setTitle("与" + peerIP + "聊天");
        ...
    }
    ...
};
```

（4）在 P2PChatter 类中声明一个 ChatDialog 对象作为数据成员（聚类组合的概念）：

```
private ChatDialog chatDialog = null;
```

（5）在 P2PChatter 类的事件处理中，单击"开始聊天"按钮时，创建 chatDialog 对象，并把 IP 地址文本框中的地址作为实参传递给该对象

```
if(e.getResource() == buttonStartChat) {
    if(chatDialog == null) {
        chatDialog = new ChatDialog(…);
    }
    else {
        ...                              // 清空聊天界面 chatDialog 文本框中的内容
    }
}
```

（6）编写点到点聊天工具的应用代码（main( )函数的实现），如 P2PChatterDemo.java，在 main( )函数中创建一个 P2PChatter 的对象。

（7）运行程序，在主界面的文本框中输入 IP 地址，单击"开始聊天"按钮，弹出聊天界面。

实验报告

按规定格式提交实验步骤的结果。

实验 12 增量 14-2：实现文本聊天

实验目的

（1）理解网络通信的概念。

（2）掌握 Java 中 Socket 通信的方法。

（3）实现点到点聊天器软件的文本通信功能。

实验内容

参考图 14-1、图 14-2 和界面元素的属性设置表 14-3，完成以下实验内容：

（1）【必做】实现 P2PChatter 中的 ServerSocket 建立、监听功能。

（2）【必做】实现 ChatDialog 的客户机 Socket 连接，信息的读取和发送功能。

实验步骤

（1）在 P2PChatter 中实现代码 14-1 所示的 startListening( )方法，用于启动监听来自对端的连接请求。

（2）按代码 14-4 实现 ChatDiaog 的两个构造函数，聊天界面初始化的功能可以放入 creatChatDialog( )方法。

（3）参考代码 14-4 实现 ChatDialog 构造函数使用的 startMonitoringSocket( )方法，用于读取对端发送来的文本数据。

（4）创建点到点聊天工具的应用代码，如 P2PChatterUser1.java。

在 main( )函数中创建一个 P2PChatter 对象，设置 ServerSocket 的端口号和对端的端口号，然后调用 startListening( )方法。startListening( )方法如下：

```
public class P2PChatterUser1 {
    public static void main(String[] args) {
        P2PChatter user1 = new P2PChatter();
        user1.setLocalServerPort(12346);
        user1.setRemoteServerPort(12345);
        user1.startListening();
    }
}
```

（5）创建另一个点到点聊天工具的应用代码，如 P2PChatterUser2.java。

在 main( )函数中创建一个 P2PChatter 对象，设置 ServerSocket 的端口号和对方的端口号（把第 4 步中 localServerPort 和 RemoteServerPort 对调），然后调用 startListening( )方法。

（6）分别运行应用程序 P2PChatterUser1 和 P2PChatterUser2，在任何一个主界面上单击"开始聊天"按钮，两方均弹出聊天界面，然后尝试在两个聊天界面上发送消息。

实验报告

按规定格式提交实验步骤的结果。

实验 13　增量 14-3：实现文件传输

实验目的

（1）巩固继承的概念。

（2）理解消息通信的作用和方法。

（3）掌握文件读写的方法。

（4）实现聊天软件的文件传输功能。

实验内容

在实验 12 的基础上完成以下实验内容：

（1）【必做】采用 Message 实现文本聊天的过程。

（2）【必做】采用 Message 的方法实现如图 14-6 所示的文件传输过程。

实验步骤

在实验 12 的基础上完成以下内容：

（1）新建一个 Message 类，参照代码 14-7 实现其功能，并为 Message 类添加 4 个方法 setType( )、getType( )、setData( )和 getData( )。

（2）参照代码 14-7 所示的 Message 子类 MessageText，新建 Message 的 6 个子类：MessageText、MessageFileTransferRequest、MessageFileTransferAccept、MessageFile-TransferReject、MessageFileTransferData 和 MessageFileTransferComplete。

（3）修改文本聊天中文本信息发送的方法，使之按照消息通信的方法发送信息，新加代码如斜体部分所示：

```
@Override
public void actionPerformed(ActionEvent e) {
    if (e.getSource() == buttonSend) {
        String message = msgSendArea.getText();
        msgRecordArea.append("\nTo " + serverAddress + ":\r\n   " + message + "\r\n");
        msgSendArea.setText("");
        MessageText msg = new MessageText();
        msg.setData(message);
        out.println(msg.packup());
    }
}
```

（4）为 ChatDialog 类增加一个名为 handleMessageReceived( )的方法，使之按照消息的方法解析收到的信息，然后根据消息类型进行相应的处理，并设置相关按钮的状态和名字。如收到文本聊天消息 MSG_TEXT，则从消息 msg 中取出数据部分，再存入聊天消息记录文本框中。收到文件传输相关消息时，根据下面的方法进行处理：

```
private void handleMessageReceived(String str) {
    Message msg = new Message();  msg.unpack(str);
    if(msg.getType() == MSG_TYPE.MSG_TEXT) {          // 记录于消息记录文本域
        msgRecordArea.append("\nFrom " + serverAddress + ":\r\n   " + msg.getData() + "\r\n");
    }
```

```
    else if(msg.getType() == MSG_TYPE.MSG_FILE_T_REQUEST) {
        createReceivedFile(msg.getData());
        buttonAccept.setEnabled(true);
        buttonReject.setEnabled(true);
    }
    else if(msg.getType() == MSG_TYPE.MSG_FILE_T_ACCEPT) {
        transferFileData();
        transferFileComplete();
        buttonFileSend.setText("文件传输完毕(确认)");
        buttonFileSend.setEnabled(true);
    }
    else if (msg.getType() == MSG_TYPE.MSG_FILE_T_REJECT) {
        buttonFileSend.setText("文件传输失败(确认)");
        buttonFileSend.setEnabled(true);
    }
    else if (msg.getType() == MSG_TYPE.MSG_FILE_T_DATA) {
        saveToReceivedFile(msg.getData());
    }
    else if (msg.getType() == MSG_TYPE.MSG_FILE_T_COMPLETE) {
        closeReceivedFile();
        buttonFileSend.setText("文件传输完毕(确认)");
        buttonFileSend.setEnabled(true);
        buttonAccept.setEnabled(false);
        buttonReject.setEnabled(false);
    }
}
```

（5）在 ChatDialog 收到消息时（startMonitoringSocket( )方法中），改为调用 handle-MessageReceived( )方法处理收到的消息：

```
handleMessageReceived(str);                // 从 Socket 中读取一行数据
```

实验报告

按规定格式提交实验步骤的结果。

习 题 14

14-1 为文件传输增加一个传输过程显示窗口，并设置该窗口为不可修改，窗口的内容不断更新，为已传输数据的百分比。

14-2 设计并实现一个基于 TCP 的单人音乐点播系统。

14-3 设计并实现一个基于 UDP 的单人视频点播系统。

第 15 章　基于 C/S 的聊天工具 I：多线程技术

🏳 增量：点到点聊天工具开发

🏳 网络通信技术

第 14 章使用单线程、套接字通信等通信技术实现了点到点聊天工具，但是 ChatDialog 类的代码过多，聊天工具的代码逻辑比较复杂，用户标识使用了计算机的 IP 地址，导致软件使用不够友好。

本章通过引入 Java 的其他高级编程技术，如多线程，来解决基于单线程的聊天软件复杂度过高的问题；采用服务器技术，解决用户标识不友好、好友列表和聊天记录不可移动等问题，同时提供离线信息保存、离线通信，以及群聊等功能。

第 15 章的内容安排如下：首先利用多线程技术实现聊天软件的服务器功能，这样服务器可以同时支持与多人聊天；然后采用 JTable 实现如图 15-1 所示的用户友好的带有好友列表的聊天界面，用户只需单击界面（如图 15-2 所示），就可以实现对好友操作和启动与好友的聊天功能；最后实现好友之间的群聊功能。

图 15-1　带好友列表的聊天软件客户机界面　　　　图 15-2　聊天软件客户机界面弹出菜单项

15.1　C/S 模式与多线程技术的知识准备

15.1.1　C/S 模式

C/S（客户—服务器）模式是 20 世纪 90 年代出现并迅速占据主导地位的一种网络计

算模式，实际上是把主机－终端模式中原来全部集中在主机部分的任务一分为二，保留在主机上的任务负责集中处理和汇总运算，称为服务器；而下放到终端的任务负责为用户提供友好的交互界面，称为客户机。相对于以前的模式，C/S 模式最大的优点是不再把所有软件都装进一台计算机，而是把应用系统分成两个角色：在运算能力较强的计算机上安装服务器端程序，在一般的 PC 上安装客户机程序。正是由于 PC 的出现使 C/S 模式成为可能，因为 PC 具有一定的运算能力，代替主机－终端模式的哑终端，就可以把主机端的一部分工作放在客户机端完成，从而减轻主机的负担，也增加了系统对用户的响应速度和响应能力。

客户机和服务器之间通过相应的网络协议来进行通信，特点是分布运算和分布管理。客户机向服务器发出数据请求，服务器将数据传送给客户机进行计算，计算完毕，计算结果返回给服务器。这种模式的优点充分利用了客户机的性能，使计算能力大大提高。由于客户机和服务器之间的通信是通过网络协议进行的，是一种逻辑的联系，因此从物理上来看，客户机和服务器两端是易于扩充的。

1．C/S 模式的网络拓扑

C/S 模式的网络拓扑如图 15-3 所示。

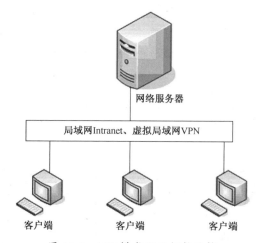

图 15-3 C/S 模式网络拓扑结构

下面介绍 C/S 模式中服务器和客户机的工作流程（如图 15-4 所示）：

首先服务器方要先启动，并根据请求提供相应服务。服务器的工作流程如下：

（1）打开一个通信通道（Socket 套接字）同时通知本地主机，服务器开始在某一个公认地址（主机地址和开放的端口号）上接收客户请求。

（2）等待某个客户请求到达该端口。

（3）接收到服务请求后，发起一个独立的线程处理该请求。

（4）返回第 2 步，继续等待另一客户请求。

（5）关闭该服务器。

然后启动客户机，客户机启动通信服务。客户机的工作流程如下：

（1）打开一个通信通道（Socket 套接字）并连接到服务器的特定端口（Port）。

（2）向服务器发送服务请求消息，等待并接收应答消息，然后继续发出消息。

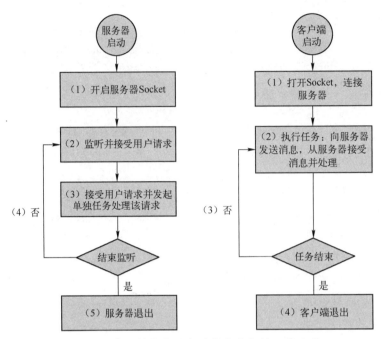

图 15-4　C/S 模式中服务器和客户机的工作流程

（3）工作任务完成后，关闭通信通道并终止程序。

在使用 Java 编写 C/S 模式的软件时，C/S 模式的软件间的详细通信过程如图 15-5 所示，实现代码可参考 11.4.3 节的 TCP Socket 通信示例，也可以参考例程 15-1。

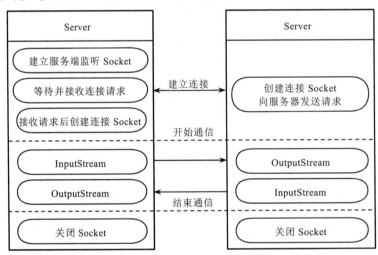

图 15-5　C/S 模式中用户之间的通信过程

〖例程 15-1〗　C/S 模式的通信过程示例（客户机部分）。

服务器代码：

```
                                    TCPServer.java
import java.net.*;
import java.io.*;


public class TCPServer {
```

```java
    public static void main(String args[]) {
        ServerSocket  s = null;
        Socket  s1;
        String sendString = "Hello Net World!";
        int  slength = sendString.length();
        OutputStream s1out;
        DataOutputStream  dos;
        try {
            s = new ServerSocket(5432);                  // 通过 5432 端口建立连接
        }
        catch(IOException e){ }
        // 循环运行监听程序，以监视连接请求
        while (true) {
            try {
                // 监听端口请求，等待连接
                s1 = s.accept();
                //得到与 socket 相连接的数据流对象
                s1out = s1.getOutputStream();
                dos = new DataOutputStream(s1out);
                dos.writeUTF(sendString);               // 发送字符串

                // 关闭数据流（但不是关闭 socket 连接）
                dos.close();
                s1out.close();
                s1.close();
            }
            catch(IOException e){ }
        }
    }
}
```

客户端代码：

TCPClient.java

```java
import java.net.*;
import java.io.*;

public class TCPClient {
    public static void main(String args[]) throws IOException {
        int  c;
        Socket  s1;
        InputStream s1In;
        DataInputStream dis;
        // 在端口 5432 打开连接
        s1 = new Socket("localhost", 5432);
        // 获得 socket 端口的输入句柄，并从中读取数据
        s1In = s1.getInputStream();
        dis = new DataInputStream(s1In);
```

```
            String st = new String(dis.readUTF());
            System.out.println(st);

            // 操作结束, 关闭数据流及 socket 连接
            dis.close();
            s1In.close();
            s1.close();
        }
    }
```

所以, 设计 C/S 程序时需要注意以下几点:

① 服务器应使用 ServerSocket 类处理客户机的连接请求。当客户机连接到服务器监听的端口时, ServerSocket 将分配一个新的 Socket 对象。这个新的 Socket 对象将连接到一些新端口, 负责处理与之相应客户机的通信。然后, 服务器继续监听 ServerSocket, 处理新的客户机连接。Socket 和 ServerSocket 是 Java 网络类库提供的两个类。

② 服务器使用了多线程机制。Server 对象本身就是一个线程, 它的监听 (accept) 过程本身就是一个无限循环, 用以监听来自客户机的连接请求。每当有一个新的客户机连接时, ServerSocket 就会创建一个新的 Socket 类实例和一个新线程, 以处理基于 Socket 的通信, 然后与客户机的所有通信均由这个线程通过 Socket 实例来处理。

③ 客户机先创建一个 Socket 对象, 与服务器通信。再创建两个对象: DataInputStream 和 PrintStream, 前者用来从 Socket 的 InputStream 输入流中读取数据, 后者用来向 Socket 的 OutputStream 中写数据。当客户机程序从标准输入 (如控制台) 中读取数据后, 客户机通过 InputStream 从服务器读取应答消息, 再把这些应答消息通过 OutputStream 发送到服务器, 由服务器负责转发给其他客户机。

④ 在 C/S 网络中, 客户机之间的消息都是经过服务器进行转发的, 也就是说, 发起通信的客户机先通过 Socket 的 OutputStream 把消息发送给服务器; 服务器经过一定的处理后, 再通过其他 Socket 的 OutputStream 转发给正确的客户机; 最后, 消息接收客户机通过 Socket 的 InputStream 读取消息。

2. 协议的概念

在 C/S 网络中, 参与通信 (沟通) 的多方必须遵守一定的规则才能彼此正常交流, 这个共同遵守的规则一般被称为协议。协议是为了实现一个功能或者任务, 是参与通信的双方或多方共同采用的一系列的步骤和规则。在即时通信 (如 QQ、Facebook 等) 中, 参与通信的双方或多方被称为即时通信的实体, 各通信实体之间为了传递数据, 必须交换信息, 如控制信息、状态信息等, 这些信息的格式都是协议参与方共同制定和遵循的。

对于第 14 章中点到点聊天工具来说, 文件传输过程就是一套通信协议, 通信双方按照该协议共同完成文件传送的任务, 包括以下步骤。

(1) 发送方: 在传送文件前, 发送方发起一个文件传输请求 REQUEST, 然后等待对端接受 (ACCEPT 消息) 或者拒绝接受 (REJECT 消息)。

(2) 接收方: 如果同意接收文件, 返回一个 ACCEPT 消息。

(3) 接收方: 如果拒绝接收文件, 返回一个 REJECT 消息。

(4) 发送方: 收到 ACCEPT 消息后, 使用 DATA 消息把文件内容按顺序发送给对端。

（5）发送方：文件发送完成后再发送 COMPLETE 消息通知对端文件发送完毕。

（6）接收方：接收端收到 COMPLETE 消息后，结束文件接收过程并保存文件。

上述文件传输协议中定义了一种消息结构，即发送数据的组织结构，如图 15-6 所示。其中，type 是指该协议中使用的消息类型，如 REQUEST、ACCEPT、REJECT、DATA 和 COMPLETE，以及文本通信的 TEXT 类型，还可以扩展到用户的注册、登录、聊天请求等。文件传输的过程必须严格遵守以上步骤，并且必须使用正确的消息类型组织发送的消息，这样接收端才能在收到消息时正确的解读该消息，完成文件传输的任务。所以，上述步骤和消息格式共同组成了点到点通信中传输文件的协议。

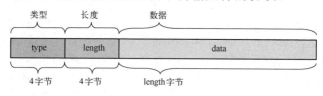

图 15-6　点到点聊天中的消息格式

3．服务器的作用

在 C/S 网络中，客户机之间的消息都是经过服务器进行转发的，也就是说，发起通信的客户机先把消息发送给服务器，服务器经过一定的处理后，再转发（单播）或者多播给正确的客户机，最后消息接收客户机接收并处理该消息。

消息转发是指把消息转交给另一个用户，属于通信中交换的概念，对服务器来说，既是转发也是单播的过程。例如，计算机网络中交换机在收到信息后会根据该消息中目标计算机的 IP，把该消息转发到正确的路径（路由）上；再如，两个微信好友之间的聊天过程对于服务器就是消息转发（单播）的过程。

消息多播是指期望的消息接收者可能不止一个，服务器在收到这种消息时应该把该消息转发给每一个期望的消息接收者，如微信聊天中的群聊就是多播，每个用户发出的消息都发给了群内其他所有用户。

单播与多播的过程如图 15-7 所示。

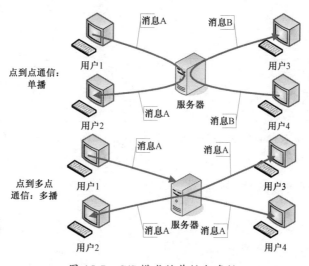

图 15-7　C/S 模式的单播与多播

4．C/S 模式中的主要通信过程

C/S 模式中的通信过程主要有注册/登录过程、用户信息下载过程、客户机之间通信过程和用户退出过程，各过程之间执行的先后顺序一般如图 15-8 所示。下面对各过程分别予以解释。

图 15-8　C/S 模式中的主要通信过程

（1）注册/登录过程

在 C/S 模式的软件中，客户机一般需要首先向服务器注册和登录后，服务器才会处理来自该客户机的消息。注册是指服务器中本来没有该客户机的信息（客户机标识），是新客户机向服务器注册信息（主要是客户机标识 ID）的过程；登录是指服务器中已经存在了该客户机的信息，客户机与服务器建立 Socket 连接的过程，登录过程既是用户认证的一个过程，也是服务器获取客户机标识（ID）和建立连接的过程。注册过程如图 15-9 所示，登录过程如图 15-10 所示。

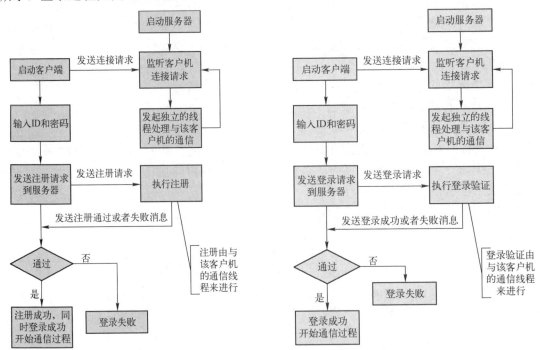

图 15-9　客户机注册过程　　　　图 15-10　C/S 模式软件中客户机登录过程

客户机标识是在该 C/S 网络中唯一识别某个客户机的依据，一般是整数。如果某客户机向服务器注册或者没有登录到服务器，服务器一般不会响应或处理来自该客户机的消息。

注册和登录过程都属于客户机与服务器通信的协议范畴，通信过程中采用的消息必须能够区分出该消息是注册请求还是登录请求。登录成功后，客户机才可以通过服务器与其他客户机通信。服务器在客户机登录成功后会更新该用户的状态，通知与该用户相

关联的用户，如微信好友上线通知。

（2）用户信息下载过程

参考微信客户机的登录过程，如果该客户机是第一次运行，用户在登录完成后需要等待一段时间才能看到好友列表，这是由于 C/S 模式中客户机一般不直接保存用户信息、数据，只有在用户登录时才从服务器下载。为了加快下载速度，在第一次用户信息下载后，这些信息一般会在客户机本地保留一个备份，下次登录时仍与服务器同步这些数据。

这样，在客户机登录完成后，仍有一个用户数据的下载过程，该下载过程也是由客户机发起的，由服务器从数据库中读取数据并进行回复，这属于 C/S 模式中客户机与服务器之间通信协议的一部分。

（3）客户机之间通信的过程

在用户登录成功并下载自己的信息后，用户才可以找到其他用户并发起与其通信的过程。在该过程中，一般会有通信的请求、请求回复、数据通信过程等，客户机和服务器都需要遵守相应的协议来完成约定的操作。

（4）客户退出过程

在客户机关闭或者网络中断时，连接客户机与服务器的 Socket 会产生中断异常，服务器能够捕获该异常，以得知此用户已经退出或离线，从而更新该用户的状态并清除与该用户相关的数据，同时通知与该用户相关联的用户，如微信好友下线通知功能。

15.1.2 多线程技术

多线程的相关技术请读者参考前面章节中的内容。如例程 15-1 演示了多线程，同时创建了 5 个图形界面的客户机，服务器通过 Socket 依次给每个客户机发送消息，客户机收到消息后把消息放在界面中的文本域中。本案例的代码如下。

〖例程 15-2〗 多线程示例：客户机弹出多个窗口（1/2）。

```java
import java.awt.BorderLayout;
import java.io.*;
import java.net.ServerSocket;
import java.net.Socket;
import javax.swing.*;

public class Example15_1 {
    public static void main(String[] args) {
        new Example15_1();
    }
    public Example15_1() {
        ServerSocket  ss;
        final int  client_num = 5;
        Socket[]  cs = new Socket[client_num];
        PrintStream[]  sout = new PrintStream[client_num];
        Thread[]  mThreads = new Thread[client_num];

        for (int i = 0; i < mThreads.length; i++) {
```

```java
            mThreads[i] = new Thread(new MyGUIThread("GUI " + i));
            mThreads[i].start();
            System.out.println("Client: " + i);
        }


        try {
            ss = new ServerSocket(12345);
            for (int i = 0; i < mThreads.length; i++) {
                cs[i] = ss.accept();
                sout[i] = new PrintStream(cs[i].getOutputStream());
                System.out.println("Socket: " + i);
            }
        }
        catch(IOException e) {
            e.printStackTrace();
        }
        String[] msg = { "Hello ", "Client!", "quit" };

        for (int m = 0; m < msg.length; m++) {
            for (int i = 0; i < mThreads.length; i++) {
                sout[i].println(msg[m]);
            }
            try {
                Thread.sleep(5000);
            }
            catch (InterruptedException e) {
                e.printStackTrace();
            }
            System.out.println("Message: " + m);
        }
    }
}


class MyGUIThread extends JFrame implements Runnable {
    JTextField msgField = new JTextField();
    public MyGUIThread(String title) {
        setTitle(title);
        createFrame();
        setVisible(true);
    }
    @Override
    public void run() {
        Socket socket = null;
        while (socket == null) {
            try {
                socket = new Socket("localhost", 12345);
            }
```

```
            catch (IOException e) {
                e.printStackTrace();
            }
        }
        try {
            BufferedReader sin = new BufferedReader(
                            new InputStreamReader(socket. getInputStream()));
            while (true) {
                String msg = sin.readLine();
                System.out.println(msg);
                if (msg.equals("quit")) {
                    this.dispose();
                    break;
                }
                else {
                    msgField.setText(msgField.getText() + msg);
                }
            }
        }
        catch(IOException e) {
            e.printStackTrace();
        }
    }

    private void createFrame() {
        setLocation(200, 80);
        setSize(500, 100);
        setDefaultCloseOperation(JFrame.EXIT_ON_CLOSE);
        setLayout(new BorderLayout());
        this.add(msgField, BorderLayout.CENTER);
    }
}
```

15.2　需求分析和项目目标

　　本章需要实现类似微信软件中用户与多个好友间的点到点聊天和多个用户之间的群聊。如果沿用第 14 章的单线程聊天器的设计，每个客户机必须知道每个好友所使用计算机的 IP 地址，同时与每个好友建立单独的 Socket 连接请求；为了能够接收来自每个好友的聊天信息，客户机必须同时监听多个 Socket 套接字，以判断哪个好友已经发送消息过来；为了实现群聊功能，每个好友必须知道群内所有好友的信息，并要与他们建立新的单独的 Socket 连接，每次发送消息要依次给群内每个好友 Socket 发送消息，这样会导致客户机软件变得异常复杂，而且软件不灵活（每个客户机都需要记录所有好友和所有群的信息），最终导致设计出来的软件不实用。

　　为此，本章采用 C/S 模式和多线程技术实现多个好友聊天与群聊的功能，具体来说包括 C/S 模式的聊天软件、用户登录功能、同时与多个用户聊天、群聊和用户退出等功能。为了集中学习 C/S 网络软件模式和多线程技术，本章不要求实现用户的注册或者用户信息下载功能，这部分功能留在第 17 章实现。由于没有用户信息下载功能，本章假定服务器和客户机使用相同的用户信息（好友列表、群组），且用户信息是固定不变的。

15.2.1 需求分析

根据本章需要实现的聊天软件的功能，图 15-11 给出了相应的用例图，图 15-12 给出了与用例图相对应的 C/S 模式聊天软件的功能分布。

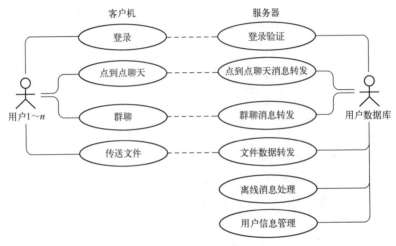

图 15-11　用例图

在图 15-12 中，灰色模块表示本章需要实现的内容，其他模块在第 16 章实现。下面依次详细分析本章要实现的 C/S 模式聊天软件的各功能及各功能遵守的通信协议。

1．用户登录过程

用户登录一般会遵循如图 15-13 所示的过程。

（1）服务器启动后开启 ServerSocket，然后开始监听来自客户机的连接请求。

（2）用户 1 启动客户机，客户机显示登录界面。

（3）客户机通过 Connect 向服务器发送连接请求，开始等待连接结果，不再继续执行。

（4）服务器收到连接请求后，启动一个单独的线程处理（thread_1 = new Thread）与该客户机所有的后续通信。

（5）服务器通知客户机连接成功，客户机软件继续执行。

（6）连接成功后，用户可以填写用户信息，如用户 ID 和密码等，然后单击"登录"按钮。

（7）客户机向服务器发送登录消息 LOG_ON，此消息遵循一定的消息结构，其数据部分包含了用户信息。

（8）服务器的线程 thread_1 收到登录请求后，启动用户验证过程（本章不实现验证过程），服务器的线程 thread_1 在验证通过后，返回登录成功的消息（可以通过更新 LOG_ON 消息中数据为 online，再把该消息返回给用户 1）。

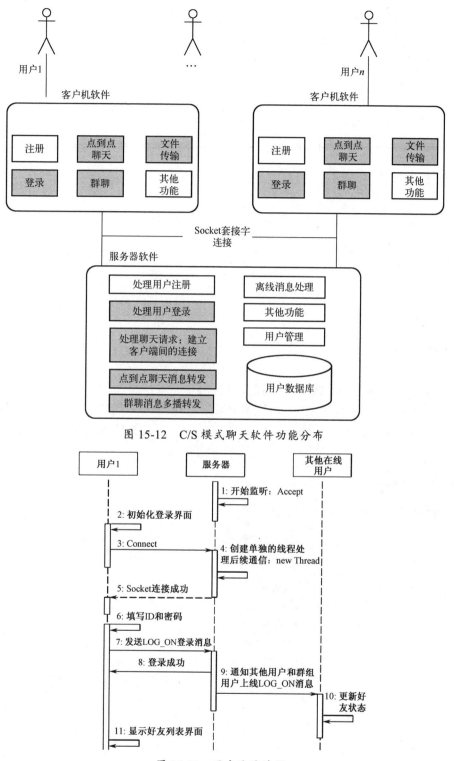

图 15-12 C/S 模式聊天软件功能分布

图 15-13 用户登录过程

（9）服务器的线程 thread_1 在验证通过后，通知该用户的在线好友和在线群组，用户 1 已经上线（可以通过删除 LOG_ON 消息中数据中的密码，然后转发用户 1 的登录请求）。

（10）其他用户收到该用户的上线消息后，更新该好友的状态。

（11）用户1的客户机显示好友列表界面，用户就可以启动与好友的聊天。

2．用户退出

用户退出的过程如下（如图15-14所示）。

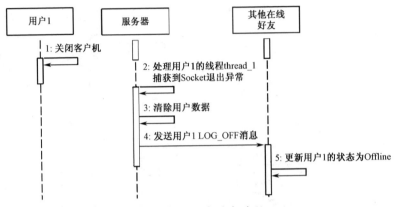

图 15-14 用户退出过程

（1）用户 1 关闭客户机。

（2）服务器处理用户 1 客户机的线程 thread_1，捕获到 Socket 断开的异常事件。

（3）线程 thread_1 清除用户 1 的临时数据，设置用户 1 为离线（Offline）状态。

（4）线程 thread_1 发送 LOG_OFF 消息（把消息的数据域设为用户 1 的 ID）。

（5）其他用户的客户机更新用户 1 的状态为离线（Offline）状态。

3．点到点聊天

点到点聊天的过程如下（如图15-15所示）。

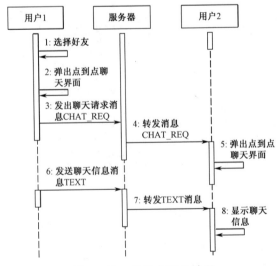

图 15-15 点到点聊天过程

（1）用户 1 通过客户机选中好友。

（2）通过单击或弹出菜单，选择与该好友聊天，客户机弹出点到点聊天界面。

（3）发送聊天请求 CHAT_REQ 消息给服务器。

（4）服务器转发 CHAT_REQ 消息给用户 2。

（5）用户 2 弹出点到点聊天界面。

（6）用户 1 或者 2 输入并发送（通过单击"发送文本"按钮）聊天信息 TEXT 消息。

（7）服务器转发 TEXT 消息给用户 2 或者用户 1。

（8）用户 2 或者用户 1 显示收到的聊天信息。

4．文件传输/协议

由于文件传输是点到点通信中的一部分功能，故文件传输的流程与第 15 章中的流程基本一致，只不过本章采用了新的消息结构（参考 C/S 模式通信中的消息结构），所有相关的消息都是由服务器转发到对端的，如图 15-16 所示。

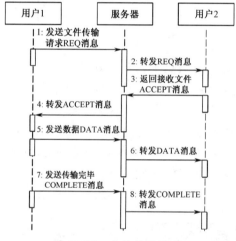

图 15-16　文件传输过程

5．群聊过程

群聊过程如下（如图 15-17 所示）。

（1）用户 1 通过客户机选中群组。

（2）通过单击或弹出菜单选择与该群组聊天，客户机弹出群组聊天界面。

（3）发送聊天请求 GCHAT_REQ 消息给服务器。

（4）服务器转发 GCHAT_REQ 消息给其他所有群内在线用户。

（5）其他用户的客户机弹出点到点聊天界面。

（6）任一用户输入并发送（通过单击"发送文本"按钮）聊天信息 G_TEXT 消息。

（7）服务器转发 G_TEXT 消息给其他所有群内在线用户。

（8）其他用户在群聊窗口内显示收到的聊天信息。

6．C/S 模式聊天通信中的消息结构

对于 C/S 模式的聊天工具，参与通信的客户机很多，相互之间都需要通过服务器进行消息的传递，也就是通信实体把所有的消息发送给服务器，由服务器转发给正确的消

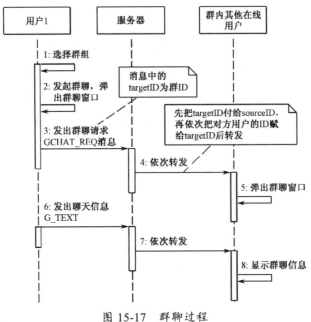

图 15-17　群聊过程

息接收端，这样服务器必须知道消息来自何处和消息转发给谁，也就是需要消息发送端的身份标识（ID）和消息接收端的身份标识（ID）。客户机在接收到一个消息之后必须知道如何处理该消息，由于不同种类的消息有不同的处理方法，因此消息中必须带有消息类型。消息中必须包含 4 种数据：消息类型、消息发送端的 ID、消息接收端的 ID、消息所需要传递的内容（数据）。在图 15-6 消息结构的基础上，我们设计了如图 15-18 所示的消息结构，以满足 C/S 模式中客户机间通信的要求。

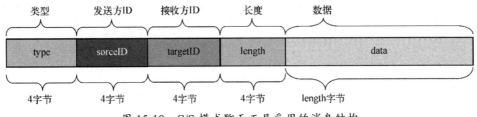

图 15-18　C/S 模式聊天工具采用的消息结构

15.2.2　项目目标

本章需要实现基于 C/S 模式的聊天软件的服务器端和客户机，实现的功能包括图 15-12 中所有灰色模块，包括使用多线程的服务器、采用多线程的客户机、用户登录功能、用户退出处理功能、同时单独与多个用户聊天和群聊功能。

表 15-1 详细列出了第 15 章服务器和客户机所需实现的需求条款，并按照功能对需求条款进行了分类，本章的项目目标是实现需求列表 15-1 中除 Req15～Req31 之外的所有需求条款。

表 15-1　第 15 章需求列表

功能	需求编号	需求条款	功能分配/采用的技术
用户登录	Req15-01	客户机启动界面必须是登录界面，包括用户 ID、密码和登录按钮	客户机：GUI 编程技术，消息通信
	Req15-02	登录时，可以不使用用户 ID/密码验证功能	服务器
	Req15-03	若登录不成功，客户机必须显示重新登录界面	客户机：GUI 编程，消息通信
	Req15-04	客户机登录成功后，服务器必须更新用户的状态为 Online	服务器
	Req15-05	服务器必须分配一个单独的线程 Thread，处理每个用户的通信请求	服务器：多线程
	Req15-06	客户机登录成功后，其活动的好友和群组必须更新该好友的状态为 Online	服务器：消息多播 客户机：GUI 编程
	Req15-07	客户机登录成功后，客户机必须显示好友列表	客户机：GUI 编程 JTable
用户退出处理	Req15-08	服务器端对应的线程必须能够捕获 Socket 断开的异常	服务器：异常捕获与处理
	Req15-09	服务器端对应的线程必须清除下线用户的数据	服务器
	Req15-10	服务器端对应的线程必须设置该用户的状态为 Offline	服务器
	Req15-11	服务器端对应的线程必须把用户下线的消息通知给所有正在与该用户聊天的好友或群组	服务器：消息通信、多播
同时单独与多个用户聊天	Req15-12	客户机必须为每个聊天好友开启单独的交互式聊天窗口	客户机：GUI 编程、多线程技术
	Req15-13	用户可以通过右击，选择与某用户聊天	客户机：GUI 编程 JTable、快捷菜单、事件处理
	Req15-14	用户可以通过双击，选择与选定的用户聊天	客户机：GUI 编程 JTable 事件处理
	Req15-15	客户机只能与服务器建立一个 Socket 连接，与所有好友/群组的聊天信息只能通过这个 Socket 进行通信	客户机：Socket 通信
	Req15-16	各交互式聊天窗口之间互不影响	客户机：多线程技术
	Req15-17	在接收到好友的聊天请求后，客户机必须弹出（或提示）交互式聊天界面	客户机：Socket 通信、GUI 编程
	Req15-18	服务器必须能够正确地处理、转发客户机的聊天请求	服务器：Socket 通信
	Req15-19	服务器必须能够正确地处理、转发客户机的聊天消息	服务器：Socket 通信
	Req15-20	服务器必须能够正确处理用户的文件传输消息	服务器：Socket 通信、文件传输
群聊	Req15-21	客户机必须为每个群聊开启唯一一个群聊交互式界面	客户机：GUI 编程
	Req15-22	在群组聊天界面中，只能发送和接收文本	客户机
	Req15-23	客户机收到群聊请求后必须开启唯一一个群聊交互式界面	客户机：GUI 编程
	Req15-24	客户机必须在发送聊天内容之前发起群聊请求	客户机：Socket 通信
	Req15-25	服务器必须把群聊请求转发给群内每一个在线用户	服务器：消息通信、多播
	Req15-26	客户机必须使用群聊消息发送聊天内容	客户机：Socket 通信、GUI 编程、事件处理
	Req15-27	服务器必须把群聊消息转发给群内每一个在线用户	服务器：消息通信、多播
	Req15-28	客户机发送群聊消息时，应设置消息源 ID 为本机用户 ID、消息接收 ID 为群组 ID	客户机：消息通信、协议
	Req15-29	服务器转发群聊消息时，应设置消息源 ID 为群组 ID、消息接收 ID 为接收用户 ID	服务器：消息通信、协议
其他	Req15-30	客户机和服务器端可以使用相同的用户信息、群组信息	客户机或服务器：用户管理功能
	Req15-31	保存与每个好友/群组聊天的记录	客户机或服务器：文件操作

功能	需求编号	需求条款	功能分配/采用的技术
其他	Req15-32	查看用户信息以及用户状态	服务器：GUI 编程-JTable，事件处理

注：表中的灰色部分表示客户机要实现的需求条款。

15.3　功能分析和软件设计

需求分析中已经详细分析了 C/S 模式聊天软件应该实现的功能，以及实现功能应该遵循的过程/协议，所以本节不再分析功能，而是侧重于分析客户机和服务器的软件设计。

15.3.1　C/S 模式中的客户机软件设计

依据 15.2.1 节的需求分析和需求列表，表 15-2 分析了了客户机应该实现的功能、需求和技术，客户机主要实现：消息通信（向服务器发送消息、从服务器接收消息、消息解析与消息分配（给不同聊天窗口）），登录（重新登录）界面，已登录界面（显示好友列表的界面），基于线程的点到点聊天窗口，基于线程的群聊窗口，如图 15-19 所示。

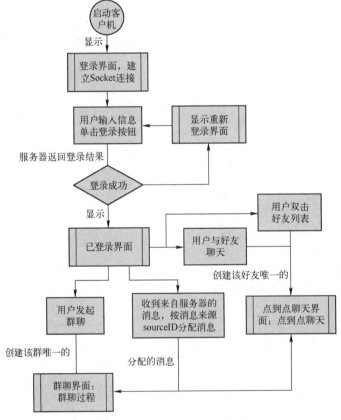

图 15-19　客户机的工作过程

客户机的功能、需求和技术如表 15-2 所示。

表 15-2　客户机的功能、需求和技术

功能	实现的需求	涉及的对象	技　术
用户登录	Req15-01 Req15-03	登录界面 重新登录界面	GUI 编程，事件处理（按钮）
	Req15-07	已登录界面：显示好友列表	GUI 编程，JTable，事件处理（按钮、JTable），消息通信，弹出菜单 PopupMenu
用户退出	无	无	设置客户机主界面退出方式为：EXIT_ON_CLOSE
同时与多个好友点到点聊天	Req15-12	点到点聊天窗口	GUI 编程（JTable、按钮），事件处理（按钮）
	Req15-13 Req15-14	好友列表	GUI 编程（JTable 弹出菜单），事件处理（JTable）
	Req15-16	基于线程的点到点聊天窗口	多线程，Socket 通信
	Req15-17	点到点聊天窗口	消息通信，GUI 编程
群聊	Req15-21 Req15-22	群聊窗口	GUI 编程（JTextFeild、按钮），事件处理（按钮）
	Req15-23 Req15-24 Req15-26 Req15-28	基于线程的群聊窗口	多线程，Socket 通信，消息通信
	Req15-30	点到点聊天窗口	消息通信，GUI 编程
	Req15-21 Req15-22	群聊窗口	GUI 编程（JTextFeild、按钮），事件处理（按钮）

结合图 15-19，客户机的软件结构如图 15-20 所示。客户机软件结构主要包括三种对象：客户机主程序（窗口）ChatterClient、点到点聊天线程（窗口）ChatDialog 和群聊线程（窗口）GroupChatDialog。

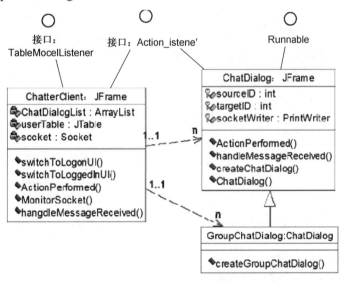

图 15-20　客户机的软件结构

其中，ChatterClient 通过继承 JFrame 实现登录界面和已登录界面，同时 ChatterClient 扩展实现事件活动监听接口 ActionListener 和表格模板事件监听接口 TableModelListener，分别用于监听来自主界面（见图 15-1 和图 15-2）的事件和好友列表（JTable）中的事件；ChatDialog 基于第 14 章的实验 12，通过扩展实现线程接口 Runnable（见例程 15-2）和事件活动监听接口 ActionListener，实现图 14-2 所示的点到点聊天界面；GroupChatDialog 继承于 ChatDialog，需要去掉 ChatDialog 界面上与文件传输相关的控件来实现群聊界面（如图 15-21 所示）。

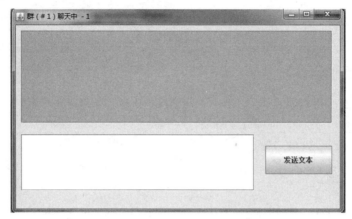

图 15-21　群聊界面

15.3.2　C/S 模式中的服务器软件设计

依据 15.2.1 节的需求分析和需求列表，服务器应该实现的功能、需求和技术如表 15-3 所示，应该主要实现：服务器主界面，ServerSocket 的监听（客户机连接请求），发起一对一的独立线程处理来自客户机的后续消息，消息通信（从客户机接收消息、消息解析、向客户机转发消息、聊天消息转发），如图 15-22 所示。

表 15-3　服务器的功能、需求和技术

功能	实现的需求	涉及的对象	技　术
用户登录	Req15-02	处理客户机消息的线程	用户验证（可以使简单的字符串比较）
	Req15-04	处理客户机消息的线程	消息通信
	Req15-05	服务器主程序（主界面）	多线程技术
	Req15-06	处理客户机消息的线程	消息通信、多播
用户退出	Req15-08 Req15-09 Req15-10	处理客户机消息的线程	Socket 断开异常事件捕获与处理
	Req15-11	处理客户机消息的线程	消息通信、多播
点到点聊天	Req15-18 Req15-19 Req15-20	处理客户机消息的线程	消息通信、消息转发
群聊	Req15-25 Req15-27 Req15-29	处理客户机消息的线程	消息通信、多播
其他	无	服务器主程序（主界面）	服务器界面 GUI 编程 ServerSocket 创建与监听
	Req15-30	服务器主程序（主界面）	
	Req15-32	服务器主程序（查看用户信息界面）	GUI 编程：JDialog、JTable 与事件处理

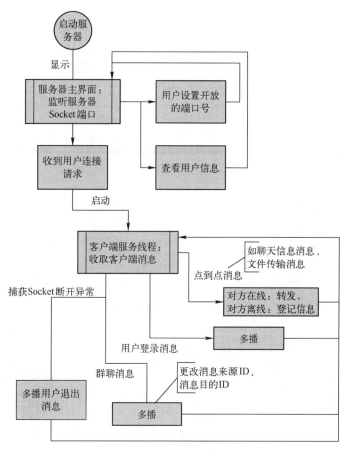

图 15-22　服务器工作过程

　　根据表 15-3 和图 15-22，服务器的软件结构如图 15-23 所示，包含服务器相关的两个类：对象服务器主界面 ChatterServer 和客户机服务线程 ClientMonitor。与用户信息相关的 4 个类：用户 Chatter、聊天群组 ChatterGroup、用户信息查看窗口 UserViewer 和用户管理器 UserManager（仅仅实现了用户信息初始化、用户在线/离线状态更新，查看所有用户信息功能）。

　　其中，服务器主界面 ChatterServer 中可以设置服务器开放的端口（暂时不起作用）和查看所有用户信息（通过调用 UserManager 和 UserViewer）。

　　客户机服务线程 ClientMonitor 与客户机是一对一的关系，该线程不停地监听来自客户机的消息，然后根据不同的消息类型做出相应的处理，如点到点聊天和文件传输消息需要转发到对端的 Socket，用户登录消息需要多播给相关在线用户和活动群组（对于离线用户需要登记相关信息）。用户 Socket 中断消息需要创建并多播该消息给相关的在线用户和活动群组，群聊消息需要在设置 sourceID 和 targetID 后多播给群组内的在线用户。

　　用户 Chatter 对象用于保存用户的信息、状态、点到点聊天好友列表（分为主动邀请好友列表（calleeList）的和邀请本用户的好友列表（callerList）两个列表）、活动的群组列表（chatGroupList）。服务器需要根据用户的上下线信息来更新 Chatter 中的状态信息，如果服务器收到来自其他用户的聊天请求，服务器需要把该好友的 Chatter 对象引用放到邀请本用户的好友列表中（callerList），如果该用户向某用户发起了聊天请求，服务器需

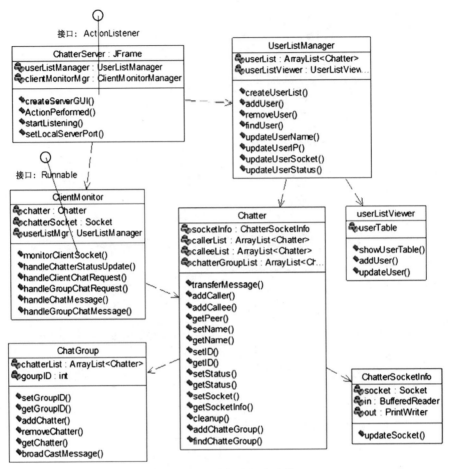

图 15-23　服务器软件结构

要把被邀请用户的 Chatter 对象引用放到聊天发起方的主动邀请好友列表（calleeList）中。当用户退出时，服务器应当清空用户 Chatter 对象中的三个列表。

　　聊天群组 ChatterGroup 用于保存本群组内所有用户的 Chatter 对象引用，服务器收到群组聊天消息时，应该通过聊天群组 ChatterGroup 中的 broadCaseMessage( )方法把收到的消息多播出去。

　　用户信息查看窗口 UserViewer 可以设计成用户管理器 UserManager 的一个内部类，外界查看用户信息时需要通过 UserManager 访问 UserViewer。UserManager 保存了所有 Chatter 的对象实体，需要实现对用户的管理（如查看/修改用户信息、增加/删除用户，设置/修改群组等，在本章只能查看用户信息），通过 UserViewer 可以查看所有的用户信息。

　　从图 15-23 不难看出，服务器端最复杂的部分是用户的管理，将分别在增量 15-3 和增量 15-4 中详细描述。

15.3.3　C/S 模式中的通信协议

　　为了实现点到点聊天（包括文件传输）和群聊的消息通信过程，有必要参照图 15-18 所示的消息结构和 15.2.1 节需求分析中的通信过程，详细设计通信过程中使用到的消息类型、相应的数据部分的内容和客户机/服务器的处理方法。

客户机发出的消息如表 15-4 所示，服务器发出的消息如表 15-5 所示。

表 15-4　客户机发出的消息

消息类型	sourceID	targetID	数据内容	服务器处理方法
登录消息：LOG_ON	发起方 ID	0	无	多播给在线好友和活动群组
点到点聊天请求：CHAT_REQ	发起方 ID	接收方 ID	无	检查接收方是否在线，并给发起方返回 CHAT_ACK 消息，接收方在线则转发该消息
点到点文本数据消息：TEXT	发送方 ID	接收方 ID	聊天内容	转发
群组聊天请求：GCHAT_REQ	发起方 ID	群组 ID	无	把 sourceID 设置为 targetID 后，依次设置 targetID 为群内某在线用户的 ID，再发送该消息给该用户
群组聊天文本数据：G_TEXT	发送方 ID	群组 ID	聊天内容	
文件传输请求消息：FILE_T_REQ	发起方 ID	接收方 ID	文件名	
文件传输接受消息：FILE_T_ACCEPT	接收方 ID	发起方 ID	文件名	
文件传输拒绝消息：FILE_T_REJECT	接收方 ID	发起方 ID	文件名	接收方在线，则转发
文件传输数据消息：FILE_T_DATA	发起方 ID	接收方 ID	文件内容	
文件传输完毕消息：FILE_T_COMPLETE	发起方 ID	接收方 ID	文件名	

表 15-5　服务器发出的消息

消息类型	sourceID	targetID	数据内容	（接收）客户机处理方法
登录消息：LOG_ON	发起方 ID	接收方 ID	无	更新好友的状态为在线
退出消息：LOG_OFF	0	接收方 ID	无	更新好友的状态为离线
点到点聊天请求：CHAT_REQ	发起方 ID	接收方 ID	无	弹出点到点聊天窗口
点到点聊天应答：CHAT_ACK	接收方 ID	发起方 ID	Online 或	更新好友状态
点到点文本消息：TEXT	发送方 ID	接收方 ID	聊天内容	显示在对应的点到点聊天窗口
群组聊天请求：GCHAT_REQ	群组 ID	接收方 ID	无	弹出群组聊天窗口
群组聊天文本数据：G_TEXT	群组 ID	接收方 ID	聊天内容	显示在对应的群组聊天窗口
文件传输请求消息：FILE_T_REQ	发送方 ID	接收方 ID	文件名	更新点到点聊天窗口
文件传输接受消息：FILE_T_ACCEPT	接收方 ID	发起方 ID	文件名	更新点到点聊天窗口
文件传输拒绝消息：FILE_T_REJECT	接收方 ID	发起方 ID	文件名	更新点到点聊天窗口
文件传输数据消息：FILE_T_DATA	发起方 ID	接收方 ID	文件内容	保存文件数据
文件传输完毕消息：FILE_T_COMPLETE	发起方 ID	接收方 ID	文件名	保存文件，更新点到点聊天窗口

由于客户机与服务器之间只有一个 Socket 连接，所以客户机在收到消息后必须判断应该把它分配到那个聊天窗口，所以 ChatterClient 类中保存了一个 chatDialog 列表，当有聊天消息到达时，客户机需要依据消息中的 sourceID 把消息分配给相应的聊天窗口。

15.3.4　增量开发计划

本章需要实现的功能较前几章更有趣，但软件设计的复杂度要高一些。为了降低软件开发的难度，基于实验 12 的点到点聊天工具设计，增量目标如表 15-6 所示。

表 15-6　第 15 章增量开发计划

增量	目　标	功　能	需求条款
增量 15-1	采用多线程技术分离服务器与客户机代码	客户机：实现基于线程的 ChatDialog	Req15-12 Req15-15　Req15-16
		服务器：实现 ClientMonitor 的初始化功能	Req15-05　Req15-08
增量 15-2	采用 JTable 实现好友列表、用户列表	客户机：实现 ChatterClient 的登录界面和已登录界面	Req15-01　Req15-03 Req15-07　Req15-12 Req15-13　Req15-14 Req15-30
		服务器：实现 UserManager 以及 UserListViwer 类	Req15-30　Req15-32
增量 15-3	实现服务器端的用户管理功能	服务器：实现 Chatter 类	所有服务器需求
		服务器：实现 ChatterGroup 类	服务器群聊需求
		服务器：实现 UserManager 类	所有服务器需求
增量 15-4	实现 C/S 模式中客户机之间的聊天功能	客户机：实现点到点聊天功能	Req15-02　Req15-03 Req15-07　Req15-12 Req15-15　　Req15-16 Req15-17
		服务器：实现点到点聊天功能	Req15-04　Req15-05 Req15-06 Req15-08～Req15-11 Req15-18～Req15-20
增量 15-5	实现 C/S 模式中的群聊功能	客户机：实现 GroupChatDialog	Req15-21　Req15-22
		客户机：实现群组聊天功能	Req15-23　Req15-24 Req15-26　Req15-28
		服务器：实现群组聊天功能	Req15-25　Req15-27 Req15-29

在软件开发中，客户机和服务器都可以使用如表 15-7 所示的用户数据。

表 15-7　用户数据示例

用户名	用户 ID	用户 IP	用户状态
Gail	1001	空	空
Ken	1002	空	空
Viviane	1003	空	空
Melanie	1004	空	空
Anne	1005	空	空
John	1006	空	空
Matt	1007	空	空

15.4 增量实现

15.4.1 增量 15-1：采用多线程技术分离服务器和客户机代码

参照 15.1 节的分析和 15.2 节的需求分析，本节按照表 15-6 所列的增量计划逐步实现 C/S 模式的聊天软件。

增量 15-1 的目标是采用多线程技术分离服务器代码与客户机代码，在客户机实现基于线程的 ChatDialog，满足相应需求条款。代码 15-1 实现了基于线程的 ChatDialog，剩下的工作就是把客户机 Socket 连接请求相关的代码从 ChatDialog 中移到客户机 ChatterClient（需要把实验 13 程序中的 P2PChatter 通过重构重命名为 ChatterClient）中，然后修改 ChatDialog 的构造函数，客户机程序的结构类似图 15-20。

〖代码 15-1〗 采用线程的聊天界面。

```java
public class ChatDialog extends JFrame implements ActionListener, Runnable {
    …

    @Override
    public void run() {
        …                          // 有待扩展新功能
    }

    …
}
```

本增量需要实现的软件逻辑比较简单，具体实现请参考实验 14。

15.4.2 增量 15-2：采用 JTable 实现好友列表、用户列表

增量 15-2 的目标是采用 JTable 实现客户机好友列表和服务器端用户列表，并实现客户机好友列表对鼠标单击事件处理，以启动用户点到点聊天界面，最终实现增量 15-2 相关的需求。本增量涉及的需求比较多，表 15-8 列出了增量 15-2 覆盖到的需求条款。

表 15-8　增量 15-2 覆盖的需求列表

功 能	需求编号	需求条款	功能分配/采用的技术
用户登录	Req15-01	客户机启动界面必须是登录界面，包含用户 ID、密码和登录按钮	客户机：GUI 编程技术，消息通信
	Req15-03	若登录不成功，客户机必须显示重新登录界面	客户机：GUI 编程，消息通信
	Req15-07	客户登录成功后，客户机必须显示好友列表	客户机：GUI 编程，JTable
同时单独与多个用户聊天	Req15-12	客户机必须为每个聊天好友开启单独的交互式聊天窗口	客户机：GUI 编程，多线程技术
	Req15-13	用户可以通过右击选择某个的用户聊天	客户机：GUI 编程，JTable、弹出菜单、事件处理
其他	Req15-30	客户机和服务器端可以使用相同的用户信息、群组信息	客户机或服务器：用户管理功能
	Req15-32	查看用户信息和用户状态	服务器：GUI 编程（JTable），事件处理

为了实现需求 Req15-07、Req15-12、Req15-13，可以采用 GUI 编程中的 JTable 控件（也可以使用 JList，但实现难度比较大），如图 15-24 所示。

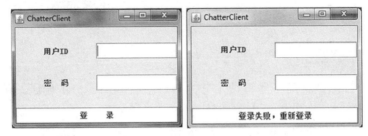

图 15-24 客户机登录界面

首先通过在 JTable 控件中导入 Req15-30 要求的用户信息，然后为 JTable 增加鼠标左键双击事件（MouseListener）处理，如果为 JTable 增加弹出菜单及相应的事件处理（ActionListener），也可以实现与选定的好友聊天。代码 15-2 解释了带有 JTable 的界面实现方法，如图 15-25 所示。

昵称	用户ID	地址
Gail	4567	8675
Ken	7566	5555
Viviane	5634	5887
Melanie	7345	9222

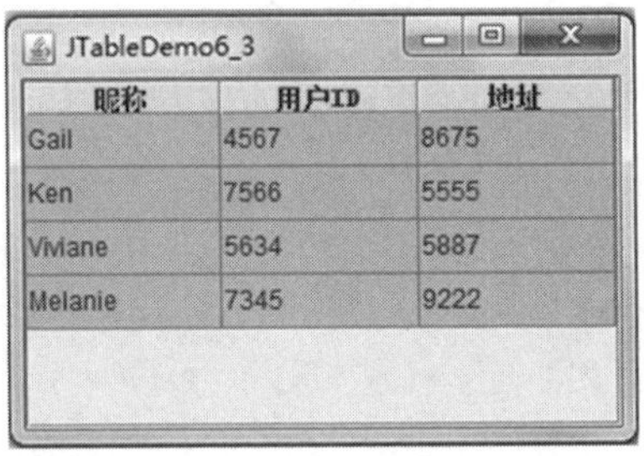

图 15-25 带有 JTable 的界面

〖代码 15-2〗 带有 JTable 的 GUI 界面。

```
import java.awt.*;
import javax.swing.*;
import javax.swing.event.*;
import javax.swing.table.DefaultTableModel;

publicclass JTableDemo6_3 extends JFrame implements TableModelListener{
    publicstaticvoid main(String[] args) {
        new JTableDemo6_3();
    }
    final String[]  colHeads = {"昵称", "用户 ID", "地址"};          // 表头内容
    private String[][] data =  {                                     // 表中的数据
                                {"Gail", "4567", "8675"},
                                {"Ken", "7566", "5555"},
                                {"Viviane", "5634", "5887"},
                                {"Melanie", "7345", "9222"} };
    private DefaultTableModel model = new DefaultTableModel(data, colHeads) {
        publicboolean isCellEditable(int rowindex, int colindex) {
            if(colindex == 1)
                returnfalse;                                         // 设置第二列只读
            return true;                                             // 其他列可以修改
```

```
            }
        };
        private JTable table = new JTable(model);
        public JTableDemo6_3() {
            setTitle("JTableDemo6_3");
            setLocation(100, 100);
            setSize(300, 400);
            setDefaultCloseOperation(JFrame.DISPOSE_ON_CLOSE);
            setLayout(new BorderLayout());
            table.setRowHeight(25);
            table.getSelectionModel().setSelectionMode(ListSelectionModel.SINGLE_SELECTION);
            table.setAutoscrolls(true);table.setGridColor(Color.GRAY);
            table.setBackground(Color.LIGHT_GRAY);
            table.getTableHeader().setAlignmentY(CENTER_ALIGNMENT);
            table.getTableHeader().setBackground(Color.YELLOW);
            table.getTableHeader().setFont(new Font("宋体", Font.BOLD, 12));
            // 把表格加到滚动条中
            JScrollPane  jsp = new JScrollPane(table);
            jsp.setAutoscrolls(true);
            getContentPane().add(jsp, BorderLayout.CENTER);
            table.getModel().addTableModelListener(this);
            setVisible(true);
        }
        publicvoid tableChanged(TableModelEvent e) {
            System.out.println("tableChanged: " + e.getFirstRow() + " " + e.getColumn());
        }
    }
```

代码 15-3 在代码 15-2 的基础上,通过添加弹出菜单项和事件处理代码,实现了 JTable 的弹出菜单和事件处理，包括鼠标双击事件和弹出菜单项的事件处理方法。图 15-25 是主界面，选中一行后单击右键，得到如图 15-26(a)所示的效果，继续单击弹出菜单的选项，得到如图 15-26(b)所示的结果。

(a)

(b)

图 15-26　代码 15-3 的执行效果

〖代码 15-3〗　增加了事件处理的带有 JTable 的 GUI 界面。

```java
import java.awt.*;
import java.awt.event.*;
import javax.swing.*;
import javax.swing.event.TableModelEvent;
import javax.swing.event.TableModelListener;
import javax.swing.table.DefaultTableModel;

public class JTableDemo6_4 extends JFrame implements ActionListener,
                                                     TableModelListener {
    public static void main(String[] args) {
        new JTableDemo6_4();
    }
    final String[] colHeads = {"昵称", "用户ID", "地址"};      // 表头内容

    private String[][] data = {                              // 表中的数据
                               {"Gail", "4567", "8675"},
                               {"Ken", "7566", "5555"},
                               {"Viviane", "5634", "5887"},
                               {"Melanie", "7345", "9222"} };
    private DefaultTableModel  model = new DefaultTableModel(data, colHeads) {
        private static final long serialVersionUID = 1L;
        public boolean isCellEditable(int rowindex, int colindex) {
            if(colindex == 1)
                return false;                                // 设置第二列只读
            return true;                                     // 其他列可以修改
        }
    };
    private JTable table = new JTable(model);
    private JMenuItem  menuItemEdit = new JMenuItem("修改信息");
    private JMenuItem menuItemAdd = new JMenuItem("增加用户");
    private JMenuItem menuItemRemove = new JMenuItem("删除用户");

    public JTableDemo6_4() {
        setTitle("JTableDemo6_4");
        setLocation(100, 100);
        setSize(300, 300);
        setDefaultCloseOperation(JFrame.DISPOSE_ON_CLOSE);
        setLayout(new BorderLayout());
        table.setRowHeight(25);
        table.getSelectionModel().setSelectionMode(ListSelectionModel.SINGLE_SELECTION);
        table.setAutoscrolls(true);
        table.setGridColor(Color.GRAY);
        table.setBackground(Color.LIGHT_GRAY);
        table.getTableHeader().setAlignmentY(CENTER_ALIGNMENT);
        table.getTableHeader().setBackground(Color.YELLOW);
        table.getTableHeader().setFont(new Font("宋体", Font.BOLD, 12));
        // 把表加到滚动条中
        JScrollPane jsp = new JScrollPane(table);
```

```java
            jsp.setAutoscrolls(true);
            getContentPane().add(jsp, BorderLayout.CENTER);
            // 创建一个弹出菜单
            JPopupMenu tablePopupMenu = new JPopupMenu();
            tablePopupMenu.add(menuItemEdit);
            tablePopupMenu.addSeparator();                       // 增加间隔线
            tablePopupMenu.add(menuItemAdd);
            tablePopupMenu.addSeparator();                       // 增加间隔线
            tablePopupMenu.add(menuItemRemove);
            table.setComponentPopupMenu(tablePopupMenu);        // 把弹出菜单加到 JTable 上
            table.addMouseListener(new MouseAdapter() {
                public void mouseClicked(MouseEvent e) {
                    if (e.getClickCount() < 2 || e.getModifiers() != InputEvent.BUTTON1_MASK)
                        return;
                    new UserWindow(table, "Edit");              // 弹出查看用户信息窗
                }
            }
            menuItemEdit.addActionListener(this);
            menuItemAdd.addActionListener(this);
            menuItemRemove.addActionListener(this);
            setVisible(true);
        }
        public void tableChanged(TableModelEvent e) {
            System.out.println("tableChanged: " + e.getFirstRow() + " " + e.getColumn());
        }
        @Override
        public void actionPerformed(ActionEvent e) {
            if (e.getSource() == menuItemEdit) {
                new UserWindow(table, "Edit");
            }
            else if (e.getSource() == menuItemAdd) {
                new UserWindow(table, "Add");
            }
            else if (e.getSource() == menuItemRemove) {
                new UserWindow(table, "Remove");
            }
        }
    }
    // 简化版用户信息窗
    public class UserWindow extends JFrame implements ActionListener {
        private JTextField  fieldUserID = new JTextField();
        private JButton  buttonConfirm = new JButton("确定");
        private String  userOp = new String();
        private JTable  myTable = null;                          // 输入 table 的引用
        privateintrowIndex = 0;

        UserWindow(JTable ltable, String op) {
            userOp = op;
```

```
            myTable = ltable;
            rowIndex = myTable.getSelectedRow();
            if (rowIndex != -1) {                             // 用户已经选中了一行
                setTitle(op + " 用户");
                setLocation(200, 200);setSize(200, 160);setResizable(false);
                setDefaultCloseOperation(JFrame.DISPOSE_ON_CLOSE);
                setLayout(new GridLayout(4, 1, 0, 0));
                getContentPane().add(new JLabel());          // 增加空行
                JPanel jsp = new JPanel();
                jsp.setLayout(new GridLayout(1, 2, 0, 0));
                jsp.add(new JLabel("用户 ID"));jsp.add(fieldUserID);
                getContentPane().add(jsp);
                getContentPane().add(new JLabel());          // 增加空行
                getContentPane().add(buttonConfirm);         // 增加"确定"按钮
                if (userOp == "Edit" || userOp == "Remove") {
                    String name = myTable.getValueAt(rowIndex, 0).toString();
                    String id = myTable.getValueAt(rowIndex, 1).toString();
                    String ip = myTable.getValueAt(rowIndex, 2).toString();
                    fieldUserID.setText(id);
                }
                setVisible(true);
            }
        }

        @Override
        publicvoid actionPerformed(ActionEvent e) {
            if(e.getSource() == buttonConfirm) {
                if(userOp == "Edit" || userOp == "Add") {
                    myTable.setValueAt(fieldUserID.getText(), rowIndex, 1);
                }
                elseif (userOp == "Remove") {
                    myTable.remove(rowIndex);
                }
            }
        }
    }
}
```

增量 15-2 实现的内容都是 GUI 编程和事件处理，参考例程 15-5 即可实现，代码实现要求在实验 15 中完成。

15.4.3　增量 15-3：实现服务器的用户管理功能

增量 15-3 的目标是实现服务器对用户的管理功能，参照图 15-23 所示的服务器软件结构，具体需要实现保存和管理每个用户相关信息的 Chatter 类、管理群组内用户（Chatter 类）的 ChatterGroup 类和能够存储、管理使用该聊天软件所有用户（Chatter 类和）和群组（ChatterGroup 类）的 UserManager 类，下面依据图 15-23 的类图依次进行分析。

Chatter 类需要实现每个用户的信息数据、对信息数据的处理接口和与该用户进行通信的接口。用户的信息数据包括静态信息和动态信息两部分。静态信息数据有用户的名称、ID（ID 在一个聊天工具中是永久不变的）、用户所使用的计算机 IP，还可以包括用户的个人信息（性别、年龄、爱好等）等；动态信息数据有用户的状态、Socket 实体（包括相应的输入输出读写流）、用户发起的聊天对象列表、向本用户发起聊天的好友列表、用户参与的聊天群组等。

表 15-9～表 15-11 详细列举并解释了 Chatter 类、ChatterGroup 类、UserManager 类的数据成员和成员函数。

表 15-9　Chatter 类的成员说明

	成 员 名 称 和 含 义	成 员 定 义
数据成员	name：用户名称	private String name = new String()
	id：用户标识（相当于 QQ 号码）	private int id = -1
	ip：用户本次或上次使用的计算机 IP	private String ip = new String()
	mySocket：服务器端建立的与本用户的 Socket 实例	private Socket mySocket = null
	socketReader：从 mySocket 中取出的 BufferedReader	private BufferedReader socketReader = null
	socketWriter：从 mySocket 中取出的 PrintWriter	private PrintWriter socketWriter = null
	callerList：本用户发起的聊天对象的 Chatter 列表	private ArrayList<Chatter> callerList = new ArrayList<Chatter>()
	calleeList：向本用户发起聊天的好友 Chatter 列表	private ArrayList<Chatter> calleeList = new ArrayList<Chatter>()
	chatterGroupList：本用户的聊天群组列表	private ArrayList<ChatterGroup> chatterGroupList = new ArrayList<ChatterGroup >()
	Chatter：默认构造函数	public Chatter()
	Chatter：自定义的构造函数	public Chatter(String userName, int userID, String userIP)
	setName：设置用户名	public void setName(String userName)
	getName：获取用户名	public String getName()
	setID：设置用户标识	public void setID(int userID)
	getID：获取用户标识	public int getID()
	setIP：设置用户使用的计算机 IP	public void setIP(String userIP)
	getIP：获取用户使用的计算机 IP	public String getIP()
	setStatus：设置用户在线状态	public void setStatus(Boolean status)
	addCaller：增加一个本用户发起的聊天对象，Chatter 对象的引用	public voidaddCaller(Chatter peer)
	addCallee：增加一个向本用户发起聊天的好友对象，Chatter 对象的引用	public voidaddCallee(Chatter peer)
	getPeer：获取指定 ID 的 Chatter 对象的引用	public Chatter getPeer(int userID)
	addChatterGroup：增加一个用户群组，ChatterGroup 对象的引用	public voidaddChatterGroup (ChatterGroup cg)
	getChatterGroup：获取指定 ID 的 ChatterGroup 对象的引用	public ChatterGroup getChatterGroup()
	setSocket：设置 mySocket	public void setIP(Socket socket)
	transferMessage：向该用户发送消息	public boolean transferMessage (String str)
	logon：用户登录时的处理	public voidlogon()
	logoff：用户退出时的处理	public voidlogoff()

表 15-10　ChatterGroup 类的成员描述

	成员名称和含义	成员定义
数据成员	name：用户群组名称	private String name = new String()
	groupID：群组标识	private int groupID = -1
	capacity：群内的最用用户数	private String ip = new String()
	userMgr：用户管理器的对象引用	private UserManageruserMgr = null
	chatterList：本群组内用户的 Chatter 对象引用列表	private ArrayList<Chatter> chatterList = new ArrayList<Chatter>()
成员函数	ChatterGroup：默认构造函数	public ChatterGroup()
	setName：设置群组名	public setName(String str)
	getName：获取群组名	public String getName()
	setID：设置群组标识	public void setID(int i)
	getID：获取群组标识	public int getID()
	addChatter：增加一个聊天对象，Chatter 对象的引用	public voidaddChatter(Chatter chatter)
	removeChatter：删除一个聊天对象，Chatter 对象的引用	public voidremoveChatter(int chatterID)
	broadCastMessage：向群组内除了 ID 为 sourceID 的用户之外的所有用户发消息	public void broadCastMessage(Message msg, int sourceID)

表 15-11　UserManager 类的成员描述

	成员名称和含义	成员定义
数据成员	userList：所有用户的 Chatter 实体列表	private ArrayList<Chatter> userList = new ArrayList<Chatter>()
	chatterGroupList：本用户的聊天群组列表	private ArrayList<ChatterGroup> chatterGroupList = new ArrayList< ChatterGroup >()
	userViewer：用户列表阅读器	private UserViewer userViewer = new UserViewer()
成员函数	UserManager：自定义构造函数，初始化	public UserManager()
	initUserList：初始化用户列表	public void initUserList()
	addUserer：增加用户	public Boolean addUser(Chatter chatter)
	removeUser：删除指定 ID 的用户	public Boolean removeUser(int userID)
	findUser：获取指定 ID 的 Chatter 对象引用	public Chatter findChatter(int userID)
	updateUserName：更新用户名	public boolean updateUserName(int uscrID, String
	updateUserIP：更新用户计算机 IP	public boolean updateUserName(int userID, String userIP)
	addChatterGroup：增加群组	public void addChatterGroup(ChatterGroup cg)
	removeChatterGroup：增加群组	public void addChatterGroup(int groupID)
	findChatterGroup：获取群组 ID 的用户群组的对象引用	public ChatterGroup findChatterGroup(int groupID)
	showUserList：显示用户列表	public void showUserList()

　　上述类的成员数据说明使用 ArrayList 来管理 Chatter 对象或者 ChatterGroup 对象，读者也可以考虑使用 Java 的其他集合方法，如用 HashMap 或 HashTable 来实现 Chatter 列表和 ChatterGroup 列表，这里不再详述。

　　实验 16 要求在实验 15 的基础上实现服务器端的用户管理功能，具体要求和实验步骤请参考实验 16。

15.4.4 增量 15-4：实现 C/S 模式中客户机之间的聊天功能

增量 15-4 需要实现 C/S 模式中客户机之间（通过服务器转发）的聊天功能，如表 15-12 所示和表 15-13 所示，包括客户机的点到点聊天和服务器的点到点聊天两部分功能。

表 15-12 增量 15-4 的项目目标

增量	目标	功能	需求条款
增量 15-4	实现 C/S 模式中客户机之间的聊天功能	客户机：实现点到点聊天功能	Req15-02　Req15-03 Req15-07　Req15-12 Req15-15　Req15-16 Req15-17
		服务器：实现点到点聊天功能	Req15-04　Req15-05 Req15-06 Req15-08～Req15-11 Req15-18～Req15-20

表 15-13 增量 15-4 的需求列表

功能	需求编号	需求条款	功能分配/采用的技术
用户登录	Req15-02	登录时，可以不使用用户 ID/密码验证功能	服务器
	Req15-03	若登录不成功，客户机必须显示重新登录界面	客户机：GUI 编程，消息通信
	Req15-04	客户机登录成功后，服务器必须更新用户的状态为 Online	服务器
	Req15-05	服务器必须分配一个单独的线程 Thread，处理每个用户的通信要求	服务器：多线程
	Req15-06	客户机登录成功后，其活动的好友和群组必须更新该好友的状态为 Online	服务器：消息多播 客户机：GUI 编程
	Req15-07	客户机登录成功后，客户机必须显示好友列表	客户机：GUI 编程-JTable
用户退出处理	Req15-08	服务器端对应的线程必须能够捕获 Socket 断开的异常	服务器：异常捕获与处理
	Req15-09	服务器端对应的线程必须清除下线用户的数据	服务器
	Req15-10	服务器端对应的线程必须设置该用户的状态为 Offline	服务器
	Req15-11	服务器端对应的线程必须把用户下线的消息通知给所有正在与该用户聊天的好友或群组	服务器：消息通信、多播
同时单独与多个用户聊天	Req15-12	客户机必须为每个聊天好友开启单独的交互式聊天窗口	客户机：GUI 编程、多线程技术
	Req15-15	客户机只能与服务器建立 Socket 连接，与所有好友/群组的聊天信息只能通过该 Socket 进行通信	客户机：Socket 通信
	Req15-16	各交互式聊天窗口之间互不影响	客户机：多线程技术
	Req15-17	在接收到好友的聊天请求后，客户机必须弹出（或提示）交互式聊天界面	客户机：Socket 通信、GUI 编程
	Req15-18	服务器必须能够正确处理、转发客户机的聊天请求	服务器：Socket 通信
	Req15-19	服务器必须能够正确处理、转发客户机的聊天消息	服务器：Socket 通信
	Req15-20	服务器必须能够正确处理用户的文件传输消息	服务器：Socket 通信、文件传输

参照表 15-3，为了实现多个客户机之间通过服务器的聊天功能，增量 15-4 必须先实现用户的登录功能，再实现聊天功能，最后需要实现用户的退出功能。下面依照本章中介绍的用户登录、用户退出和用户间的聊天流程/协议，参考本章中的客户机活动图和用户端软件结构、服务器的活动图和用户端软件结构，使用消息处理方法，实现增量 15-4。

由于增量 15-4 涉及客户机之间通过服务器的通信过程，因此首先要做的是实现用户登录、点到点聊天和用户退出相关的消息，这些消息集中列于表 15-14 和表 15-15 中，我们必须在已有消息的基础上修改并扩充已有的消息定义。

表 15-14　客户机发出的消息

消息类型	sourceID	targetID	数据内容	服务器处理方法
登录消息：LOG_ON	发起方 ID	0	无	多播给在线好友和活动群组
点到点聊天请求：CHAT_REQ	发起方 ID	接收方 ID	无	检查接收方是否在线，并给发起方返回 CHAT_ACK 消息，接收方在线则转发该消息
点到点文本数据消息：TEXT	发送方 ID	接收方 ID	聊天内容	转发
文件传输请求消息：FILE_T_REQ	发起方 ID	接收方 ID	文件名	接收方在线，则转发
文件传输接受消息：FILE_T_ACCEPT	接收方 ID	发起方 ID	文件名	接收方在线，则转发
文件传输拒绝消息：FILE_T_REJECT	接收方 ID	发起方 ID	文件名	接收方在线，则转发
文件传输数据消息：FILE_T_DATA	发起方 ID	接收方 ID	文件内容	接收方在线，则转发
文件传输完毕消息：FILE_T_COMPLETE	发起方 ID	接收方 ID	文件名	接收方在线，则转发

表 15-15　服务器发出的消息

消息类型	sourceID	targetID	数据内容	（接收）客户机处理方法
登录消息：LOG_ON	发起方 ID	接收方 ID	无	更新好友的状态为在线
退出消息：LOG_OFF	0	接收方 ID	无	更新好友的状态为离线
点到点聊天请求：CHAT_REQ	发起方 ID	接收方 ID	无	弹出点到点聊天窗口
点到点聊天应答：CHAT_ACK	接收方 ID	发起方 ID	Online 或 Offline	更新好友状态
点到点文本消息：TEXT	发送方 ID	接收方 ID	聊天内容	显示在对应的点到点聊天窗口
文件传输请求消息：FILE_T_REQ	发送方 ID	接收方 ID	文件名	更新点到点聊天窗口
文件传输接受消息：FILE_T_ACCEPT	接收方 ID	发起方 ID	文件名	更新点到点聊天窗口
文件传输拒绝消息：FILE_T_REJECT	接收方 ID	发起方 ID	文件名	更新点到点聊天窗口
文件传输数据消息：FILE_T_DATA	发起方 ID	接收方 ID	文件内容	保存文件数据
文件传输完毕消息：FILE_T_COMPLETE	发起方 ID	接收方 ID	文件名	保存文件，更新点到点聊天窗口

另外，由于客户机需要同时与多个好友聊天，需要同时显示多个聊天界面/线程，在收到从服务器送来的消息时，必须能够把消息分配给正确的聊天界面，因此客户机主界面/线程必须保存（需要使用一个 ChatDialog 的集合，如 ArrayList<ChatDialog>）并管理这些聊天界面/线程，以保证与每个好友聊天只显示一个聊天界面。当客户机收到来自服务器的消息时，客户机需要根据消息的类型和 sourceID 来决定把消息分配给哪个聊天界面/线程，如果还没有创建相关的聊天界面/线程，需要首先创建相应的聊天界面并加入到 ChatDialog 的集合中，再分配该消息，如图 15-27 所示。

接下来使用消息进行通信，实现用户的登录过程、用户的退出过程和用户的聊天过程，由于这些过程在前面章节中已经分析的非常清楚，这里不再详述，留到实验 17 完成。

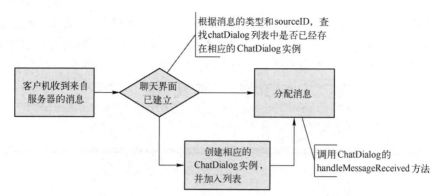

图 15-27　客户机保存和管理多个聊天界面/线程过程

15.4.5　增量 15-5：实现 C/S 模式的群聊功能

增量 15-5 的目标是实现 C/S 模式中客户机的群聊界面、客户机的群聊功能与服务器的群聊功能 3 部分，如表 15-16 所示，增量 15-5 覆盖的需求条款如表 15-17 所示。

表 15-16　增量 15-5 的目标

增　量	目　　　标	功　　　能	需求条款	
增量 15-5	实现 C/S 模式中的群聊功能	客户机：实现 GroupChatDialog	Req15-21	Req15-22
		客户机：实现群组聊天功能	Req15-23　Req15-24 Req15-26　Req15-28	
		服务器：实现群组聊天功能	Req15-25　Req15-27 Req15-29	

表 15-17　增量 15-5 需要实现的需求条款

功　能	需求编号	需　求　条　款	功能分配/采用的技术
群聊	Req15-21	客户机必须为每个群聊开启唯一一个群聊交互式界面	客户机：GUI 编程
	Req15-22	在群组聊天界面中，只能发送和接收文本	客户机
	Req15-23	客户机收到群聊请求后必须开启唯一一个群聊交互式界面	客户机：GUI 编程
	Req15-24	客户机必须在发送聊天内容之前发起群聊请求	客户机：Socket 通信
	Req15-25	服务器必须把群聊请求转发给群内每个在线用户	服务器：消息通信、多播
	Req15-26	客户机必须使用群聊消息发送聊天内容	客户机：Socket 通信、GUI 编程、事件处理
	Req15-27	服务器必须把群聊消息转发给群内每个在线用户	服务器：消息通信、多播
	Req15-28	客户机发送群聊消息时，应设置消息源 ID 为本机用户 ID、消息接收 ID 为群组 ID	客户机：消息通信、协议
	Req15-29	服务器转发群聊消息时，应设置消息源 ID 为群组 ID、消息接收 ID 为接收用户 ID	服务器：消息通信、协议

注：灰色部分表示客户机要实现的需求条款。

在实现点到点聊天功能后，实现群聊功能很简单。与实现点到点聊天类似，群聊也需要实现相关的消息定义（如表 15-4 和表 15-5 中的群聊消息类型 GCHAT_REQ 和 G_TEXT）后，客户机收发群消息和服务器的消息转发功能；与点到点聊天不同的是，群聊界面上没有发送文件的功能。

完成增量 15-5 的步骤是：实现一个 groupChatDialog 界面，实现客户机发送文本和 handleMessageReceived 的方法，最后在 ClientMonitor 中完成对群组消息的多播即可。

增量 15-5 要求在实验 18 中完成，具体步骤参考实验 18，群聊界面如图 15-28 所示。

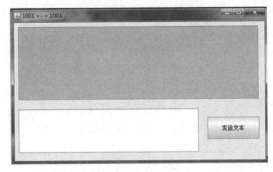

图 15-28　群聊界面

本章小结

本章采用多线程技术实现了 C/S 模式的聊天软件，实现了同时支持与多个好友或群组聊天功能的客户机，以及支持点到点聊天、点到点文件传输和群聊功能的服务器，软件的基本通信功能都能正常工作，为客户机之间的聊天提供了完整的通信平台。

由于没有实现客户机的数据下载功能，在聊天过程中客户机和服务器都使用了相同的用户数据（用户 1001 到 1007）和群组数据（群组 1 和 2），这使得聊天器的使用价值大大降低，必须想办法解决用户数据管理的问题。

另外，聊天器实现的功能很简单，本章实现的聊天器不能支持用户分组，不支持分离的好友列表面板与群组面板，不支持语音聊天，更不支持视频聊天。根据书中的相关知识点，读者可以在本章聊天软件的基础上实现丰富多彩的多媒体的功能。

实验 14　增量 15-1：用多线程技术分离服务器与客户机代码

实验目的

（1）了解服务器、客户机的概念。
（2）了解 C/S 模式的概念。
（3）理解多线程的概念。
（4）掌握多线程的使用方法。
（5）实现采用多线程的 C/S 模式聊天软件。

实验内容

在实验 13 的基础上，完成以下实验内容。
（1）采用线程的概念，实现客户机启动聊天界面的方式。
（2）采用线程的概念，实现服务器端启动聊天界面的方式。

实验步骤

在实验 13 的基础上，完成以下实验步骤：

（1）删除代码源文件 P2PChatterUser1.java 和 P2PChatterUser2.java。

（2）按照下列步骤，依次修改客户机代码 ChatDialog.java。

① 参考代码 15-1，采用线程技术实现 ChatDialog。

② 删除构造函数中对 startMonitoringSocket( )方法的调用。

③ 通过扩展 Runnable 接口，增加并实现线程的 run( )方法：

```
@Override
publicvoid run() {

}
```

（3）复制 P2PChatter.java 并命名为 ChatterClient.java。

（4）在 ChatterClient 和 ChatDialog 中，实现以下功能：

① 删除 ChatterClient 中与成员变量 localServerPort 相关的代码。

② 设置 ChatterClient 中 remoteServerPort = 12345，使之与服务器端的 localServerPort 相同。

③ 删除 ChatterClient 中的 startListening( )方法。

④ 把 ChatterClient 中 JLabel "好友 IP" 的名字改为 "服务器 IP"。

⑤ 把 ChatDialog 中的下列数据成员移到 ChatterClient 中：

```
privateStringremoteServerAddress= new String("127.0.0.1");        // 服务器 IP
private Socket socket = null;          // 套接字
private BufferedReader in= null;       // in 用于通过 socket 从对端接收信息
private PrintWriter out = null;        // out 用于通过 socket 向对端发送信息
```

⑥ 在 ChatDialog 中，把 setupConnection( )、startMonitoringSocket( )和 connectTo-Server( )方法移到 ChatterClient 类中。

⑦ 删除 ChatDialog 中与 serverAddress、socket 和 in 相关的代码。

⑧ 为 ChatDialog 增加数据成员；

```
private PrintWriter out = null;        //out 用于通过 socket 向对端发送信息
```

⑨ 修改 ChatterClient 中 connectToServer( )方法中的 serverAddress 变量为 remoteServerAddress。

⑩ 在 ChatterClient 中增加一个空的成员函数：

```
public void handleMessageReceived(String str) {  }
```

⑪ 在 ChatterClient 中，把（JTextField）friendIP 通过重构重命名为 fieldServerIP。

⑫ 在 ChatterClient 的添加主函数，并在主函数中创建一个 ChatterClient 对象：

```
Publicstaticvoid main(String[] args) {
    new ChatterClient().startMonitoringSocket();
}
```

⑬ 在 ChatDialog 中，删除下面的构造函数：

```
public ChatDialog(Socket socket1)
```

⑭ 在 ChatDialog 中，增加下面 3 个数据成员：

```
private String  targetID = new String();
private String  sourceID = new String();
private PrintWriter  socketWriter = null;          // 用于向对端发送信息
```

⑮ 在 ChatDialog 中，修改构造函数 public ChatDialog(String ip, int port)为：

```
publicChatDialog(String peerID, String localID, PrintWriter writer) {
    targetID = peerID;
    sourceID = localID;
    setTitle(sourceID + " <--> " + targetID);
    socketWriter = writer;
    createChatDialog();
    setVisible(true);
}
```

⑯ 在 ChatterClient 中，修改 actionPerformed( )方法，使之按照线程的方法创建 chatDialog 的对象：

```
@Override
publicvoid actionPerformed(ActionEvent e) {
    if (e.getSource() == buttonChat) {
        serverAddress = fieldServerIP.getText();
        ChatDialog chatDialog = new ChatDialog(serverAddress, "client", out);
        Thread  thread = new Thread(chatDialog);
        thread.start();
    }
}
```

（5）【选做】为 ChatterClient 增加菜单项"设置"，可以设置服务器的 IP 和端口号。

（6）修改服务器：增加 ClientMonitor.java 实现简单的用户服务线程，代码如下：

```
publicclass ClientMonitor implements Runnable {
    private Socket clientSocket = null;
    public ClientMonitor(Socket socket)   {
        clientSocket = socket;
    }
    @Override
    publicvoid run() {
        String  str = null;
        BufferedReader in = null;          // in用于通过socket从对端接收信息
        PrintWriter out = null;
        try {
            InputStream  inStream = clientSocket.getInputStream();
            in = new BufferedReader(new InputStreamReader(inStream));
            OutputStream  outStream = clientSocket.getOutputStream();
            out = new PrintWriter(outStream, true);
            Message  msg = new Message();
            while (true) {
                str = in.readLine();
```

```
                    System.out.println("Message Received @ Server: " + str);
                    // 处理消息 Message，简单返回收到的消息
                    out.println(str);
                }
            }
            catch(IOException e) {
                // 如果某个 Socket 断开，则表示用户离开
                if(e.getMessage().contains("Connection reset")) {
                    System.out.println("Peer Closed Connection");
                }
            }
        }
    }
```

（7）把 P2PChatter.java 通过 refactor（重构）方式重命名为"ChatterServer.java"。

（8）修改 ChatterServer，使之显示如图 15-29 所示的主界面：

① 删除与成员变量 remoteServerPort 相关的代码。

② 把数据成员 friendIP 通过 refactor 方式重命名为 "fieldServerPort"开放的端口号。

③ 把数据成员 buttonChat 通过 refactor 方式重命名为 设置端口号 buttonSetServerPort；修改 actionPerformed( )方法，使之实现"设置端口号"的功能。

（9）在 ChatterServer 中，修改 startListening( )启动聊天 界面的方法，修改 continue-Listening 相关的代码如下：

图 15-29　ChatServer 主界面

```
...
while (continueListening) {
    try {
        socket = serverSocket.accept();
        // 来自对方的 Socket 连接请求已经建立起来
        ClientMonitor  clientMonitor = new ClientMonitor(socket);
        Thread  thread = new Thread(clientMonitor);
        thread.start();
    }
    catch(Exception e) {
        System.out.println("Accept timed out");
    }
}
...
```

（10）在 ChatterServer 中增加主函数，通过创建 ChatterServer 的对象启动服务器端：

```
publicstaticvoid main(String[] args) {
    new ChatterServer();
}
```

（11）首先运行服务器 ChatterServer，然后运行一个客户机 ChatterClient，多次单击客户机主界面上的"开始聊天"按钮。

实验报告

按规定格式提交实验步骤的结果。

实验 15 增量 15-2：采用 JTable 实现好友列表

实验目的

（1）巩固界面跳转的技术。

（2）掌握 JTable 的使用方法。

（3）掌握弹出菜单的使用方法。

实验内容

（1）实现如图 15-24 所示的登录界面。

（2）实现如图 15-1 所示的带有好友列表的客户机界面。

（3）实现如图 15-2 所示的弹出菜单项及相关的事件处理。

（4）【选做】参照代码 15-2，实现弹出菜单的用户编辑、添加和删除功能。

实验步骤

在实验 14 的基础上，完成以下步骤。

1. 修改客户机 ChatterClient.java

（1）参照图 15-24，在 ChatterClient 的构造函数中实现用户的登录界面，并增加一个名为 userID 的 String 型成员变量：

```
private String userID = new String()
```

（2）增加一个空的成员函数：

```
private void switchToLoggedInMode() { }
```

（3）在 ActionPerformed 函数中实现对"登录"按钮的事件处理，首先用户 ID 文本框中取出用户 ID 赋值给 userID，再调用 switchToLoggedInMode( )方法进入已登录界面。

（4）参照例程 15-4，在函数 switchToLoggedInMode( )中实现如图 15-1 所示的带有好友列表的客户机已登录客户机界面：

```
private void switchToLoggedInMode() {
    getContentPane().removeAll();        // 清除当前界面（即登录界面）上的已有内容
    …                                    // 编写带有用户信息 JTable 的界面
    …
}
```

（5）参照例程 15-5，实现如图 15-2 的所示的好友列表的弹出菜单，并增加对"好友聊天"弹出菜单项的事件监听器。

（6）参照例程 15-5，在 ActionPerformed( )函数中实现对用户单击"好友聊天"弹出菜单项的响应：从所选的好友列表行中取出好友 ID，然后启动一个 ChatDialog 聊天线程和界面。

推荐方法是新建 startChattingWithSelectedFriend( )方法，用于获取选定好友信息并启动 ChatDiialog 聊天线程和界面的功能。当用户单击"开始聊天"弹出菜单项时，就可以在 ActionPerformed( )方法中直接调用该方法，从而启动与选定的好友聊天线程和界面。

（7）【选做】 参照代码 15-2，采用继承的方法实现修改、增加、删除用户信息的窗口，相应的构造函数带有一个 JTable 类型的参数：

```java
// UserInfoWindow 用于显示用户信息窗，默认窗口内所有控件均不可编辑
public abstract class UserInfoWindow extends JFrame {
    ...
    public UserInfoWindow(JTable t) {
        ...
    }
    ...
};
// UserInfoWindowEdit 用于显示用户信息修改窗
public class UserInfoWindowEdit extends JFrameimplements ActionListener {
    ...
    public UserInfoWindowEdit(JTable t) {
        ...
    }
    ...
};
// UserInfoWindowAdd 用于显示增加用户窗
public class UserInfoWindowAdd extends JFrameimplements ActionListener{
    ...
    public UserInfoWindowAdd(JTable t){ ……}
    ...
};
// UserInfoWindowRemove 用于显示删除用户确认窗
public class UserInfoWindowRemove extends JFrameimplements ActionListener {
    ...
    public UserInfoWindowRemove(JTable t) {
        ...
    }
    ...
};
```

（8）【选做】 实现来自好友列表其他几个弹出菜单项的事件处理：

① 单击"修改信息"时，弹出如图 15-30(a)所示的用户信息修改窗口。

② 单击"增加好友"时，弹出如图 15-30(b)所示的增加好友的用户信息窗口。

③ 单击"删除好友"时，弹出如图 15-30(c)所示的删除好友的用户信息窗口。

（9）参考例程 15-5，增加 table 的双击事件的监听，当双击好友列表时，事件处理方法调用 startChattingWithSelectedFriend( )，创建 ChatDilog 开始聊天。

2. 修改服务器 ChatterServer.java

（1）实现如图 15-31(a)所示的服务器主界面。

图 15-30 修改、增加、删除用户信息窗口

(a)   (b)

图 15-31 界面

（2）单击"浏览用户信息"按钮，弹出如图 15-31（b）所示的带有用户列表的用户信息查看界面 UserViewer。

3. 运行

首先运行服务器 ChatterServer，打开用户信息查看窗口，然后运行一个客户机 ChatterClient，通过双击用户列表中的某个用户或者通过弹出菜单，启动与好友点到点聊天的 ChatDialog 界面。

实验报告

按规定格式提交实验步骤的结果。

实验 16 增量 15-3：实现 C/S 模式中客户机的用户管理

实验目的

（1）巩固对象组合的概念和使用方法。

（2）加深对 Java 集合的理解。

（3）实现 C/S 模式中服务器对用户的组织和管理。

实验内容

在实验 15 的基础上，完成以下实验内容：

（1）【必做】参考图 15-23 和表 15-9，实现 Chatter 类。

（2）【必做】参考图 15-23 和表 15-10，实现 ChatterGroup 类。

（3）【必做】参考图 15-23 和表 15-11，实现 UserManager 类。

实验步骤

在实验 15 的基础上，按照以下实验步骤为服务器添加代码：

（1）新建用户信息类 Chatter，按表 15-9 编写其数据成员和成员函数。

（2）新建管理用户信息的类 GroupChatter，按表 15-10 编写其数据成员和成员函数。

（3）新建管理用户信息的类 UserManager，按表 15-11 编写其数据成员和成员函数，并为器添加如表 15-18 所示的用户数据。

（4）运行服务器 ChatterServer，打开用户信息查看窗口，分析并填写实验报告。

实验报告

按规定格式提交实验步骤的结果。

表 15-18　用户数据示例

用 户 名	用户 ID	用户 IP	用户状态
AChen	1001		false
AYang	1002		false
ALong	1003		false
AZhu	1004		false

实验 17　增量 15-4：实现 C/S 模式客户机间的聊天功能

实验目的

（1）巩固 Socket 通信的概念和方法。

（2）加深对消息通信的理解。

（3）巩固消息通信的实现方法。

（4）实现 C/S 模式中客户机的登录、服务器对客户退出的处理和客户间聊天的功能。

实验内容

根据 15.7 节对增量 15-4 的分析，实现以下实验内容：

（1）【必做】添加相应的消息类型。

（2）【选做】实现用户登录。

（3）【选做】实现服务器对客户机退出的处理。

（4）【选做】实现服务器对点到点聊天消息的转发处理。

（5）【选做】实现服务器对点到点聊天功能。

实验步骤

在实验 16 的基础上，完成以下实验步骤。

1. 按照 15.7 节相关消息要求实现相应的 Message

（1）为 Message 类添加数据成员，以及相应的消息打包、解包的功能。

（2）为 Message 类添加如下消息类型，并实现相应的消息派生类，以方便消息的使用。

```
MSG_CLIENT_LOGON,
MSG_CLIENT_LOGOFF,
MSG_CLIENT_CHAT_REQ,
MSG_CLIENT_CHAT_ACK,
```

2．按照相关流程实现登录功能

（1）客户机实现：修改 ChaterClient。

① 在 actionPerformed( )中，如果检测到来自"登录"按钮的事件，从"用户名"文本框中取出用户 ID，创建 MessageClientLogOn 消息后，把用户 ID 赋值给消息的 sourceID，通过 Socket 把打包后的消息发送给服务器；

② 在 handleMessageReceived( )函数中创建一个 Message 对象 msg，并解包收到的字符串，若 msg 中的 targetID 与本客户机的用户 ID 相同，则切换至已登录界面。

（2）服务器实现。

① 修改 ClientMonitor：在 run( )方法中，若收到来自客户机的 Socket 信息，则创建 Message 对象 msg，并解包收到的信息字符串，然后根据 msg 中的 sourceID 从用户管理器 UserManager 中查找是否存在该用户，若 Chatter 存在，则调用该 Chatter 对象引用的 logon( )方法，然后继续监听客户 Socket。

② 修改 Chatter：在 Chatter 的 logon( )方法中，设置 status 为 true，再创建 Message-ClientLogOn 消息，把 id 赋值给消息的 tagetID，通过 socket 把给打包后消息发给客户机。

3．按照相关流程实现用户间点到点聊天功能

（1）客户机实现。

① 修改 ChatDialog：参照表 15-4 中的 CHAT_REQ 消息，在构造函数 ChatDialog 的末尾向服务器发送 CHAT_REQ 消息。

② 修改 ChatDialog：参照表 15-4 中的 TEXT 消息，在 actionPerformed 函数中，当用户单击发送按钮时，把发送文本框中的内容以 TEXT 消息的格式发送到服务器。

③ 修改 ChatDialog：修改文件传输相关的代码，采用文件发送数据，其中主要是设置消息的 sourceID 和 targetID。

④ 修改 ChaterClient：添加用于聊天 ChatDialog 的数据成员 chatDialogList：

```
private ArrayList<ChatDialog> chatDialogList = new ArrayList<ChatDialog>();
```

⑤ 修改 ChaterClient：按照图 15-27，在 handleMessageReceived( )函数中，根据 msg 的 sourceID，通过调用 chatDialog 的 handleMessageReceived( )方法，为对应的 chatDialog 线程分配收到的点到点聊天消息：CHAT_REQ、TEXT、FILE_T_REQ、FILE_T_ACCEPT、FILE_T_REJECT、FILE_T_DATA 和 FILE_T_COMPLETE（实验 18 的群聊消息也是同样的分配方法）。

（2）服务器实现。

① 修改 ClientMonitor：新建并实现 handleChatterLogOn( )方法，如果 ClientMonitor 中的 chatter 数据成员为空，在数据管理器 UserManager 中通过调用 findUser( )方法（参数为 Message 中的 sourceID）为 chatter 赋值，然后调用 chatter 的 logon( )方法：

```
publicvoidhandleChatterLogOn(int userID)
```

② 修改 ClientMonitor：新建并实现处理 CHAT_REQ 消息的 handleClientChatRequest( ) 方法：根据消息中的 targetID 从 UserListManager 中找到对应的 Chatter 对象引用 peerChatter，并把它加入请求方 chatter 的 calleeList 中（调用 chatter 的 addCallee( )方法），把 chatter 加入 peerChatter 的 callerList 中（调用 chatter 的 addCallee( )方法）；然后判断 peerChatter 是否在线，若在线，则向 peerChatter 发送 CHAT_REQ 消息。

```
publicvoid handleClientChatRequest(Message msg)
```

③ 修改 ClientMonitor：在 run( )方法中，当收到的 Message 是 CHAT_REQ 时，调用 handleClientChatRequest；当收到的是 TEXT、FILE_T_REQ、FILE_T_ACCEPT、FILE_T_REJECT、FILE_T_DATA 和 FILE_T_COMPLETE 时，根据 targetID 从 callerList 或者 calleeList 中找到对应的 peerChatter，然后把消息直接转发过去。

4．按照相关流程流程实现用户退出功能

（1）客户机实现。

① 修改 ChatDialog：增加 myThread 及相应的设置和读取接口，记录当前 ChatDialog 所占用的线程。

```
private Thread myThread = null;
publicvoid setMyThread(Thread thread) {
    myThread = thread;
}
public Thread getMyThread() {
    return myThread;
}
```

② 修改 ChatterClient：当收到 LOGOFF 消息时，根据 msg 的 sourceID 从 chatDialogList 中找到并删除对应的 chatDialog 对象，然后通过 chatDialog 的 getMyThread( )方法停止销毁对应的聊天界面/线程。

```
chatDialog.getMyThread().stop();
```

（2）服务器实现。

① 修改 ClientMonitor：在 handleMessageReceived 中，若收到消息，则调用 chatter 的 logoff( )方法。

② 修改 Chatter：在 logoff( )方法中，设置 status 为 false，再向 callerList 和 calleeList 中的所有 Chatter 发送 LOG_OFF 消息，消息的 sourceID 设为当前 Chatter 的 id，最后向 chatterGroupList 中的每个 ChatterGroup 对象引用的 braodcastMessage( )方法广播该 LOG_OFF 消息。

③ 运行 ChatterServer，查看用户信息；然后启动 3 个 ChatterClient（ID 分别为 1001、1002、1003），再次查看 ChatterServer 中的用户信息，留意用户状态，从每个 ChatterClient 分别向另两个 ChatterClient 发起聊天请求，在聊天界面上发送文本消息或传送文件；最后，分别关闭每个 ChatterClient，第三次查看 ChatterServer 中的用户信息，分析看到的现象并填写实验报告。

实 验 报 告

按规定格式提交实验步骤的结果。

实验 18 增量 15-5：实现 C/S 模式的群聊功能

实验目的

（1）巩固多播的概念。

（2）理解群聊的概念和实现方法。

（3）实现 C/S 模式中的群聊功能。

实验内容

在实验 17 的基础上，完成以下实验内容：

（1）【必做】实现基于线程的 GroupChatDialog 群聊界面。

（2）【必做】实现客户机触发群聊的界面。

（3）【必做】实现客户机对群聊的管理和消息转发。

（4）【必做】实现服务器对群聊消息转发。

实验步骤

在实验 17 的基础上，完成以下实验步骤：

（1）客户机实现

① 参照 ChatDialog，按照图 15-28，新建并实现一个 GroupChatDialog 类。

② 在 ChatterClient 中增加类型为 ArrayList<GroupChatDialog>的 groupChatDialogList 数据成员。

③ 在 ChatterClient 中，参照 startChattingWithFriend( )方法，添加并实现 startGroupChatting( )方法，用于启动群聊界面。

④ 在 ChatterClient 中实现群聊的触发，为简化软件实现，可以采用固定的群组划分方式：1001~1003 属于 ID 为 1 的群组，1004~1007 属于 ID 为 2 的群组，并可以通过为好友列表的弹出菜单增加一个群聊的菜单项 menuItemGroupChat 来弹出群聊界面，这样 menuItemGroupChat 的事件处理方法为根据用户的 ID 来选择群 ID，通过调用 startGroupChatting 的方法初始化群聊界面。

⑤ 在 ChatterClient 的 handleMessageReceived( )方法中，参照 CLIENT_CHAT_REQ 和 TEXT 消息的处理方法，实现对 GROUP_CHAT_REQ 和 GROUP_TEXT 消息的处理。

（2）服务器实现

① 在 ChatterGroup 的 setID( )方法中，固定增加根据群 ID 初始化两个群的数据：

```
publicvoid setID(int groupID) {
    chatterGroupID = groupID;
    if (groupID == 1) {
        addChatter(1001);
        addChatter(1002);
        addChatter(1003);
    }
    else {
        addChatter(1004);
        addChatter(1005);
```

```
            addChatter(1006);
            addChatter(1007);
        }
    }
```

② 在 UserManager 中增加如下 initGroupList( )方法，并在构造函数中调用（初始化用户之后）。

```
publicvoid initGroupList() {
    ChatterGroup  cg = new ChatterGroup();
    cg.setID(1);
    chatterGroupList.add(cg);

    cg = new ChatterGroup();
    cg.setID(2);
    chatterGroupList.add(cg);
}
```

③ 在 ClientMonitor 中，分别增加对 GROUP_CHAT_REQ 和 GROUP_TEXT 的处理方法，参照 handleClientChatRequest( ) 和 handleClientChatMessage( )，实现新方法 handleGroupChatRequest( )和 handleGroupChatMessage( )。

④ 在 ClientMonitor 的 run( )方法中，增加对收到群消息时的处理，调用对应的新增方法。

⑤ 运行 ChatterServer，运行多个 ChatterClient（登录时 ID 分别为 1001、1002、1003），触发群聊，然后触发多个点到点聊天，分析并填写使用报告。

实验报告

按规定格式提交实验步骤的结果。

习 题 15

15-1 实现用户个性化数据，如姓名、出生年月、性别、联系方式、个人简介等，用户可以实时更新，并且实时通知在线好友。

15-2 采用树（Tree）的技术，实现好友的分组功能，如朋友、同学等。

15-3 采用界面管理器的面板功能，实现群组列表界面。

15-4 采用文件流的技术，在客户机实现聊天记录功能。

15-5 采用文件流的技术，在服务器实现聊天记录功能。

15-6 实现给对方播放音乐的功能。

15-7 实现聊天器简单的语音通信功能。

15-8 实现聊天器简单的视频通信功能。

15-9 实现文件传输的广播功能。

15-10 设计并实现一个基于 TCP 的多人音乐点播系统。

15-11 设计并实现一个基于 UDP 的多人视频点播系统。

第16章 基于 C/S 的聊天工具 II：数据库技术

🔖 增量：基于 C/S 模式聊天工具 II

🔖 数据库技术

第 15 章采用多线程技术实现了基于 C/S 模式的聊天软件，聊天器的数据和聊天记录保存在客户机，当用户更换计算机时，已经保存的好友信息和聊天记录会丢失，给用户造成不便。本章通过使用数据库技术，将好友信息、聊天记录存储在服务器端，还可以实现群共享等功能，同时提高了用户数据访问的安全性。

本章首先介绍数据库、JDBC 的概念和数据库软件 MySQL，然后详细介绍使用 JDBC 和 MySQL 进行数据库开发的过程，最后实现好友数据的可移动性（在服务器端保存，用户登录时下载用户数据）和离线聊天/通信功能。

16.1 需求分析与项目目标

本章利用数据库技术，实现服务器对客户机登录验证、客户机用户信息的下载与更新、离线消息（留言、离线文件等）存储与接收，都可以参照 QQ 相关功能来实现。

本章的重点是设计相应的数据库结构，然后利用数据库实现一些简单的功能，由于第 15 章已经搭建了 C/S 模式的通信平台，因此本章主要对用户数据库进行设计和使用。

16.1.1 需求分析

本章针对第 15 章实现的 C/S 模式聊天软件数据存储方面的不足，重点解决聊天软件中用户数据的可移植性问题。与 QQ 聊天系统相比，需要扩展以下三种与用户数据有关的聊天功能，通过引入服务器，最终实现一个与特定终端计算机无关的局域网聊天软件：

① 客户机登录时的验证功能。验证用户 ID 与密码是否匹配，确定用户是否登录成功，这涉及用户安全信息的存储问题。

② 客户登录成功后用户信息的下载。下载的数据包括好友列表、群组列表，涉及服务器端对用户数据和群组数据的保存问题。

③ 处理点到点聊天中的离线数据功能，如文本留言（为简化设计，本章不实现群聊消息记录或者离线文件）等，这涉及文本在服务器中的存储问题。

这些功能中涉及的数据包括用户安全信息（如密码、密码提示问题等）、用户的个性化资料（如昵称、真实姓名、性别、电话和电子邮箱等）、用户的群组信息（用户创建的群组、用户加入的群组以及用户在群组中的身份等），以及用户聊天数据的存储（如点到点聊天记录和离线消息等）。所以在设计聊天软件服务器的数据库时，必须考虑这些数据以及它们之间的关联性，才能设计出比较好的数据库模型。

为了获得服务器中的用户数据，客户机和服务器必须分别实现相应的功能，以达到客户机与服务器之间用户数据的同步。

16.1.2　需求列表

表16-1给出了本章需求条款的编号、说明及注释。

表 16-1　第 16 章需求条款列表

需求编号	需求说明	注　解
Req16-01	用户个人信息必须存放于服务器	服务器
Req16-02	用户好友信息必须存放于服务器	服务器
Req16-03	用户群组信息必须存放于服务器	服务器
Req16-04	服务器必须支持用户注册	服务器
Req16-05	服务器必须支持用户身份验证	服务器
Req16-06	客户机必须在登录成功后从服务器下载相关数据：包括个人信息、好友信息、群组信息	客户机、服务器
Req16-07	服务器必须保存用户的聊天记录	服务器
Req16-08	客户机必须在登录成功后显示离线消息	客户机、服务器
Req16-09	客户机必须能及时更新相关的数据：包括个人信息、好友信息、群组信息	客户机、服务器
Req16-10	服务器必须能够及时更新用户数据	服务器
Req16-11	用户的相关数据在客户机断开时不能丢失	服务器
Req16-12	用户的相关数据在服务器关机时不能丢失	服务器
Req16-13	服务器需要考虑支持不同的数据库软件	服务器

16.2　功能分析与软件设计

本节在需求分析的基础上，首先从功能的角度分析用户验证流程和用户数据下载流程，然后设计在数据库中保存用户数据时使用的用户数据库表格式，以及用户数据表的程序接口。

本章的软件功能设计大部分在服务器进行，客户机的修改仅限于对收到消息的响应，如对登录（如果该用户不存在，服务器会自动注册）结果的处理，对好友列表和群组列表的初始化。

16.2.1　登录验证功能

系统登录时的验证功能比较重要，其本质是对用户身份的验证，是聊天通信系统一般都具有的功能。如果客户机输入的字符串表示需要登录，那么服务器在接收到该信息后连接数据库，准备从数据库选择用户ID和密码。服务器接收到客户机发来的用户名和密码信息后，设定数据库查询条件，并执行数据库查询，通过比较输入的用户名和密码数据库信息来确定用户的登录是否成功。图 16-1 为用户验证的流程图。

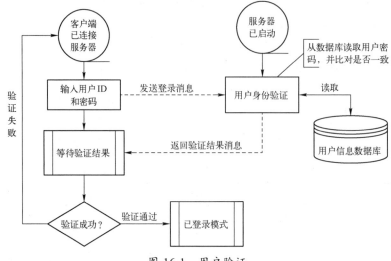

图 16-1　用户验证

在用户登录验证过程中，客户机使用 LOG_ON 消息把密码保存在消息的数据部分发给服务器，服务器只需要从数据库中读取给定用户 ID 的密码，验证通过后把 LOG_ON 消息的数据部分设为验证结果（online 或 offline），并返回给用户。

16.2.2　用户数据下载功能

验证成功后，客户机开始从服务器下载用户数据，包括好友列表和群组列表，并可以从服务器下载离线消息。用户数据的下载过程和离线消息的下载过程由服务器主动发起，离线文件的下载由客户机发起。

用户数据的下载过程为：服务器先把好友列表依次（也可以一起）通过 USER_INFO 消息发送给客户机，USER_INFO 的数据部分包含用户 ID、用户名和状态；客户机收到后，更新好友列表中的信息；服务器然后发送群组列表给客户机，每次只发送一个群组的消息 GROUP_INFO，GROUP_INFO 消息的数据部分包括群组 ID、群组名，用户 1 信息（包括用户 ID、用户名和状态），用户 2 信息……客户机收到群组消息后更新群组列表和每个群组的用户信息。

图 16-2 是 USER_INFO 消息的数据域格式。图 16-3 是 GROUP_INFO 消息的数据域格式。数据域中可以同时存放多个用户的数据，不同用户的数据间以"##"分隔，在每个用户数据中，使用"#"分割开用户的 ID、名称和状态。服务器在发送 USER_INFO 消息前，需要把用户的全部好友数据一次放进一个 USER_INFO 消息中发送到客户机，也可以通过多个 USER_INFO 消息每次放入一部分好友数据发送给客户机。客户机在收到 USER_INFO 消息时，需要把该消息中的数据内容依次解析出来，再把好友数据依次更新（加入）到客户机的用户列表中。由于 USER_INFO 和 GROUP_INFO 消息的数据部分使用"#"和"#"作为特殊字符，用于分隔消息数据部分的不同内容，因此本章要求数据表中的各字段中均不能包含"#"，"#"会被用做聊天过程中传输用户数据时的特殊字符。

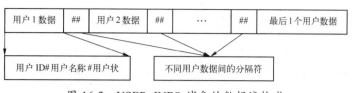

图 16-2 USER_INFO 消息的数据域格式

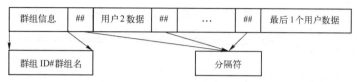

图 16-3 GROUP_INFO 消息的数据域格式

用户数据下载完成后，服务器（客户机服务进程）会从用户的离线消息文件中搜索有没有该用户的离线消息，如果有，则需要通过消息（点到点聊天消息可以用 TEXT 消息）发送给该用户，用户收到后需要在相应的窗口内显示出来。

图 16-4 描述了用户数据下载的过程：首先下载好友列表，然后下载群组列表，最后下载离线消息。

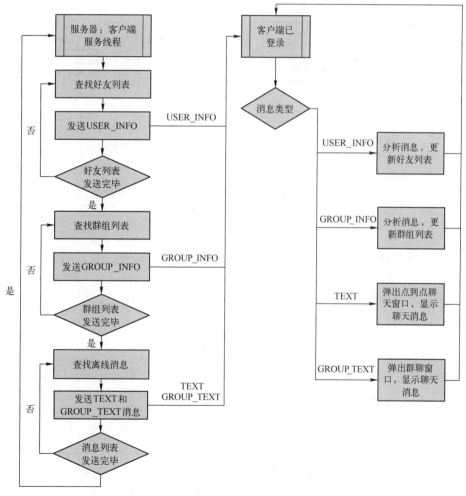

图 16-4 用户数据下载过程

16.2.3 用户信息数据表的设计

C/S 模式的聊天工具中涉及用户信息、用户好友列表、用户所属的群组列表、用户的点到点聊天消息记录（包括离线消息），所有信息都需要存储在服务器端的数据库中，按照数据库的使用方法，必须设计相应的数据库表格及数据表格之间的关系。由于所有的数据都是属于某个用户的，因此用户的 ID 在每张表中都扮演了重要角色，除了用户群聊数据表以群组 ID 为核心，其他所有的数据都以用户 ID 为核心。

所以，需要为每种数据创建一种表格：用户信息表、聊天记录表、群组表；然后为数据之间的关系建立关联表：用户好友列表（也就是用户与用户之间的关联表），用户与群组之间的关联表。

这样需要设计三张主表和两张关联表，才能表示所有用户数据及其关系。下面用 E-R 图分析各种表格中的数据内容及其关系。如图 16-5 所示，用户与好友之间是一对多关系，用户与群组之间是多对多关系。

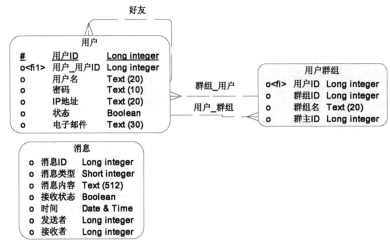

图 16-5 用户、群组与消息之间的 E-R 关系图

主表包括：用户信息表（userlist）、消息记录表（messagelist）和群组表（grouplist），关联表包括：用户好友表（frieldlist）和用户群组表（groupuserlist）。

用户信息表（如表 16-2 所示）包含用户 ID（id）、密码（pwd）、用户名（name）、（本次登录或者上次登录的）IP 地址（ip），用户状态（status）、电子邮箱（email）共 6 个数据项，其中用户 ID（id）是主键。

表 16-2 用户信息表 userlist

字段名称	字段名称	类　别	主　键	非　空
用户 ID	uid	数字	是	是
密码	pwd	文本	否	是
用户名	name	文本	否	否
IP 地址	ip	文本	否	否
状态	status	文本	否	是
电子邮箱	email	文本	否	否

消息记录表（如表 16-3 所示）包含消息 ID（mid）、消息类型（type）、消息内容（content）、消息接收状态（received），发送者 ID（sourceID）和接收者 ID（targetID）7 个数据项。其中，消息 ID（mid）是主键，发送者 ID（sourceID）和接收者 ID（targetID）是外键。

表 16-3　消息记录表 messagelist

字段名称	字段名称	类　别	主　键	非　空
消息 ID	mid	数字	主键，自增	是
消息类型	type	数字	否	是
消息内容	content	文本	否	是
接收状态	received	数字	否	是
发送者 ID	sourceid	数字	外键：指向用户表	是
接收者 ID	targetid	数字	外键：指向用户表	是

群组表（如表 16-4 所示）包含群组 ID（gid）、群组名（name）和群主 ID（ownerid）3 个数据项。其中，群组 ID（gid）是主键，群主 ID（ownerid）是外键。

表 16-4　群组表 grouplist

字段名称	字段名称	类　别	主　键	非　空
群组 ID	gid	数字	主键	是
群名称	name	文本	否	否
群主 id	ownerid	数字	外键：指向用户表	是

用户好友列表（如表 16-5 所示）包含用户 ID（uid）和好友 ID（fid）和好友备注名称（fname）3 个数据项。其中，用户 ID（uid）和好友 ID（fid）共同为主键，用户 ID（uid）和好友 ID（fid）是外键。

表 16-5　用户好友列表 friendlist

字段名称	字段名称	类　别	主　键	非　空
用户 ID	uid	数字	主键，外键	是
好友 id	fid	数字	主键，外键	是
好友备注名称	fname	文本	否	否

群组-用户关联表（如表 16-6 所示）包含用户 ID（uid）和群组 ID（uid）和好友昵称（nickname）3 个数据项。其中，用户 ID 和群组 ID 共同是主键，用户 ID（uid）和群组 ID（gid）是外键。

表 16-6　群组-用户关联表 groupuserlist

字段名称	字段名称	类　别	主　键	非　空
用户 ID	uid	数字	主键，外键	是
群组 ID	gid	数字	主键，外键	是
用户昵称	unickname	文本	否	否

在定义用户信息数据表格后，需要在数据库中创建对应的数据库实例和数据库表项。比如，创建一个名为 cschatterdb 的数据库，然后按照各表的数据项定义，在 cschatterdb

中创建 userlist、messagelist、grouplist、friendlist 和 groupuserlist 表。

为了简化这个过程，使用 SQL 脚本来执行该过程。例程 16-1 是本章使用的 SQL 脚本：首先创建数据库 cschatterdb，然后创建用户表 userlist，同时在表中增加 7 组（ID 从 1001～1007）用户信息，依次创建群组表 grouplist、好友表 friendlist、消息列表 messagelist 和群组用户表 groupuserlist，并在各表中插入相应记录。

【例程 16-1】 创建用户数据表的 SQL 脚本。

```sql
CREATE DATABASE IF NOT EXISTS cschatterdb;
USE cschatterdb;
CREATE TABLE userlist(uid          INTEGER NOT NULL,
                      pwd          VARCHAR(50) NOT NULL,
                      name         VARCHAR(50),
                      ip           VARCHAR(16),
                      status       BOOLEAN NOT NULL,
                      email        VARCHAR(40),
                      PRIMARY      KEY(uid)
) DEFAULT CHARSET = gb2312;
INSERT INTO USERLIST VALUES(1001, '1001', 'USER1', '', FALSE, '');
INSERT INTO USERLIST VALUES(1002, '1002', 'USER2', '', FALSE, '');
INSERT INTO USERLIST VALUES(1003, '1003', 'USER3', '', FALSE, '');
INSERT INTO USERLIST VALUES(1004, '1004', 'USER4', '', FALSE, '');
INSERT INTO USERLIST VALUES(1005, '1005', 'USER5', '', FALSE, '');
INSERT INTO USERLIST VALUES(1006, '1006', 'USER6', '', FALSE, '');
INSERT INTO USERLIST VALUES(1007, '1007', 'USER7', '', FALSE, '');

CREATE TABLE grouplist(gid          INTEGER NOT NULL,
                       name         VARCHAR(50),
                       ownerid      INTEGER NOT NULL,
                       primary      KEY(gid),
                       FOREIGN      KEY(ownerid) REFERENCES userlist(uid)
)DEFAULT CHARSET = gb2312;
INSERT INTO GROUPLIST VALUES(1, 'Group1', 1001);
INSERT INTO GROUPLIST VALUES(2, 'Group1', 1004);

CREATE TABLE friendlist(uid          INTEGER,
                        fid          INTEGER,
                        fname        VARCHAR(50),
                        PRIMARY KEY(uid, fid),
                        FOREIGN KEY(uid) REFERENCES userlist(uid),
                        FOREIGN KEY(fid) REFERENCES userlist(uid)
)DEFAULT CHARSET = gb2312;
INSERT INTO FRIENDLIST VALUES(1001, 1002, 'user2');
INSERT INTO FRIENDLIST VALUES(1002, 1001, 'user2');

create table messagelist(id          integer auto_increment,
                         type        integer not null,
```

```
                                content   VARCHAR(50) NOT NULL,
                                received  BOOLEAN NOT NULL,
                                sourceid  INTEGER NOT NULL,
                                targetid  INTEGER NOT NULL,
                                PRIMARY   KEY(id),
                                FOREIGN   KEY(sourceid) REFERENCES userlist(uid),
                                FOREIGN   KEY(targetid) REFERENCES userlist(uid)
)DEFAULT CHARSET = gb2312;
INSERT INTO messagelist(type, content, received, sourceid, targetid)
VALUES(1, 'Hello', false, 1001, 1002);
INSERT INTO messagelist(type, content, received, sourceid, targetid)
VALUES(1, 'Hello.', false, 1001, 1002);
INSERT INTO messagelist(type, content, received, sourceid, targetid)
VALUES(1, 'Hello..', false, 1001, 1002);

create table groupuserlist(gid       INTEGER,
                           uid       INTEGER,
                           unickname VARCHAR(50),
                           PRIMARY   KEy(gid, uid),
                           FOREIGN   KEY(gid) REFERENCES grouplist(gid),
                           FOREIGN   KEY(uid) REFERENCES userlist(uid)
)DEFAULT CHARSET = gb2312;
INSERT INTO groupuserlist VALUES(1, 1001, 'user1');
INSERT INTO groupuserlist VALUES(1, 1002, 'user2');
INSERT INTO groupuserlist VALUES(1, 1003, 'user3');
INSERT INTO groupuserlist VALUES(2, 1004, 'user4');
INSERT INTO groupuserlist VALUES(2, 1005, 'user5');
INSERT INTO groupuserlist VALUES(2, 1006, 'user6');
INSERT INTO groupuserlist VALUES(2, 1007, 'user7');
```

16.2.4　服务器与数据库中用户信息数据表的接口设计

　　数据库的程序接口设计是指程序在访问数据库中的特定数据表时设计的的一套独特的 API 接口，其作用是降低数据库与软件主体之间的耦合，提高软件使用不同数据库软件时的可移植性，图 16-6 描述了数据库接口在软件中的位置和作用。

　　首先定义相应的 Java 数据结构来表示相应的数据表，这些数据结构是聊天工具通过程序接口 API 传递数据给数据库时使用的，所以可以定义与 5 张表对应的 5 个类（类的所有数据成员都可以设置为公有类型）：UserInfo、MessageRecord、Group、FriendList 和 UserGroup。

　　然后分析数据库程序接口中需要实现的 API，可以从数据库（JDBC）的连接方法和服务器访问数据库中各种表格的方法来分析。由于 Java 访问数据库是通过接口 JDBC，因此必须设计一个创建（connect）与断开（disconnect）数据库 csChatterDb 连接的接口。

　　访问数据库有如下情形，需要设计相应的 API 来实现对数据的操作。

　　（1）用户注册时，服务器根据用户的信息在用户数据表中增加一条记录。

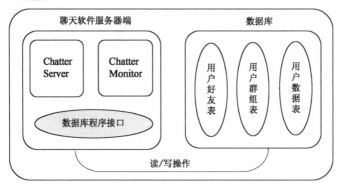

服务器

图 16-6　数据库程序接口（API）的作用

（2）用户登录时，服务器根据用户 ID 从用户信息表中取得用户密码。

（3）用户上下线时，服务器需要更新用户数据表中的用户记录的登录状态。

（4）用户上线时，服务器需要从消息记录表中找出离线消息并发给该用户。

（5）服务器管理（增加、删除、修改）用户信息时，需要更新用户信息表中的记录。

（6）服务器管理（增加、删除、修改）群组信息时，需要更新群组表中的记录。

（7）用户聊天过程中，需要保存聊天消息到消息记录表。

（8）【本章不实现】用户更新自己的信息时，服务器需更新用户好友列表中的记录。

（9）【本章不实现】用户更新好友备注名称时，服务器需更新用户好友列表中的记录。

所以定义相关 API，并把这些 API 封装在 API_CSDbInterface 类中，如表 16-7 所示。

表 16-7　数据库访问接口类 API_CSDbInterface 的方法原型

API 原型	说　明
public Boolean setupConnection(String admin, String pwd)	用指定的用户名（admin）和密码（pwd）建立与 MySQL 的 JDBC 连接，建立成功返回
public boolean teardownConnection()	断开与数据库的连接
public boolean addNewUserInfo(API_UserInfo user)	增加一个用户信息记录
public boolean removeUserInfo(int uid)	删除指定用户 ID 的用户信息记录
public boolean updateUserInfo(API_UserInfo user)	更新指定用户 ID 的用户信息记录
public String getUserPwd(int uid)	获取指定用户 ID 的用户密码
public boolean updateUserPwd(int uid, String newPwd)	更新指定用户 ID 的用户密码
public boolean updateUserStatus(int uid, boolean status)	更新指定用户 ID 的用户状态
public boolean getUserStatus(int uid)	取得指定用户 ID 的用户状态
public ArrayList<API_MessageRecord> getUserOfflineMsgRecords(int uid)	获取指定用户 ID 的离线消息
public boolean addMessageRecord(API_MessageRecord msgRecord)	增加一个消息记录
public boolean addGroup(API_Group group)	增加一个群组
public boolean removeGroup(int gid)	删除指定群组 ID 的群组记录
public boolean updateGroup(API_Group group)	更新指定群组 ID 的群组记录
public boolean groupAddUserInfo(int gid, API_UserInfo userInfo)	为指定 ID 的群组增加一个群用户
public boolean groupRemoveUserInfo(int uid)	从指定 ID 的群组中删除一个群用户
public boolean updateUserGroup(API_UserGroup userGroup)	更新指定群组 ID 的用户群组记录
private boolean executeSQLcommand(String cmd)	执行给定的 SQL 命令

16.2.5　增量计划

由于本章的重点是用户数据库的设计，所以本章的增量开发计划从数据库的软件设计开始，依次实现用户注册/登录身份验证、用户数据下载和客户机的离线消息处理，增量计划如表 16-8 所示。

表 16-8　第 16 章增量计划

增量编号	目　　的	实现功能	覆盖的需求
增量 16-1	数据库程序接口设计	服务器的数据库设计、数据库程序接口设计	Req16-01～Req16-03 Req16-11～Req16-13
增量 16-2	实现服务器数据初始化 用户注册/登录功能	服务器的数据初始化、用户注册/登录功能	Req16-04　Req16-05 Req16-10～Req16-13
增量 16-3	实现用户数据下载	用户好友/群组列表下载 消息保存、离线消息下载	Req16-06～Req16-10

16.3　增量实现

16.3.1　增量 16-1：采用数据库保存用户数据

增量 16-1 需要实现的是数据库程序的接口部分，包括设计相应的数据库表格、录入初始数据、编写数据库的程序接口 API（即实现 API_CSChatterDbInterface 类），还需要通过简单测试来验证接口程序的正确性，如表 16-9 所示。

表 16-9　增量 16-1 的目标

增量编号	目　　的	实现功能	覆盖的需求
增量 16-1	数据库程序接口设计	服务器的数据库设计、数据库程序接口设计	Req16-01～Req16-03 Req16-11～Req16-13

首先，使用定义的 SQL 脚本完成对相关数据表的初始化。由于数据表比较简单，软件只面向局域网用户，使用 MySQL 数据库就可以满足我们的要求。

然后，实现数据库程序接口，包括 5 个数据结构类和 1 个 API 接口类。由于数据结构类实现非常简单，我们重点设计和实现接口类 API_CSChatterDbInterface 的相关方法，最后编写测试代码来验证此 API 接口的正确性。

下面以用户信息的管理接口为例说明接口的实现方法，其余接口请读者参考用户信息管理接口来实现。

（1）依据用户信息表来定义 API_UserInfo 数据结构类的实现，如代码 16-1 所示。

〖代码 16-1〗　数据结构 API_UserInfo 的实现。

```
package im.cs_2.iterate_1;

public class API_UserInfo {
    public int  uid = -1;
    public String  pwd = new String();
    public String  name = new String();
```

```
        public boolean  status = false;
        public String  ip = new String();
        public String  email = new String();
        public void show() {
            System.out.println("\nUser Info: ");
            System.out.println("\tuid\t: " + uid);
            System.out.println("\tname\t: " + name);
            System.out.println("\tstatus\t: " + status);
            System.out.println("\tip\t: " + ip);
            System.out.println("\temail\t: " + email);
        }
    }
```

（2）依次实现管理用户信息方法，如增加、删除、更新和读取信息的方法。读者可参照代码 16-2，实现 API_CSChatterDbInterface 中的其他方法。

① 增加一个用户信息：

```
public boolean UserInfo_add(API_UserInfo user)
```

② 删除指定用户 ID 的用户信息：

```
public boolean UserInfo_remove(int userID)
```

③ 更新指定用户 ID 的用户信息：

```
public boolean UserInfo_update(API_UserInfo user)
```

④ 获取指定用户 ID 的用户密码：

```
public boolean UserList_getPwd(int userID)
```

〖代码 16-2〗 管理用户表的 Java 方法实现。

```
public String UserInfo_getPwd(int userID)
    public boolean UserList_add(API_UserInfo user) {      // 增加一个用户信息记录
        String  addNewUserCmd = "INSERT INTO userlist(uid,pwd,name,ip,status,email)"
                + "VALUES("+" "+ user.uid + ", "+       " '" + user.pwd + "', "
                + " '" + user.name + "', " +      " '" + user.ip + "', "
                + " " + user.status + ", " +      " '" + user.email + "')";
        return executeSQLCommand(addNewUserCmd);
    }
    public boolean UserList_remove(int uid) {             // 删除指定用户 ID 的用户信息记录
        // 首先清除把 UserInfo 的数据项 uid 做外键的表中带有 uid 的数据，然后才能删除该用户
        if(!MessageList_removeUserMessage(uid)) {         // 从消息表中删除用户相关的消息
            return false;
        }
        else if(!GroupUserList_removeUser(uid)) {         // 从所有群组列表中删除该用户
            return false;
        }
        else if(!FriendList_removeUser(uid)) {            // 从用户信息表中删除用户
            return false;
        }
        String  removeUserCmd = "DELETE FROM userlist WHERE uid = " + uid;
```

```
            return executeSQLCommand(removeUserCmd);        // 最后从好友列表中删除该用户
        }
        // 更新指定用户 ID 的用户信息记录
        public boolean UserList_update(API_UserInfo user) {
            String updateUserCmd = "UPDATE userlist SET " + "pwd = '" + user.pwd + "',
                    " +    "name = '" + user.name + "', " + "ip = '" + user.ip
                    + "', " +      "status = " + user.status + ", " +
                    "email = '" + user.email + "'" +  " where uid = " + user.uid;
            return executeSQLCommand(updateUserCmd);
        }
        public String UserList_getPwd(int uid) {           // 获取指定用户 ID 的用户密码
            String getUserPwdCmd = "SELECT pwd   FROM userlist WHERE uid = " + uid;
            try {
                ResultSet rs = stmt.executeQuery(getUserPwdCmd);
                if(rs.next() == true) {                    // 如果找到用户 ID 为 uid 的记录
                    // 查询解果只能有一条记录且这个记录中只有一个密码，所以从 rs 中取出 pwd
                    return rs.getString(1);
                }
            }
            catch(Exception e)     {
                if(e.getMessage().contains("Unknown"))
                    System.out.println("No such record found: " + e.getMessage());
                else
                    e.printStackTrace();
            }
            return null;                    // 密码数据项不能为空，所以如果查询结果为空，表示查询出错
        }
```

（3）编写简单的测试代码，来验证实现的数据库访问接口是否工作正常。

〖代码 16-3〗 测试操作用户表的方法。

```
        public static void main(String[] args) {
            System.out.println("API_Tester begins...");
            API_CSDbInterface  dbInf = new API_CSDbInterface();
            boolean  result = dbInf.connectionSetup("root", "root");
            if (result == false)
                return;
            test_grouplist(dbInf);
            dbInf.connectionTeardown();
            System.out.println("\nAPI_Tester completes");
        }
        public static int test_userlist(API_CSDbInterface dbInf) {
            System.out.println("\ntest_userlist: begin...\n");
            boolean  result = false;
            API_UserInfo  user = new API_UserInfo();
            user.uid = 1008;
            user.pwd = "1008";
            user.name = "user8";
```

```
            result = dbInf.UserList_add(user);
            if(result == false)
                return 0;
            System.out.println("\tUserList_add: Pass");
            result = dbInf.UserList_getPwd(user.uid).equals(user.pwd);
            if (result == false)
                return 0;
            System.out.println("\tUserList_getPwd: Pass");
            user.pwd = "10080";
            result = dbInf.UserList_update(user);
            if (result == false)
                return 0;
            System.out.println("\tUserList_update: Pass");
            result = dbInf.UserList_getPwd(user.uid).equals(user.pwd);
            if (result == false)
                return 0;
            System.out.println("\tupdateUserInfo: Pass");
            API_UserInfo user2 = dbInf.UserList_getUserInfo(user.uid);
            result = (user2 != null);
                user2.show();
            if (result == false)
                return 0;
            System.out.println("\tUserList_getUserInfo: Pass");
            result = dbInf.UserList_remove(user.uid);
            if (result == false)
                return 0;
            System.out.println("\tUserList_remove: Pass");
            user2 = dbInf.UserList_getUserInfo(user.uid);
            result = (user2 == null);
            if (result == false)
                return 0;
            System.out.println("\tUserList_getUserInfo: Pass");
            System.out.println("test_userlist: completes.....................\n");
            return 1;
        }
    }
```

16.3.2 增量 16-2：实现服务器数据初始化、用户注册/登录

在实现了聊天软件的数据库和数据库的程序接口 API 后，我们将使用这些 API 完成聊天软件的功能。增量 16-2 的目的是实现用户注册的功能、用户登录的功能、用户好友信息列表的卸载和初始化，以及用户的群组列表信息的下载和初始化，见表 6-10 所示，本增量覆盖的需求如表 16-11 所示。

1．建立服务器与数据库的连接

为了把数据库 cschatterdb 中的数据应用到聊天软件的服务器端，在服务器的软件必

表 16-10　增量 16-2

增量编号	目　的	实现功能	覆盖的需求
增量 16-2	用户好友/群组列表下载	服务器的数据初始化、用户注册/登录功能	Req16-04　Req16-05 Req16-10～Req16-13

表 16-11　增量 16-2 需求条款列表

需求编号	需求说明	注　解
Req16-04	服务器必须支持用户注册	服务器
Req16-05	服务器必须支持用户身份验证	服务器
Req16-10	服务器必须能够及时更新用户数据	服务器
Req16-11	用户的相关数据在客户机断开时不能丢失	服务器
Req16-12	用户的相关数据在服务器关机时不能丢失	服务器
Req16-13	服务器需要考虑支持不同的数据库软件	服务器

须建立起与 cschatterdb 数据库的连接，可以通过直接调用数据库接口 API_CSDbInterface 的 connectionSetup( )方法，把用户名和密码固定填写在代码调用过程中（如 UserManager 的构造函数中），也可以为服务器主界面添加连接数据库的控件（如图 16-7 所示），一个用户名文本框、一个密码文本框（JPasswordField）和"连接服务器"按钮，然后通过事件处理调用（为 UserManager 添加新的方法 connect2Database( )）连接数据库的方法，有兴趣的读者可以自己实现。

图 16-7　服务器的数据库连接界面

2．服务器数据初始化

服务器一旦与数据库建立连接，就可以从数据库中读取用户列表和群组列表。为了避免频繁访问数据库，我们可以在服务器内存中保存临时的用户列表和群组列表，实现的方法是利用服务器的用户管理器 UserManager 中的用户列表 userList 和群组列表 chatterGroupList。在数据库连接建立后，依次从数据库读取用户列表赋给 userList，读取数据库群组列表赋给 chatterGroupList。修改用户管理器 UserManager 中的 initUserList( )方法和 intChatterGroupList( )方法，可以实现这部分功能。

由于用户的好友信息、消息列表和群组用户表使用的频率并不高，我们拟在用户登录时再读取，这样做的优点是减少了服务器的启动时间。

修改用户管理器 UserManager 提供的方法，如表 16-12 所示，代码 16-4 是添加新用户的代码，代码 16-5 是查找制定 ID 的用户代码，读者可以参照实现其他方法。

表 16-12　用户管理器 UserManager 提供的接口

方法及说明	功能实现
void initUserList() 从数据库中读取用户列表，保存在本地内存	从数据库查询用户列表 userlist 中除密码之外的所有信息，然后把信息把存在本地的 Hashtable userList 中
void initGroupList() 从数据库中读取群组列表，保存在本地内存	从数据库查询用户列表 grouplist 中的所有信息，然后把信息把存在本地的 Hashtable chatterGroupList 中
void addUser(Chatter user) 添加新用户	先调用方法 findUser 查看该用户是否存在，若不存在，则加入数据库，并加入本地 Hashtable userList

方法及说明	功能实现
void removeUser(int uid) 删除一个指定 ID 的用户	从本地 Hashtable userList 中删除，然后从数据库中删除
Chatter findUser(int uid) 查找一个指定 ID 的用户	先查看本地的 Hashtable userList 中是否已经存在，若不存在，则查询数据库中是否存在；若存在，则读取用户信息，创建一个 Chatter 对象实例，加入 userList，把 Chatter 对象实例返回给调用者
boolean updateUserName(int uid, String name) 更新一个指定 ID 用户的用户名	更新本地 Hashtable userList 中的记录，然后更新数据库中的记录
boolean updateUserIP(int uid, String ip) 更新一个指定 ID 用户的密码	更新本地 Hashtable userList 中的记录，然后更新数据库中的记录
boolean updateUserPwd(int userID, String pwd) 更新用户密码	更新数据库制定用户 ID 的密码
String getUserPwd(int uid) 密码只能从数据库中读取	从数据库中读取用户密码然后返回给调用者
boolean addChatterGroup(ChatterGroup cg) 添加一个新的群组	先调用 findChatterGroup()方法查看该群组是否存在，若不存在，则加入数据库，并加入本地 groupChatterList
ChatterGroup findChatterGroup(int gid) 找到指定群 ID 的 ChatterGroup	先查看本地的 Hashtable groupChatterList 中是否已经存在，若不存在，则查询数据库中是否存在；若存在，则读取群组信息，创建一个 GroupChatter 对象实例，加入 groupChatterList，把 GroupChatter 对象实例返回给调用者
void removeChatterGroup(int gid) 删除指定群 ID 的群组	从本地 Hashtable groupChatterList 中删除，然后从数据库中删除
void showUserList() 显示用户列表	调用 UserListViewer 更新用户列表

〖代码 16-4〗 UserManager 添加新用户。

```
public void addUser(Chatter user) {                    // 更新本地记录
    if (!userList.containsKey(user.getID()))
        userList.put(user.getID(), user);
    // 更新数据库记录
    API_UserInfo userInfo = dbInf.UserList_getUserInfo(user.getID());
    if (userInfo == null) {
        userInfo = convertChatter2UserInfo(user);
        dbInf.UserList_add(userInfo);
    }
}
```

〖代码 16-5〗 UserManager 查找新用户。

```
public Chatter findUser(int userID) {
    // 如果本地有存储，直接使用本地存储的群组对象
    if(userList.containsKey(userID))
        return (Chatter) userList.get(userID);
    // 否则从数据库中取出，并加入本地 userList
    API_UserInfo userInfo = dbInf.UserList_getUserInfo(userID);
    if (userInfo == null)
        return null;
    // convertUserInfo2Chatter 把 API_UserInfo 对象中的信息复制到一个新的 Chatter 对象中
```

```
        Chatter  chatter = convertUserInfo2Chatter(userInfo);
        userList.put(userID, chatter);
        return chatter;
    }
```

在实现数据管理器 UserManager 的功能后，数据库正式成为聊天软件的一部分，为后续聊天功能提供了比较好的数据保存平台。

3．用户注册/登录功能

参照前面的用户注册/登录流程，可以把用户的注册和登录过程合二为一。在登录过程中，如果数据库有该用户 ID 的记录，那么服务器可以登记该用户的信息，并发送登录成功消息（参考第 15 章 LOG_ON 消息的定义）给注册/登录用户客户机，客户机据此显示相应的界面。这样，参照 16.2 节的相关分析，就可以编程实现注册/登录功能。

实现用户注册/登录需要服务器和客户机配合才能完成，服务器需要实现对用户身份的验证，客户机需要实现对验证结果的正确处理。

由于用户服务线程 ClientMonitor 负责与客户机的所有交换，因此实现服务器用户验证的功能应该在 ClientMonitor 内完成。在 ClientMonitor 的 handleChatterLogOn( )方法中并没有实现用户的身份验证，所以我们需要实现这部分缺失的功能，如图 16-8 所示，参考代码如代码 16-6 所示。

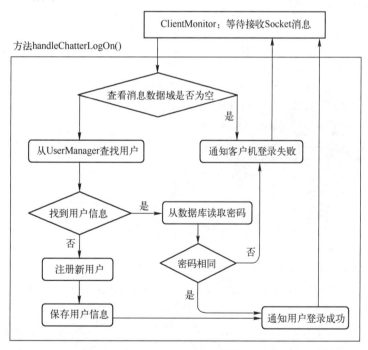

图 16-8　handleChatterLogon 的代码逻辑

〖代码 16-6〗　服务器的 handleChatterLogOn( )。

```
public void handleChatterLogOn(Message msg) {
    boolean logonSuccess = false;
    if (msg.getData().isEmpty()) {
        logonSuccess = false;
```

```
        }
        else if((chatter = userMgr.findUser(msg.getSourceID())) == null) {
            System.out.println("注册请求: " + msg.getSourceID());
            Chatter  chatter = new Chatter();
            chatter.setID(msg.getSourceID());
            chatter.setStatus(true);
            userMgr.addUser(chatter);
            userMgr.updateUserPwd(msg.getSourceID(), msg.getData());
            logonSuccess = true;
        }
        else {
            String pwd = userMgr.getUserPwd(msg.getSourceID());
            if(pwd.equals(msg.getData())) {
                logonSuccess = true;
                userMgr.updateUserStatus(msg.getSourceID(), true);
            }
        }
        if (logonSuccess) {
            // 通知已经发起与该用户聊天的其他用户和活动群组
            chatter.setSocket(clientSocket);
            chatter.logon();
        }
        else {
            msg.setData("Offline");
            try {
                OutputStream  outStream = clientSocket.getOutputStream();
                PrintWriter  out = new PrintWriter(outStream, true);
                out.println(msg.packup());
            }
            catch(IOException e) {
                e.printStackTrace();
            }
        }
    }
}
```

步骤如下：

（1）修改 handleChatterLogOn(int uid)的定义为 handleChatterLogOn(Message msg)。

（2）修改 handleChatterLogOn( )的实现。从 msg 的数据域取出密码（登录消息的数据域是用户密码），若该数据域为空，则注册/登录失败，否则从用户管理器中读取用户信息；若用户不存在，则标识这是用户注册，需要通过 UserManager 向数据库中添加该用户并更新密码，则用户注册/登录成功；若用户存在，则需要通过 UserManager 从数据库读取用户密码，并与从登录消息数据域取得的密码比对，密码相同，则注册/登录成功，否则登录失败。

客户机 ChatterClient 监听到用户单击登录按钮时，便从密码文本框中取出密码，然后赋值给 LOG_ON 消息的数据域，然后才能发出登录请求；在处理接收消息的方法 handleMessageReceived( )中，若收到服务器发来的登录消息，先检测登录结果（消息中的

sourceid 等于客户机的登录 ID），再根据登录结果显示不同的界面：登录失败则显示登录界面，登录成功则显示到已登录界面。客户机 ChatterClient 的代码请读者自己完成。

16.3.3　增量 16-3：实现用户数据下载功能

用户登录成功后，需要实现用户数据下载，包括好友列表、群组列表和离线消息，这些数据都由服务器主动发送给客户机。

实现好友列表下载功能：服务器需要从数据库中查找用户的好友列表，并根据每个好友的 ID，从 UserManager 中读取用户的在线状态，然后发送 USER_INFO 消息（见图 16-2）给客户机；客户机收到该消息后，按照 USER_INFO 消息格式解包出好友列表，然后更新客户机的好友列表 Jtable。其难点是 USER_INFO 消息的打包、解包过程，我们可以参考代码 16-7 和代码 16-8 来实现。

〖代码 16-7〗 用户好友列表下载的服务器实现。

```
                        ClientMonitor.java
private void pushDownFriendList(Chatter chatter) {
    ArrayList<API_FriendInfo> friendlist =
                    userMgr.getDbInf().FriendList_findFriends(chatter. getID());
    if (friendlist == null || friendlist.isEmpty())
        return;
    Message  msg = new MessageUserInfo();
    msg.setSourceID(chatter.getID());
    msg.setTargetID(chatter.getID());
    String data = new String();
    for(API_FriendInfo friend : friendlist) {
        Chatter  friendChatter = userMgr.findUser(friend.fid);
        boolean  status = friendChatter.getStatus();
        if(friend.fname.isEmpty())
            friend.fname = " ";
        data += friend.fid + "#" + friend.fname + "#" + status + "##";
    }
    msg.setData(data);
    chatter.transferMessage(msg.packup());
}
```

〖代码 16-8〗 用户好友列表下载的客户机实现。

```
                        ChatterClient.java
private void handleUserInfoMessage(Message msg) {
    String[] friends = msg.getData().split("##");
    for (String friend : friends) {
        String[] friendinfo = friend.split("#");
        if (friendinfo != null) {
            String fid = friendinfo[1];
            String fname = friendinfo[0];    String fstatus = friendinfo[2];
            model.insertRow(model.getRowCount(), new String[]{fid, fname, fstatus});
        }
```

```
        }
    }
```

用户好友信息下载成功后，需要实现用户群组信息下载。服务器需要从数据库中查找用户的群组列表，对于每个群组：依据群组的群 ID 从数据库中找出所有的群用户，再根据群用户的 ID，从 UserManager 中找到每个群用户的状态，然后发送 GROUP_INFO 消息（见图 16-3）给客户机。客户机收到 GROUP_INFO 消息后，按照消息格式解包出群组中的群信息和群中的每一个群用户，由于群组列表在客户机还没有实现，客户机把 GROUP_INFO 消息后可以不再处理，有兴趣的读者可以实现群面板（用面板布局管理器），继而实现群列表信息的更新功能。其中涉及 GROUP_INFO 消息的打包、解包过程，可以参考代码 16-9 和代码 16-10 来实现。

〖代码 16-9〗 用户群组列表下载的服务器功能实现。

```java
                              ClientMonitor.java
    private void pushDownGroupList(Chatter chatter) {
        //获取用户所在的群列表
        ArrayList<API_GroupUserInfo> grouplist =
                        userMgr.getDbInf().GroupUserList_getGroups(chatter. getID());
        if (grouplist == null || grouplist.isEmpty())
            return;
        Message  msg = new MessageGroupInfo();
        msg.setSourceID(chatter.getID());
        msg.setTargetID(chatter.getID());
        String  data = new String();

        for (API_GroupUserInfo group : grouplist) {
            // 获取群信息，取出群名
            API_GroupInfo ginfo = userMgr.getDbInf().GroupList_get(group.gid);
            String  gname = ginfo.name;
            if (gname.isEmpty())
                gname = " ";
            data += group.gid + "#" + gname + "##";
            // 取得群内所有用户的信息
            ArrayList<API_GroupUserInfo> guserlist =
                        userMgr.getDbInf().GroupUserList_getUsers (group.gid);

            for (API_GroupUserInfo guserinfo : guserlist) {
                // 加入群中每个用户的信息
                Chatter  friendChatter = userMgr.findUser(guserinfo.uid);
                boolean status = friendChatter.getStatus();
                if (guserinfo.unickname.isEmpty())
                    guserinfo.unickname = " ";
                data += guserinfo.uid + "#" + guserinfo.unickname + "#" + status + "##";
            }

            // 每次发送一个群组的内容
            msg.setData(data);
```

```
        chatter.transferMessage(msg.packup());
        data = "";
    }
}
```

〖代码 16-10〗 用户群组列表下载的客户机功能实现。

```
                          ChatterClient.java
private void handleGroupInfoMessage(Message msg) {
    boolean  firstRecord = true;
    String[]  friends = msg.getData().split("##");

    for(String friend : friends) {
        String[] friendinfo = friend.split("#");

        if(friendinfo != null) {
            if(firstRecord) {                    // 第一条记录是群组信息，获取群组信息
                firstRecord = false;
                String gid = friendinfo[0];
                String gname = friendinfo[1];
                ...                              // 需要更新群组列表
            }
            else {                               // 之后是群用户信息，获取群用户信息
                String fid = friendinfo[0];   String fname = friendinfo[1];
                String fstatus = friendinfo[2];
                ...                              // 需要更新群组中的群用户列表
            }
        }
    }
}
```

最后，服务器从数据库中读取发送给用户的所有离线消息，使用 TEXT 消息依次发送给客户机，客户机收到后会弹出相应的聊天界面，并显示离线消息。

本章小结

本章详细介绍了 Java 中的数据库技术，并利用数据库知识实现了基于 MySQL 的局域网聊天软件，通过完成用户数据下载功能实现了用户数据的可移动性，极大增强了聊天软件的实用性，读者可以基于本平台开发更完善的聊天工具或者聊天系统。

本章实现的聊天工具功能还不够完善，如聊天过程中不能使用回车，需要更改从 Socket 读写消息的方法，使之能够处理回车换行；客户机没有群聊界面，可以使用面板布局管理器实现多面板的客户机；可以利用多媒体技术实现语音聊天、视频聊天等功能。

另外，在数据库的程序接口测试过程中，编写了大量的测试代码，但测试结果仍然不能确定，用户可以参考 Java 单元测试工具 Junit 完成 Java 的代码测试。

实验 19 增量 16-1：采用数据库保存用户数据

实验目的

（1）掌握 MySQL 的使用方法。

（2）掌握简单的 SQL 脚本的编写方法和运行方法。

（3）掌握简单的数据库程序接口编写方法。

实验内容

在实验 18 的基础上，完成如下实验。

（1）【必做】安装、配置 MySQL，设置 MySQL 的登录名和密码均为"root"。

（2）【必做】编写并使用 SQL 脚本，在 MySQL 命令行窗口中执行 MySQL 基本命令。

（3）【必做】实现操作用户表的所有接口。

（4）【必做】测试用户表管理的 API。

实验步骤

在实验 18 的基础上，完成如下内容。

（1）安装、配置 MySQL。

（2）用例程 16-1 创建用户数据表的 SQL 脚本，在 MySQL 中创建聊天软件的数据库。

（3）在 MySQL 的命令行中使用 MySQL 语句操作数据库的内容，如 insert、select、delete、update 和 drop 命令等。

（4）新建数据库程序接口 API 类 API_CSDbInterface，实现数据库的连接和断开方法：connectionSetup( )和 connectionTearDown( )。

（5）在数据库程序接口 API 类 API_CSDbInterface 中，参照例程 16-4 管理用户表的 Java 方法实现的基础，实现操作用户表的所有接口：UserList_add、UserList_remove、UserList_update、UserList_getPwd、UserList_updatePwd、UserList_updateStatus、UserList_getStatus 和 UserList_getUserInfo。

（6）新建类 CSDbAPITester（用于测试 API_CSDbInterface 的所有方法），把例程 16-6 测试操作用户表的方法复制到 CSDbAPITester 的类体中，运行 CSDbAPITester 测试用户表管理的 API。

（7）如测试中发现了错误，修改错误，直到测试代码测试通过。

（8）分析并填写实验报告。

实验报告

按规定格式提交实验步骤的结果。

实验 20 增量 16-2：实现数据库初始化与用户注册/登录

实验目的

（1）巩固 MySQL 的使用方法。

（2）在 Java 编译器中初始化数据库。

（3）实现用户的注册/登录。

实验内容

在实验 19 的基础上，完成如下实验。

（1）【必做】在服务器端实现聊天软件服务器端与数据库的连接。

（2）【必做】从服务器中读取数据到本地，实现服务器端用户/群组数据的初始化。

（3）【必做】修改 UserManager 的方法，实现服务器本地数据与数据库的同步功能。

（4）【必做】实现用户的注册/登录功能。

（5）【选做】在服务器主界面上实现数据库连接的功能。

实验步骤

在实验 19 的基础上，完成如下内容。

启动数据库，使用例程 16-1 的 SQL 脚本在 MySQL 中创建聊天软件的数据库。

（1）实现聊天软件服务器端与数据库的连接

① 在 UserManager 中，添加数据成员：

```
private API_CSDbInterface dbInf = new API_CSDbInterface();
```

② 在 UserManager 的构造函数开始位置，添加数据库的初始化代码：

```
if(dbInf.connectionSetup("root", "root")) {
    System.out.println("数据库连接失败，系统退出");
    System.exit(-1);
}
```

（2）实现服务器端用户/群组数据的初始化

① 在 ChatterGroup 中，删除已经存在的构造函数，并删除 userMgr 相关的代码。

② 在 ChatterGroup 中，修改 addChatter( )方法为：

```
public void addChatter(Chatter chatter) {
    if (getChatter(chatter.getID()) != null)
        chatterList.add(chatter);
}
```

③ 在 ChatterGroup 中，修改 setID( )方法为：

```
public void setID(int groupID) {
    chatterGroupID = groupID;
}
```

④ 在 UserManager 中，为提高数据成员 userList 和 GroupList 的访问效率，重新定义 3 们为 HashTable 类型：

```
Hashtable userList = new Hashtable();
Hashtable chatterGroupList = new Hashtable();
```

⑤ 在 UserManager 中，修改 initUserList( )方法，使之从数据库中读取所有数据，并存储在本地的 userList Hashtable 中：

```
private void initUserList() {
```

```
String cmd = new String();
cmd = "SELECT uid, name, ip, status FROM userlist";
ResultSet rs;
try {
    rs = dbInf.getStatement().executeQuery(cmd);
    while (rs.next() == true) {
        Chatter user = new Chatter();
        user.setID(rs.getInt(1));
        user.setName(rs.getString(2));
        user.setIP(rs.getString(3));
        user.setStatus(rs.getBoolean(4));
        userList.put(user.getID(), user);
    }
}
catch (SQLException e) {
    e.printStackTrace();
}
}
```

⑥ 在 UserManager 中，修改 initGroupList( )方法，使之从数据库中读取所有数据，并存储在本地的 userList Hashtable 中，请参考第 8 步写出代码

⑦ 【选做】实现带有数据库连接功能的服务器主界面。

（3）实现服务器本地数据与数据库的同步功能

① 在 UserManager 中，修改 updateTableData( )方法，使之直接从用户数据表 userList 中读取用户数据。

```
private void updateTableData() {
    model.setRowCount(0);                          // 清空 JTable 中的数据
    for (Iterator it = userList.entrySet().iterator(); it.hasNext();) {
        Map.Entry entry = (Map.Entry) it.next();
        Chatter user = (Chatter) entry.getValue();
        model.insertRow(model.getRowCount(), new String[] {
                            user.getName(), Integer.toString(user.getID()),
                            user.getIP(), Boolean.toString(user.getStatus())});
    }
}
```

② 在 UserManager 中，参考代码 16-4 和代码 16-5，编写用户管理器 UserManager 提供的其他接口。

（4）实现用户注册/登录功能

客户机：在 ChatterClient 的 handleMessageReceived( )方法中，如果消息的 sourceid 是客户机的登录 ID 时，实现对登录结果的判断，如果失败，则显示重新登录界面，登录成功则显示已登录模式的好友界面；

服务器：

① 在 clientMonitor 中，参考 16.4 节实现服务器端的用户注册/登录功能。

② 运行 ChatterCserver，填入密码后单击连接数据库按钮，启动客户机 ChatterClient，

分别测试下面几种情况，并查看服务器主界面上的用户信息列表，如果测试中发现了错误，修改错误直到测试代码测试通过：

❖ 填写用户名 1001，不填密码。
❖ 填写用户名 1001，填写错误密码。
❖ 填写用户名 1001，填写正确密码 1001。
❖ 填写用户名 1008，不填密码。
❖ 填写用户名 1008，填写任意密码，如 1008。
❖ 分析并填写实验报告。

实验报告

按规定格式提交实验步骤的结果。

实验 21　增量 16-3：实现用户数据下载功能

实验目的

（1）巩固数据库的读写方法。
（2）熟悉字符串的分解方法。

实验内容

在实验 20 的基础上，完成如下实验。

（1）【必做】在服务器实现发送用户数据。

（2）【必做】在客户机实现处理收到的 USER_INFO 和 GROUP_INFO 消息，实现用户列表动态更新。

实验步骤

在实验 20 的基础上，完成如下内容。

（1）在 Message 类中添加 USER_INFO 和 GROUP_INFO 消息类型及相应处理方法。

（2）参照 MessageLogOff 类，实现 MessageUserInfo 和 MessageGroupInfo 消息类。

（3）服务器端修改：在 ClientMonitor.java 中，参照代码 16-7 和代码 16-8，实现发送用户好友列表的功能；参照代码 16-9 和代码 16-10，实现发送用户群组列表的功能；自己编写用户离线消息发送的功能。

（4）在 handleChatterLogon 方法中的合理位置，调用前面实现的用户数据发送功能。客户机修改：在 ChatterClient.java 中，参照代码 16-9，实现客户机解析收到 USER_INFO 消息的处理方法；参照代码 16-9，实现客户机解析收到 GROUP_INFO 消息的处理方法；在 run( ) 方法的适当位置，调用上一步实现的消息处理。

（5）运行 MySQL，用例程 16-1 的 SQL 脚本在 MySQL 中创建用户数据；启动服务器，在弹出服务器主界面（并且连接数据库）后，启动两个客户机（登录 ID 分别为 1001 和 1002），分析并填写实验报告。

实验报告

按规定格式提交实验步骤的结果。

习 题 16

16-1 实现数据库程序接口 API 的群组列表（grouplist）的管理方法，并编写测试代码，验证正确性。

16-2 实现数据库程序接口 API 的好友列表（friendlist）的管理方法，并编写测试代码，验证正确性。

16-3 实现数据库程序接口 API 的群组用户列表（groupuserlist）的管理方法，并编写测试代码，验证正确性。

16-4 实现数据库程序接口 API 的消息列表（messagelist）的管理方法，并编写测试代码，验证正确性。

16-5 实现好友状态在客户机的显示与更新。

16-6 实现好友的添加、删除功能。

16-7 实现建立群组、删除群组的功能。

16-8 实现浏览好友个性化数据的功能。

16-9 实现用户登录成功后，用户群组消息的下载功能。

16-10 实现离线文件保存的功能，并在实现用户登录时的下载功能；

16-11 在第 15 章习题 1 的基础上，实现用户个性化数据在数据库中的保存和用户端的查看功能。

16-12 在第 15 章习题 2 的基础上，实现好友的分组功能，并且把分组信息保存在数据库中，供用户登录时下载。

16-13 实现聊天群内文件共享的功能。

16-14 采用多媒体技术实现微信功能。

16-15 利用 Junit 技术改写数据库程序接口 API 的测试代码 API_Tester。

16-16 设计并实现一个基于 TCP 的多人音乐点播系统。

16-17 设计并实现一个基于 UDP 的多人视频点播系统。

参考文献

[1] 朱福喜. Java 项目开发实训教程. 北京: 清华大学出版社, 2009.

[2] 邓伦丹. 基于 Java 的计算机实验教学辅助系统. 南昌大学硕士学位论文, 2009.

[3] 吴文娟. 利用虚拟现实技术实现 E-Learning 教学系统中的实验功能. 华东师范大学硕士学位论文, 2010.

[4] 许岩, 张炜. "Java 程序设计"教学中的"做中学"和面向过程考核. 安阳工学院学报, 2010.

[5] 崔亚楠. 独立学院 Java 课程教学"策略"探索. 中国科技信息, 2011.

[6] 吴英宾. 项目驱动教学法在 Java 教学中的应用. 硅谷, 2009.

[7] 吴仁群. Java 实践教程. 北京: 清华大学出版社, 2013.

[8] 辛运帏, 饶一梅. Java 程序设计题解与上机指导 (第三版). 北京: 清华大学出版社, 2013.

[9] 高飞, 陆佳炜, 徐俊, 赵小敏. Java 程序设计实用教程. 北京: 清华大学出版社, 2013.

[10] 张志锋, 朱颢东等. Java Web 技术整合应用与项目实战 (JSP+Servlet+Struts2+Hibernate+Spring3). 北京: 清华大学出版社, 2013.

[11] 高飞, 赵小敏, 陆佳炜, 徐俊. Java 程序设计实用教程习题集. 北京: 清华大学出版社, 2013.

[12] 于广. 修炼 Java 开发技术: 在架构中体验设计模式和算法之美. 北京: 清华大学出版社, 2013.

[13] 严千钧. 编程导论 (Java). 北京: 清华大学出版社, 2013.

[14] 向昌成, 聂军, 徐清泉, 葛日波, 徐守江. Java 程序设计项目化教程. 北京: 清华大学出版社, 2013.

[15] 辛运帏, 饶一梅, 马素霞. Java 程序设计. 3 版. 北京: 清华大学出版社, 2013.

[16] 袁梅宇, 王海瑞. Java EE 企业级编程开发实例详解. 北京: 清华大学出版社, 2013.

[17] 林巧民, 马子超, 何良, 毛金锋. Java 简明教程. 北京: 清华大学出版社, 2013.

[18] 王洋. Java 就该这样学. 北京: 电子工业出版社. 2013.

[19] 吴奕. 层次化项目驱动在 Java 教学中的应用研究与实践. 当代教育实践与教学研究, 2018.

[20] 张新猛, 罗海蛟, 彭碧涛, 李月梅. 面向软件行业需求的 Java 工程人才培养探索.

计算机教育，2019.

[21] 常燕，刘嘉敏，朱世铁，于霞. 项目驱动的程序设计实践课程的"翻转课堂"+SPOC 教学研究. 教育教学论坛，2019.

[22] 寿周翔，胡则辉. 分步迭代教学法在 Java 程序设计课程应用的研究与探索. 计算机时代，2020.

[23] 朱福喜. 面向对象与 Java 程序设计. 北京：清华大学出版社，2020.

[24] 占小忆. Java 程序设计案例教程. 北京：人民邮电出版社，2020

[25] 熊君丽. Java EE 软件开发案例教程. 北京：电子工业出版社，2020.

[26] 黄文海. Java 多线程编程实战指南. 北京：电子工业出版社，2020.

[27] 孙修东，李嘉，王永红. Java 程序设计任务驱动式教程（第 4 版）. 北京：北京航空航天大学出版社，2020.

[28] 孙卫琴. Java 网络编程核心技术详解. 北京：电子工业出版社，2020.

[29] 朱养鹏，李高和，宋振涛. Java 程序设计及移动 APP 开发. 西安：西安电子科技大学出版社，2020.

[30] 钱洋. 网络数据采集技术：Java 网络爬虫实战. 北京：电子工业出版社，2020.